新世紀科技叢書

革新四版

工業工程與管理

Industrial Engineering and Management

■ 賴福來

學歷／國立臺灣工業技術學院工業管理系
　　　學士
　　　國立臺灣師範大學工業教育研究所
　　　碩士

經歷／美商大力鐘錶公司產品工程師
　　　美商福特六和汽車公司訓練專員
　　　美商臺灣飛歌公司機械房主任
　　　國立雲林工專機械設計工程科、夜
　　　間部主任、工業工程與管理科主任
　　　國立虎尾技術學院技術合作處處長
　　　國立虎尾科技大學工業管理系暨工
　　　業工程與管理研究所專任副教授

■ 胡伯潛

學歷／國立成功大學工業管理系學士
　　　美國賓州州立大學工業工程博士

現職／國立虎尾科技大學工業管理系暨工業
　　　工程與管理研究所專任副教授

■ 黃信豪

學歷／東海大學工業工程系學士
　　　美國愛荷華大學工業工程博士

現職／國立虎尾科技大學工業管理系暨工業
　　　工程與管理研究所專任副教授

 三民書局

國家圖書館出版品預行編目資料

工業工程與管理／賴福來,胡伯潛,黃信豪著.－－
革新四版七刷.－－臺北市: 三民, 2015
面；　公分.－－(新世紀科技叢書)
含參考書目

ISBN 978-957-14-4361-4　(平裝)
1.工業工程—管理

440　　　　　　　　　　　　　　　94014596

© 工業工程與管理

著 作 人	賴福來　胡伯潛　黃信豪
發 行 人	劉振強
著作財產權人	三民書局股份有限公司
發 行 所	三民書局股份有限公司
	地址　臺北市復興北路386號
	電話　(02)25006600
	郵撥帳號　0009998-5
門 市 部	(復北店)臺北市復興北路386號
	(重南店)臺北市重慶南路一段61號
出版日期	初版一刷　1995年10月
	革新四版一刷　2005年9月
	革新四版七刷　2015年8月
編　　　號	S 444200

行政院新聞局登記證局版臺業字第〇二〇〇號

ISBN　978-957-14-4361-4　（平裝）

http://www.sanmin.com.tw　三民網路書店
※本書如有缺頁、破損或裝訂錯誤,請寄回本公司更換。

序

　　由於科技進步快速，大眾傳播與運輸無遠弗屆，產品的行銷市場已從區域性擴展到全國性，甚至分銷至世界各地。因此，產品的競爭性受到強烈的挑戰，若產品品質不良，很快地會被更價廉物美的新產品所淘汰，特別是強調自由化、國際化的現今工作世界，產品是不分國籍的，優勝劣敗的考驗，越來越明顯化。企業經營為求在競爭中取得最大利潤，應該摒除過去高品質就是高成本低利潤的傳統錯誤觀念，而須代之以高科技的技術，突破生產製造的瓶頸，輔以品質經營理念，人性化的管理，以期達到高品質低成本的生產目標，進而服務這個以顧客為導向的行銷市場。而工業工程與管理這一門學科正提供我們達到高生產力目標的科學方法。

　　由於本書係屬於啟導式和重點性介紹的教科書，因此編寫目的在於奠定初學者對工業工程與管理這一學門具有較完整的概念，對未來進一步學習各項管理技術產生信心。

　　本書內容共分十六章，如目次所示，主要包括管理的基本職能、產品設計與發展、生產管理、物料管理、品質管制、工作研究、設施規劃、行銷管理、財務管理與工程經濟、系統分析與設計、人力資源管理、工業安全與衛生、電腦整合製造概論、作業研究、工業工程與管理的未來等。本書係由三人合撰，為求內容深入淺出，用詞遣字力求易讀，並兼顧理論與實務。在編寫過程中，三位作者時常會商並互相討論，做必要的增刪補正，但為配合作者專長，以求最佳化，本書其中第二、三、八、十二、十三章由賴福來執筆，第一、四、六、九、十四、十五章由胡伯潛編撰，第五、七、十、十一、十六章則由黃信豪撰寫。然而，由於工業工程與管理涵蓋的範圍甚廣，加上時間及作者們的學力所限，有所掛漏或失當之處在所難免，尚請方家學者不吝指正。

最後，本書得以完成，除了感謝三民書局的鼎力支持外，國立虎尾科技大學工業管理系同仁的鼓勵，與其三位作者家人的精神支持，在此一併致申謝忱。

賴福來　胡伯潛　黃信豪　謹識

‧於國立虎尾科技大學工業管理系

工業工程與管理

目　次

工業工程與管理

第六章 品質管制

第七章 工作研究

第八章　設施規劃

第九章　行銷管理

第十章　財務管理與工程經濟

第十一章　系統分析與設計

第十二章　人力資源管理

第十六章　工業工程與管理的未來

附　表

第一章
工業工程與管理概論

工業工程與管理是一個有其歷史淵源的學科。自 18 世紀末工業革命的開始，由於生產型態的鉅變，工業工程與管理乃應運而起，開始發展。1908 年，美國賓州州立大學正式成立了第一個獨立的工業工程系 (Turner, 1993)。1911 年，泰勒 (Frederick W. Taylor) 發表了《科學管理原理》(*The Principles of Scientific Management*)，將工業工程與管理帶入了另一個關鍵的階段。發展至今，工業工程與管理已融入了許多新的觀念與理論，使其更加完備，更能掌握工業發展的潮流。工業工程與管理是一門很活的學問，是一個不斷自我成長、自我鍛鍊的學問。展望未來，在各方都要求提高生產力的情況下，這門學問將持續扮演著很重要的角色。

1950 年代之前，全球的市場幾乎全由歐、美各國所掌握控制。尤其是美國，由於其優越的地理位置，避開了第一次世界大戰所造成的傷害，且又能以其本身的技術配合其豐富的天然資源，以致成為最強的經濟體。二次大戰後，歐洲各國飽受戰火的摧殘亟待重建。本土未受到戰爭影響的美國在此種契機下，更在世界的舞臺上扮演了超強的角色。但戰後的日本在美國的保護下迅速重建，其企業都不斷的努力，引進新的品質理念，改善本身的技術及產品的品質而逐漸的取得競爭上的優勢。以美國最引以為傲的汽車業而言，1960 年代，日本的汽車產量約只佔全球總產量的 1%；到了 1980 年代，美國的汽車產量只佔 22%，而日本的卻佔了 24% (Stevenson, 1993)；時至今日，不僅在汽車業，在其他許多的行業中，日本的企業也佔盡了優勢。

日本人到底是如何成功的？美國的工商業界及學術界早已對日本企業成功之道顯示出佩服及學習之意。即使是保守的歐洲各國，在領教了日本產品的威力後，也不得不認真探討日本企業成功的祕訣。經過大量的研究顯示，日本企

業成功的關鍵並不在於買了多昂貴的機器或有多高程度的自動化，而在於其管理的觀念及方式。日本人踏實的精神使其能接納並確實實行來自美國如戴明博士 (Dr. W. Edwards Deming) 及朱朗博士 (Dr. Joseph M. Juran) 的正確的品質管理觀念，因而徹底改善其企業體質及產品的形象而取得消費者的信心、佔有市場。研究並推廣執行日本企業此種非常成功的管理觀念及方式，正是屬於工業工程與管理人員的任務及工作。

在我國，工業工程與管理的發展起步甚早，後來更有蓬勃發展的趨勢。除了普通大學與工業工程與管理相關的系所於每年招收千名以上的學生外，尚有技職體系的科技大學、技術學院及專科學校不僅招收五專、二專、四技、二技及研究所的學生，還為在職者提供各種學制供他們學習有關工業工程與管理方面的學識及技術。工業工程與管理的人才於我國工業轉型的階段中扮演了一個很重要的角色。從較早期的工作研究、實施各項標準化的工作、設施規劃、品質管制、物料管理、生產管理，乃至於財務、人事管理，到後來的電腦整合製造、自動化生產、資訊化的推行、科技管理等。我國工業工程與管理的發展其實正與日本、歐、美等先進國家發展的過程是相關的。在我國工業發展的每一個轉型的過程中，工業工程與管理的人才都能適時的貢獻所長，發揮關鍵性的影響力。這是因為工業工程與管理的人員是一整合的專家，亦即以一宏觀的角度來整合一個企業所擁有的各項有效的資源，使其能發揮最大的功能，產生最大的效果。從過去到現在，工業工程與管理在我國的公、民營各大、中、小型企業都發揮了提高生產力及降低生產成本的效果。今後如何使我國的產業能成功的導入各種先進的管理觀念及技術，持續維持其競爭力而在國際市場上取得一席之地或領導的地位，工業工程與管理人才的應用是重要的關鍵因素之一。

1-1　工業之一般概念

傳統的「工業」(Industry) 指的是將種種原物料或自然資源加工，改變其形狀或性質，創造或增加效用 (Utility) 以滿足消費者的慾望及需求的各種生產事業。工業發展的演變過程，或稱工業制度的演進，約可分為下列幾個時期：

1. 手工技術生產時期 (Craft Production Period)

直到大約西元 1850 年，在此之前的產品大都為具高度純熟技術的工人以簡單但具彈性的工具製造出來的。物品的產量小且都只在當地的市場販賣。這個生產時期又可再分為下列三個階段：

(1)師徒 (Apprenticeship) 生產制：在這種生產制度下，一位技術純熟的「師傅」指導數位「學徒」以手工製造客戶訂製的貨品。為了自身的名譽，產品的品質受到相當的重視。

(2)茅舍 (Cottage) 生產制：在 18 世紀時期，歐洲各國產品的製造大都在自家房舍內進行的。每個家庭都是獨立的生產單位，並自行決定其生產的步調。

(3)工廠 (Factory) 生產制：於 18 世紀初期發展出的蒸氣機及一些節省人力的設備，使英國出現了早期的工廠生產型態。這些初期的工廠規模都不大且仍以手工為主。由於機器設備的使用彈性不大，產品的種類侷限於很小的範圍。

勞工專業化 (Labor Specialization) 及互換性零件 (Interchangeable Parts) 的觀念都在這時期被引用。其明顯的結果是生產力的提高及生產成本的降低。

2. 大量生產的時期 (Mass Production Period)

這個時期約自 1850 年至 1975 年。於 19 世紀中期開始在動力、運輸、通訊、生產製程、管理等方面技術的突破，使初期的工廠發生了極大的變化。這時期的工廠規模很大且大量生產標準化的產品。產品的製造成本因為製程持續的改善以及產量達到經濟規模而降低許多。

在這個階段有不少重要的觀念及技術被發展出來：

(1)泰勒的科學管理主張：泰勒在工作方法及員工及管理者應扮演的角色及應負的責任方面的研究，使工廠的管理產生了革命性的變化。他的研究內涵主要就是消除一切的浪費以降低製造成本。

(2)生產線的生產方式：福特 (Henry Ford) 將泰勒的主張、勞工專業化及互換性零件的觀念結合在一起，而於 1913 年設計了第一條的生產線。由於生產線上包含了低技術的工人以昂貴的機器執行簡單的工作，因而使得勞工成本降低但產量大增。

(3)各種管制技術的發展：許多目前所用的計量模式及統計技術都是在這個階段發展出來的，例如修華特 (Walter A. Shewhat) 的統計品質管制 (Statistical

Quality Control, SQC)，哈里斯 (Ford Harris) 的經濟訂購量 (Economic Order Quantity, EOQ)，甘特 (Henry L. Gantt) 的甘特圖 (Gantt Chart) 以及單西格 (George Dantzig) 的線型規劃等。

(4)計算機的發展：1950 年代開始了計算機的應用並開啟了資訊科技的世紀。物料需求規劃 (Material Requirements Planning, MRP) 及要徑法 (Critical Path Method, CPM) 都因計算機快速處理大批資料的能力而發展出來。其他的應用例如管制數百種、數千種的存貨項目、複雜的生產過程及大型的專案計畫等，若沒有計算機的話，根本無用武之地。

這時期的發展還包括了中階管理階層的興起、工業心理學及人因工程的研究等。

3. 彈性生產的時期 (Flexible Production Period)

二次大戰後，當美國工業界普遍應用大量生產的觀念時，日本及歐洲的一些國家對大量生產的方式並不十分熱衷。日本工業界所採用的生產方式是以一組具多種技術能力的員工使用彈性、自動化的機器設備而生產多樣少量的產品。此外，由於在產品及製程方面的持續改善，這些日本工業生產的產品品質佳、價錢也很合理，因而廣受消費者的歡迎。

這種生產制度自 1975 年持續至今，其間不斷有新的生產及管理的觀念出現，這些觀念將在後續的章節中一一的做進一步的敘述。

自原始的手工技術生產時期發展至今，工業的特質有明顯的變化，現代工業的特質甚多，以下就經營管理方面及生產作業方面分別說明：

1. 經營管理方面

奈思比 (John Naisbitt) 在《全球弔詭》一書中所提的「既要集中管理，又要分層負責；既要做主管，又要當屬下；既講究個人表現，又要能團隊合作。」(Naisbitt, 1994) 正足以形容現代工商業經營管理的新趨勢。因此在經營管理方面所表現的特質如下：

(1)大型企業內部組織的重整：過去企業越大越好的觀念已被淘汰，反而大家深刻的體認到大企業無效率的一面。因此許多大型企業，像 IBM、美國電話電報公司 (AT&T)、奇異電器 (GE) 等，都紛紛重整其組織，或分裂為許多小

公司，再彼此結盟；或將其組織變成自負盈虧責任的獨立、個別單位，再結合成網路。如此一來，公司的規模雖大，但其實際經營卻有著小公司效率的優點。

⑵中小型企業的興起：由於貿易的自由化、資訊及網路科技的普及、金融的自由化、消費者選擇的多樣化及人事上的彈性優勢等，都使中小型企業如變形蟲般的能迅速對外界的情況做適當的調整及反應，因而處處佔盡了優勢，提高了在市場上的競爭力。

⑶企業間既競爭又合作：於《全球弔詭》一書中提到了所謂的「策略聯盟」，即競爭對手間雖仍保持競爭的關係，但在某領域上卻又能互相合作。像美國福特 (FORD) 汽車公司與日本馬自達 (MAZDA) 汽車公司在某些車型上具合作的關係，但這兩公司在汽車市場上仍保持競爭的局面。此外，美國通用 (GM) 汽車公司與日本豐田 (TOYOTA) 汽車公司的關係也是如此。此種合作方式可使雙方的公司規模不致過大卻又能增加實力。

2. 生產作業方面

由於以時間為基礎 (Time-Based) 及以品質為基礎 (Quality-Based) 的生產觀念逐漸盛行，因而在生產作業方面出現了下列幾種特質：

⑴員工的功能增加：在大量生產階段，負責生產的工人只需瞭解某一加工步驟的操作即可，但目前的員工除了需知道數種生產作業的進行外，還需做例行的機器設備維修工作、參與公司決策的制定及各種的改善活動等。這是由於競爭的激烈及教育的普及而造成的結果。

⑵產品的產量高、樣式也多：由於群體規劃 (Group Technology, GT) 等技術的應用，類似的產品可以較有效率的生產線方式生產。如此一來，產品的單位生產成本低，而消費者也能有多種的選擇。

⑶低存貨：由於存貨不再被視為資產而被視為成本，再加上及時生產 (Just in Time, JIT) 的觀念，公司皆以「零存貨」為其目標，因此除了為應付立即生產所需的原物料或零、組件之外，不須持有多餘的存貨。

⑷小批量生產方式：使用小批量的生產方式可降低生產過程中的在製品存貨。而由於批量小、檢驗的數量少，因品質不良所造成的影響也較小，因而檢驗成本及重製成本都可降低。此外，批量小也可使生產排程更具彈性。

(5)產品品質高：由於市場競爭的激烈，各廠商無不重視其產品的品質，因而有全面品質管理 (Total Quality Management, TQM) 觀念的盛行。同時，低存貨及 JIT 的生產方式對各階段製品的品質要求很高；小批量的生產方式亦可有效的防止品質變異情形的發生。最重要的則是員工的素質提高、功能增加，大家都重視產品的品質並能持續的進行各種改善的措施。

 ## 1-2　工業工程與管理之基本概念

1955 年美國工業工程師學會 (American Institute of Industrial Engineers, AIIE) 對工業工程定義如下：工業工程注意的是包含人員、物料、資訊、設備及能源等整合系統的設計、改善及設置。它由數學、自然科學及社會科學中擷取特殊的知識，將之與工程分析與設計的原理及方法結合，然後對由上述系統所得的結果進行詳細的敘述、預測及評估。

工業工程與管理的產生是由工業革命而來。因為工業革命所造成的結果是大量生產的型態，企業的組織及生產的架構皆較以往複雜許多，所以在此之前用以經營家庭式或小型的生產事業的方法就不再適用。為了尋求一套新且有效的管理方法，工業工程與管理此學門因而應運而生。受過工業工程與管理訓練的人必須具備計畫及組織的能力，並能指揮大型、複雜系統的運作。使一公司的運行有成效且有效率是工業工程與管理的基本原則，這基本原則也成了工業工程與管理本身能不斷接受新的觀念、融入各種新的技術的原動力。

在工業工程與管理的發展背景方面，Charles Babbage 於 1832 年出版了一本書叫 *On the Economy of Machinery and Manufactures* (Turner, 1993)，此書的內容主要是 Babbage 於拜訪位於英國及美國的一些工廠時，有系統、很仔細的記錄這些工廠的作業情形所得的一些結論。他提出應該讓女性及童工從事較低技能的工作以節省工資，這是因為體力及當時受教育不普遍的因素。此外他還建議勞資雙方應保持和諧良好的關係。但是 Babbage 只對其觀察所得做出結論，並未試圖改善工作所用的方法。

工業革命之後由於生產方式與以往的大異其趣，因此在管理上就面臨了重大改變的壓力。對此雖有人注意並從事研究的工作，但一直到泰勒才開始以科

學的方法徹底分析、探討與管理有關的各種問題。對其研究所得，泰勒均有完整的著作出版。而由於其重大的貢獻，泰勒被尊為科學管理之父。泰勒的論點主要是以科學的方法來分析一件工作的內涵，然後設計出正確的工作方法以達最高的效率。他改善效率的方式有三個步驟 (Turner, 1993)：分析及改善目前的工作方法、減少工作所需的時間，及訂定一標準的工作時間。泰勒的方法使當時工業界的生產力立刻顯著的提升。之後許多與生產相關所做的改善皆根源於泰勒的觀念。

泰勒的主要著作有二，其一是 1903 年出版的《工廠管理》(*Shop Management*)。此書將其過去的實驗與研究所得做一整理，將管理視為一有系統的知識。由於泰勒管理制度的風行，使其於 1911 年發表另一鉅著《科學管理原理》(*The Principles of Scientific Management*) 而成為工業工程與管理發展史上的一部經典之作。該書中開宗明義的指出管理的基本目標就是保障雇主及雇員雙方最大的福祉 (Taylor, 1967)。這項精神不僅貫穿了全書，事實上也延續到今日。新進的管理觀念沒有一個不是強調勞資雙方關係要和諧的。泰勒在該書中提到科學管理的四項責任 (Duty) (Taylor, 1967)：

1.個人工作的各項基本動作都應以科學的方法為之，而不是依據過去的經驗通則。

2.揚棄過去由工人自行選擇工作並且自我訓練的方式，改以科學的方法選擇適任的員工並加以教育、訓練，及輔導。

3.管理者應與工人密切結合，使每件工作都能以合乎科學原則的方式進行。

4.揚棄過去由工人負擔大部分工作及責任的作法。管理者與工人應公平的承擔工作量及責任，尤其是屬於管理方面的工作及責任更是應由管理者來負擔。

該書中還提到了他進行的一些改善工作方法的實驗 (Taylor, 1967)。其中之一是在貝士樂漢鋼鐵公司 (Bethlehem Steel Company) 所做的生鐵 (Pig Iron) 搬運實驗。該工作原先由大約 75 個工人負責，績效是每天每人可搬運 12.5 噸的生鐵。經泰勒等人的觀察、分析、改善後，每人的績效可達每天搬運 47～48

噸的生鐵，且改善前工人的工作時間為原先的 43%，其餘的 57% 則為休息時間。經過泰勒等人的實驗，將休息次數及時間做適當的分配後，工人於每次搬運過後都能迅速的恢復體力以進行下一次的搬運。當然改善的過程中還包括了工人的教育訓練以及工作方法改善的配合。另一項實驗也是在同一家鋼鐵公司進行的。原先大約有 600 人負責鏟鐵砂及煤粒等物料的工作。這些工人自己準備工作時所需的鏟子。經過觀察及試驗後，泰勒發現 1 個熟練的工人每次鏟起的重量應為 21 磅。若讓工人使用自己所挑選的鏟子，他就會以同樣的鏟子去鏟各種不同的物料。因此鏟鐵砂時，1 鏟的重量約為 30 磅，鏟煤粒時卻只有 4 磅不到。為了避免這種時而負荷過重，時而負荷過輕，兩者皆影響工作效率的情形發生，泰勒建議該公司成立一間大的工具室，工人所需的鏟子由公司供應，如此一來工人可依不同的原物料使用適當的鏟子。經過泰勒的工作方法訓練後，每個工人每鏟的平均重量都可達到 21 磅的要求。經過泰勒的改善，該公司在這方面所需的人力降為 140 人，每人的績效從每天 16 噸提升到 59 噸，每人每天的工資從美金 1.15 元提高到 1.88 元，而公司處理 1 噸原物料的成本卻從美金 0.072 元降到 0.033 元。透過工作方法的改善，使工作效率大幅提高、生產成本降低、工人的收入也同時增加，這正兼顧了勞資雙方的利益。而這種不增加營運成本卻能提高生產力的結果也正是科學管理的本質所在。

在泰勒的《科學管理原理》一書中曾多次提到了吉爾伯斯 (Frank B. Gilbreth) 在基本動作方面的研究成果，尤其是將科學管理的原則應用在砌磚上面。吉爾伯斯研究的主要貢獻 (Turner, 1993) 在於辨認、分析，及衡量於執行工作時所用到的基本動作。例如他將基本動作分成「伸手」(Reach)、「移動」(Move)、「握取」(Grasp)、「對準」(Position)、「尋找」(Search) 等。以影片來分析操作人員的工作，吉爾伯斯衡量出在不同的情況下執行個別基本動作所需的時間。這麼一來，一件工作在設計階段就可估算出所需的完成時間而不需等現場實際操作後才能得知。吉爾伯斯的太太吉爾伯斯博士 (Dr. Lillian Gilbreth) 因為有心理學博士的背景，將工作人員心理方面的因素帶入了工業工程與管理的領域，其貢獻 (Turner, 1993) 主要在於勞工福利及勞工關係方面的研究。吉爾伯斯夫婦的成果直接促成了工作研究的成型。

其他早期的先驅者尚包括了設計甘特圖的甘特。因其以圖形的方式很有系統的顯示出各種工作的進行情形，以供評估及修正。直到今日，甘特圖仍為各界廣泛使用。

修華特則於 1924 年提出了統計品管的基本原則。其研究也是工業工程與管理中重要的基石之一。

愛默生 (Harrington Emerson) (Stevenson, 1993) 將泰勒的理論應用在組織結構上，以改進組織的效率。他曾在美國國會的聽證會上指出，若將科學管理的原則應用在鐵路管理上，則一天將可省下 100 萬美金的成本支出。

福特 (Stevenson, 1993) 則將大量生產的方式帶入汽車的製造。

工業工程與管理的發展，大致歷經下列幾個階段：

1. 科學管理階段（約自 1900 年至 1930 年代中期）

此階段探討的是科學管理的觀念及方法。出現於這階段的特色包括了互換性零件、大量生產、標準化、勞力分工及專業化及工作研究等。

2. 工業工程的階段（約自 1920 年代末期至今）

在這階段出現的特色有勞工聯盟、工具設計、等候理論、獎工制度、生產力、工程經濟、排程圖及統計品管等。

3. 作業研究的階段（約自 1940 年代中期至今）

作業研究在工業工程與管理的發展中產生極大的影響。作業研究是於二次世界大戰期間在英國及美國發展出來的。當時的目的是要藉數學、行為科學、機率論、統計學及其他科學理論來解決與戰爭有關的複雜問題。作業研究包括的範圍極廣，例如線型規劃、整數規劃、動態規劃、馬可夫鏈、計畫評核術等。可以說大部分以計量方法解決管理或一般公司運作上的問題的方式，都是來自作業研究觀念的應用。

4. 系統工業工程階段（約自 1970 年至今）

前述幾個階段皆匯入此階段，即使是早期科學管理的觀念仍可沿用至今。因此各階段都未結束，只是不斷的融入新的觀念以適應新的挑戰。在這階段出現的特色有自動化、系統設計、資訊系統、決策理論、模擬學、系統工程及最佳化理論等。

1930 年代至今，更有無數的人在不同的領域中提出各種不同的理論。有的只適用於某些特殊情況或只存在了一短的時間，有的卻能被應用於較大的範圍而廣為流傳。凡此種種都促使工業工程這門學問不斷的改善、進步，而隨時都能趕在工業發展趨勢之前，做出貢獻。

 ## 1-3　管理之一般觀念

管理的意義就是將企業中的一切資源做最有效的運用，以達成企業經營的目標。因為管理的目的是為了要達成企業的經營目標，所以管理所用的一切方法都須以達成此目標為原則。

管理的對象為企業中的一切資源，這些資源包括了：人 (Man)、金錢 (Money)、物料 (Material)、資訊 (Message)、機器 (Machine)、方法 (Method)、市場 (Market)，也就是常稱的 7M。這七項資源中最重要的就是「人」。因為其他六項的資源皆須靠「人」去執行處理。但「人」具有人性，人性是多變、複雜、有理性的一面也有感性的一面，有光明面也有陰暗面，因此對「人」的管理比起對其他六項資源的管理要費心、困難得多。如何使每個人都發揮其人性光明的一面而摒除陰暗的一面，正是管理面臨的最大挑戰。

在工程的管理方面，管理的功能可分為下列七項 (Bennett, 1996)：

1. 計畫 (Planning)

對未來預期會發生的事先做好準備工作。例如，設定短、中、長期的目標，預算的準備，對未來做預測等。

2. 組織 (Organizing)

建立一套溝通、權力及責任的規範。將每個人、機器、設備所扮演的角色都分配好。使每個人、機器、設備及金錢都能有效的發揮其應有的功能。

3. 用人 (Staffing)

決定用人的需求。尋找人才、僱用人才及訓練人才。此外還需將個人的需求與公司的需求結合在一起，以達雙贏的境界。

4. 激勵 (Motivating)

提供一個能鼓勵員工、激發員工生產力的環境。使員工能將其個人發展的

目標與公司的發展目標結合，因而隨時自我改善，學習新的知識及技能，隨著公司一起成長。

5. 溝通 (Communicating)

溝通具有多種目的，也有多種方法可進行。公司營運的目標及目的固然要明確的傳達出去，各種資訊、指示及命令也須傳送出去且被接收無誤。當然溝通是雙向的，員工的建議及抱怨也須有適當的管道傳達至上級管理人員。溝通可以是正式的，也可以是非正式的。它包括了書面文字的，口頭說明的，也包括了閱讀（書面文字）及傾聽（口頭說明）。

6. 工作績效衡量 (Measuring)

個人及部門的表現須隨時加以監測及評估，其目的是要將這些表現與事先設定的目標相比較，以瞭解目前工作的成效及進度。

7. 糾正 (Correcting)

根據工作績效衡量的結果，進行必要的改進措施，使預設的目標或計畫能順利的進行及完成。

上述七項管理功能可依不同的企業、不同的工作性質而有不同的執行方式，但其基本精神卻都是一樣的，就是要達成公司營運目標及目的。

不同的時代有著不同的工業型態，因而有不同管理觀念及方法。現代工程管理的觀念是經長期演變而來的。工程管理並不是新的東西，早在西元前 5000 年時，索馬利亞在其建築的工程中即展現了記帳、計畫及組織等管理功能。到了西元前 3000 年，埃及金字塔及中國長城的建造過程中也出現了計畫、工作績效衡量及進度控制等功能。西元元年，羅馬則出現了中央控制、通訊網路及獨裁的領導方式等功能。

現代工程管理的觀念主要是由三種管理學派的理論演變而來的：

1. 傳統的管理方法

約自 1900 年開始，由泰勒的科學管理、費堯 (Henri Fayol) 的管理原則及韋伯 (Max Weber) 的官僚行政組織的理論所構成。管理上所需的原則及指導方針於此時首度被正式的提出來。這種管理的觀念主要的論點是人都是理性及經濟性的，因此所有的管理原則及方法皆是根據此論點而來。忽略人性因素是傳

統管理方法最大的弱點。

2. 行為的管理方法

此種方法注意的是人內心的動機。因此許多理論皆提到，若要提高生產力，一定要讓員工有達成某些目標的慾望，對其工作有滿足感且能實現其社會需求。屬於此種管理方法的理論有馬斯洛 (Maslow) 的動機論、麥格雷 (McGregor) 的 X–Y 論及赫茲柏 (Herzberg) 的雙因素理論等。此種管理方法約始於 1925 年。

3. 數量的管理方法

為了要協助管理者做適當的決策，不少數量的技術如作業研究、管理科學及數量分析等都被開發出來了。這些方法也約始於 1925 年。由於計算機功能的增強，這些數量方法在管理上扮演了更重要的角色。

約自 1960 年開始，上述的三個管理的學派逐漸融合成為現代的工程管理觀念。由於現代的組織非常龐大及複雜，沒有任何單一的理論能解決所有的問題。因此，現代與早期管理理論最大的不同之處就是早期的管理理論多半只考慮一組織的內部運作，視其為一封閉式的系統而將某單一的數值最佳化；現代的管理理論則視組織為一開放、與外界各項因素互相交互影響的系統。在現代的管理理論中，不確定性及人性因素的多變及複雜受到相當程度的重視並視為理所當然之事。

 1–4　與工業工程與管理相關發展的衝擊

自工業革命以來，在工業工程與管理的發展階段中，由於新技術及觀念的引進而造成重大影響的有下列幾個：

一、作業研究 (Turner, 1993)

作業研究的觀念及技術於二次世界大戰後就被廣泛的用在解決工商業界複雜的問題上。由於不少科學家及數學家不斷花費很大的心力在作業研究的發展上，使得工業工程與管理的人員與學習其他科學領域的專家有大量互動及交流的情形發生。這種融入新的觀念及新的方法以解決問題的情形，使得工業工

程與管理的教育內容及應用範圍有很大的改變。自作業研究的併入後，它就成了工業工程與管理中一個很重要的領域。大部分以計量方法解決管理或一般運作上的問題的方式可說都是來自作業研究觀念的應用。

近年來更有大批的專家研究如何以作業研究解決一些複雜的生產問題以求得最佳的績效，作業研究這門學問可說是歷久彌新，隨時都能發現新的應用對象及問題。

二、電子計算機的應用 (Turner, 1993)

若干專家指出我們正處於所謂的第二次工業革命階段，果真如此的話，那電子計算機的發展應是促成這次工業革命最重要的因素。

電子計算機的發展使大量的資料或計算能在極短的時間內被處理完成，這種特殊的能力使工業工程與管理的人員能更有效的管理及控制既大又複雜的系統。原先在作業研究的應用中只能為一些較簡單的問題求得最佳解，亦即面對複雜的問題時，經常是數學模式及理論都已建立出來了，但因計算過於複雜而難以求得最終解，而電子計算機的出現有效的解決了此種困境。

即使對那些過於繁複無法以數學模式完整表達的問題，由於電子計算機快速的處理能力，工業工程與管理的人員可以模擬的方式予以測試，事先對各種與公司營運或生產有關的活動進行評估分析。此種處理方式使公司可在不需實際操作的情況下，就能在極短的時間內對許多不同的方案進行結果比較，使公司的規劃及運作減少許多風險，也使其經營更加有效率。

近年來由於迷你型電腦及個人電腦的功能不斷增強、價格不斷下降，這些電腦的應用更是普遍，電腦已成各公司日常運作中不可或缺的設備。除了用在各種管理的事務上，在生產製造上更是發揮了電腦的功能，在這方面衝擊最大的有電腦輔助設計 (Computer-Aided Design, CAD)、電腦輔助製造 (Computer-Aided Manufacturing, CAM)、電腦輔助工程 (Computer-Aided Engineering, CAE)，以及電腦整合製造 (Computer-Integrated Manufacturing, CIM) 等。許多在傳統工業工程與管理中所用的管理方法及生產方式皆可藉電腦的應用變得更易控制、更有效率。

三、服務業的蓬勃發展 (Turner, 1993)

　　過去工業工程與管理的應用範圍多半限制於生產製造業上，但自二次世界大戰後，許多專家很成功的將工業工程與管理中的觀念及所使用的方法及工具應用在非製造的行業上。最早使用工業工程與管理技術的服務業中，醫療業是其中之一。許多工業工程與管理的人員被找去改善他們的工作方式，減少各種浪費、控制存貨、規劃各種活動及人力分配的優先次序，以及其他的運作。政府單位也用工業工程與管理的人員進行各種改善的工作以提高行政效率、減少公文、設計電腦化的管理系統、實施專案規劃、控制採購品的品質及可靠度等。

　　最主要的原因是目前許多生產製造業本身就具有許多服務的功能（如銷售、運輸、客戶服務等），而目前的服務業許多都是規模龐大且複雜的組織體系。工業工程與管理中許多的管理技術及方法都能提供一套完整且系統化的方式來經營管理這些企業，例如需使用倉儲的行業（化妝品、菸、酒、進口商品等）就需考慮設施規劃的問題、運輸的問題、物料管理的問題、銷售管道的問題、市場據點設置的問題等等，這些問題都可以工業工程與管理中的技術加以解決。

四、日本式管理觀念的衝擊

　　由於日本企業經營的成功，使得世界各國皆認真探討其成功的原因，日本的企業都能發展或改善其管理的方式以達到增加生產力及提高產品品質的目的。他們的管理觀念主要是強調發掘問題並予以解決、經營者及員工的參與、品質的強調、持續的改善，以及製造能符合顧客需求並能令顧客滿意的產品。日本企業最大的貢獻在於「品質革命」(Quality Revolution) 及強調時效性的管理觀念，而這些特色目前正為各工業先進的國家接受並採用。

　　實際上日本企業採用有關品質的觀念主要來自戴明博士 (Dr. W. Edwards Deming) 及朱朗博士 (Dr. Joseph M. Juran) 在日本數十年間對品質概念的推廣所致。因為日本企業在產品品質方面的成功，兩位博士的論點才為美國各企業重視而積極的採用、推行。

五、電子商務與網際網路的盛行

　　個人電腦等資訊硬體的發展，使得經營管理人員能更有效率的處理更多的資料或更大、更複雜的問題。相較之下，網際網路的興起所帶來的影響，除了在效率及速度方面之外，甚至還會顛覆傳統的經營管理方式。

　　目前這一波所謂資訊革命帶來的影響，應該是自工業革命之後對工業工程與管理這領域最重大的，而且這個影響仍在持續進行當中。過去決策所需的各種資訊因為需要相當的時間蒐集，決策者可在一面蒐集相關資料的同時進行各種不同的評估作業，也就是說他們在做出重大的決策前，一般都會有充分的時間可做完整詳細的評估。可是隨著資訊科技、尤其是網際網路的發達，使用者幾乎可在任何時間、任何地點，於彈指間就能找到鉅量的資訊。這麼一來，如何由這些龐大數量的資訊中過濾出相關有用的資料，並於極短的時間內做出決策，不僅是管理者必須具備的能力，更是講求效率及生產力的工業工程管理人員必須面臨的重大考驗。

　　就如同當代管理大師彼得‧杜拉克在其《下一個社會》(*Managing in the Next Society*) 書中所提到的，網際網路最終為人類帶來的影響，恐怕要到以後才能完全揭曉。可是截至目前為止，透過網際網路所形成的無國界、無時間限制的網路世界，事實上已對人類的日常生活作息及企業的經營管理方式帶來重大且無法逆轉的效果。對非網路世代出生的經營管理者而言，這個網路的世界似乎過於虛幻而難以掌握。可是他們若不能接受網路世界存在的事實，並且充分掌握這個世界所帶來的好處，那他們企業的經營績效可能遲早會出現嚴重的問題。

✵ 1-5 結 論

　　美國的特色在於學術研究的風氣很盛，各種理論學說多得令人目不暇給，但企業界卻不見得會採用學術界所提出的理論及觀念，或者不會選擇正確適當的理論或觀念以為己用。而日本企業的長處則在於能從他人的理論或觀念中選擇出真正有效的部分出來，然後加以推廣及實行。當然由於日本企業的成功，

美國企業才開始重視原本就存在的東西。但因為基本的理論及觀念本就源於美國，所以只要美國的企業下了決心去改善，自然就能很快的趕上日本企業的發展。反觀其他國家的企業在接受新的管理觀念的衝擊下，有些是視若無睹，有些是只學了點皮毛，用了他人部分的觀念而忽略其本質及精神所在，在這種情況下的企業體質是難以獲得真正的改善而具有市場競爭力的。

過去我國工業的發展主要是以技術層面較低的勞力密集的輕工業為對象，但隨著工資的高漲、人工成本的增加，這類型的工業已逐漸為較落後的地區如大陸、東南亞及中南美國家的工業所取代。在高精密工業大都由歐、美、日等國的企業主導，而技術層次較低的工業又被工資較便宜地區的企業替代的情況下，臺灣企業的成長之道除了要更進一步的提升自己的技術水準及產品品質外，更要以管理取勝。換言之，如何更有效的經營管理一個企業以減少各種浪費、提高生產力及產品的品質是很重要的課題，而這些都是身為工業工程與管理人員的責任。

當美國及英國等國家研究並導入日本企業的管理觀念及方式時，國內一些企業根本無動於衷，或者只做些表面功夫。這些作法有時不僅對企業本身沒有好處，反而容易引起員工的怨懟。一位蘇格蘭納比爾大學 (Napier University) 的教授提到英國的企業對日本企業的管理方式很信服也都紛紛學習採用，該位教授說文化的差異並不能成為不努力實行的藉口。一些國內企業普遍犯下的錯誤是對員工的要求很多，卻未相對的給員工應有的福利。要求員工改革，高階層的管理人員卻不做自我調整，仍是我行我素、置身事外，彷彿改革與其無關的樣子。日本企業管理方式的特色就在於全體員工，上自經營者，下至基層員工，大家共同的參與，一起發掘問題、解決問題。而不是迴避問題、掩蓋問題以推諉責任，同時也注重員工的權益，不僅在有形的福利待遇方面且還包括了對員工尊重方面的措施。所以當國內企業抱怨員工流動率高時，是否該自我檢討是否給予員工應有的待遇及尊重？當抱怨經營績效不彰時，是否該自我檢討一下問題是不是出在本身？若無法提供員工一個安全有保障的工作環境時，員工如何能安下心來做事？當高階層管理者不自我要求、樹立榜樣的話，如何能要求員工為公司賣命呢？沒有全員的參與，任何改革都註定要走上失敗一途。國內

一些企業的一個通病就是過去是這麼做的，為何現在不行。他們似乎沒有體認到過去廉價人工的優勢已失去了，現在的企業除了技術外，不靠管理方式的改善是很難繼續生存下去的。

我國經濟發展面臨的一個明顯的現象是服務業的快速成長，依行政院主計處的資料顯示，2002 年臺灣服務業所佔的國內生產毛額 (GDP) 比例已達67.1%，同期工業所佔的比例為 31.0%，而農業只佔 1.9%。在就業人口方面，2002 年服務業就業人口所佔的比例為 57.5%，同期工業就業人口卻下降至 35.1%，而農業就業人口只佔 7.4%。由此現象看來，我國從事服務業的人力已與其他先進國家的情形相當。同時由歐、美、日各國的發展情形及臺灣過去的發展軌跡觀之，可預見的是，我國從事服務業的人口將只會逐年增加而不會減少。事實上，隨著生產製造業的萎縮及外移，而我國每年由大專院校及研究所培養出來的工業工程與管理的人才應超過 2000 人，這些人當中勢必有些需往服務業發展。許多學習工業工程與管理的人員也並不想到製造業服務。如何將工業工程與管理中的理論、觀念及技術有效的應用在各類型的服務業上，應該是從事工業工程與管理教育人員一項責無旁貸的工作。

我國以中小型企業為主，雖然在資本及研究經費、設備等無法與歐、美、日等國的大企業相比，但能迅速迎合市場的需求卻是我國企業的特色及長處。如何繼續發揮此種特色而與新的管理觀念相配合以取得競爭的優勢，應是工業工程與管理人員努力的方向及責任。

參考書目

1. Turner, Wayne C., Mize, Joe H., Case, Kenneth E., and Nazemetz, John W., *Introduction to Industrial and Systems Engineering*, 3rd ed., New Jersey: Prentice-Hall, Inc., 1993, pp. 18, 13, 19-21.

2. Stevenson, William J., *Production/Operations Management*, 4th ed., Richard D., Irwin, Inc., 1993, pp. 42, 25.

3. Naisbitt, John, Global Paradox, *The Bigger the World Economy, the More Powerful*

Its Smallest Players, William Morrow & Company, Inc.,1994.《全球弔詭——小而強的年代》，顧淑馨譯，天下文化出版，1994，p. 7.

4. Taylor, Frederick W., *The Principles of Scientific Management*, New York: W. W. Norton & Company, 1967, pp. 9, 36-37, 42-43, 65-68.

5. Bennett, F. Lawrence, *The Management of Engineering*, New York: John Wiley & Sons, Inc., 1996, p. 14.

1. 泰勒科學管理的四項責任為何？
2. 近代與工業工程與管理相關的衝擊為何？
3. 說明我國服務業的現況及未來發展情形。

第二章
管理的基本職能

管理，最簡單的定義是經由他人完成工作 (Work done through by others)，或稱透過他人努力，把事做好 (Getting things done through other people)。因此，管理的基本職能通常分為計畫 (Planning)、組織 (Organizing)、用人 (Staffing)、領導 (Directing)，和控制 (Controlling) 等五項。基本上，管理是一種活動，它要先從周延的計畫著手，然後依循整個企業生產組織系統，運用有限的人力 (People)、物力 (Things) 及構想 (Ideas) 等資源，做最妥善的活動安排與管制，以達到預期的生產目標。為了能充分瞭解管理的基本職能，本章將從計畫、組織、用人、領導和控制等五項職能逐一說明。

 2-1 計 畫

一、計畫的基本概念

《禮記·中庸篇》提到：「凡事豫則立，不豫則廢。言前定，則不跲；事前定，則不困；行前定，則不疚；道前定，則不窮。」意思是說任何事情，預先有了準備就能成功，毫無準備就註定要失敗；說話前事先考慮周詳，就不致有詞窮失當之處；做事先有計畫和準備，就不會發生困難；採取任何行動前，若能預先安排妥當，事後才不會懊惱愧疚；做人的法則，能事先擬好，才不會到處行不通。這段話足以勾勒出做任何事情，要獲得良好的成效，需有一完整的計畫來逐步實施以達到預期目標。相對地，從管理的角度而言，計畫是管理功能的第一階段，是配合組織、用人、領導，和控制等而明確地規定誰在什麼時候、於什麼地點、做什麼事、用什麼方法做、做到什麼地步等一連串有關未來行動方案的最佳選擇。

　　事實上，計畫就是事先做準備，準備明天動手要做的事。換言之，計畫就是達成某一目標而規劃的行動方案。由於計畫是對未來進行探測，必須時時顧慮到未來的不確定性，難免讓人有不安全感或猶豫不決，其實不然，因為計畫是我們每個人日常生活的一部分，我們天天做計畫，例如三餐要吃什麼、出門旅行、做生意、搬家、換工作、讀書等都得做計畫；相反地，如果缺乏計畫，就得東跑西跑力求改進，如俗話說，不動腦筋做計畫的人，就得多辛苦走動了。

　　綜而言之，計畫是管理程序中的第一步，也是最重要的一步，計畫能使公司企業所欲實現的目標陳述得格外明確，它包括確定目標，派定職責，採取行動，並經由他人達成預定目標，這之間，仍需時時加以評估管制，做必要的調整改正，甚至重新擬訂目標，以做到盡善盡美的最佳地步。因此，一個良好的計畫，具有下列五項主要利益：

　　1.計畫可以促成事前的系統分析，做全方位周延的規劃，避免獨斷決策可能帶來的損失，能將未來不確定因素所引起的困擾，降至最低的程度。

　　2.計畫中所明定的事項，都要各相關人員能充分瞭解配合，因此，計畫本身是管理者最好的意見交流工具，若經由最高決策主管同意，做成書面報告，使各相關人員能夠詳細閱讀、理解並有所遵循，才不致造成混亂，無所適從。

　　3.由於計畫說明了應該做何事、如何做、由何人去做，明確地規範每一工作的指派事項及所負的工作責任，如此一來，每一項工作都明訂得非常清楚，表示工作上很安定，執行和考核工作容易，員工瞭解工作的進度和要求，自然能主動地完成工作的預期目標，在此適當計畫的訂定下，可以提高員工的工作士氣，進而提升生產力。

　　4.配合公司企業的經營計畫，需要適當的人力來完成工作。公司企業往往趁這些計畫的訂定，羅致幹練的工作人員，賦予重任，一方面讓員工有被重用的滿足感，另一方面發揮用才和留才的功效，無形中激勵員工士氣，相對地可以塑造一個良好的組織氣氛。

　　5.訂定時程表是計畫工作的一部分，也就是說任何一個作業步驟沒有配置時間表，或者沒有在恰當時間依照正確時間順序執行，必定會嚴重地影響成本與交貨。因此，計畫的明顯的利益，可使各階層更能善用時間，換言之，計畫

的目的在於透過工作的統整，減少工作的重複與無用的空轉，使所有的精力集中在有意義的活動上，而不用在瑣細事項。

二、計畫的程序

計畫是根據決策擬訂實施程序或步驟，亦即設計如何達成預定目標的具體方案，因此，計畫著眼於可預見的未來，其歷程包括預測、目標、決策、方案、日程、程序、規則，及預算等一系列有條理有系統的行動方式；計畫可說是邁向未來的第一步，為能順利達成預期目標或任務，計畫的基本步驟如下：

1. 確立目標

我們瞭解，不論從事何種工作亦不論執行單位的組織大小，首先必須確立工作目標，有了目標方向，才能據以規劃適當的人力、物力和方法等來按部就班地執行。通常，目標可分為必需達成的目標 (Must Objectives) 和期望達成的目標 (Want Objectives)，為使目標明確化 (Specific)、可衡量 (Measurable)、能夠達成 (Attainable)、很實際 (Realistic) 和具有時間性 (Timing Related)，最好將目標寫出來，如下個月 A 產品的不良率由現在的 12% 降為 10%，下年度的營業額提高 20% 等。

2. 計畫作業程序

包括必須做些什麼?(What has to be done?) 如何去做?(How will it be done?) 在那裡做? (Where will it be done?) 和何時做好? (When will it be done?) 這樣一來，循著作業流程規劃，安排每一作業所需的原物料、設備工具、操作說明書 (Operation Sheet)，欲達到的質和量等規範，以便能夠順利完成預期的工作目標或任務。

3. 由誰來做

亦即派定職責，將執行計畫各項工作的人員條件（包括知識和技能），事先加以訂出，俟實際執行時能找到適當的人員擔任，或者可以先行找人加以訓練以符合作業要求。

4. 意見交流

一旦擬就計畫，確立了目標，策定了作業程序，分配了人員職責，接著是

非常重要的步驟，那就是意見交流。為使計畫更周延具體可行，需讓所有相關人員參與，進一步瞭解計畫流程，是否有窒礙難行之處，經過慎密溝通檢討修正後，取得共識，到了執行階段將更容易掌握達到預期結果。

5. 訂定計畫書

計畫有繁有簡，可以簡單到只寫在一張紙條上，也可以繁複到需使用要徑圖 (Critical Path Method, CPM) 或計畫評核術 (Program Evaluation Review Technique, PERT) 等把複雜而互相關聯的作業，以圖表示出來。當然一個完整的計畫書，簡言之，包括所謂的 5W2H，即做什麼 (What)、為什麼要做 (Why)、在那裡做 (Where)、由誰做 (Who)、什麼時候開始和完成 (When)、如何做 (How)，及需要多少預算經費 (How much) 等。計畫書從建立目標，確定必須完成的工作，列出作業步驟並說明必須完成的是什麼，如何去完成，在何時，在何地由何人完成，並使每項作業的各部分有一定時序，期望做到高品質低成本的目標。

三、目標管理

目標管理 (Management By Objectives, MBO) 係於 1954 年由管理學者彼得・杜拉克 (Peter F. Drucker)，在其《管理實務》(*The Practice of Management*) 一書提出，並經由多位學者如 George S. Odiorne 和 John W. Humble 等的努力闡揚宣導，目標管理是鼓勵部屬或各部門自行擬定所欲達成的目標，然後全力以赴，朝這方面努力，接受挑戰，用以刺激個人或團體向上的意願，提高效率，擴大工作效果，滿足個人或團體成就目標。

原則上，目標管理係在企業經營的整體目標引領下，轉換為各部門及個人目標，在訂定目標的過程中，尊重部屬的專業知識與技能，本諸人性尊嚴與參與的理念，由部屬和主管共同議訂，所定案的目標，作為部屬努力的方向，由於是部屬同意訂定的目標，容易激發部屬的責任感和潛在能力，藉由部屬的自我控制 (Self-Control) 和主管的外在督導 (External Control) 下，有效地達成預期的工作目標。

目標管理適用於企業內各階層人員，如圖 2–1 所示為目標管理的基本構念

圖，它是經由部屬和其主管共同會商部屬的工作計畫內容，包括項目、質量標準（如百分比、比率等數值）、時效及執行目標所需配合條件、授權範圍、協助、不可預見的風險等因素，由部屬與主管雙方坦誠交換意見，在獲得雙方認可後，將欲執行的目標填入目標卡如表 2-1 所示，目標卡應備一式兩份，經同意簽章後，主管和部屬各執一份，以便逐期追蹤，糾正偏差，以及期末檢討與評核之用。由於目標是經過商談而成立，員工對自己執行的目標必然具有信心，主管對員工的期望有所寄託且深具信心，可說是提升員工工作績效很好的激勵措施。因此，目標管理活化計畫功能，使主管與部屬充分溝通，依既定的目標執行各工作計畫。

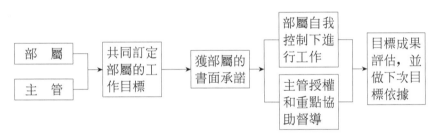

圖 2-1　目標管理的基本構念

表 2-1　目標卡

目　標　卡			日期：94.9.1
員工姓名：＿＿＿＿＿		職稱：＿＿＿＿＿	
進入公司日期：＿＿＿		本職啟用日：＿＿＿	
預定工作目標	優先順序	預定完成日期	結　果
1.降低 A 項產品不良率從 10% 至 5%	1	94.12.31	
2.減少每月請事假至二天內⋮	2	94.12.31	
員工簽章：＿＿＿＿		日　期：＿＿＿＿	
主管簽章：＿＿＿＿		日　期：＿＿＿＿	

四、預測 (Forecasting)

　　企業內的各項經營決策及計畫，必須建立在需求預測的基礎上，由於預測係針對未來的需求進行推測，以利現場生產製造作業，適時、適質、適量地提供顧客滿意的產品或服務。

　　現代的企業經營競爭日趨激烈，市場變化迅速，各級管理人員為能適應新科技時代來臨，需要隨時掌握最新資訊，以作為計畫與決策的參考。當然，高層管理人員著重策略性規劃，策訂二年以上的長期發展計畫，中層管理者則根據高層的決策 (Policy) 擬訂達成公司政策的目標 (Objectives) 計畫如各項生產、材料、人力、設備、經費預算等，基層人員訂定短期執行計畫，如表 2–2 所示。計畫是為未來作準備，做計畫離不開預測，通常預測是根據過去資料來推估未來狀況，目前可配合電腦協助作業，利用最小平方法 (The Least Squares Method) 或線性迴歸法進行需求預測，至於攸關生產預測的各種計量或計數方法請進一步參考第四章之介紹。

表 2–2　預測時程與計畫

階　層	預測時程	計畫別
決　策 階　層	長程預測 （2 年以上）	投資計畫 產品計畫
中　層 管　理	中程預測 （1 至 2 年）	生產計畫 材料規劃 人力設備規劃 經費預算規劃
基　層 管　理	短程預測 （1 年以內）	途程計畫 日程計畫 工作分派

五、決　策

　　決策 (Decision) 是要從多種可行性腹案中擇定一種行動方案。在日常生活中，例如要買那一種新汽機車，上館子要點什麼樣的菜，出外旅遊的路線等都

需要選擇並做一決策。然而在工廠管理上，如要派誰去操作新設備，本週末要多少人加班，使用那些材料或工具等，通常我們都憑直覺、個人喜好、傳統慣例、職位高低等來做決定，如此往往因考慮欠周詳而導致所做的決策與實際現象有很大差異，為了能提高決策的效果，好的決策需要經過策劃與深思熟慮的。決策是要根據經驗科學與行為科學所作的一種理性而客觀的判斷，利用資訊系統，對於所有的可能性加以評估分析，衡量收益的結果，再融入管理者（或個人）的主觀目標、理想與認知，本著「有所為，有所不為」的原則性選擇，而達到智慧性和兼顧整體性的決定。

決策可以說是管理中的一種預測行為，是計畫過程的核心工作，為能在模糊、變化、不確定及風險等因素考量下，如何做好最佳決策，需遵守下列五項步驟：

　1.說明問題所在，也就是診斷出了什麼樣的問題，不是頭痛醫頭，而是要找到真正問題所在。

　2.蒐集資料，要能得到現場的工作紀錄，詢問有關人員的觀感等第一手資訊。

　3.評定或解釋所蒐集的資料與事實，試圖找出其中的意義，目的在找到有用的資料與事實，達到見樹又見林的功效。

　4.發展出各種可行的腹案；此時，可利用腦力激盪法 (Brain Storming)，腦力激盪法由奧斯本 (Alexander F. Osborn, 1888–1966) 所發展出來的，主要是用來激發創意而非在於創意的評估。腦力激盪法係由 6 至 8 人組成，針對某一問題要求小組成員提出可能的解決方案，在提出創意中，禁止做任何評論，完全以自由討論方式，通常以半小時至一小時的討論時間為原則，一般可激發出 50～150 個創意，然後再進一步合併或重組以提出另外的構想，最後進行可行方案的篩選。

　5.採取決策行動，亦即從多種解決途徑中做一抉擇，首先要將決策腹案的優缺點列出，並提出缺點的嚴重性及克服的要領，以使所做的最後決定臻於最佳境地，潛在問題也降至最低。

由以上可知，決策分為「決」與「策」兩個主要部分，即決定後與策劃決

定的執行，兩者有互為因果的作用，若決定愈堅定，愈能深入策劃，策劃愈完
整精密，決定也愈能確保成功。然而，決策是用來規範未來，是一種動態而整
體性的預測，它蘊含著積極主動的精神，甚至通往如孔子所說的「知其不可為
而為之」的地步，事實上，未來往往可經由決策的規劃貫徹而改變。

2-2　組　織

一、組織的基本概念

　　管理是透過他人去完成工作，文中的他人是表示組織中的人，換言之，管
理是經由組織中所規範的人員把事情做好的藝術。然而，組織是將企業內的人
力、物力及財力組合起來，為達成企業目標而制定安排一機構內各單位之職掌
及其相互關係，並指定其權責，賦予其任務，訂定合理的指揮以及訊息傳遞路
徑，經由組織內每一分子的運作與努力進而圓滿達成企業所設定的預期目標。

　　由於組織是集合各種可利用的人力、機器、資金、方法等資源，以人力為
中心，做適當的組合與編排，使組織結構明確地劃分作業範圍，讓組織內的每
一位人員知道應該做何事，訂立明確的指揮系統，使人人知道應聽命於誰，能
夠指揮那些人，並能有效地分派工作，授予權責，並須建立一套制度來協調各
部門的工作，加上順暢的意見溝通管道，使各單位人員充分瞭解，以減少不必
要的爭功諉過，發揮組織就是力量的最大功效，齊一步調，創造以企業整體為
目標的最佳利潤。

二、部門劃分──橫的分工

　　事實上，組織是以人力資源為中心，為使組織更健全，發揮組織的效能，
不只是一加一等於二的結果，期望能獲得遠超過各個個體分別努力的總和，以
達到有效運用各項生產資源並發揮群策群力的組織目的。因此組織於設計規劃
之初，須衡量各種內外在因素，參照企業本身條件，做適當的調配。通常為達
成組織目標，必須本著公司的規模、企業的性質及所面臨問題的複雜性而進行
部門劃分 (Departmentalization)，其目的是為了專業分工，便於有效率的經營與

協調。部門劃分是將組織內的工作及人力做橫向分解，構成若干部門性的業務，部門劃分的方式，最常見的有下列五種：

1. 職能別部門劃分 (Functional Departmentalization)

職能別部門劃分係以業務功能來劃分部門，採取專業分工原則，將屬於同一職能之有關業務均由一位主管全權負責處理，達到事權統一，充分發揮各個人的專長的優點。但它的缺點是各職能別部門間，容易產生本位主義，爭功諉過的情形難免。今舉國內某一汽車製造廠的職能別部門劃分組織圖供參考，如圖 2–2 所示，該廠係兼負生產製造和銷售業務。

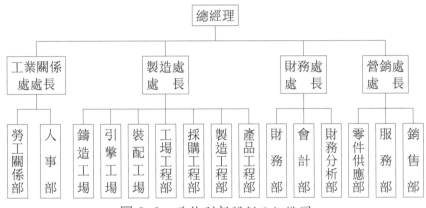

圖 2–2　職能別部門劃分組織圖

2. 產品別部門劃分 (Product Departmentalization)

產品別部門劃分是以生產的產品別為劃分部門的基礎，肇因於企業規模日益擴大，為提高經營績效，遂依生產線 (Product Line) 加以區隔部門，而此部門的經理必須對該生產產品的工程設計、製造、品管、行銷、會計和服務等一系列活動負責，相當於獨立自主於公司的一事業部或利潤中心，並負盈虧的責任，其組織圖如圖 2–3 所示。

產品別部門劃分的優點為：

⑴內部協調容易，能迅速獲得反饋。

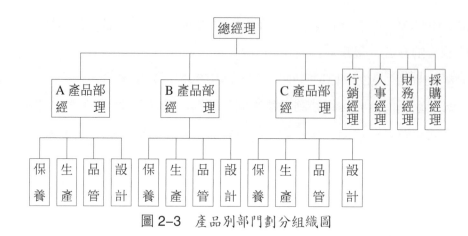

圖 2-3　產品別部門劃分組織圖

　　(2)由於力量集中，專注於產品的生產，較能提供顧客滿意的服務。

　　(3)可以有效地提供主管的訓練機會。

當然，它的缺點包括：

　　(1)每一產品別部門均需有專門人才和設備，較之職能別組織，顯得人力和物力無法統整，形成部分浪費現象。

　　(2)由於各產品別自成一個部門，彼此間會增加協調的問題。

　　(3)重複投資於如銷售、財務分析等單位，造成資源浪費。

3. 地區別部門劃分 (Geographic Departmentalization)

　　企業生產基於業務需要，分散於不同地理位置，無論在國內或國外，為配合當地的法律、生活習性、政治考量及文化環境等區域性因素，總公司除保留財務、行銷、研究發展及生產等幕僚性工作外，將依地區的產銷業務、人事會計組合在一起，由區域性經理 (Regional Manager) 總其成，負責該地區業務的營運目標，組織圖如圖 2-4 所示。此種部門劃分適合於大型企業為便利取得原料，當地作業成本較低，且易於掌握市場特性，提高營運業績等優點；其缺點在於地區分散，增加高階主管掌控各地區主管的難度，另因各地區業務設施如產品別部門劃分一樣，有重複浪費之現象，同時，各地區容易著眼於區域性業務目標為主，而忽略企業整體目標，造成總公司與區域分公司的意見分歧問題。

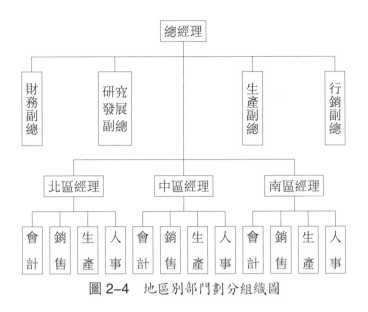

圖 2-4 地區別部門劃分組織圖

4. 矩陣式部門劃分 (Matrix Departmentalization)

當企業為因應瞬息萬變的市場需求，面對不同的工作負荷，為使組織更具彈性，矩陣式部門劃分即於 1957 年由美國 TRW 公司的雷蒙 (Simon Ramo) 所創，主要是配合當時航太工業所帶來生產的複雜性，造成單一位經理無法同時執行職能別 (Functional) 和產品別 (Product) 或專案性 (Project) 目標的需求，如圖 2-5 所示即為矩陣式部門劃分組織圖。

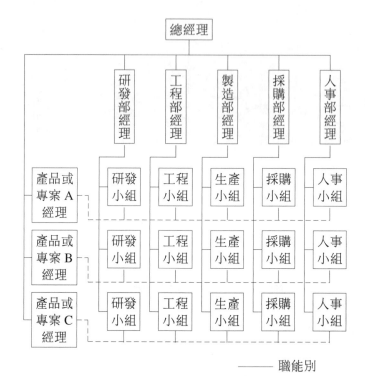

────── 職能別

┈┈┈┈ 產品或專業別

圖 2-5　矩陣式部門劃分組織圖

至於矩陣式部門劃分具有下列優點：

(1)適合變動性的工作負荷。

(2)具有較大的彈性。

(3)可同時應付不同市場的需求。

(4)充分發揮人力資源運用，配合不同生產需要。

(5)技術幕僚的專業能力獲得較大發揮。

(6)提供處理不同專案生產能力的訓練。

缺點：

(1)偏向小組工作績效。

(2)由於工作小組需接受不同的指揮系統，容易造成人員間的衝突。

(3)因有多頭領導之虞，導致決策遲緩。

(4)功能性經理與專案性經理間的權力分配易起混淆。

5. 混合別部門劃分 (Mixed Departmentalization)

　　部門劃分除了上述四種方式外，為因應各行各業的不同需求，尚有如依顧客別（像百貨業的童裝部、女裝部、男裝部）、時間別（如日班、小夜班、大夜班）、人數別（如軍隊或工廠的直線式組織）等加以劃分部門。但於實務運作上，大部分的企業機構內很少採用單一別的劃分部門，往往採用綜合混用方式規劃其組織部門，如圖 2-6 所示即為混合別部門劃分組織圖，通常於高階層採職能別劃分部門，於製造生產部分則採產品別部門劃分，若於行銷部分則依地區別或顧客別進行部門劃分，以順應各不同層次的需求，進而提高部門的營運績效，達成企業的整體目標。

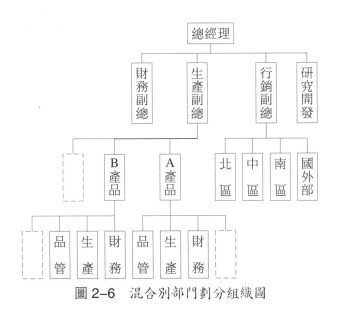

圖 2-6　混合別部門劃分組織圖

三、協　調

　　當一個組織的結構，由簡單而逐漸變為複雜時，各個部門的相互依賴性也將隨著提高，其間各種由結構分工與功能專業化後所產生的潛在影響力，必須經由彼此協調，互動互賴與密切連繫，達成內部整合，共同完成組織的目標。

　　事實上，組織的目的就是為了要達成協調，以確保整體力量的發揮，譬如龍舟競賽或拔河比賽，若非全體隊員事先協調，取得用力的默契，彼此的力量

不但無法增強，反而互相抵消，就無法獲得力量統一的功效。

　　為了能求得公司內全體員工對工作的方向、方針、方法和分配等能有共同的認識，通常一般企業藉由下列數種方式來進行協調：

1. 透過共同主管協調

　　利用組織層級的指揮系統，共同報告其主管做決策，以獲得共識。

2. 自行協調

　　當某單位或部門內的人員認為有協調的必要時，自行連絡相關的人員或單位做面對面的溝通意見和解決問題。

3. 會議協調

　　利用公司經常性或臨時性會議，提出看法，做充分討論與意見整合，以達協調功能。

4. 委員會協調

　　公司企業為能集思廣益，突破經營上的盲點或困境，紛紛成立各種委員會組織，如品質改進委員會，或類似專案小組、工作小組等都由各部門之代表所組成，它利用定期開會共同討論協調以解決相關問題。

5. 幕僚專員協調

　　由於主管管轄事務較繁多，無法對各項問題做深入蒐集資料，進而提出解決方案。通常，主管是綜合性地提出問題，然後交由助理、幕僚等人員來蒐集問題有關的資訊，研擬解決問題的方案，這之間由主管授權委由幕僚專業人員幫助協調相關事宜，使各項解決方案能獲致各相關單位的支持，而達到順利分擔主管做決策的功能。

四、權責關係——縱的連繫

　　從縱的連繫來定義組織的權責關係，即是在闡明組織內上司與部屬關係。傳統上，職權是隨著組織職位而存在，為領導部屬進行組織工作所賦予的合法權力，由於此職位權力 (Position Power) 係由組織中的職位而來，具有法律上效能，但不具人格性，亦即誰擔任此職位就具有組織上所授予的權責。就現代工商企業組織型態，其權責大小呈現由上而下的正式權力關係，從政府法律的賦

予→股東→董事會→總經理→各部門主管→基層員工。

　　相對地，管理者如總經理、生產部經理、課長或領班等有了職權，就有權對他們的部屬發佈命令，指揮部屬工作，但是本著權責合一的原則，主管對於部屬的工作行為須負絕對責任。換句話說，「有多少權力，就須負多少責任。」

　　至於在組織中，並不是直屬關係的，如各部門間的平行單位等，由於沒有指揮權，常用協調、提供建議或諮詢等方式進行連繫。

五、非正式組織 (Informal Organization)

　　從組織的基本架構而言，依公司或企業經營所定義的組織系統圖、規章和職位說明書等均視為正式組織 (Formal Organization)。因此，正式組織需具備：明確的目標、職位層級、部門劃分、權責分配、設備、工具，和溝通協調管道等。但在組織中，除由管理者所建立的正式關係外，組織成員間的社交性活動 (Social Activities)，也會自然形成一種非正式的關係，這種關係如校友、同鄉、同宗、同事、同一社會團體、性格相近等直接或間接影響組織成員的個別及集體行為，自然而然地在正式組織外發展出非正式團體，這種非正式組織對企業目標的達成具有舉足輕重的影響，它與正式組織形成一體的兩面，管理者應善用非正式組織的社會性需求（如愛、尊重、自我實現等），以協助正式組織目標的達成。

　　由於非正式組織仍由正式組織中所發展出來的，但跳脫了正式組織中的地位、權力和責任，基於興趣、友誼、感情等社會性互動所結合的自然團體，它是不受正式組織的限制，也較情緒化，為使非正式組織良性運作，管理者不管對完成組織目標有多關心，也必須適度地給予非正式團體合理的滿足，因為，人們總是在非正式的氣氛下維持行動較為持久，也較容易溝通協調，而在嚴密控制和正式氣氛下行動的時間往往是缺乏耐性和短暫的。

2-3　用　人

　　一個企業的組織設計，基本上包括行銷、生產、財務及人事等部門，從層次上看，各有不同的功能，及各有不同的等級，如何將企業組織設計中的部門

功能發揮，就要先認清企業的短、中和長程目標。因此，於一個企業的目標與層次等級設計妥當後，接著就要考慮怎麼把「人」放進去，也就是用人的問題了。

用人，是管理者的一項重要才幹，但要用到品德好、才能好的人，則需具開闊的胸襟與容納不同意見的雅量。事實上，知人善任，是用人的一個重要原則，但在組織日益擴大後，「知人」便不是憑一己之力可以做到的，此時此刻，管理者必須充分發揮層級管理的功效，即每個主管對其直屬部屬都有相當程度的瞭解，對次一級的也應有基本的認識，再次一級的員工則交由幹部去負責，本著這種層級的管理幅度，則在用人方面，主管便可綜合自己的判斷與屬下的意見，做一個最佳的選擇。

當然，人事單位在企業用人方面應扮演積極的角色，而不只是消極的行政部門，平時應該對企業內整體人力有深入調查分析資料和完整的紀錄，一旦有職務出缺或新設單位需要人力，即可由人事部門據以挑出符合資格的內部人選或對外徵才供主管遴用。

企業要永續經營不能憑藉運氣，而要靠不斷的努力、革新和進步，來維繫企業繼續生存，而人才更是促使企業不停成長的動力源。為了讓經驗和智慧及早傳授給新生代，企業必須建立完善的規章制度，作為實施分層負責的依據。從工作中培養新進人員，使其樹立進步的觀念、正確的看法和堅定的信心，讓員工感受到管理者的誠意，進而建立起對公司的向心力，適才適所，使每位員工的潛力都能充分發揮出來，達到企業和個人互蒙其利、雙贏的效果。

2-4 領　導

一、領導之基本概念

管理者是人，被管理者也是人，兩者的關係，廣義來看，也就是人與人的關係。因此，管理者之對待被管理者，亦不能違反人與人相互對待的基本規範。基本上，一個企業的成功一定是人、事、物運作良好，對於事或物或許可以運用方法和制度來管理，但是對於人，如果依法管理可能行不通的，所謂：「帶

人者，恆帶其心」，表示領導是深入人心的藝術，若管理者利用一大堆管理制度，只能一時抑制人性惡的一面，流於形式地抓住員工的人，成果會被打折扣，甚至造成負面的效果；沒有發揚人性善的一面，是不能抓住員工的心。因此，一位領導者，應瞭解人性心理，如孟子所主張「人性本善」；荀子主張「人性本惡」，表示人的內心深處時時刻刻都存在著善惡兩性，當遇有不利己時，善性立刻隱藏，而惡性馬上取而代之，這種變善變惡，互相交雜，只在一念之間，這就是人在先天上具備的本性。

由於人隨時存有善惡兩性，因此領導的方法中應包括「治惡」和「揚善」。利用訂定一套「治惡」的管理制度來抑制人性惡的一面，使員工不敢犯錯，雖不能突破工作效率，但能維持基本的工作成果；相對地，逐漸透過「揚善」的要領，以尊重人性的方式，信任員工，在充分授權下讓員工打從心理上的認同，心甘情願，樂意去做，使員工潛能盡情發揮，進而大幅提高效率。由此可知，領導是本著人與人間相互對待的影響力，在目標的引領下，予以適當地激勵，讓員工心悅誠服地工作，共同邁向團體目標而努力的一系列活動。

二、領導理論

我們知道，工作場所是典型的社會，是由人創造的，既然工作場所是由人創造的，必然會出現各種不同的想法或組成方式，因此無法使用相同的管理方法或領導要領來加以規範。事實上，在一個多元化且變遷急劇的工作世界中，新產品不斷推陳出新，設備日新月異，自動化、資訊化，甚至人的價值觀念也隨時在轉變，企業無時無刻面臨著內外調適的壓力而轉化，因為，領導是須適度地運用正式職位關係的「法」、「理」及非正式關係的「情」來影響他人（或稱部屬），在特定的情境下達成既定目標之歷程。這之間存在著多變性，其藝術化的成分和科學方法並重，很難找到一定的模式來遵循，但從過去領導理論的演進，或許可以獲得一些原則性的啟示，這些理論發展分為下列三個階段：

1. 特性理論 (Traits Theory)

強調領導者之特質能力是影響領導效能之最主要因素。在第二次世界大戰以前，許多學者本著「領袖的魅力」的假設，利用領導者的特質如興趣、能力、

或人格特性等來進行研究，特別是人格特性錯綜複雜，無具體標準，現在已很少使用。

2. 行為理論 (Behavioral Theory)

強調領導者的實際行動，而不是他們個人的特質，主張建立體制和尊重員工，以及如何影響部屬績效的領導行為。由於從特性理論無法有效地預測成功領導者的行為，遂改變「領導是天生的」假設，直接研究領導者的行為，瞭解領導者在做什麼 (What leaders do?) 及領導者如何做 (How leaders do?)，主要建立在達成工作目標的基礎上，關心著領導者與部屬間之關係，較不注重領導關係發生的情境。

3. 情境理論 (Situational Theory)

情境領導理論是研究領導者對各種不同能力和績效的部屬、部門或組織所應採取最妥切有效領導的理論，如圖 2-7 所示，它是美國赫賽 (Paul Hersey) 和布蘭佳 (Kenneth H. Blanchard) 於 1960 年所發展出來的。

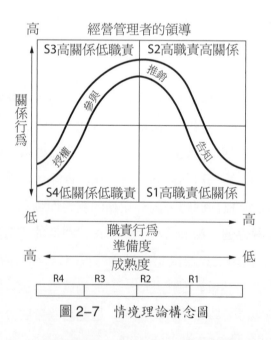

圖 2-7　情境理論構念圖

情境理論是在領導者對部屬或組織所付出的關係行為 (Relationship Behavior)，和所要求達成目標的職責行為 (Task Behavior) 之下，就目前部屬或組

織所處何種準備度或成熟度時，所應採取最適當的告知 (Telling)、推銷 (Selling)、參與 (Participating) 和授權 (Delegating) 等不同的領導方式。

關係行為是領導者對部屬或組織所付出的雙向或多項溝通行為，其中包括傾聽、鼓勵、輔助、澄清和感情的支持等。而職責行為是領導者對部屬或組織所要求達成目標的職務和責任，它包括部屬應做什麼事，如何做、何時做、何處做和誰去做等。至於部屬或組織的準備度或成熟度，是部屬或組織為達成領導者所交付特定工作的能力、意願、把握與熟練度等程度。

如果部屬或組織的準備度是在缺乏能力、缺乏意願或沒有把握的 R1 情形時，領導者就得採取 S1 高職責低關係的告知方式，明白告知目標，何處、何時、何事或如何去執行等具體的指示，並嚴密督導等領導行為。

當部屬或組織的準備度是在缺乏能力但有意願或受到激勵等 R2 情形，可採取 S2 高職責高關係的推銷方式，例如推銷、解釋、澄清、教導和說服等作法。

若部屬或組織的準備度是有能力，但沒有意願或沒有把握的 R3 情形時，應採取 S3 低職責高關係的參與方式，例如徵詢、參與、鼓勵、合作、承諾等。

在部屬或組織的準備度是有能力、有意願或受到刺激的 R4 時，則採取 S4 低職責低關係的授權方式，給予部屬充分授權，自行決定政策和作法，領導者仍須做適度的觀察和密切考核才行。

由上述領導理論的演進，瞭解領導型態是具彈性的，實務上應對情境因素的各種變數多加考慮、分析，採取適切性的領導，而使領導的功能產生效用。

三、激　勵

企業內的每一個人，在工作生涯中，不同階段有不同的動機，在動機之下會產生緊張，由緊張中驅使採取解決的行動，當達到預期目標後，緊張會自然消失；如果沒有達到既定的目標，就會繼續緊張下去，進而產生挫折感，有些人會因此而意志消沈、心灰意懶，有的甚至會有攻擊性的行為，如發脾氣、散佈不實謠言等，此時此刻，管理者除了能夠瞭解疏導外，應該及時、適當地予以部屬肯定、讚美和關切，以鼓舞部屬恢復自尊心及工作信心，達到激勵的實

質功效。

　　一般而言，人是經濟的動物，也是社會的動物，所追求的不外地位、名氣、權力和財富，為了獲得這些，人往往願意付出加倍的努力以超越別人。原則上，人的行為都是一種維護自我的本能表現，因此，對員工的要求應顧及生理與心理的層面，瞭解員工真正的需求何在，恰當地運用激勵的方法，是非常重要的。

　　當一位員工被僱用時，是將他的優點和缺點一起聘請進入公司企業，為了能讓員工樂於工作，提高生產效率，管理者必須隨時注意部屬的工作情形，適時地加以讚賞，有助提升員工的士氣和責任感，激勵員工內在的工作動機，發掘員工的優點和長處，達到公司和員工雙贏的境地。為能進一步瞭解激勵理論的發展過程，茲依時間順序介紹耳熟能詳的學者，對激勵理論的貢獻簡要敘述如下：

1. 泰勒 (F. W. Taylor) 的科學管理激勵理論

　　泰勒（1856–1915 年），世人尊稱他為科學管理之父，他的最大貢獻在於倡導應用科學方法處理管理上的問題。其主張經由按件計酬方式可以激發員工的工作動機，認為薪資對員工具有激勵作用。但是後來證明顯示，人不只是為金錢而工作。

2. 梅堯 (Elton Mayo) 的霍桑研究

　　1924 至 1932 年間，梅堯教授於美國西方電氣公司的霍桑工廠所做的人性面的研究，起先將員工分成兩組，一組為實驗組，一組為控制組，在霍桑工廠內對實驗組的員工進行不同的燈光照明，而控制組維持正常照明狀態。結果顯示，當加強照明時，實驗組的生產效率提高，為此梅堯教授不斷從改善工作環境及人群關係面上深一層研究，這些與生產力提高的相互關係，即為有名的霍桑研究 (Hawthorne Studies)，強調在激勵過程中，不僅要有良好的工作環境，還需要滿足員工心理上的需求如安全感，及社會性的需求如人際關係，這些比金錢的誘因來得有效。

3. 馬斯洛 (Abraham Maslow) 的需求層級理論

　　馬斯洛於 1943 年發表 "The Theory of Human Motivation" 及 1954 年發表 "Motivation and Personality" 文章中提到人類有五種基本的需求，即：

⑴生理需求：如食衣住行等需要。

⑵安全需求：如生活和生命的安全、避免危險等。

⑶社會需求：如友誼、參與社團、愛情等。

⑷自我需求：受人肯定的需求，如獨立、自主、成就感、名位等。

⑸自我實現需求：是一個人追求自我潛能最高發揮，達到最大成就理想的境界。

　　主張人必須於低層次的需求滿足之後，才會出現高層次的需求，利用滿足員工實際需求，才可達到激勵的功效。

4. 赫茲柏 (Frederick Herzberg) 的雙因素理論

　　提出保健因素 (Hygiene Factors) 和激勵因素 (Motivators)。保健因素即為公司政策與管理制度、監督的措施、薪給待遇、人際關係、工作環境等，在此良好的保健環境中，將能免除員工的工作不滿足感，但是並不足以激勵員工，只是能避免員工不滿意的基本需求，保健因素又稱維持因素 (Maintenance Factors)。至於能對員工產生工作滿意並促進提高生產力的激勵因素是：成就感、認同感、挑戰性工作、責任感、成長有升遷的機會等。

　　綜合各家學者對於激勵理論的見解，一般而言，有固定的工作時間、升遷的機會、良好的制度、有默契的工作夥伴、優渥的薪津、適才的工作性質、美好的工作環境、完善的福利措施等是員工所企求的，此外人們也渴望被肯定、尊重，並從工作中獲得滿足感與成就感。一位真正懂得激勵的管理者，必須要瞭解員工的真正需求為何，適當運用各種不同的激勵技巧，以激發員工內在的工作動機。當然，除了運用正面的激勵——「賞」外，也不可忽略負面的激勵——「罰」，賞罰分明，此時激勵才能收到治惡揚善的實效。

四、溝　通

　　在資訊發達的現代科技社會裡，人與人接觸十分頻繁，你我說話、聽話、交換意見、討論工作上的事情、甚至在家中，無時無刻要碰到人，只要活在世上一天，我們花最多時間的便是與人溝通。溝通的對象包括父母、兄弟姊妹、朋友、同學、同事、上司、員工、顧客等等，由於每個人的性別、年齡、學歷、

專長、立場、價值觀、興趣、感覺、信仰等環境背景不同，所以在人與人的溝通上，必須瞭解與我們溝通的他人或團體，呈現著個別差異。因此，在溝通時，通常會因人、因時、因地、因事、因物在變，同時每個人都有自我中心的傾向，在對別人或別的團體說話時，想的多半是「我」和「我們」，很少想到「你」、「你們」或「他們」，成為我們在「對」別人說話，而不是「和」別人說話。本質上，要做好溝通，雙方應瞭解彼此間的差異，心平氣和地能接受對方不同的觀點，進而尋求互利的平衡點，達到「我沒有問題，你也沒有問題」(I am OK, you are OK.) 的雙贏境界。

溝通不只是送出訊息 (Message) 及接收訊息而已，它是我們與別人交換意思的雙向程序。所謂良好的溝通，並不一定是在於談話內容，而是在於表達技巧，並能夠注意到環境、態度、方式和氣氛等，運用怎麼說比說什麼更重要的要領，進行溝通時要做到：

1.要有開放的胸襟，心思平靜，真心誠意，勇於維護自己的權利，但不侵犯他人，也不以攻擊手段對待他人，以真誠且合宜的方式，表達自己的需求、願望、意見、感受與信念等。

2.使用語詞要婉轉，多說商量尊重、寬容體諒的話。

3.掌握溝通時的意境，除了以眼睛探求真相外，傾聽、微笑來善待對方。

4.多問問題，代替要求及建議。

溝通是一種藝術，懂得溝通，人際關係會更好，懂得溝通的人瞭解自己的角度及立場，具有彈性且能隨機應變。懂得溝通的人懂得讓步、會聽、會做人、肯與人合作，更懂得表達真心話，成為在談笑間解決問題的最高層次溝通者，而不是一位在解決問題中製造另一個問題的不良溝通者。

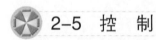 2-5 控　制

一、控制的意義

控制 (Control) 通常被視為管理基本職能的最後一環，但其重要性卻不亞於計畫、組織、用人與領導等功能。基本上，控制是用來保證結果符合計畫的

方法與步驟，強調事前防患於未然，事後化解偏差於無形。在這個講究績效管理的時代，身為企業的經營者或管理者，不但要應用完善合宜的管理制度來經營企業或管理部屬，同時得運用周延的內部控制系統，來掌握企業的人與事，使各部門間達到彼此的牽制，並產生制衡的作用。當然，為使控制功能發揮既定的效果，於建立控制系統時，必須採行循序漸進的原則，切勿過於嚴苛，否則會引發抗拒、顧此失彼、表面虛應、急功近利等弊端，進而影響士氣而得不償失；換言之，在運用控制的管理功能時，必須與人性管理相調和，以激發員工對工作的向心力，進而提升自主管理的水準，才能使控制產生正面的作用。

二、控制的程序

如圖 2-8 所示，任何一項工作之進行，必須依循一定的工作標準據以實施，而控制係在協助作業流程中的每一個點，使之承先啟後的交接能夠順暢，提供兩者間協調的最佳方案，讓脫離工作標準，亦即產生偏差的實際工作現象，使之納入正常流程，助其順利運轉，並且於發現偏差的工作結果中，尋求作業進行過程中有無產生何種的變化，如人、事、物的異常等，據而探求出發生實際工作績效與工作標準不一致的主因，達到回饋、採取矯正行動的控制功能。

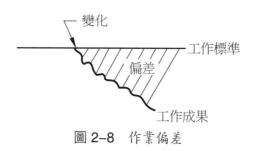

圖 2-8 作業偏差

控制，是管理者的一種責任。管理者對工作進行控制的目的，是為了要確保該項工作能被正確的處理。基本上，控制的程序，須建立在先有完善的計畫及健全的組織基礎上，通常控制程序中包括下列三項步驟：

1. 建立工作標準

標準是用以衡量實際成果的準則，工作標準應包含達成既定目標所需人

力、金錢、時間與空間等所能提供的質或量。

2. 工作衡量

係將工作實際成果與所訂標準互相比較，列舉偏差事項，觀察分析發生偏差的變化原因，進而作為改正行動的依據。工作成果的衡量，並非隨便找人來做即可，必須委由有豐富工作經驗與分析事理能力的人來擔任，有時為求精確，尚須借助各種現代管理科學的技巧來檢定。

3. 採行改正行動，建立有效的回饋系統

當工作實際結果與工作標準發生偏差，呈現不一致現象時，表示過去在工作進行途程中產生某些變化的結果，如更換新設備、僱用新人、改變操作方法、採用新措施，以及氣候或環境變化等。此時，必須將發生問題或偏差的人、事、地、物、時等資料列舉出來，並逐一查證，以尋求發生問題的真正原因所在，作為改正行動決策的依據，達到事後補救，控制偏差現象以免繼續發生。另一方面，在獲取工作執行過程的偏差及改正行動經驗後，應立即反映給計畫部門，進行計畫修正，以使矯正行動回饋至計畫的源流管制，真正做到事前控制的功效，提高生產效率。

1. Hersey, P., and Kenneth H. B., *Management of Organizational Behavior*, New Jersey: Prentice-Hall, Inc., 1993, pp. 56-75, 183-219, 473-491.

2. Pace, R. W., and Faules, D. F., *Organizational Communication*, New Jersey: Prentice-Hall, Inc., 1994, pp. 75-98.

3. Bedeian, A.G., *Management*, The Dryden Press, 1986, pp. 265-268.

1. 何謂管理(Management)？管理的基本職能為何？

2. 一份完整的計畫書應包括那些內容？其主要利益為何？

3. 何謂目標管理? 您對目標管理應用於工業管理實務的看法如何?

4. 常言道:「錯誤的決策比貪污更嚴重」,您認為應如何做好最佳決策?

5. 試述部門劃分的主要類別。簡述其優缺點。

6. 何謂非正式組織? 它與正式組織的異同何在? 您認為應如何善用非正式組織的功能?

7. 試從領導的理論,說明您對孔子所說的「不患人之不己知,患不知人也」的看法。

8. 試述赫茲柏 (Frederick Herzberg) 的雙因素理論。它對激勵的定義具有何種啟導作用?

9. 何謂溝通? 您認為進行溝通時需注意那些事項? 試舉例說明之。

10. 何謂偏差? 如何利用控制程序以校正偏差?

第三章
產品設計與發展

　　在這個「維持現狀就是落伍，進步太慢也會落伍」的時代，為迎接以顧客為導向的科技社會，企業要永續經營，必須要不斷開發新產品，推陳出新，以滿足顧客需求。因此，過去大量製造的時代已趨結束，取而代之的是差異化的產品、區隔市場及附加價值的提高，為了配合這種新的趨勢，產品設計不但要考慮實用性，也要顧及是否能帶給消費者喜悅，並且同時迎合大眾及個人的需求。

　　事實上，產品設計與發展是提升企業形象，強化產品競爭力的體現，尤其在重視智慧財產權及高科技工具輔助下，企業界逐漸轉向自創品牌，以產品設計為中心，如圖 3–1 所示，整合行銷、製造及成本來進行設計，由行銷及市場

圖 3–1　整合銷售、製造與財務為導向的產品設計與發展關係圖

調查人員中瞭解消費者喜愛的程度，從製造人員中知道所設計產品的製造容易度 (Manufacturability)，以及從財務人員獲悉成本負擔，須知，產品的設計同時要以容易銷售、便利製造和低成本高品質為導向，並作為完成最佳化設計的依據。

3-1　產品設計與發展應考慮的因素

　　從研究與發展 (Research and Development, R&D) 觀點可區分為基礎研究 (Basic Research) 和應用研究 (Applied Research) 兩類，基礎研究著重於科學知識的瞭解及其深一層的研究活動，至於應用研究則在於解決實際問題而設計或生產具有商業價值的產品，本章所提到的產品設計與發展，是應用研究的一環，對企業而言，主要在於發展新產品、改進現有產品，以提升企業的競爭能力，為能適時、適質、適價地提供市場需求，吾人在進行產品設計與發展時，必須注意下列因素的實務應用：

1. 設計品質 (Quality Design) 的要求

　　由於科技的進步與發展日新月異，產品的生命週期 (Product's Life-Cycle) 越來越短，為此務須根據市場需求，提出創意性產品設計，經由試作，功能測試，生產製造，試銷等以評估產品的可銷售性，因之為使有創意的產品能即時轉換成銷售品 (Design to Sale) 的過程如圖 3-2 所示獲得肯定，必須使所設計的產品達到價廉物美，攜帶操作容易，不佔空間，沒有後續保養及污染等問題的顧慮，換句話說，即要達到下列十五點設計要求：

　　(1)輕：產品重量要輕，攜帶或移動容易。

　　(2)薄：厚度要薄，易於保存，不佔空間。

　　(3)短：產品長度要短，易於攜帶。

　　(4)小：體積小，不佔空間，移動容易。

　　(5)少：使用材料要少，零件少，加工也少。

　　(6)美：外形美觀，受人喜愛。

　　(7)強：堅固耐用。

　　(8)安：安全性高，使用者有信心。

　　(9)多：生產量多，功能多，銷路大。

　　(10)久：保養週期長，耐用而持久，壽命長。

　　(11)廉：成本低，價格廉。

　　(12)省：耗能源少，耗用水及油等資源少。

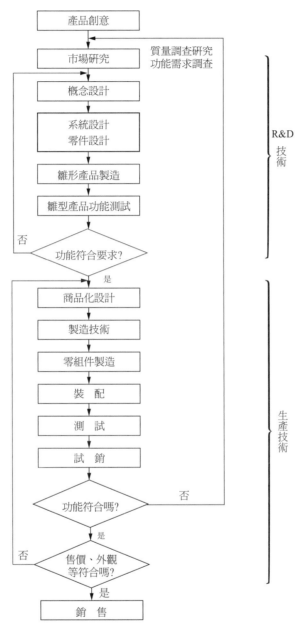

圖 3-2 產品創意到銷售之流程圖

⒀潔：不污染環境，本身易清潔且衛生。

⒁用：具實用性，為生產或消費必需品。

⒂易：操作簡單，使用方便。

由此，設計者宜根據產品預期的功能，先行全盤評估，切實做好成本分析，以「第一次就做對」的設計品質要求，完成既定的設計工作，俾利後續的生產製造、裝配、包裝、配售等工作能順利推展。

2. 生產技術的突破

　　生產技術係依最經濟有效之原則修正雛形產品之設計，及檢討各種可能的製造方法，求以最低化成本 (Cost Minimization) 完成最符合市場需要的特定產品之一系列相關技術，而創新的產品或在市場上逐漸喪失競爭力的產品，基本上皆可視為一種在功能上可滿足需要但卻無利可圖的雛形產品。此類產品經不起市場上嚴苛的競爭風浪，需借助於「生產技術」來強化它們的體質，使其成為可為企業帶來新財富的產品。因此，生產技術是各生產事業必須擁有的致富方法，不管企業是否從事研究發展，也不管是否開發新產品，無良好的生產技術即無前途可言。

　　生產技術的突破，宜從經營者理念著手，經營者應具備前瞻性的睿智眼光，需要做系統規劃，提出「贏的經營策略」，進而帶動工作人員士氣，將成本的意識和生產技術的突破理念灌輸入每位工作人員內心深處，確實做到整合各項技術，累積生產技術，運用機器技術 (如電腦控制、分析、測試、機器人作業、電腦輔助設計與製造等)；另外宜把握「可以抄別人技術，但不可抄別人產品」以免落人口實成為仿冒者，應善用他人長處轉化成我們自己的技術，亦即「站在別人的肩上，踏出自己經驗的圍牆」而提高機械設計與製造的生產力。更重要的是，我國此時更應利用「高科技的技術打入低成本產品市場」之要領，使產品做得非常可靠而且又極其便宜，如此產品的設計與製造就更容易達到最佳化的地步，並創造更大的利潤。

3. 壽命週期成本 (Life Cycle Cost) 的衡量

　　我們必須體認到「為生產、製造而設計，而非為設計而生產」，當然也要考慮到為產品的壽命、裝配、顧客的喜好等而設計。特別是產品的品質 (Quality) 的意義，宜規範在產品的使用壽命期限內，以最低的成本達到其應有的功能謂之。因此，若設計時使用太好或太貴的材料，或者尺寸過量等，均屬於設計不當而浪費許多不必要的成本負擔。基於此，如果於設計或製造時，考慮到壽命

週期成本觀念時，即可從設計、製造、正常使用，以及到報廢時之產品壽命週期內，將所有相關的成本，如設計和製造費用，使用時的操作維護費，以及佔地面積、保險、折舊等全部加以計入，做一全盤性的評估考量，作為設計與製造時選用材料及標定功能的準繩，俾利產品誕生後能發揮最大功用，並更具競爭力。

4. 標準零組件的使用

通常人跟人溝通時，若指出某人所設計的不好，由於人都會有心理自尊的反應，會找出許多理由來辯解，甚至將錯就錯，而貽誤時機並浪費許多金錢。如果經由電腦分析告訴他錯誤的所在，一般的人都會接受，最主要是因為沒有人知道他設計錯了，如此只稍微改一改即可。因此，我們必須使用標準零組件、工具及其有關設備和材料；一方面可以減少設計時間和生產維修之便利，另一方面可在電腦內建立資料檔，於設計時便於查閱和使用。通常非標準零件皆無幫助增加產品的功能；例如於製造時，假若鑽頭的標準尺寸只有 8.2 mm，8.4 mm, 8.6 mm 等，而卻偏偏設計一個 8.3 mm 或 8.5 mm 的孔徑，這樣一來便無法使用標準鑽頭來進行鑽孔，而必須使用其他加工方式來解決；本來利用標準鑽頭鑽孔只需花 3 分鐘即可完成，但使用非標準孔徑則需 30 分鐘，而且所花費的成本又更多，可見其浪費多大。

5. 時間與動作的分析

「時間就是金錢」，「計算時間即可計算出價錢」，特別是在製造工廠更形重要。若同樣一組合工件，在不影響既有功能下，經過裝配過程的動作簡化、刪除、合併或重組，而使每件裝配時間減少 6 秒鐘，設若一天生產 6000 件，結果一天即有 6 秒 × 6000 = 36000 秒 ÷ 10 小時的差異，等於少付出 10 小時的成本。因此，為使產品的成本達到最低化，應從設計、製造、裝配，及銷售等一系列過程，注意運用時間與動作研究 (Time and Motion Study) 的技巧，以利機器全時使用，而且人員不得閒散等候，並讓原材料、在製品、產品等數量性庫存最低，時間的浪費最少。同時宜本著「凡事都會有一更好的方法」之原則加以簡化，如此有效地控制，將可獲得更多的利潤並使產品更具市場競爭性。我們知道，「沒有功勞也有苦勞」的時代已過去了，在這競爭的科技社會裡，

宜多運用腦力資源 (Brain Power)，只有多動腦筋力求卓越，才能提高人的生產力 (People Productivity) 進而提高產品的生產力，並開創企業成長的先機。

6. 價值創新 (Value Innovation) 的運用

由於新的生產技術不斷進步，新產品所佔比率大增。然而迅速推出新產品後，才發現有瑕疵和缺點時，所投入的大量時間、心血及金錢將成為泡影。工程師及設計師一般皆使用生產技術及設計過程來改善產品品質。但是，品質的定義不僅是產品的功能、性能及美麗外觀，尚包括顧客的希望及滿足。因此，產品的品質應具備下列五點特性：

⑴性能：性能是滿足顧客所要求的水準，產品係須準確而穩定的完成其功能，顧客將因而獲得效益。

⑵可靠度：顧客希望產品在一定的時間內完成其功能，而沒有損壞。產品若不可靠將浪費修理時間，增加成本，甚至危害使用者的安全。

⑶服務性：產品損壞時，能迅速地修護是相當重要的。

⑷人體工學 (Ergonomics)：產品的外表形狀及色彩要符合人體工學原理及視覺，而且產品須令人操作起來感覺安全而有效率。

⑸安全性：產品的設計必須讓使用者使用起來很安全，否則顧客沒有信心使用。此外尚須注意其成本、適時性、可生產性等。

其實，價值革新即在使富有創造力與幹勁的員工，透過創造的喜悅，刺激其工作動機。同時在探索顧客現在與潛在的需求，排除產品不必要的機能或過剩品質，進而創造新鮮機能，以低廉的價格，在短時間內提供信賴度高的產品，藉由顧客的滿足而獲得利潤。換句話說，價值革新是在創造所有硬體 (Hardware) 如機器、零組件、物料、資材等，及軟體 (Software) 如人員、製造方法、經營管理方法等之價值。價值革新的目的是為了降低成本，提高產品品質。

7. 成本分析 (Cost Analysis) 的運用

成本分析係用來分辨所投入各項成本的技術，以作為降低成本的依據。一般來說，成本包括購買與產品有關的原材料和零組件費用、銷售分配產品成本，以及勞務和生產製造成本。更明確地說，製造產品的成本是指直接成本 (Direct Cost) 和管理費用 (Overhead Cost)，並包含了運輸產品的費用。而直接成本是

以直接投在產品製造的成本而言，包括直接用於製造工件的直接人工成本 (Direct Labor Cost) 和用在製成產品的直接材料成本 (Direct Material Cost)。至於管理費用為不直接加在產品製造活動的一些費用，可分為間接人工、間接材料，和固定成本。間接人工如檢驗、安裝、工具和機器的維護、機器的安全措施、清除屑料或清潔零件、材料和零件的搬運傳送等等。間接材料如製作模具、夾具、量規，以及螺帽、螺栓、鉚釘、梢等標準零組件所需的材料。而固定成本如保險費、稅款、折舊、投資利息等。由於產品從設計到銷售所要分攤的成本項目很多，因此有關成本的計算、分析（如經濟採購量、損益平衡點等）和控制等作業，值此資訊和電腦普及的今日，大部分產品的成本分析工作均可納入電腦化作業管理系統內，而獲得更迅速、正確、經濟的成效，從而降低作業成本，並協助設計和製造人員做正確決策，使「成本的束縛」降至最低程度，進而不斷地開發和生產更符合顧客需要的新產品。更重要的是，成本分析必須始於設計的開始，否則越到後面所做出的結果其效用越低。

8. 善用電腦輔助設計與製造

　　值此電腦資訊及自動化時代的來臨，從設計方法、機器設備、物料倉儲搬運、生產製造、品質管制、產品行銷規劃等都已經朝向低成本、高品質的境界邁進。特別是高科技的技術進步一日千里，其進步的速度令人驚奇，新技術被開發出來往往以「日」為計算單位，隨時有被更新的突破技術所取代，給予現代的科技社會帶來相當大的衝擊。鑑於此，「維持現狀，就是落伍」的觀念，已經要修正為「進步太慢，就會落伍」的新科技哲學理念了。而今，為能達到更卓越的製造 (Manufacturing of Excellence) 技術，我們必須本著成本意識理念，多方蒐集正確的設計資料或市場訊息 (Right Information)、運用適當的人力 (Right People)、在適當的時間 (Right Time)、於適當的地點 (Right Place) 生產製造高品質的產品。

　　生產技術的突破是現代工業界不斷進步的動力源泉，它所面臨突破的關鍵在於：

　　⑴縮短產品週期 (Shortened Product Cycle)。

　　⑵更低的成本 (Lower Cost)。

⑶更好的品質 (Better Quality)。

⑷多樣性並更具彈性 (Variability vs Flexibility)。

⑸複雜系統的相容性 (Complicated Systems Compatibility)。

另外從現代的製造技術、人工使用，和附加價值 (Added Value) 的矩陣來分析，如圖 3-3 所示，我們已經從勞力 (Muscle Power) 的生產技術取向轉換到腦力 (Brain Power) 技術的開發。換言之，利用資料的搬移比去直接切削材料更來得經濟有效 (It costs more to move materials than to move information)。這在自動化時代裡，從電腦輔助設計與製造，以至於電腦整合製造 (Computer Integrated Manufacturing) 中可明顯看出，工作人員只要在電腦室內做資料的轉換即可達到命令 CNC 機器或 FMS 等來進行各種產品加工、品管、包裝等全自動化作業。

	傳統製造技術	現代化生產技術
人工使用	直接人工為主 (More Direct Labor)	間接人工 (More Indirect Labor)
附加價值	在於材料的成型轉換 (By Transforming Materials)	在於知識的運用 (By Applying Knowledge)

圖 3-3 傳統與現代製造技術比較

隨著經濟與科技的發展，電腦輔助設計與製造 (CAD/CAM) 已漸漸深入一般工業，它最明顯的效益為提高工程生產力和設計者的解析能力；如利用有限元素分析，描述模型的聯立方程式通常成千上百個，而決定其應力、撓度或其他結構特性。另一效益是降低產品和產品開發的成本，此乃生產力的提高和 CAD/CAM 系統複雜的分析能力所產生的直接結果。在許多情況中，利用電腦模擬一機械系統或產品是可行的。依此法，一些機能特性如振動、噪音、使用壽命、重量分佈狀況、應力等，可利用電腦分析而不需要製作既昂貴又耗時的實物模型，僅僅在電腦內藉反覆法不斷地變更設計即可，而非利用工具和實物模型於製造現場修正設計，如此可在電腦上迅速且輕易地從各種角度檢視所設計的產品並執行設計變更，而不需要改變圖形或任何實物模型。所以 CAD/CAM 可達到降低新產品的開發時間和費用。然而，電腦科技的主要里程碑為

CAD 的功能（幾何模型的建立、分析、運動學、自動繪圖）與 CAM 自動製作 NC 指令的特色結合為一體。此發展將 CAD 與 CAM 間的隔閡消除，使得一工程師得以從最初的構想至產品的完成在電腦整合化系統上執行，如圖 3–4 所示為一理想化的 CAD/CAM 系統，使用者藉由圖形終端機與電腦溝通信息，經由一共同資料庫設計和控制，從開始至完成的製造程序。

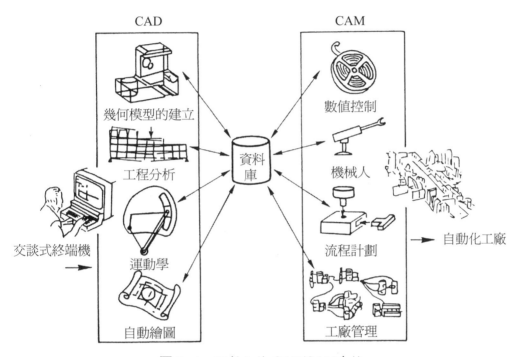

圖 3–4　理想化的 CAD/CAM 系統

　　因此，電腦輔助設計與製造，著眼於利用圖形終端機，一設計者可設計零組件，分析應力和撓度，研究機械的運動情形和自動地繪製工程圖。再根據 CAD 所提供的幾何圖形，使用 CAM 系統的製造人員可製作 NC 指令程式，安排製程計畫，擬定機器人的控制程式，和管理工廠的作業。另外，由於電腦科技隨著工業生產需要和應用的發展，例如立體幾何模型、雷射攝影術 (Laser Holography)、聲音辨認等 CAD/CAM 系統所具有的智慧和計算能力日新月異。因之，未來產品設計與製造將隨著 CAD/CAM 的發展更具有成本效益和生產力。

3-2　新產品發展

　　企業經營的目的在於追求利潤，如此才能永續生存，而依附其下的員工亦得以賴以生活，若是企業不賺錢，可以算是一種罪惡，因為企業如果經營不善，將會引發社會問題。新產品的開發，係因應市場的新需求，不斷開發嶄新的產品，吸引更多的顧客，相對也替企業帶來更多的收入，以維繫企業的經營。

　　隨著現代科技的日新月異，以及資訊網路的快速傳遞，使得全世界產業界的生產技術充分交流，如此一來，全球產業界新產品的生命週期愈來愈短，新產品開發人員就要不斷地絞盡腦汁，推陳出新，通常，有關新產品的開發宜把握下列十項原則：

1. 改變功能

　　功能 (Function) 係指產品所提供的功用，有時功用的合併、刪除、簡化或重組等變化，可獲得意想不到的許多新產品。

2. 使用新材料

　　相同的產品，使用不同的材料，不但會使產品形象改觀，甚至可因而提升其附加價值。

3. 規格調整

　　產品的規格做大小的改變，也會創新顧客，如能源危機後，小型省油車大受歡迎，將收錄音機變小成為隨身聽等。

4. 提高品質

　　可以利用高科技的技術改良現有產品品質，如精密度提高、表面更光整等使得產品變得精美耐用，自然容易吸引顧客，更好銷售。

5. 建立品牌

　　特別是消費性產品，信譽好的品牌，贏得顧客的信任與喜悅，較容易推廣並帶來新的顧客群。

6. 式樣創新

　　流行的式樣，亮麗的外型，讓人覺得新穎，甚至有高貴的感覺，即一般所謂時髦的、跟得上時代的流行，例如易開罐、男廁的自動沖水、女士服裝等。

7. 包裝設計

產品的包裝，除了產品的表面處理精緻外，產品的精美包裝，也可以提升產品的附加價值，創造潛在消費。

8. 提高品質保證

也是創造新產品的一種方式，如符合國家品質標準 (CNS) 或國際品質標準 ISO 9000 之設計保證。

9. 注重環保

強調符合環保要求，加強產品的社會責任。

10.拒絕仿冒，保護消費者

仿冒品會危害廠商利益與消費者權益，應秉持誠信的態度，為消費者提供可靠安全的產品，切勿用贋品來欺瞞顧客，否則企業的商譽與市場競爭地位將遭受嚴重的打擊，得不償失。

 ## 3-3　研究發展部門的組織與功能

由於國際經營環境瞬息萬變，加上高科技時代的來臨，資訊及大眾傳播發達，產品的生命週期愈來愈短，企業要生存，要永續經營，不但要持續不斷地投入研究發展，更應重視研究發展管理，如此才能使研發結果具經濟效益，成為企業再生的動力源，進而提升企業競爭能力。

研究發展部門係因應研究發展管理而產生，由於研究發展是企業生存的一個重要資源，但是並非所有的研發產品對企業都具有意義，如果沒有透過管理程序而創造市場，一味地投入巨資，開發技術，是很難在有限的資源中發揮研究發展的實質效益。

研究發展部門組織如圖 3-5 所示，在經理之下設立研究發展委員會，由所有部門主管組成，屬於經理級以上的高階管理層次，負責制定研發政策 (R&D Policy)，包括企業設計新產品的主題、目標市場、設計品規格、評估方法，與進行研發活動的程序等；至於研究發展主任，秉承研究發展委員會的研發政策要求，除了負責整體研發工作的推動與督導外，還需要進行與企業其他部門的協調，諸如技術的可行性、市場供需關係、成本控制等，另外尚需協助高階管

理人員制定或修正研發政策。

　　為使研究發展部門達到預期功能，在小公司內，研發部門則負責所有開發與研究工作，若對於中大型企業，通常研究發展部門之下可依下述三種方式加以區分：

1. 依工廠或製造別區分

　　依企業生產的不同製造產品別或工廠加以設立研發單位，如汽車製造廠內設有鑄造場、引擎場及裝配場，在研發部主任下分設鑄造場、引擎場及裝配場研發課，配合各場開發新產品、新技術或改良現行產品等工作，如圖 3–5 (A)所示。

2. 依企業特殊目的來分設

　　由於企業內著重於應用性研究發展工作，依其實際需要如市場研究、材料研究、產品研究、設備或製程研究方面或更技術性開發工作著手，如此可以集中企業資源做重點研發，如圖 3–5 (B)所示。

3. 規格調整

　　通常依研發人員的專長加以分組，如機械、電子電機、電腦資訊等分隔研發，再經由研究發展主任做整合工作，組織圖如圖 3–5 (C)所示。

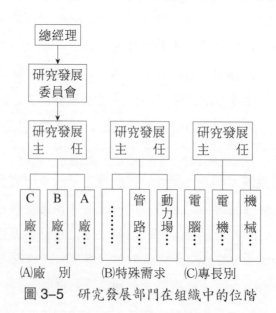

圖 3-5　研究發展部門在組織中的位階

1. Bobcock, D. L., *Managing Engineering and Technology*, New Jersey: Prentice-Hall, Inc., 1991, pp. 165-188.

2. 賴福來,〈成本觀念在機械設計與製造上之應用研究〉,《國立雲林工專學報》, 第五期, 民國 75 年, 頁 9-34。

3. Amerine, H. T., Ritchey, J. A., and Moodie, C. L., *Manufacturing Organization and Management*, New Jersey: Prentice-Hall, Inc., 1987, pp. 456-475.

1. 試述產品設計與發展對企業永續經營的重要性。

2. 試述產品設計與發展為何需對市場銷售、製造及成本三個面向的考量?

3. 新產品開發應把握那些原則? 試舉例說明之。

4. 您認為產品設計與發展需要管理嗎? 請扼要說明之。

第四章
生產管理

　　生產管理可說是工業工程與管理這門學問在實務應用上最重要的部分之一，不論是製造業（製造有形的產品）或服務業（提供無形的產品），生產是企業於將各種投入 (inputs) 轉換成產出 (outputs) 的過程中，創造產品附加價值的關鍵功能。因此，簡單來說，生產管理就是有關生產產品或提供服務所需的系統或程序的管理，例如產品或服務的設計、製程的選擇、技術的選擇與管理、工作系統的設計、廠址選擇、設施規劃及企業產品或服務品質的改善等 (Stevenson, 2005)。就製造業（例如小至螺絲釘，大至汽車、貨櫃輪、民航客機的生產）或服務業（醫院、餐廳、百貨公司、量販店等）而言，在決定要生產或提供何種產品後，首先須做的是產品的需求預測；也就是說，需瞭解欲生產的產品，其被市場接受或需求的程度如何（數量上的、品質上的、價格上的等)？然後根據預測的結果，估計所需的產能，規劃所需的生產設備及人力。之後須進行各項原物料的購入、接著就是按照既定的製造程序及日程安排進行生產，將原物料及零、組件等轉變成較大的組件，再將這些大的組件組合成最終產品。以上所述只是一個非常簡化的生產過程，因為每個步驟都還牽涉到很多不同的因素。而且隨著產業的不同、產品的不同，各生產系統自然會有不同的特色了。

4-1　生產預測

　　生產預測係對公司產品的未來需求進行預估，並依此訂定生產計畫，以有效的達成公司的經營目標。在經營管理的工作中，預測是管理者進行計畫、執行及管制等的依據。因此預測的準確程度對一公司的經營管理有極大的影響。所以，預測的結果必須先經過相關決策人員的判斷及修正後，才能作為經營管

理的參考資料。

一、生產預測概述

基本上，預測是對不確定的未來做估計，其本身既帶有不確定性，預測的結果自然難以百分之百的符合實際的情況。但透過適當的瞭解及選擇，吾人可以將其預測的偏差降至最低，而發揮預期的效果。

㈠預測的型態

預測大致可分為以下三大類：需求性的預測 (Forecast of Demand)、環境的預測 (Environmental Forecast) 及技術性的預測 (Technological Forecast) 三大類（王木琴，1995）。

需求性預測所需的資訊多半由銷售的資料及對市場的調查而來。此種預測的結果直接影響了生產排程及各項生產活動的進行。

環境的預測則是對所處環境相關的社會、政治、法律及經濟等的狀況做一評估。例如政局的穩定性、經濟的穩定性、環境保護的問題等。這些評估的結果對公司的營運會造成某種程度的影響。

技術性的預測是對現有技術與未來新技術可能發展的評估。這些評估結果對一些從事高科技產品生產的公司尤其重要。此外，對一般公司而言，新的生產方法或生產技術的迅速引用也有助於公司生產力的提升。

㈡預測的時間基準

由於一個公司或企業進行規劃時所涵蓋的時間長短不一，預測的期間因此必須與公司規劃的期間相配合。一般而言，預測的期間有下列幾種：

1. 即期預測

涵蓋的期間少於一個月，通常較適用於低階層的單位。

2. 短期預測

涵蓋的期間約為一至三個月，通常適用於中低階層的單位。短期預測的結果須依實際情況，經常修正，並作為長期預測的基礎。

3. 中期預測

涵蓋的期間約為三個月至兩年，適用於公司產品的總需求量預估、產能及各項生產資源的安排等。

4. 長期預測

涵蓋的期間約為兩年以上，適用於公司制定經營策略、長期生產目標的基礎。

不同的預測期間適用於不同的狀況。從低階層到高階層，預測的期間通常會越來越長。此外，產品的性質及公司本身的需要也會影響預測期間的長短。

㈢資料的適用性

不論使用何種預測方法，都須根據蒐集來的資料加以推斷。資料的正確性及適用性因而扮演了關鍵的角色。資料的種類一般可分為兩種：

1. 原始資料

這些是因某特定目的，直接由資料的來源取得的。而且這些資料並未經整理、分析或簡化等過程。原始資料可由消費者、公司銷售人員及零售商等處蒐集得來。原始資料的蒐集主要須考慮的是其正確性及所需的成本兩項因素。

2. 次級資料

這些是已經過整理、分析及簡化的資料。其來源可能是公司內部的一些既有的分析資料，或公司外部的，如政府機構、商業調查機構或學術研究機構定期發布的一些數據資料。

不論是何種資料，資料來源的可靠性，是否符合預測主題所需及其時效性等，是吾人決定是否採用的主要判斷因素。

二、預測方法

生產或推出一種產品之前，首先必須知道這個產品是否能賣得出去，亦即市場是否能接受？若市場不能接受，當然就不能生產此種產品了。若市場能夠接受，那能接受多少？能賣多貴？公司的利潤能有多少？是否仍值得生產？假如以上問題的答案是否定的，自然也不能生產此種產品了。所以需求預測的結果

是決定是否生產的先決條件。

如何做需求預測呢？一般常考慮的因素有下列幾項：

1. 產品過去的銷售紀錄

當然這只限於現有的產品。一個全新的產品或許沒有任何相關的銷售資料可供利用。對已存在的產品而言，從過去的銷售紀錄中不僅可以看出銷售的數量，也可看出是否有趨勢變動的情形。

2. 行銷策略的使用

產品的銷售受廣告及促銷（折扣、贈品等）的手段影響很大。尤其是類似的產品、競爭的對手很多的時候。讓消費者注意到某種產品的存在，並進而產生購買的慾望或行為，廣告或促銷活動是很有效的方式。

3. 各項外在的經濟因素

經濟的狀況是屬於擴充階段還是衰退階段、國民生產毛額的多寡、個人可支配所得的多寡、通貨膨脹率的高低、政局是否穩定、股市的榮枯，以及政府公共政策的推行程度等，都會或多或少的對消費市場造成影響。

分析人員須根據所蒐集到的相關資料做分析評估，然後做出預測結果。生管人員再據此預測結果從事各項的生產計畫與活動。

蒐集到相關的資料後，分析人員要如何進行預測的工作呢？以下本節將分別從定量 (Quantitative) 及定性 (Qualitative) 兩方面來談一些基本的預測技術。但首先，吾人須先瞭解預測的基本步驟 (Stevenson, 1993)：

1. 決定預測的對象及其所需的完成日期

分析人員須據此以決定其所需蒐集的資料，花費的人力、物力，預測的準確度，及於何時必須做出結論。

2. 決定預測所要涵蓋的期間

預測的期間越長則預測的準確度會越低。這是因為資料的可靠度、來源，以及不可控制的因素會越多所造成的。

3. 選擇適當的預測技術

根據產品的性質（全新或現有的）、產品所屬市場的特性、資料取得的情形等，決定最適合的預測技術，是計量方面的或計性方面的，或兩者都使用以

供對照，增加預測的準確度。

4. 蒐集及分析相關的資料並做出預測

儘可能蒐集各種相關的資料並加以過濾，留下真正有用的，然後加以分析以做出預測。在這過程中所使用的各種假設、資料過濾的標準，及所使用的分析工具皆須詳細列出以供日後檢討及參考之用。

5. 比較預測值與實際值的差異

隨著時間的前進，產品實際的需求量就可逐漸獲知。若原先的預測與實際的需求值有很大的差異，預測結果不令人滿意時，則分析人員須重新檢驗以上各步驟並做出適當的修正，直到得到令人滿意的結果為止。

㈠定量的預測方法

在計量的預測技術方面，一般常用的方法有下列幾種：

1. 簡易移動平均法

此種方法是以過去數期 (n) 的實際需求量加以平均後作為下一階段（天、週、月，或年等）的預測值，亦即

$$\hat{D}_t = \sum_{i=1}^{n} \frac{D_{t-i}}{n} \tag{4-1}$$

其中，$\hat{D}_t$：代表 t 階段的預測需求量；

D_{t-i}：代表在 t 階段之前第 i 個階段的實際需求量；

n：代表在此移動平均中所涵蓋的階段的數目。

簡易移動平均法適用於需求較穩定，變動不大的情況。

【例 4-1】

假設過去 5 週的實際需求量如表 4-1 所示。並假設 $n = 3$，請試以移動平均法預測第 6 週的需求量。

表 4-1　需求量紀錄

週　別	實際需求量	預測需求量
1	50	
2	55	
3	54	
4	59	53
5	58	56
6		57

解　因為 $n = 3$，所以

第 4 週的預測需求量為

$$\hat{D}_4 = \frac{D_1 + D_2 + D_3}{3} = \frac{50 + 55 + 54}{3} = 53$$

第 5 週的預測需求量為

$$\hat{D}_5 = \frac{D_2 + D_3 + D_4}{3} = \frac{55 + 54 + 59}{3} = 56$$

第 6 週的預測需求量為

$$\hat{D}_6 = \frac{D_3 + D_4 + D_5}{3} = \frac{54 + 59 + 58}{3} = 57$$

因此第 6 週的預測需求量為 57。

涵蓋階段大小的 n 並無特定的方法可決定。使用此方法時應多試驗幾次或甚至以電腦模擬以求得一最適當的 n 值。

從此簡易的移動平均法可衍生出所謂的加權移動平均法，亦即給予越近的資料較重的權值，然後再加以平均，其公式如下：

$$\hat{D}_t = \frac{\sum_{i=1}^{n} C_i D_{t-i}}{n} \tag{4-2}$$

其中 C_i 是給第 $t - i$ 階段需求量的權值，且 $\sum_{i=1}^{n} C_i = n$。同樣的，在加權移動平均法中所使用的 C_i 值及 n 值須經多次試驗後以找出一最佳的組合。

2. 指數平滑法

指數平滑法有點類似上述的加權移動平均法，即越近發生的資料具有越重

的權值，但指數平滑法卻更有效率且較易為電腦所應用。指數平滑法只需三項數據以求得下一階段的預測值：

　　⑴上一階段的預測值；

　　⑵上一階段的實際需求量；

　　⑶一平滑係數。平滑係數是用以決定給予各資料的權值。

　　也可以說，每個新的預測值是根據前一個預測值加上此預測值與該階段實際值的差異的某百分比（即平滑係數）而得。即

　　　　　新的預測值＝前次預測值＋a（前次實際值－前次預測值）

其中 a 即為一百分比或稱為平滑係數。

　　指數平滑法的數學表示如下：

$$F_t = F_{t-1} + a(A_{t-1} - F_{t-1}) \tag{4-3}$$

其中，F_t 為期間 t 的預測值；

　　　F_{t-1} 為期間 $t-1$ 的預測值；

　　　a 為平滑係數，$0 \le a \le 1$；

　　　A_{t-1} 為期間 $t-1$ 的實際需求量。

　　指數平滑法適用於需求量變動較大或前、後期需求量的關係較密切的情況。

【例 4-2】

假設前次預測值為 52 單位，而實際的需求量是 48 單位，且平滑係數 $a = 0.20$，則新的預測值為多少？

解 新的預測值可依公式 (4-3) 求得如下：

　　　$F_t = 52 + 0.2(48 - 52) = 52 - 0.8 = 51.2$

　　新的預測值為 51 單位。

　　a 的值越小，越接近零時，則預測值對預測誤差（前次預測值與同期實際值的差異）的反應就越慢，預測結果會越平滑。相反的，若 a 的值越大，越接近 1 時，則預測值對預測誤差的反應就越敏感，預測結果會越不平滑。至於如何選擇一適當的 a 值則需依實際情況而定。最主要的，a 值須能在反映實際的

變化與將隨機的變異情形減緩兩者之間求取一平衡點。目前的應用則多半是以電腦模擬來做此種 a 值選定的工作。

3. 迴歸分析

當需求量呈現某種趨勢（遞增或遞減）時，迴歸分析會是一個很有效且被廣為使用的預測工具。迴歸分析的一個基本論點是於預測中所引用的各項因素不僅在過去有其影響，在未來也會保有相同的影響力。迴歸分析的目的是要找出一條符合趨勢的直線，再以此直線預測未來的需求。

最簡單的迴歸分析只包括了兩個有線性關係的變數。此種線性迴歸的目的是要求得一直線的方程式以將各實際數據與此直線差異的平方和減至最小。此最小平方直線的方程式如下：

$$Y_i = a + bX_i \tag{4-4}$$

其中，Y_i 為欲預測的變數，也是非獨立變數；

　　　X_i 為用以預測的變數，是獨立的變數；

　　　b 為此直線的斜率；

　　　a 為此直線與 Y 軸相交的高度，或 $X_i = 0$ 時 Y_i 的值。

一般而言，欲預測的值是放在 Y 軸而用以預測的數值是放在 X 軸。圖 4-1 即顯示了一直線型的迴歸線。

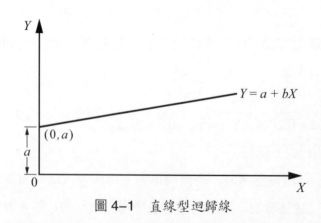

圖 4-1　直線型迴歸線

此線與 Y 軸相交於 $(0, a)$，而其斜率為 b。

欲求得 a, b 兩係數的值，可用下列兩公式：

$$b = \frac{n(\sum XY) - (\sum X)(\sum Y)}{n(\sum X^2) - (\sum X)^2} \qquad (4\text{--}5)$$

$$a = \frac{\sum Y - b\sum X}{n} \quad 或 \quad \overline{Y} - b\overline{X} \qquad (4\text{--}6)$$

其中 n 是成對觀察值的數目。

【例 4-3】

假設某個商品於過去一年的銷售量如下，試求其迴歸線。

月　份	需求量
1	40
2	43
3	46
4	50
5	52
6	58
7	60
8	63
9	67
10	72
11	77
12	82

【解】 此時用以預測的 X_i 即為月份，而欲預測的 Y_i 即為各月份的需求量。

X_i	Y_i	X_i^2	Y_i^2
1	40	1	40
2	43	4	86
3	46	9	138
4	50	16	200
5	52	25	260

X_i	Y_i	X_i^2	Y_i^2
6	58	36	348
7	60	49	420
8	63	64	504
9	67	81	603
10	72	100	720
11	77	121	847
12	82	144	984
Σ 78	710	650	5150

$n = 12$，因此

$$b = \frac{12 \times 5150 - 78 \times 710}{12 \times 650 - 78^2} = \frac{61800 - 53380}{7800 - 6084} = \frac{6420}{1716} = 3.741$$

$$a = \frac{710 - 3.741 \times 78}{12} = \frac{418.202}{12} = 34.850$$

此迴歸直線的方程式即為

$$Y_i = 34.850 + 3.741X_i$$

由此公式，我們可知每個月的需求量是以 3.741 個單位增加。

雖然迴歸線並不能百分之百的正確預測未來的需求（這是因為用以預測的因素選擇的正確性及一些隨機性的變化），但是其最主要的目的是提供了對未來需求的一趨勢的預測，而不是針對某一特定時期的需求量。

(二)定性的預測方法

若欲預測的對象並無任何歷史相關的資料可供利用時，計量的預測方法就很難派得上用場。此時，一些定性的預測方法或可提供有用的資訊以為決策者參考。以下即介紹一些較常用的定性的預測方法 (Stevenson, 1993)：

1. 高階管理階層的意見整合

此種方法是徵詢一群高階層管理者對某特定對象的意見，然後再綜合大家的看法成為一預測的結果。此種方法較適用於公司長期的規劃及新產品的開發等。使用這種方法的好處是能運用專業的知識、經驗，及才能來做預測的工作。缺點是可能某一人（例如位階較高者）的意見會壓過其他人的意見，以至於有

不夠客觀的情形發生。或者會因為共同分擔責任之故，提供意見者可能會較沒責任感或壓力去做正確的預測。

2. 銷售人員意見的整合

銷售人員因為常與經銷、代理商或消費者直接接觸，較易取得第一手的資料，掌握市場的動態。因此，整合銷售人員的意見不失一預測的可行方法。但使用此種方法可能會有幾項缺點：

⑴有的銷售人員無法正確分辨消費者想做的及消費者真正會做的是什麼。想要做的與真正會去做的常有相當的差距。若無法對此做正確的判斷，則會造成預測上的偏差。

⑵有些銷售人員的預測會被其最近的銷售經驗影響過大。若最近的銷售情形不佳，此銷售人員可能會有悲觀的預測情形。若最近的銷售情形良好，則此銷售人員可能會有樂觀的預測。此類以極短期間所發生的現象去評估未來發展的方式會造成預測上的偏差。

⑶若其預測的結果會被用來當成銷售人員的工作目標的話，則居於保護自己的心理，預測值可能會偏低。

3. 消費者問卷調查

因為消費者是實際購買及使用商品或服務的人，所以直接詢問、調查他們的意見是很適當的方式。但由於直接與消費者面對面訪談的機會並不常有或費時費力，因此須代以問卷調查的方式進行。問卷調查首重問卷本身的設計。一份設計良好的問卷能適當的引導出受調者真正的意見，而獲得許多有效且寶貴的資料。若問卷設計不良的話，則不僅無法獲得想要的資訊還可能引起反感。因此設計一份問卷，事先需做好周延的規劃。一般來說，問卷調查可能較為費時費力，而且所得到的資料可能會有所偏差（受調者非理性的行為或有意誤導等），回收率也可能不高。慎選具代表性的調查樣本且能有良好的回收率的話，一份設計良好的問卷及適量的有效數據確實能提供一個很好的預測根據。

4. 德爾菲法 (Delphi Method)

德爾菲法是另一種預測方法。此種方法是藉一些經理及高級幕僚的意見以求得一致的預測。首先，將設計好的問卷發給具相關知識、能力，及經驗的經

理及幕僚,每個人以匿名的方式提供自己的意見。負責調查的主持人則根據大家的反映意見,設計新的問卷再發回同一批受調者進行意見調查。這步驟可一直重複到大家都有了共同的看法及結論為止。此種方法主要是用在預測某事件發生的時間、某種技術改善或突破對公司造成的影響等,而較不具分析的作用。

使用德爾菲法的原因有下列幾個 (Stevenson, 1993):

⑴由一批具專業知識及經驗的人提供所需的判斷。

⑵所調查的事項需不少人的參與,而這些人並不是那麼容易的聚集在一起,或都能與負責調查的主持人面對面的討論。

⑶可以避免盲從或意見受他人影響的情形發生。公開討論時,下屬的意見可能易為上級的意見所左右或無法反映真實的情況。德爾菲法以匿名的方式進行則可避免此種不良現象的發生。

⑷匿名的方式下,受調者能在沒有壓力的情況下完全依自己的想法提供意見。

至於使用德爾菲法的缺點可能有下列幾項 (Stevenson, 1993):

⑴問卷的設計不良,以至於大家達成了一錯誤的共識。

⑵若調查的過程太久,受調查的人可能會有變動的情形。

⑶受調查的人可能不具足夠的知識、能力,或經驗。

⑷德爾菲法預測結果的正確性尚待證明。

⑸匿名的方式同樣會造成不負責任的不良影響。

使用德爾菲法的成效受兩關鍵因素的影響很大。其一就是負責調查主持人本身的能力與經驗是否勝任。問卷的設計及調查的進行是很重要的。其二就是受調者的選擇。選擇不良則會對調查的結果造成偏差不實的情形。

需求預測是生產作業計畫的基礎。需求預測做得越正確,其生產就會進行得越順暢、越容易規劃。但影響需求的因素甚多,沒有任何一種預測方法能百分之百的保證其預測的結果。必要時,計性的方法可與計量的方法同時配合使用以增加其可靠性。負責預測的人如何進行預測的工作是很重要的影響因素,此人必須選擇適用的預測方法,隨時注意預測時所用的各項因素是否得當,而加以增減以不與實際狀況脫節。

三、預測的實施

上一節介紹了數種預測的方法，現試舉一例說明幾種定量預測方法的使用情形。

假設某公司過去十個月產品的銷售記錄如表 4–2 所示，試以下列方法預測該公司產品第 11 個月的銷售量：

1. 移動平均法且 $n = 3$。
2. 指數平滑法且 $a = 0.2$。
3. 指數平滑法且 $a = 0.6$。
4. 線性迴歸。

表 4–2　某公司產品的銷售記錄

月　份	1	2	3	4	5	6	7	8	9	10
銷售量	400	450	440	480	490	520	500	520	510	540

此公司產品銷售的迴歸直線方程式可求得如下：

$$\sum X = 55 \quad \sum X^2 = 385 \quad \sum Y = 4850 \quad \sum XY = 27760$$

所以

$$b = \frac{10 \times 27760 - 55 \times 4850}{10 \times 385 - 55^2} = \frac{10850}{825} = 13.15$$

$$a = \frac{4850 - 13.15 \times 55}{10} = \frac{4126.75}{10} = 412.675$$

此迴歸直線的方程式即為 $Y_i = 412.675 + 13.15 X_i$。

現將各預測方法預測的結果整理如表 4–3 所示。

表 4-3　各預測結果之比較

月份	銷售量	預測銷售量 (1)	預測誤差	預測銷售量 (2)	預測誤差	預測銷售量 (3)	預測誤差	預測銷售量 (4)	預測誤差
1	400	–	–	400	0	400	0	426	−26
2	450	–	–	400	50	400	50	439	11
3	440	–	–	410	30	430	10	452	−12
4	480	430	50	416	64	436	44	465	15
5	490	457	33	429	61	462	28	478	12
6	520	470	50	441	79	479	41	492	28
7	500	497	3	457	43	504	−4	505	−5
8	520	503	17	466	54	502	18	518	2
9	510	513	−3	477	33	513	−3	531	−21
10	540	510	30	484	56	511	29	544	−4
11	–	523	–	495	–	528	–	557	

⑴使用移動平均法，$n = 3$ 的預測結果。

⑵使用指數平滑法，$a = 0.2$ 的預測結果，且 $F_1 = A_1$。

⑶使用指數平滑法，$a = 0.6$ 的預測結果，且 $F_1 = A_1$。

⑷使用線性迴歸的預測結果。

　　由表 4-3 各預測方法實施結果的比較可看出，不同的預測方法所得到的結果皆不相同，因此預測人員須花費一番功夫，進行研究比較以選出一個適當的預測方法。

 ## 4-2　生產管理的基本概念

一、生產管理之意義與目標

　　生產管理的定義在本章一開始時曾提及。進一步來說，生產管理就狹義而言，是指工廠對其生產工作的計畫及管制。廣義而言，生產管理就與一切與生產工作相關活動的管理有關。因此，生產管理可說是以最有效的方式運用設備、人力及物料等，在規定的期間內，將一定數量及一定品質的產品生產完成所牽

涉的各種活動。

　　生產管理必須達成的目標如下：

　　1. 在規定的時間內完成生產的工作。

　　2. 產品的生產數量須符合顧客的要求。

　　3. 產品的品質須符合顧客的要求。

　　4. 以最具生產力的方式生產產品，亦即以最少的投入獲得最多的產出。

　　當然，生產管理的最終目標是要符合公司經營目標。

二、生產系統的型態

　　若依作業的型態及設備佈置的方式，生產的型態可分為下列數種：

1. 連續生產型態

　　以特殊的機器生產少數幾種標準化的產品。從原物料的投入到產品的產出，以及製程中在製品的輸送皆為自動化。使用的員工很少，且經常是連續不停的進行生產作業。其例子如石化工業、報紙印刷等。

2. 流程式的生產型態

　　使用特殊用途、單一功能的機器，按產品的製造程序排列成一條生產線。工人所需具備的技術層次低。亦為生產少數幾種標準化的產品。其例子如家電生產業、汽車裝配線等。生產的批量大。

3. 間歇式的生產型態

　　機器依其功能佈置在一起，例如車床皆佈置於同一區域，鑽床亦被佈置於同一區域等。生產的產品種類多，製程不盡相同，生產的批量小。工人須熟練的操作其負責的機器，技術層次要求較高。例子如工具、模具的製造及顧客訂做的產品等。

4. 專案式的生產型態

　　產品的體積非常龐大無法搬運，所有的機器、設備及人員皆須將就此項產品，在產品的所在位置工作。其例子如建築（橋樑、大廈等）、造船（貨櫃輪等）等。

5. 彈性的生產型態

綜合流程生產型態大量生產、低成本及間歇生產型態產品多樣化的優點，此種生產型態運用群組技術，將製程類似的產品劃歸為同一家族。每個家族則有相對應的流程式的生產佈置以生產屬於同家族的產品。此種生產型態使用多功能的機器與設備，員工亦須具備高度的技術層次。

一個公司須依其產品的種類、樣式的多寡、程度的差異及經濟能力，選擇適合的生產型態。

三、生產管理系統

生產管理系統一般而言包括了下列這些活動：

1. 產品設計

依照訂單要求的產品型式規格或針對消費者的需求，市場的接受程度，設計出符合需求的產品或服務。這部分已於第三章中做了基本敘述，因此不在此重複。

2. 生產預測

生產預測係由需求預測而來。在這階段，管理者可藉過去的資料或市場調查等預測未來對各項產品的需求。

3. 生產規劃

此項規劃是根據生產預測而來的。舉凡設備的規劃、對現有產品的修正、對現行製造程序的修改、物料單、各生產步驟的操作時間、財務上的考慮、緊急訂單、訂單取消的處理、人力規劃等都是在這階段須考慮的因素。

4. 存貨規劃

根據生產活動規劃的內容，決定在某一期間對某些特定的零、組件等物料的需求，然後計算出訂購數量、訂購點、安全存量等，以展開訂購、進貨等的工作，並達成使生產順利進行的目的。

5. 途程規劃

將產品從投入至產出所須經過的加工步驟詳細列出，俾利生產排程進行。

6. 生產排程

首先擬定各產品的途程，亦即產品由原物料到完成品所需經過的一連串製

造過程。然後決定何時進行何項產品的製造，何種物料又須於何時送達等。其目的在使產品能在規劃的時間或顧客要求的交貨期限到達時完成交出。

7. 工作分派

工作分派是要決定工作人員數目、工作的項目，及工作的地點等，以完成已分配好的工作進度。

8. 生產控制

生產控制則是實際跟蹤評估各項工作進行的情形，將生產過程中發生的困難加以解決排除。其目的在使各項工作皆能按既定的計畫進行及完成。

這些活動並非各自獨立的，而是彼此緊密的聯結在一起。生產管理系統包含的活動既多且雜，因此各活動須配合得非常良好，才能充分發揮其功能。

 ## 4–3 生產管理的程序、生產規劃與控制

一、生產規劃

生產規劃是要將需求預測的結果轉換成一個完整的生產活動規劃，以將所有可用的資源整合，而為公司創造最大的利潤。生產作業規劃的目的就是要確保生產所需的各項資源能於規劃的時間、在規劃的地點就緒，使各項生產活動都能按計畫順利進行，而且這些資源的浪費（閒置的人工、機器設備、原物料等）也能減至最小。

一般而言，生產作業的規劃包括了下列的內容：

㈠產能的分析及資源使用的考量

所謂的產能指的是一個生產單元（一個操作員、一部機器、一個工作單位、一個工廠等）在一定的時間（一日、一週、一個月、一年等）內所能生產的最大數量或最大的產出值。例如一個人一個月可生產汽車 15 輛，一部機器每分鐘可生產 100 個零件等。產能估計或計算的正確與否對生產計畫與管制有很大的影響。不正確的產能規劃會造成公司的損失。過多的產能會使人力及機器設備等遭到閒置，造成浪費。過少的產能則會使公司的生產無法達成客戶的訂單

要求或市場的需求，因而造成背信及獲利減少的情形。

　　產能的規劃至少須確定下列三事項 (Stevenson, 1993)：

　　1. 需要什麼樣的產能？

　　2. 需要多少產能？

　　3. 何時需要這些產能？

　　不同的產品或服務所需的產能或許不同（不同技術或程度要求的操作員、不同的機器設備、不同的廠房空間要求等）。確定所需的產能的種類後，即依預測的需求評估所需的產能，以及目前公司的產能是否能夠符合要求，是否須減少產能或擴充產能（人力、機器、設備等）。最後則是要確定能在規劃的生產時間提供所需的產能。

　　產能的規劃包括長期及短期兩種 (Stevenson, 1993)。長期的產能規劃主要依靠需求預測決定。例如循環性的需求及趨勢性的需求等。其規劃的重點在於辨認趨勢的長度及強度，或者循環的長度及強度。此種規劃對公司長期的投資有重大的影響。短期的產能規劃則較注重季節性的變化，例如淡季及旺季的分別。短期的規劃只能對某些消耗性的設備或工具、技術層次要求較低的人員做調整。其重點在於適當的調配淡、旺季的生產活動，使閒置的人員及機器減至最小，亦即使被需求的產能能保持平穩不致有太大的差異。

　　在產能的規劃上，最困擾的是突發性的變化，這些變化根本很難於事先預測得到的。像經濟制裁、石油危機、戰爭的危機、政局的不穩、各種天然的災害、人為的災害等。在可能的範圍之下，管理人員應儘量將此種突發性因素造成的影響及傷害減至最低。

　　另一考慮則是資源的規劃。現代工業有許多是須使用大量的水力資源及電力資源的，像石化業、紡織業、製紙業等，設廠地點能否充分供應這些資源就成了很大的問題。目前國內在水力及電力的供應上已呈不足的現象，這種情況對相關的行業勢必有很大的影響。人力資源也是一項重要的因素。各行各業對人力需求的條件不同。初級加工業並不需技術層次高或專業知識高的員工來從事簡單的組合工作。相反的，精密電子業、製藥業等就需專業人員來從事高難度的設計、生產等工作。技術層次低的工業主要的考慮是人力取得的費用。例

如國內不少製鞋業及成衣業等皆赴大陸或東南亞設廠，其原因即為當地低廉的人力供應。技術層次高的工業則多半以具專業技術人力取得的容易程度為考慮重點。科學園區的設置就是最明顯的例子。

許多工業還須考慮原物料的來源。供應的量、品質，及價錢等是否能保持穩定。兩次的石油危機、動態記憶體晶片的缺貨、84 年初，日本神戶、大阪的大地震造成許多原料供應的不足以及 90 年代石油價格一路飆漲等，都對相關產業造成極大的影響。機器設備的取得也是須考慮的，價錢、品質、售後服務的提供等都是相關考慮的因素。國內工業偏好使用日本製的機器，除了價錢及品質的因素外，因地理位置近，能迅速提供所需的服務也是很重要的因素。

不僅資源的來源須規劃，資源使用的限制也須考慮。尤其最近環保的呼聲日益高漲。原物料的使用應以不破壞自然生態為原則，以免成為眾矢之的。例如象牙、虎骨、犀牛角等保育類動物器官的使用影響到這些動物的生存，保麗龍等塑膠製品的使用浪費掩埋場的土地資源，CFC 冷媒的使用破壞了地球的臭氧層，工業廢水的排放不僅破壞環境且毒害所有的生物等。此外，也要考慮所使用的材料是否會對人體造成不良的影響。此種例子像各種食品的添加物、農作物的農藥使用是否會毒害消費者，填充玩具的填塞物是否會堵塞幼兒的呼吸道造成窒息，嬰兒推車是否會造成嬰兒的死亡，用於隆乳的矽膠對人體是否有害等。

各種資源的使用已不僅是成本及利潤上的考量，社會責任在規劃上的重要性已不容忽視。這是現代工業生產的一項特質。

(二)製造程序的型態

確定了欲生產的產品種類並預測了所需生產的數量，資源的來源及使用以及產能都規劃好了之後，還需決定生產的型態。一般而言，生產的型態有三種基本的型式：連續型的生產型態 (Continuous Processing Systems)、間歇型的生產型態 (Intermittent Processing Systems)，以及專案式的生產型態 (Projects)。

連續性的生產型態 (Stevenson, 1993) 使用了具專門用途的機器以很鉅量的生產一種或少數幾種很類似的產品。例如，麵粉、糖、洗衣粉、飲料、報

紙等。

其產品種類可能都只有一種。而有些連續型的生產系統可容許一些產品的變異性使得產品的種類增加一些。例如，汽車、電視、電腦、相機等的製造。這些產品雖然不是完全相同的，卻有很高的類似程度。此種生產型態須使用非常標準的生產方法、零組件，以及機器設備。因為所使用的機器設備都是為某項加工功能設計的，操作員所需的技術層次較單純。大致來說，使用連續型生產型態的多半是存貨式的生產方式而非訂貨式的生產方式。

間歇型的生產型態 (Stevenson, 1993) 主要是針對數量較少但產品種類較多的生產情形。其使用的機器為多功能、多用途、適合做各種不同加工程序者。因此機器操作員所需的技術層次較高、較複雜。間歇型生產系統中的一個特色是批量的生產。同一種產品或極類似的產品是以一批一批的方式被處理生產的。例如，一個食物處理工廠可能加工生產各種不同的食物。同一種食物就會被一起處理。另一種型式則是零單式的生產 (Job Shop)，此種生產方式能夠處理很多樣的產品種類。其批量可以很大，也可以小至一件。而每件工作或訂單所需的加工方法及程序可能都不同。此種生產方式需特殊的生產排程方法以增加生產效率及降低生產成本。

專案型的生產型態 (Stevenson, 1993) 則是為了生產某一特殊產品所特別建立的生產系統。例如，大型或特殊的建築計畫、產品的原型生產等。橋樑、公路、大型客機、新發展戰鬥機的原型機等都是其中的例子。此種生產系統所針對的都是很複雜、非大量生產、或很特殊的產品。一旦生產結束後，此生產系統就會解體或重新組合以應付下一專案生產的目標。

依產業的特性來說，對那些以組裝的作業或只掌握自有品牌為主的企業（像個人電腦的供應廠商、知名的運動鞋供應廠商等），它們之中有些企業所需的各種原物料或零組件可能皆為外購，而只在本身的工廠內進行最後的組裝或包裝作業；有些企業甚至只負責通路銷售及廣告行銷的工作，產品生產的工作全部外包給相關的公司處理。

(三)自製或外購

一個公司可能會決定自製部分的零、組件而外購其餘的，也有可能自製所有的零組件或全數外購，自己只進行最後的裝配工作。許多公司只負責生產的工作，售後服務及維護、保養等工作則交由其他公司負責。例如，家電用品及電腦軟、硬體設備等。如果一個公司的決定偏向外購的話，其產能上的需求及生產型態的選擇就會較為簡化。

　　在決定自製或外購時，有一些因素是須加以考慮的 (Stevenson, 1993)：

1. 是否有足夠的技術生產所需的物件

　　若無相當的技術生產所需要的零、組件，當然就沒有所謂的自製的選擇了。例如我國須向先進國家購買戰鬥機、潛艇、飛彈、汽車引擎、噴射客機等。這種情況之下，外購是唯一的選擇。

2. 是否有足夠的產能生產所需的物件

　　即使經過產能的規劃，若短期的需求激增，產能的擴充無法配合時，外購似乎也成了合理的選擇。

3. 品質的水準是否能符合要求

　　有時客戶對貨品的品質要求很高。這種情況下，若公司有技術也有產能，但生產出來的產品品質較難符合要求時，可能就須考慮外購。或者，原先因為消費者要求的品質不高因而外購的情形，現為了客戶要求品質提高的狀況，可能就不再外購而由自己生產以嚴格控制產品的品質。

4. 需求的特性

　　當產品的需求量高且穩定時，從事此項產品生產的公司自可有良好的產能規劃。萬一需求的變化頗大或訂單是屬多樣少量的性質，此時或許可將此訂單轉包給專門的公司生產以獲得較好的結果。

5. 成本的考慮

　　即使自己有生產的技術、足夠的產能，生產出來產品的品質也能符合消費者的需求。但若有另一家公司能以較為低廉的成本，生產出同樣品質的貨品時，外購是可考慮的選擇。有時即使成本高些，但在自己產能無法應付、不願失去客戶的情況下，還是可以考慮外購的。若在淡季，公司的產能未充分運用，那即使外購的成本較低，但自製卻能回收部分成本，甚至也能創造利潤（或許較

低），這種情況可能就以自製為宜。

目前的產品日趨複雜及多樣化，一項產品生產所需的零組件不下千百件，像飛機、貨櫃輪、汽車等。一個公司無法自行生產所有的零、組件，但自製那些部分，外購那些部分？這種決策就可依上述幾點做考量了。

二、存貨規劃

需求預測可提供各產品的預測需求量，而生產規劃可將此種預測的需求量轉換成有時間性的生產計畫。由於物料單的編製，各原物料及零組件的需求量皆可求得。存貨規劃的目的是一方面要有足夠的存貨以將生產計畫中所需的各項原物料、零組件等及時的供應到生產線上去，使生產活動保持順暢不至中斷；另一方面則是要降低存貨成本，減少存貨持有的數量及所佔的空間。

存貨規劃一般考慮下列兩個問題 (Turner, 1993)：

1. 一次訂購多少

這可以是一次向供應商訂購的量，也可以是公司自行生產時的批量大小。

2. 何時發出訂單或多久發出一次訂單

訂購的形式一般而言有兩種：每次訂同樣的數量但訂購期間需經評估而得，或訂購的期間固定但需計算每次訂購的數量。

存貨規劃包括許多內容，其細節將於第五章中詳細討論。

三、途程規劃

途程規劃就是將產品依其加工程序，排列出其製造的途徑。此一途徑須能使此產品由原料至完成品的生產過程中，所耗用的生產資源最少、生產成本最低而且生產力最高。

途程規劃的安排可依下列步驟進行：

1. 決定產品的製造程序及操作步驟

在此應依產品須經過的加工及其順序，決定其加工的步驟，使機器設備的運轉、原物料、在製品及製成品的搬運及儲存的次數及時間最少。操作程序圖（如圖 7-2 所示）常用來顯示整體加工進行的情形。

2. 決定經濟製造的批量

在依顧客訂單生產的公司，生產的數量主要決定於顧客訂單的數量。但在存貨式生產的公司，因為係大量生產的型態，因此須決定一最佳的經濟製造批量，使前置準備成本及存貨持有成本等的生產成本降至最低。此批量的決定可參考第五章 5-4 中，經濟生產批量的模式。

3. 產品品質的檢驗

在產品的製造過程中，須將應檢驗的項目及時機安排進去，如此才能使產品的品質符合顧客的要求。

途程規劃的內容須詳細列出各加工步驟所須使用的機器，加工所須的時間，機器的操作員等，以利生產排程的進行。

四、生產排程

㈠生產排程概述

生產排程是要在一個公司組織裡建立使用設備及人員等活動的先後順序。亦即要有效的調配設備及人力的運用情形以達到最佳的效果。

在進行生產排程前，生產部門需先完成途程規劃 (Routing) 的作業。途程規劃是指在開始製造一件物品之前，先確定製造這物品所需的作業項目、於何處做、其製造程序、使用的機器設備、操作機器設備的人員等內容的計畫。

確定了各物件的製造程序及方法後，就可進行生產排程的工作。生產排程是要將各工作（訂單）的生產優先順序做合理、正確的安排，一方面能使公司的人力及機械設備等得到最充分的利用，另一方面也能將顧客的訂單如期的完成交貨。生產排程規範了各工作生產的順序及時間、相關的工作如原物料的採購、零組件的採購、物料供應的配合、人力的出勤等必須充分配合以使各項生產工作能順利的進行。因此生產排程的目的有下列幾項：

1.依照訂單上顧客要求的交貨日期，安排各訂單生產的進度，並確定訂單完成的日期。

2.提供物料管理部門一明確的依據。使外購的原物料及零、組件等需配合

生產所需的物品都能及時供應，使生產保持順暢。

　　3.事先瞭解人力及機械設備使用的情形，若有產能利用不足或生產產生瓶頸的狀況，應儘早協調解決。

　　4.使各部門工作負荷量保持平衡，現場生產線也能保持平衡以達到充分發揮生產力的地步。

　　由於目前市場競爭非常激烈，各製造廠商事實上都面臨了交期縮短的壓力。能於越短時間交貨、價錢低、品質又好的廠商才能保有競爭的優勢。而是否能如期交貨，則與生產排程的規劃有很密切的關係。

㈡生產排程的種類

　　生產排程的內容因生產方式及生產數量的差異而有所不同。生產數量非常大的系統的生產排程所使用的方法與零工式的生產方式或專案式的生產方式的生產排程使用的方法就大為不同。

1. 高產量生產系統的排程 (Stevenson, 1993)

　　在此種生產系統下，生產排程只是將工作量分配到各工作站，然後決定作業的先後次序即可。高產量生產系統的特色是使用標準的機器設備及工作方法，因為產品只有一種或數種但極類似，所以生產程序幾乎是一樣的。因此在此種生產系統所做的生產排程，其重點在於使整個生產系統的運作能非常順暢以達到機器及人力的最高使用率的地步。此種生產系統有時又被稱為流程式的生產系統。

　　在此種生產系統中，管理者或工作設計者需注意的一個現象是潛在員工不滿的心理。這是因為這種系統為了達到高的生產效率，常將工作細分為許多單純的動作，再將這些動作分配給現場的員工執行。員工若長期的執行同一簡單的動作，可能就會造成無聊、單調的心理，因而會產生疲勞、曠工、離職等情形，使公司的生產受到影響。

　　一般而言，此種生產系統的生產排程僅需編列總生產排程表即可。

表 4-4 高產量生產系統的總生產排程表

產 品 名 稱	生 產 數 量					
	1月	2月	3月	4月	5月	6月
A	3000	3000	3000	3000	3000	3000
B	1500	1500	1500	1500	1500	1500

　　生產的順暢與否對高產量生產系統是很重要的，因此在做生產排程時，除了訂出生產的數量外，還需注意規劃所有輸入的東西，如原物料、零、組件、機器、人力等，製造的程序、輸出的結果，如產品的數量、品質、不良品比率、不良品的處理等，以及是否有過多的存貨等。

2. 中產量生產系統的生產排程 (Stevenson, 1993)

　　所謂的中產量生產系統，其產量係介於生產標準產品的高產量生產系統及低產量的零工式生產系統之間。一般而言，此種系統仍生產一些標準化的產品，但因為產量並不是那麼大，因此不到使用連續性生產方式的地步，而主要以間歇式的生產方式為之。在這種系統之下，生產的產品多半會定期的由一項產品換到另一項產品。每一項產品的生產批量雖不如高產量生產系統中的那麼多卻又比零工式生產方式中產品的產量要高。

　　在中產量生產系統下的生產排程，依其涵蓋時間的長度及內容詳細的程度，可分下列幾項：

　　⑴總生產排程計畫：這種計畫主要是供高階管理階層使用。在安排初步的生產計畫時，通常會依已接受的訂單或預測的需求量，決定每一產品當期的生產量。然後此生產量需合理的分配到每月或每季等生產，並製成一圖表以利控制。分配的原則則應以設備、人力的利用及生產的順暢為考慮重點。總生產排程計畫可以表 4-5 表示。

表 4-5　總生產排程計畫表

交貨日期	訂單編號	訂貨廠商	產品編號	產品名稱	生　產　數　量			
					1 月	2 月	3 月	4 月

(2)中階生產排程計畫：此種計畫主要是供生管部門或其他相關的中階管理階層使用。其內容主要是依據總生產排程計畫的規定，決定各物品的生產數量及生產的日期及長度。一般以一週至一個月為計畫長度。其內容可以表 4-6 表示。

表 4-6　中階生產排程計畫表

交貨日期	訂單編號	生產物品名稱	生產數量	預定開工日期	預定完工日期	備　　　　　註

(3)細部生產排程計畫：此種計畫主要是供現場負責實際生產的工作單位使用。其內容係依中階生產排程計畫中需生產物品的種類、數量及起訖的開工時間，決定負責生產的工作單位的製造程序、機器設備的使用、作業人員的工作等每天運用的情形。一般是以一週為計畫長度。其內容可以表 4-7 表示。

表 4-7　細部生產排程計畫表

訂單編號	生產物品名稱	生產數量	使用機器	生　產　時　間
001	電風扇	500	生產線 #1	10/30 8：00 am 至 10/31 5：00 pm

3. 低產量生產系統的生產排程 (Stevenson, 1993)

低產量生產系統或稱為零工式的生產系統與前述的高、中產量生產系統有很大的差異。在這種生產系統中，產品是依訂單而生產的，而每個訂單對產品的要求在製程、原物料、生產時間等各方面都可能會有相當程度的差異存在。因此，低產量生產系統的生產排程一般皆較複雜且無法在接到訂單前就能決定。

在此系統進行生產排程需考慮兩個因素：如何將工作分配到各機器或工作站去；如何決定各訂單或工作的處理程序。此兩因素可由各種不同的優先法則來決定最佳的生產程序，例如最短處理時間 (Shortest Processing Time, SPT) 原則、最長處理時間 (Longest Processing Time, LPT) 原則、最早交貨日期 (Earliest Due Date, EDD) 原則等。因其深度超出本章的範圍，於此不多做敘述。讀者可於生產管理課程中做更進一步的探討。

五、工作分派

工作分派或派工是根據生產排程的計畫，將工作分配給工作單位的機器設備和員工。工作分派可由生產管理部門將生產命令發給生產單位進行生產，也可由生產單位依既定的生產排程計畫自行決定該使用的機器設備及員工。簡而言之，工作分派就是指定何人於何時使用何種機器設備，生產多少數量的何項物品。

對高產量或連續型生產的系統而言，因為產品種類不多、製造程序固定，工作分派的工作也較為簡易。對中產量或間歇型的生產系統，甚至低產量或零工式的生產系統來說，工作分派的進行就複雜很多。因為產品的種類因訂單而有所不同，造成使用的機器設備等的不同。工作分派的實施必須考慮到各機器設備及人員的工作負荷，使每部機器及人員皆負擔相同的工作量，不致有有些人忙碌、有些人閒置的情形。除此之外，緊急訂單的處理因為破壞了既定的生產計畫及原物料、零組件的配合，更使工作分派的進行更為困難。

一般來說，工作分派依其集中的程度可分下列兩種方式 (譚伯群，民 80)：

1. 集中式或中央式的工作分派

此種分派方式由生管部門直接將生產命令發送至各生產單位。各生產單位依生產命令，按既定的排程進行生產。此種方式的優點是能統一調度、有效控制、減少溝通管道的層級、現場生產單位僅需依命令生產不需負計畫的責任。其缺點則為缺乏彈性、易造成工作脫節的現象。因此，這種指派方式較適用於產品樣式少且高度標準化的高產量或連續型的生產系統。

2. 分散式或地方式的工作分派

此種分派方式下，生管部門僅將訂單的相關資料提供給生產單位。由生產單位自行決定工作人員及機器設備的配合使用情形，其任務則是需在規定完工的日期前將工作完成。此方式的優缺點與上述的集中式的工作分派正好相反。其主要優點是彈性大，生產部門可依自身的狀況做機動性的調整。主要的缺點則為易造成各部門之間的本位主義、不易協調。因此，此種方式較適用於產品樣式多、生產程序變化大的中產量或低產量的生產系統。

何種工作分派方式較優應視工廠的性質而定，例如產量的高低、產品式樣的多寡、工廠的規模等。

六、生產控制

工作催查係在監控各項訂單或工作的生產進度是否按照既定的生產排程計畫進行。若有進度不符的情形發生則應採取適當的修正措施，使生產能順利進行。工作催查的主要進行步驟如下（譚伯群，民 80）：

　1. 追蹤各訂單或工作生產的現況，並將相關的資料記錄下來。
　2. 將記錄下來的資料與預定的生產計畫進行比較。
　3. 若實際的生產情況與預定者有所差異，則需調查發生差異的原因。
　4. 就發生差異的原因採取適當的修正行動，使生產活動恢復正常。

通常實際生產與預定的生產計畫不符的原因如下（譚伯群，民 80）：

1. 生產計畫規劃不當

接受訂單的部門或人員若於接單時未考慮公司實際的產能以致超出本身的產能，此時就會造成生產上的偏差。此外，生管人員的經驗不足、外在的環境發生變化時也會發生錯誤的情形。

2. 原物料、零組件、機器、設備等的配合發生問題

由於採購的時機不當、原物料、零組件的品質不符合要求等,造成生產線停頓的情形。對此,生管人員與物料、採購部門需密切連繫以確保相關的物料及設備能及時供應、配合生產。

3. 使用的機器設備發生故障

機器設備或因品質不良、操作不當,或維修保養不當造成損壞,使生產停頓。對此,生產單位或保養單位需有完善的定期保養計畫及緊急事件處理的計畫等以確保機器設備能正常的運作。

4. 不良品過多或不良率過高

不良率過高對生產進度會造成嚴重的傷害。當不良品數目超出預期者時,則良品的數目就會不足。此種情況不僅會造成此項訂單的生產延誤,同時因需補足不夠的數量而影響到其他訂單的生產情形。此外,不良品不論是報廢或重製都會造成生產成本的增加。因此,相關人員必須於傷害還不嚴重時就將問題找出,加以解決。

5. 工作人員技術不佳,士氣低落

工作人員的技術不佳、情緒低落、出勤狀況不理想等都會造成生產進度落後的後果。對工作人員的教育訓練、待遇、升遷管道等都應有完善的規劃,使員工能安心的工作並擁有足夠的生產技術。

工作催查的進行是否順利與現場生產單位的配合程度有很大的關係。事實上,若現場作業管制 (Shop Floor Control) 做得很好的話,工作催查的進行就容易多了。

現場作業管制主要是要管制現場工作的人員及需使用的機器設備,使其能依預定的生產排程進行各項生產活動。要做好這項工作,現場的第一線主管就需隨時將該單位的生產情形及遭遇到的困難向相關的單位回報 (Turner, 1993):

1. 生產工作進度及生產狀態的報告

現場的作業係依預定的生產計畫進行的,但因一些突發性的狀況(員工的出勤狀況、機器的使用情形、原物料供應的情形等),可能會導致生產進度的

落後或超前。這些都是現場主管人員需向相關單位（例如生管、物管、維修部門等）報告，使整體的生產計畫能做適當的修正。

2. 缺料的報告

正常情況下，除非是供應市場上發生全面性的缺料情況，不然現場作業不應有缺料的情形發生。缺料發生的原因可能有二：

⑴原先的生產計畫有誤。物料的需求規劃錯誤以致無法配合生產的進度。

⑵生產部門與物料管理部門配合不當。

缺料會造成極大的損失且是可避免、不應發生的事。

3. 產品品質狀況的報告

產品品質攸關公司的信譽及產品的形象。事前的設計工作固然要做好，生產過程也很重要。製程中及完成品的品質檢驗結果需向相關單位報告，以隨時掌握及控制產品的品質。不良品的發生率及再製或報廢的情形亦需一併報告。

4. 修正動作的進行

不論是生產進度的落後、缺料的情形，或品質變異的情形，除了將各種狀態向相關單位報告外，屬於現場的責任或現場可做的，事先都應有一套正確完整的步驟來進行補救、修正的工作。超出現場處理能力範圍的，則由相關單位負責處理。

5. 成本累積的紀錄

為了確實掌握產品的成本資料，現場進行生產作業時，應將各種與產品成本相關（直接或間接）的事項皆記錄下來，以供會計部門正確的算出各產品的成本。

6. 員工利用率的追蹤

員工的出席率及實際的工作時間與公司的產能及生產力有直接的關係。所謂生產力即為單位時間內，某機器、人員、部門或公司等的實際產出值。透過詳細的紀錄，由員工出席的情形可使公司正確的估計本身的產能，也可瞭解員工的向心力。由員工實際的工作時間資料則可使生產單位知道目前生產方式的安排是否適當？是否可加以改善？

7. 生產力的報告

從個人的生產力到整個部門的生產力的報告，可使相關部門更有效的掌握生產的進度及做適當的改善。

工作催查只是消極的作為。積極而言，生產計畫訂定之時就應有全面性的考慮。一個完善正確的生產計畫加上各部門間都能密切的配合，則生產進度應可順利完成。管理階層不應經常性的以工作催查來做修正生產計畫中不正確的部分。

 ## 4-4 結 論

現代生產管理所牽涉到的範圍極廣，須考慮的事項既多也很複雜。以其所面臨的現象或挑戰主要有以下幾點：

1. 標準化或客製化

標準化可說是大量生產系統或時代的最大特色，其優點是生產量高、單位成本低；缺點是產品的種類少，可供消費者選擇的機會少。在過去需求大於供給的時代，大量生產及標準化的存在是很自然的事情。可是隨著工商業的發達及激烈競爭的情形出現，消費者已無法滿足單調沒有變化、沒有太多選擇的情形。這麼一來，不少業界紛紛走向客製化 (customized) 的生產經營方式，這種生產方式的最大優點就是可以依消費者的需求，為他們量身訂作所需的產品，因此產品的種類多，但缺點是生產成本較高。

雖然客製化成為無法逆轉的趨勢，可是不少業者還是能盡量將標準化的概念或作法帶入客製化的生產中，藉以提高生產效率或降低成本。以桌上型個人電腦為例：

⑴有些電腦供應商公司（例如宏碁、聯強等）每隔一段時間會推出數種針對不同客戶特性所設計的電腦，並以特價供民眾選購。由於這些電腦裡面的零件可能只在 CPU、硬碟空間等少數地方有些不同，大部分都可以大量、標準化的方式生產或組裝。如此一來，一方面可以取得標準化在成本方面的好處；另一方面也可兼顧不同客戶的需求。

⑵若客戶因為其預算或特殊需求，需要一臺能滿足其各種要求的電腦時，他（她）所選擇的螢幕、CPU、硬碟、軟碟、顯示卡、音效卡等零件，其實多

半也都是相關供應廠商以大量標準化的方式生產出來的。通路商只不過是將這些各種不同的零件找來，組裝成客戶要求的電腦而已。

這種情形就是即使無法以標準化的方式生產最終的產品，仍可將產品中的各種不同的零件都以大量標準化的方式生產，然後再依不同客戶的要求，組裝成最後的產品銷售。如此一來，可以同時得到大量生產成本低及客製化選擇機會多的好處。

2. 集中生產或在地生產

以臺灣為例，不少企業都屬於中小型的規模，生產所需的各種物料基本上都可由島內的衛星廠商供應，所以較無集中生產或在地生產的問題。可是對一些大型、跨國的大企業而言，由於其產品係大量的銷往世界各地，因此可能需要考慮是應該將所有的產品都集中在某處生產，還是分散到數個地點生產。過去的國際型大企業似乎都採用集中生產的方式，這種生產方式的優點是能統一事權，總公司較有控制權，同時因為生產量大，生產成本較低；缺點則是供應鏈可能會拉得過長，物料的供應及產品的運送會較無效率或提高成本等。可是隨著客製化及及時提供產品服務的要求日漸增加，越來越多大型企業改採在地生產的方式，這種生產方式的優點是能掌握當地的需求型態，迅速做出回應。若物料能由當地直接供應的話，在物料的供應上會較有效率，運輸的成本也會較低；其缺點則可能是總公司較無控制權，由於生產量較小，生產成本可能會比集中生產的高。

3. 同步工程觀念的導入

過去生產製程的規劃都是在產品設計完之後才進行的，可是如此一來，可能會因為在產品設計的階段並未考慮到製造能力 (manufacturability) 的因素，使得之後的生產發生種種的困難及問題。為了解決這種困境，同步工程 (concurrent engineering) 的觀念就被提出了。同步工程的意義是在產品設計的階段，就將其他功能或專業的人的意見納入考慮，例如來自生產製造、生產管理、品質管制、行銷業務等專業領域的意見。如此一來，設計出來的產品，不僅能符合市場的需求，能順利的生產，也能將品質控制得很好。由於同步工程觀念的導入，會使生產製程在產品設計的階段就必須提出並評估。

4. 品質的管制與維護

　　自品質革命之後，品質的重要性應該是深植人心的，尤其是在全面品質管理理念的影響下，整個工廠從上到下都應具備足夠的品質知識及修養。因此，對產品品質有直接影響的現場作業人員及各級主管，除了要負責產品的生產作業外，還要負責產品品質的管制與維護，而不是將品管的工作全交由所謂的品管人員負責。對工業工程與管理的人來說，大家應該都已接受品質不是靠檢驗出來的，而是在產品的製造過程，甚至在產品的設計階段就應做好的觀念，所以對產品品質的重視及維護不會有任何問題。可是對來自其他不同領域或專業訓練的人來說，要讓他們對品質持有同樣的觀念似乎不是一件很容易的事。所以，如何於公司中宣揚並使大家接受重視品質的觀念及作法，應該是工業工程與管理人員的責任。

5. 供應鏈的形成

　　現代的企業由於專業分工的細密及供應鏈觀念的興起，使得每一個企業多半只生產某些專門的零組件，每一個企業也都只是供應鏈中的一部分。這麼一來，每個企業的經營都與其他企業的經營息息相關，因此供應鏈的成員間如何透過流暢的資訊流 (information flow)、物料流 (materials flow) 及現金流 (cash flow) 彼此互相合作，避免發生如長鞭效應 (bullwhip effect) 等不良的現象，提升經營的績效，應該是管理人員必須負起的責任。

6. 環境保護的要求

　　隨著環保觀念的興起及環保運動的盛行，世界各國政府在環境保護方面制定了越來越多的規定及法律，以管制企業界的生產行為。雖然不少企業為了節省成本，不惜做出各種不同破壞環境的事情，卻不知此舉對環境造成的傷害未來需付出更大的代價才能彌補，甚至永遠無法回復到原來的狀態。因此，不論是對環境保護的自覺或為了滿足法律的要求，企業界在其產品的生產過程中，都必須一方面嚴格遵守這些法律及規定，另一方面也要將因此增加的成本控制在某種程度以內。

7. 工業安全的重視

　　小自肌膚之傷、大至四肢的喪失、死亡或廠房的爆炸，工安的事件或意外

並不因時代的進步而減少發生的機會。這類的事件有時會造成員工的傷亡，有時會造成企業的重大損失或經營的危機。因此，不論是對員工人身安全的保護或對機器設備的維護，對工作場所安全方面的要求都是管理人員必須注意並嚴格要求相關人員遵守的。

　　生產管理的工作是極為繁複但責任重大的。設計部門、業務部門、品管部門、物管部門等的績效完全都於最終的產品上表現出來。而生管部門對最後產品的表現負有直接的責任。除了訂立生產計畫外，與其他部門的密切配合及協調亦為成敗的重要關鍵。

參考書目

1. Turner, Wayne C., Mize, Joe H., Case, Kenneth E., and Nazemetz, John W., *Introduction to Industrial and Systems Engineering*, 3rd ed., New Jersey: Prentice-Hall, Inc., 1993, pp. 183, 197.

2. 王木琴，《生產管理》，臺灣復文興業股份有限公司，民國 85 年，頁 130。

3. Stevenson, William J., *Operations Management*, 8th ed., McGraw-Hill, 2005, pp. 4, 8, 68, 656-658.

4. 譚伯群，《工廠管理》，再版，臺北：三民書局，民國 80 年，頁 220, 223, 224。

5. Nahmias, Steven, *Production and Operations Analysis*, 2nd ed., Richard D. Irwin, Inc., 1993.

6. Adam, Jr., Everett E., and Ebert, Ronald J., *Production & Operations Management*, 5th ed., New Jersey: Prentice-Hall, Inc., 1992.

習　　題

1. 試述生產計畫與管制所包含的活動。

2. 試述預測的基本步驟。

3. 假設過去 6 週的實際銷售量如下表所示。假設 $n=4$，試以移動平均法預測第

7 週的銷售量。

週　　別	實際銷售量
1	60
2	70
3	65
4	68
5	72
6	75

4.據第 3 題的銷售紀錄，試以指數平滑法預測其第 7 週的銷售量。假設第 6 週的預測銷售量為 70，平滑係數為 0.2。

5.根據第 3 題的銷售紀錄，試以迴歸分析預測其第 7 週的銷售量。假設銷售量呈現線性趨勢。

6.常用的定性 (Qualitative) 預測方法有那些?

7.試述德爾菲法的進行步驟、原因，及缺點。

8.試述生產型態的基本型式。

9.試述決定自製或外購的考慮因素。

10.試述生產作業的程序。

11.試述生產排程的種類。

第五章
物料管理

 5-1 物料管理概念

一、物料與物料管理的意義

物料是工廠生產的必要資源之一。我們平時所見到各式各樣的產品，皆是由各種不同之物料所製成。然而，究竟什麼是物料呢？狹義地來說，物料是指構成產品的物件。譬如說，一般的衣服是由布、線、鈕釦等物件所構成。而廣義的物料則涵蓋了工廠生產時所需或產生之所有物件。它的範圍包括了下列幾類：

1. 原料 (Raw Materials)

指外購尚未製造之物品。將來可經由製造程序來改變其形狀或性質，進而形成產品者。例如製造傢俱之木材。

2. 零組件 (Component Parts)

凡不須改變其形狀或性質而可直接裝配於產品者。它們可由自製或外購之途徑來取得。例如製造傢俱所需之釘子。

3. 在製品 (Work in Process)

凡已經製造而尚未全部製造完成之物品，則稱之為在製品。

4. 成品 (Finished Goods)

指已經製造完成，可準備銷售之物品。

5. 廢料 (Scrap)

指已不堪使用之物品。它可以是因變質而報廢之物品或製造剩餘之殘屑如木屑、鐵屑等。

6. 呆料 (Obsolete Materials)

指品質未變但已不符合目前生產所需之物品，謂之呆料。物料之所以不符合生產所需可能是因為製造程序之改變或被特性佳之新物品取代所致。

7. 供應品 (Supplies) 或間接物料 (Indirect Materials)

指一些消耗品如油料和冷卻液，辦公用品，維修保養用品與零件，消防用品以及衛生用品等。

由於在工廠內部存放之物料，不僅種類繁多，而且為配合每日生產所需而備有之數量也相當龐大。所以為了使工廠之生產能順暢、有效率，則須利用管理的手段來有效地掌握這些物料之流向。因此，物料管理 (Materials Management) 可謂是計畫、協調與控制生產系統中之物料流程，使其能夠在經濟合理和有效的情形下，適時、適地、適質、適量地提供物料給相關的部門。

二、物料管理系統流程

由前面物料管理之定義可知物料管理之工作，主要是針對物料之流程。物料在生產系統之流程大致可分為三個階段：

1. 原料、零組件及供應品自供應商處流入生產系統；
2. 在製品於生產系統中被製造成成品；
3. 成品自生產系統流出至產銷系統或顧客手中。

為了配合整個生產計畫之進行，物料管理必須有效地計畫與控制物料流程之每個階段。一般而言，物料管理系統應包括物料之採購、儲存與管制等三大功能。在較大型之企業組織中，此三項功能則分別由採購、倉儲及物料管制等部門執行。但在中、小型企業組織中，可能將物料管制之職掌併入生產管制部門，亦可能將採購與倉儲合併於一個部門下。因此，整個物料管理之執行部門會隨企業組織之不同而有所差異。

採購部門之工作主要是尋找合適的供應商，購買生產所需之物料。倉儲部門則負責物料之驗收、儲存、盤點、領用與發放，及呆廢料處理等工作。而物料管制部門一般則需制定物料需求計畫，請購物料，從事 ABC 物料分析及存量管制等項目。圖 5-1 則描述涵蓋此三部門之物料管理系統流程。

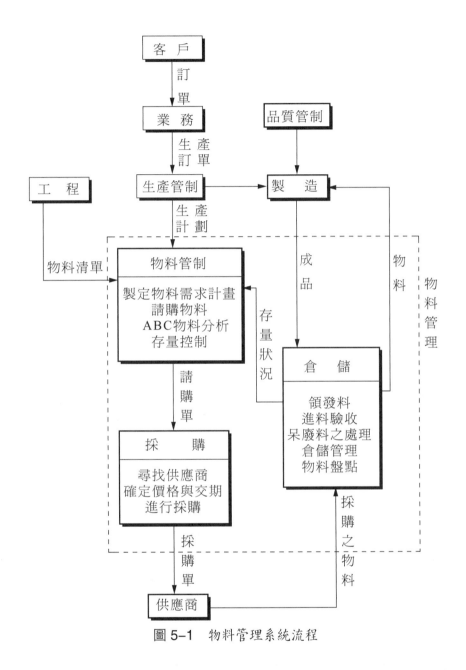

圖 5-1 物料管理系統流程

三、物料管理之重要性與目的

一個企業之目標旨在追求利潤。隨著全球市場競爭壓力與日俱增，每個企業無不極力追求降低成本以提高利潤。在一個產品之總生產成本中，物料成本

則佔絕大部分。特別是在製造業中，其物料成本可佔總成本之 50% 以上。因此，若能些許減少物料的成本，將會大大地提高企業的利潤。

此外，物料是否能有效地管理，對整個企業之營運有著莫大的影響。首先，企業生產所需之原料和零組件，甚至於一些消耗性物料，若不能及時採購進廠，則將造成生產線停工待料的情形。然而此種情形不僅造成生產成本的增加，更可能造成交期延誤之信譽與賠償等重大損失。再則，企業為了避免停工待料之損失，往往會儲存大量之物料，而這些物料卻皆是用金錢所換來的。因此，儲存物料不僅僅會使企業資金遭到凍結，如果物料管理不當的話，也會造成寶貴資金的流失。所以，物料管理對一個企業而言是非常重要的。也正因為如此，物料管理便成為每一個企業必要之功能。

一般而言，物料管理之目的主要為：

1. 降低物料成本

是指降低所有與物料相關之成本因素，例如訂購與儲存成本等。

2. 避免停工待料

及時採購生產所需之所有物料，以確保物料之供應不會間斷。

3. 避免資金積壓

提高物料管理之效率來減少過多物料之屯積。

4. 確保物料品質一致

於採購與儲存物料時，得保持良好且一致之物料品質。

5. 維持良好供應商關係

此點對物料之及時取得，價格與品質有著顯著的關係。

 ## 5-2　物料分類與編號

物料管理之前置工作便是將物料分類與編號。由於企業內之物料種類繁多，少則上百種，多則上千種甚至上萬種，如果能事先將這些眾多且複雜之物料加以有系統的分類與編號，則對將來之物料管理工作有著事半功倍之效。就如同圖書館之圖書一般，每一本書皆有其類別與號碼，如此將方便使用者找尋與圖書館員管理。

物料分類與編號在物料管理之功用主要有下列幾項（陳文哲，民 82）：

1. 提高工作效率

分類與編號的結果可簡化物料之記錄與查詢之作業，進而提高工作效率。

2. 增加正確性

由於物料記錄與查詢作業簡化，物料資料錯誤的情形也便較易查對，正確性也就因而增加。

3. 防止舞弊

一旦物料資料正確，則便不容易有舞弊情形發生。

4. 便利收發物料

由於物料之儲存可按照其分類或編號來安排，因此物料之存、取也較為迅速便利。

5. 降低存量

物料分類編號將有助於物料存量之統計、分析與管制，因而降低其存量。

6. 便於物料識別

物料可以分類與編號來描述其特性，方便於識別與溝通。

7. 便於電腦處理

物料經分類編號後，較易適合電腦之處理作業。

一、物料分類

所謂物料分類是將物料依其材質與用途來加以分門別類，以便作為物料編號之基礎。一般在從事物料分類時，必須遵守下列幾項原則：

1. 一致原則

即分類時須按照相同之分類方法來進行，以免造成混淆。

2. 互斥原則

物料既歸屬於某一類別後，便不可再同時屬於其他類別，以避免重複之情形。

3. 完整原則

即所有物料必須全部有屬於自己之類別，不能有一種沒分類。

4. 漸進原則

指分類必須循序漸進，方能有條不紊，層次分明。

5. 適用原則

指分類必須配合企業本身之需要，不必與他人相同。

而一般物料之分類方法可依物料之材質或用途來區分。對於較簡單之物料，可將之區分為若干類即可。但是，對於較複雜的物料種類，則有必要將其按大、中、小等層級分類之，以使物料之分類有系統且層次分明。例如：

1. 按材質來區分

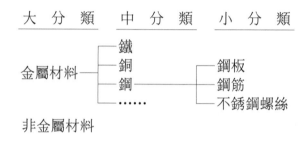

2. 按用途來區分

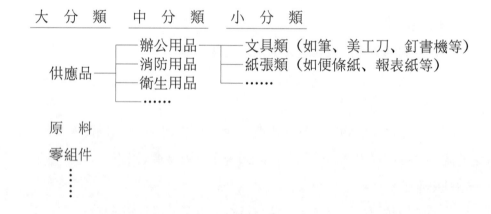

二、物料編號

物料在經過分類後，每一類別之物料應再予以編號。編號的目的是用簡易之文字、數字或符號等來描述物料之名稱或規格，以增加物料之登錄與處理效率。物料編號時，也應遵循一些基本原則，茲列舉如下：

1. 簡單原則

應儘量將編號簡化以方便記憶與處理。

2. 完整原則

編號必須涵蓋所有之物料，而不應有所遺漏。

3. 單一原則

指每種物料應只有一種編號。

4. 彈性原則

於編號時必須預留未來新增物料之編號空間。

5. 充足原則

所選擇之編號方式應須具有足夠位碼來涵蓋所有的物料。

6. 易記原則

編號時應採富暗示與聯想的方式，以利使用者記憶。

7. 方便電腦處理原則

指編號之方式應儘可能配合電腦化之處理。由於電腦化是當前之趨勢，就物料管理之作業而言，如今已朝向這方面發展。

物料編號之基本方式有下列幾種：

1. 文　字

可使用英文字母，中文字或希臘字母等文字來代表物料。

2. 數　字

使用一個或多個數字來表示某一物料。

3. 符　號

以符號來代表物料。

4. 混　合

指綜合採取上述之三種方式來表示某一種物料。一般而言，此種方式較能明確表示物料名稱與規格，而且也較容易記憶。例如，TV27——即表示 27 吋之電視機。

5-3　ABC分析與重點管理

一、ABC 分析的意義

　　ABC 分析是從事物料管制之重要工作之一。其主要功用是在判定每項物料之重要性，並根據其重要等級施以不同程度之管制。因此，它亦可稱為重點管理。

　　ABC 分析之由來，主要源自義大利的一位經濟學家——柏拉圖 (Pareto) 之理論。他的理論指出世界上絕大多數之財富是控制在少數人手中，而此論點，今日亦被應用到物料管理上。在企業之物料中，也存在著少數物料之價值佔物料總金額絕大部分的情形。所以，為了提高管理效率以及降低物料成本，實在有必要特別將管理的重點放置在這少數的物料上。

　　ABC 分析的方式一般是按照物料的價值與項目，來將其區分為 A、B、C 三類 (Arnold, 1992)：

1. A 類

　　物料項目少但價值高。通常約有 20% 之項目，其價值約佔物料總價值之 80%。

2. B 類

　　物料所佔之項目與價值皆適中。通常項目約佔 30%，其價值約佔物料總價值之 15%。

3. C 類

　　物料所佔之項目多且價值低。通常項目約佔 50%，其價值約佔總價值之 5%。

　　上述所列各類約佔之比例，僅是一般分類情形之一種，並不代表需絕對如此劃分。通常各公司可視其狀況來調整所佔比例之分配。有時可只區分為二類，但有時則需要將其區分為四類或以上之等級。

二、ABC 分析的步驟

ABC 分析的主要步驟如下：

1.收集所有物料每年之耗用量及單價等資料。

2.計算每項物料之年耗用金額。

年耗用金額 = 年耗用量 × 單價

3.將物料按其年耗用金額之高低次序排列。

4.計算累積之年耗用金額和項目，以及二者之累積百分比。

5.按照所佔之百分比，將其劃分為 A、B、C 三類。

6.訂定 A、B、C 各類之管制要點。

【例 5-1】

假設甲公司有 A1～A10 等 10 種物料，每種物料之年耗用量、單價與年耗用金額等資料如下表，請對這些物料做 ABC 分析。

料　號	年耗用量	單　價	年耗用金額
A1	6650	$2	$ 13300
A2	16700	1	16700
A3	11000	0.2	2200
A4	7100	20	142000
A5	1700	0.5	850
A6	1300	1.0	1300
A7	7800	15	117000
A8	5520	5	27600
A9	14000	0.6	8400
A10	11000	0.5	5500

 ABC 分析之結果如下：

料號	年耗用金額	累積年耗用金額	累積耗用金額百分比	累積項目百分比	ABC 等級
A4	$142000	$142000	42.4	10	A
A7	117000	259000	77.3	20	A
A8	27600	286600	85.6	30	B
A2	16700	303300	90.6	40	B
A1	13300	316600	94.6	50	B
A9	8400	325000	97.1	60	C
A10	5500	330500	98.7	70	C
A3	2200	332700	99.4	80	C
A6	1300	334000	99.7	90	C
A5	850	334850	100	100	C

從上表可知，A 類物料計有 A4, A7 兩項，佔項目之 20%，其金額約佔總耗用金額的 77.3%。B 類共有 A1, A2, A8 三項，佔項目之 30%，其金額約佔 17.3%。其餘則為 C 類物料，佔項目之 50%，金額佔總金額 5.4%。

三、ABC 物料項目的管制要點

ABC 分析之最終步驟便是要根據分析結果，對不同重要等級的物料，訂定不同程度的管制要點。對於屬於 A 類之物料項目，由於其價格昂貴而且種類少，所以須採取最嚴格的管制方式。一般此類物料之庫存量會較少，以免積壓過多的資金，而且庫存量之紀錄亦必須完全正確才行。相反的，C 類物料項目，由於項目眾多而且價格低廉，因此，庫存量可較大而且無需經常核對其庫存紀錄是否正確。換言之，其管制較鬆弛。而對於屬於 B 類之物料項目，其管制之嚴謹程度則較為適中。

5-4　存量控制

一、概　述

企業為了避免停工待料以及延誤交貨的情形發生，都會儲存適當數量的物料，而這些儲存之物料又稱之為存貨 (Inventory)。由於過多之存貨數量，將會

導致企業資金的積壓與儲存成本的增加，另一方面，過少的存貨數量不僅要時常訂貨，而且還有停工待料的危險。因此，要如何來有效地控制存貨之數量，以使上述二者得以平衡，這便是所謂存量控制 (Inventory Control) 之主要工作。換言之，存量控制即是要控制存貨成本，使其在最經濟合理的情況下，滿足生產與顧客的需求。

跟存貨相關之成本因素，基本上有下列四項 (Tersine, 1994)：

1. 購置或製造成本（Purchasing 或 Manufacturing Cost）

係指對外採購物料之購買成本或指內部自行製造之成本。物料之購買成本即是指物料本身之售價。此項成本要視市場之供需情形而決定成本之多寡，因此，不是企業自己所能控制的。不過，企業往往可因大量購買來獲得供應商之數量折扣，進而減少此項成本的支出。若指製造成本，則一般包括了直接人工、直接物料及其他間接製造費用等支出。

2. 訂購或準備成本（Ordering 或 Setup Cost）

是指每訂購一次所需支出之成本。它包括訂購時之一切行政處理，人工，廠商連絡，進料檢驗等費用。假如企業自行製造所需之物品，則此便指機器生產之準備成本。它包括機器調整與工具安裝等費用。此項成本之多寡，不因每次訂購數量的大小而有所不同，而完全與其訂購次數有關。

3. 儲存或持有成本（Carrying 或 Holding Cost）

此項成本因素是指持有存貨所需支出之成本。舉凡倉庫之管理和維護，水電費，保險費，因過期或損壞造成之損失，資金積壓之損失等皆是。儲存之存貨數量愈多，則儲存成本也相對地增加。

4. 缺貨成本 (Stockout Cost)

缺貨成本係指因物料存量不足所造成之一切損失。對生產所需之物料而言，它包括停工待料之人員、機器閒置損失。對成品而言，它則包含了延期交貨之賠償以及可能失掉顧客之損失。其中，有的損失是有形可計算，如人員與機器的閒置。而無形的損失如失掉顧客，便無法估計了。

因此，存量控制所欲減到最低之存貨成本，實則為上述四項成本因素之總和，亦即是：

存貨成本＝購置成本＋訂購成本＋儲存成本＋缺貨成本

存量控制通常面臨的決策問題不外下列二種：

1. 每次訂購多少？

2. 何時訂購？

由於訂購數量過多或訂購時間過早，皆將造成儲存成本之增加，而訂購數量過少或訂購時間過晚，又將使得訂購成本與缺貨成本提高。因此，為達到降低存貨成本之目的，解決前者之問題便需決定最佳之訂購量，而後者則需決定最佳的訂購時機。

決定最佳訂購量的方法，較常用的有以下三種：

1. 經濟訂購量模式。

2. 經濟生產批量模式。

3. 數量折扣之經濟訂購量模式。

而一般用於決定訂購時機的方法，則有下列三種：

1. 定量訂購法。

2. 定期訂購法。

3. 物料需求計畫。

二、經濟訂購量 (*EOQ*) 模式

在決定每次需訂購多少數量時，最常被採用的方法便是經濟訂購量模式。所謂經濟訂購量（Economic Order Quantity，又簡稱 *EOQ*）為使存貨成本最低之最佳訂購量。此模式可算是最簡單的一種，因為它只適用於當無缺貨，存貨耗用率固定且已知，物料價格不變，及存量一次補充完成等狀況成立。圖 5-2 便表示此模式存量水準之變化情形。由圖中所示，由於存貨耗用率固定，所以存量水準 (*Q*) 將順著固定之斜率，隨時間之遞增而逐漸下降。當存量水準下降至零時，存量將一次補充完成至 *Q*。最後，這種變化情形將不斷地重複下去。

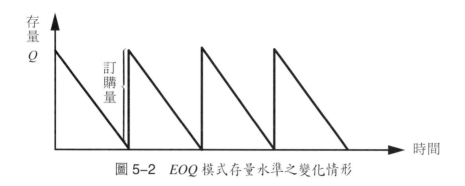

圖 5-2　*EOQ* 模式存量水準之變化情形

由於 *EOQ* 模式中假設無缺貨情形與物料價格固定，故它只考慮訂購成本與儲存成本二項成本因素。亦即是，

存貨成本 = 訂購成本 + 儲存成本

而存貨成本與訂購量之關係，如圖 5-3 所示。其中，訂購成本將隨訂購量之增加而遞減。反之，儲存成本則呈直線上升之趨勢。此二項之總和，便是存貨成本。而當存貨成本最低時之訂購量即為經濟訂購量 (Q^*)。

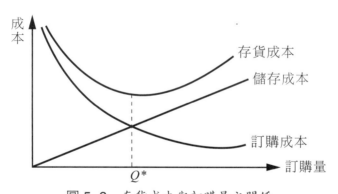

圖 5-3　存貨成本與訂購量之關係

假設我們以年為時間單位，則訂購成本之計算便決定於每年之訂購次數與每次之訂購成本 (S)。而訂購次數可由年需求量 (D) 除以每次訂購量 (Q) 得到。此外，儲存成本之計算為平均存量乘以每單位，每年之儲存成本 (C)。其中，平均存量即等於訂購量之一半。所以，

存貨總成本 $TC = \dfrac{D}{Q} \times S + \dfrac{Q}{2} \times C$

為找出最小存貨成本時之訂購量,可利用微分原理將存貨成本對 Q 取一次微分,並令其為零即可。

$$\frac{dTC}{dQ} = -\frac{DS}{Q^2} + \frac{C}{2} = 0$$

解之得

經濟訂購量 $Q^* = \sqrt{\dfrac{2DS}{C}}$

為確保此時之總成本最小,可對 Q 取二次微分。其結果為 $\dfrac{2DS}{Q^3} > 0$,故知其為最小值。

【例 5–2】

假設甲企業對某種物料之年需求量為 8000 個,每次訂購成本為 50 元,儲存成本為每年每個 0.2 元,試求其經濟訂購量。

解 已知 $D = 8000$, $S = 50$, $C = 0.2$

$$Q^* = \sqrt{\frac{2DS}{C}} = \sqrt{\frac{2(8000)(50)}{0.2}} = 2000 \text{（個）}$$

三、經濟生產批量 (ELS) 模式

在上述之 *EOQ* 模式中,假設存量可一次補充完成。事實上,此種情形唯有當供應商能夠將全部之訂貨一次送達,才能成立。但是,對於企業自行生產所需物料之情形,存量則是逐漸、分批地補充。此時,*EOQ* 模式就不適合了。所以,原本之 *EOQ* 模式應加以修改,以應付這種情況。針對這種情形修改後之模式,一般稱之為經濟生產批量（Economic Lot Size,簡稱 *ELS*）模式。

在企業自行生產所需物料之狀況下,物料一方面是被產出,但另一方面也逐漸被耗用掉。因此,其存量之補充是呈斜線漸增的（如圖 5–4 所示）。此時之存量補充率為生產率 (P) 減耗用率 (U)。此外,在這補充期間,因為有存量消耗情形存在,所以其最高存量 ($I_{\max}$) 將永遠小於所訂定之生產批量 (Q)。一旦累積之生產數量達到既訂之生產批量時,則停止生產進入耗用期。此時之存量變化是呈現依耗用率遞減之現象,直至存量為零,然後再開始另一個補充與耗

用週期。

　　經濟生產批量模式之目的主要是在訂定使總存貨成本最小之生產批量。由圖 5–4 可知，它與 *EOQ* 模式最大之不同即是在存量補充方式。除此之外，其餘之假設則皆與 *EOQ* 相同。因此，在此 *ELS* 模式中之存貨總成本為

$$存貨成本\,(TC) = 準備成本 + 儲存成本$$

$$= \left(\frac{D}{Q}\right)S + \left(\frac{I_{\max}}{2}\right)C$$

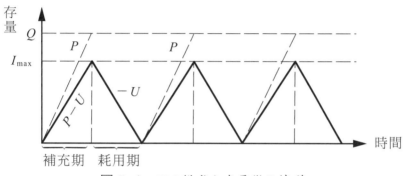

圖 5–4　*ELS* 模式之存量變化情形

其中最高存量

$$I_{\max} = 補充率 \times 補充時間 = (P - U) \times \frac{Q}{P}$$

所以

$$TC = \left(\frac{D}{Q}\right)S + \left(\frac{P - U}{2}\right)\left(\frac{Q}{P}\right)C$$

同樣利用微分原理可解得

$$經濟生產批量\,Q^{*} = \sqrt{\frac{2DS}{C}\left(\frac{P}{P - U}\right)}$$

【例 5–3】

假設乙工廠每年需耗用 X 零件 50000 個，而且這些零件係由工廠以每年 60000 個之生產率自製。已知 X 零件每個之儲存成本為每年 0.4 元，生產之準備成本為每次 54 元，請問 X 零件之經濟生產批量為何？

解 已知 $D = U = 50000, P = 60000, C = 0.4, S = 54$

$$Q^* = \sqrt{\frac{2DS}{C}\left(\frac{P}{P-U}\right)} = \sqrt{\frac{2(50000)(54)(60000)}{0.4(60000-50000)}} = 9000（個）$$

四、數量折扣下 EOQ 模式

　　EOQ 模式之另一種變化是考慮到數量折扣 (Quantity Discount) 之情形。由於供應商為增加其銷售額與吸引客戶，往往會在客戶訂購超過某一數量時，給予價錢上的折扣。因此，物品價格也就不會如同 EOQ 模式中之假設維持不變。此刻，企業本身所需面臨抉擇的問題，則在是否要維持原本之經濟訂購數量，或者增加訂購量以獲得折扣。須知訂購量之增加，固然可減少購買價錢與訂購次數，但相對地，儲存成本也將增加。所以，在選擇採取之方式時，便要依其總存貨成本之高低來做比較。而此時總成本則須考慮訂購成本、儲存成本與購置成本等三項。

$$存貨總成本 = 訂購成本 + 儲存成本 + 購置成本$$

$$= \left(\frac{D}{Q}\right)S + \frac{Q}{2}C + AD$$

其中 A 表示物品之單位價格。

　　以下我們就以例子來說明整個決策的過程。

【例 5-4】

假設丙企業之 Y 零組件年需求量為 1000 個，單位價格為每個 6 元，訂購成本為每次 20 元，儲存成本為每年每個 4 元。如果丙企業能夠一次訂購 200 個以上，則供應商將會把每個單位價格降為 5.5 元。請問丙企業是否應該接受此項數量折扣?

解 已知 $D = 1000, A = 6, S = 20, C = 4$

　　(1)計算 EOQ 下之總存貨成本:

$$Q^* = \sqrt{\frac{2DS}{C}} = \sqrt{\frac{2(1000)(20)}{4}} = 100（個）$$

　　總存貨成本

$$TC_1 = \left(\frac{D}{Q^*}\right)S + \frac{Q^*}{2}C + AD$$

$$= \left(\frac{1000}{100}\right)(20) + \left(\frac{100}{2}\right)(4) + (6)(1000)$$

$$= 6400 \text{（元）}$$

⑵計算折扣下之總存貨成本：

由於需訂購 200 個以上才能獲得折扣，因此訂購量 Q 便以 200 個代入，此時，總存貨成本為：

$$TC_2 = \left(\frac{D}{Q}\right)S + \frac{Q}{2}C + AD$$

$$= \left(\frac{1000}{200}\right)(20) + \left(\frac{200}{2}\right)(4) + (5.5)(1000)$$

$$= 6000 \text{（元）}$$

因為 $TC_2 < TC_1$，故丙企業應接受數量折扣。此時之經濟訂購量便變成為 200 個。

五、定量訂購法

定量訂購法為存量控制中決定訂購時機方法的一種。在此方法中，訂購的時機是在當物料存量降至某一既定水準時，則進行訂購。而且，每次訂購之數量皆相同並且等於前面所述之經濟訂購量。因此，便稱為定量訂購 (Fixed-Or-der-Size)。由於訂購時機是決定於某一定之存量水準（即訂購點），故它又被稱為訂購點 (Order Point) 法。定量訂購中訂購時機的決定主要需考慮到單位時間耗用量，前置時間與安全存量等三個參考數。其觀念如圖 5–5 所示。

所謂前置時間 (Lead Time) 是指由開始採購物料至收到物料為止所需的時間。前置時間並非每次採購都會一樣，實際上常常會有延遲交貨的情形產生，如此前置時間便會增長。另外，物料之單位時間耗用量亦可能因加班或品質不穩定等因素而有增加消耗情形。正因為如此，企業為了避免缺料發生，便準備有所謂的安全存量 (Safety Stock)。所以，訂購時機也就是訂購點的決定如下：

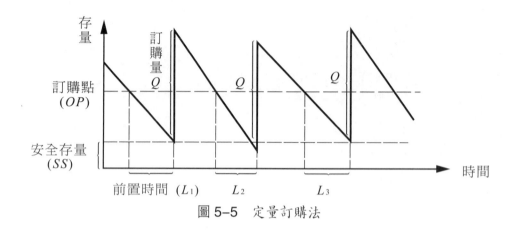

圖 5-5　定量訂購法

$$訂購點 (OP) = 單位時間耗用量 (U) \times 前置時間 (L) + 安全存量 (SS)$$

【例 5-4】

甲公司每天平均耗用 300 個包裝紙箱，平均前置時間為 5 天。由於前置時間與每天耗用量會變動，所以甲公司決定多準備 2 天之用量，當做安全存量。請問甲公司包裝紙箱之訂購點為何？

解 已知 $U = 300$, $L = 5$, $SS = 2 \times U$

$$
\begin{aligned}
訂購點\ OP &= U \times L + SS \\
&= 300 \times 5 + 2 \times 300 \\
&= 2100\ （個）
\end{aligned}
$$

六、定期訂購法

　　所謂定期訂購 (Fixed-Order-Interval) 法是指每隔一固定時間便採購一次的方法。此方法不同於定量訂購法之處，在於其訂購週期一定但訂購量不定。由於每一個訂購週期內之耗用量皆不同，故所需補充之存貨數量也就不必相同，如圖 5-6 所示。

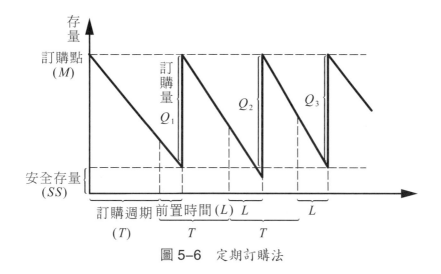

圖 5-6 定期訂購法

圖中之訂購週期 (T) 可先由 EOQ 模式求出經濟訂購量 (Q^*) 再除以其單位時間之耗用量 (U) 來決定 (Tersine, 1994)，即

$$T = \frac{Q^*}{U}$$

而訂購量之決定則為最高存量 (M) 減去訂購時之現有存量 (I)。其中採用最高存量來計算是為了滿足前置時間與訂購週期間之耗用量，以免在所訂購物料到達之前而存量耗竭。因此，

訂購量 (Q) = 最高存量 (M) － 現有存量 (I)

最高存量 (M) = 單位時間耗用量 ×（前置時間 + 訂購週期）+ 安全存量 = U(L + T) + SS

【例 5-5】

乙公司每 20 天從供應商處購買不銹鋼螺絲一批，前置時間平均為 3 天，螺絲之耗用量平均每天 100 個，其安全存量訂為 3 天之耗用量。現在乙公司清點發現現有存量為 550 個。請問現在需要訂購之數量為何？

解 已知 T = 20, L = 3, U = 100, SS = 3 × U

最高存量 M = U(L + T) + SS

= 100(20 + 3) + (3 × 100)

= 2600（個）

$$訂購量 \ Q = M - I = 2600 - 550$$

$$= 2050（個）$$

 ## 5-5 物料需求計畫

一、物料需求計畫之意義

物料的需求型式主要分為二種。一是獨立性需求 (Independent Demand)，另一是相依性需求 (Dependent Demand)(Stevenson, 1993)。獨立性需求係指某一種物料項目的需求與其他物料無關。換句話說，其需求數量之多寡不會受其他之需求量影響。相反地，當某物料之需求會受到其他物料之需求影響者，則稱之為相依性需求。例如，一旦知道機車之需求量，我們便可推算出其組件之一的輪子之需求量。所謂的物料需求計畫便是為解決此種物料需求之訂購決策問題而建立的。而上節所介紹之訂購模式則是適用於獨立性需求之物料。

物料需求計畫（Material Requirements Planning，亦簡稱 MRP）是一個處理相依性需求存貨如原料和零組件等之訂購與排程的系統。所以，MRP 不僅是存量控制的方法，亦是排程的一個工具。

二、MRP 系統之基本架構

MRP 系統之基本架構，如圖 5-7 所示 (Adam, 1992)。

圖 5-7　MRP 系統之基本架構

在 MRP 系統中主要包括三個輸入要件：

1. 總生產排程（Master Production Schedule，簡稱 MPS）

MPS 之內容主要是在描述所欲生產之產品為何，其交貨日期與交貨數量等訊息。

2. 存貨紀錄 (Inventory Records)

是指所欲生產之產品與其組成之所有零組件及原物料之最新存量紀錄。此項資料為決定所需訂購量時之重要依據。

3. 物料單（Bill of Materials，簡稱 BOM）

BOM 旨在用以描述某一產品之組成零組件，其組合之順序與其各別數量等資料。而一般 BOM 中各組件之相依情形可以用產品架構圖 (Product Structure Diagram) 的簡單型式來表示之。如圖 5–8 所示，產品架構被分為三個層次。由圖中可知，A 產品（屬於層次 0）是由 1 個 B 與 1 個 C（同屬層次 1）組件組成。而 C 組件又是由 2 個 D 與 4 個 E（同屬層次 2）組件組成。MRP 在計算每項組件之需求時，將由上而下，亦即是由層次 0 開始向下推算。

MRP 處理程序則根據輸入之資料來推算每項零組件於計畫時期之需求量。現在，市面上已有一些 MRP 套裝軟體專門設計來從事此項處理工作。MRP 處理程序將於下個章節中說明。

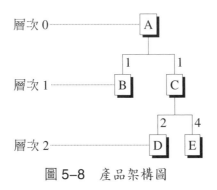

圖 5–8 產品架構圖

MRP 之輸出部分主要是提供作為存量與生產之計畫和管制之用。它包含每項零組件需發出訂單之時間與訂購數量，訂單訂購時間與訂購量之變更或取消，和未來計畫訂單之訂購時間與訂購量等訊息。

三、MRP 邏輯步驟

MRP 之處理程序基本上包括下列幾個邏輯步驟:

1. 決定毛需求 (Gross Requirements)

毛需求是指預定時段 (一般為每週) 中,某一產品或其零組件之總需求量。產品之需求量主要來自總生產排程,而對於產品之各零組件的毛需求,則為產品毛需求與產品結構中所含該產品組件數之乘積。

2. 決定淨需求 (Net Requirements)

淨需求是指產品或其零組件在某個時段中之實際需求量。MRP 所需訂購之數量事實上是採用淨需求而非毛需求。原因是在考慮企業內現有之存量 (Inventory on Hand) 與已訂購而預定交貨 (Scheduled Receipts) 之情形後,實際所需之數量便沒有毛需求那麼多了。所以,

$$淨需求 = 毛需求 - 預定交貨量 - 現有存量$$

3. 決定計畫訂單收到量 (Planned Order Receipts)

指產品或其零組件於某個時段開始之初,為滿足該時段淨需求所需收到之數量。因此,其數量應與淨需求相同。

4. 決定計畫訂單之發出 (Planned Order Releases)

主要是依據計畫訂單收到量以及該產品或零組件之前置時間來決定計畫訂單發出之時間與訂購量。譬如說,A 產品於第 3 週計畫收到 100 個,其前置時間為 2 週,因此需要於第 1 週發出訂單訂購 100 個 A 產品,如此,A 產品才能夠在適當時間與數量下到達。

5. 重複上列之步驟至所有零組件之需求都已確定可滿足 MPS 之需求為止。

四、MRP 實例介紹

以下我們便以玩具汽車的例子來說明整個 MRP 之處理程序。

假設玩具汽車之總生產排程如下：

產品＼週別	1	2	3	4	5	6	7	8
玩具汽車				200				300

玩具汽車之產品結構圖與前置時間 (*LT*) 之資料如下：

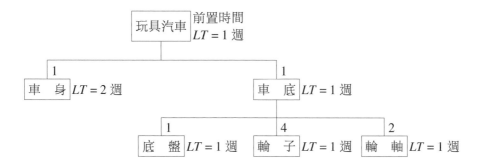

已知玩具汽車現有存量為 100，按照先前之採購進度，在第 2 週將有 400 個輪子送到，在第 3 週將有 300 個輪軸送到。根據上述之數據，我們便可開始進行 MRP 之擬定。圖 5-9 即表示 MRP 之處理過程與完成後之結果。

		週別							
		1	2	3	4	5	6	7	8
層次：0	毛需求	來自已知			200	來自MPS			300
項目：玩具汽車	預定交貨量				0				0
	現有存量 (100)	100	100	100	100	0	0	0	0
	淨需求				100				300
前置時間：1	計畫訂單收到量				100 倒退前置時間				300 倒退前置時間
	計畫訂單發出			100				300	
層次：1	毛需求			100				300	
項目：車身	預定交貨量			0				0	
	現有存量 0	0	0	0				0	
	淨需求			100				300	
前置時間：2	計畫訂單收到量			100				300	
	計畫訂單發出	100				300			
層次：1	毛需求			100				300	
項目：車底	預定交貨量			0				0	
	現有存量 0	0	0	0				0	
	淨需求			100				300	
前置時間：1	計畫訂單收到量			100				300	
	計畫訂單發出		100				300		
層次：2	毛需求		100				300		
項目：底盤	預定交貨量		0				0		
	現有存量 0	0	0				0		
前置時間：1	淨需求		100				300		
	計畫訂單收到量		100				300		
	計畫訂單發出	100				300			
層次：2	毛需求		400 ×4	來自已知			1200 ×4		
項目：輪子	預定交貨量		(400)				0		
	現有存量 0	0	0				0		
	淨需求		0				1200		
前置時間：1	計畫訂單收到量						1200		
	計畫訂單發出					1200			
層次：2	毛需求		200 ×2	來自已知			600 ×2		
項目：輪軸	預定交貨量		0	(300)			0		
	現有存量 0	0	0	交貨後轉為存量	(300)	300	300		
	淨需求		200				300		
前置時間：1	計畫訂單收到量		200				300		
	計畫訂單發出	200				300			

圖 5-9　完成後之 MRP

5-6 採購與倉儲

一、物料之採購

採購 (Purchasing) 係指購買生產所需物料之程序。它的目的主要是要在適當數量、品質、來源、時間及價格等原則下，取得物料以不使工廠待料停工。

所謂適當數量是指採購之物料數量要配合實際生產之需求，不應過少或過多。因為，無論數量過與不及皆會造成成本的增加。適當品質旨在尋求合乎品質要求而非最好品質之物料。需知，購買物料的品質越高，所需付出的成本也很可能會越高。因此，應考慮購買適當品質之物料才符合經濟效益。適當來源則意指採購時應向信譽可靠，服務良好之供應商購買。而適當時間為不早不晚的將物料採購進廠，以免生產缺料及增加儲存成本。最後，適當價格則為確保物料品質合格，交期準時與服務水準等前提下，所需付出之合理價格，而不是只是一味追求最低價格之物品。如此，方能兼顧廠方與供應商彼此雙方之利益，維持將來良好合作關係。

採購工作一般皆是由公司之採購部門負責。而採購部門的工作卻不只是發出訂購單購買物料而已，它的工作內容實際上是涵蓋很廣。通常，採購部門在接到由物料管制部門或其他物料使用部門送來之請購單 (Purchase Requisition) 後，則按照請購單上所述之物料名稱、規格、數量、需要日期等資料，開始進行採購作業。

大致上，採購作業之程序如下：

1. 決定採購方式

採購方式可依地區分為國內採購或國外採購，亦可依採購政策分為招標、議價、比價、詢價、定價等方式為之。

2. 選擇供應商

根據採購方式，尋找合適之供應商。在選擇供應商時，應考量供應商之供貨能力，產品品質（如通過 ISO9000 系列之認證），可靠度，及售後服務等因素。

3. 決定購買價格

按照採購方式來決定購買價格。例如，若採比價方式進行，則購買價格便為各供應商競價後之最低價，而最低價之供應商便為我們之購買對象。

4. 發出訂購單

訂購單其實即為向供應商採購之正式合約。訂購單中除了標明訂購物品之項目、規格、數量、價格外，尚需註明交貨日期、交貨方式、交貨地點、付款方式、預付訂金、保證項目與保證期間、違約罰款等內容。

5. 採購跟催 (Follow-up)

採購之職責為確保物料能準時交貨。為了達到這個目標，採購人員有必要與供應商保持連繫，以便瞭解採購物料之狀況。若發現供應商準時交貨有困難時，則需要儘快通知相關部門並尋求補救之道。

除了上述之作業項目外，採購單位於平時仍應注意物料市場之動態，以瞭解市場之供需與價格波動情形，並且需取得新產品之資料供用料部門與產品設計部門參考。

二、物料之驗收

物料驗收是倉儲部門負責的工作之一。所謂物料驗收乃是檢查供應商送達之物料是否與訂購單所列項目相符，並依據檢驗結果決定是否允收或拒收該批物料。在供應商交貨之後，沒有經過驗收之手續，物料是不可以入庫儲存或進廠生產的。原因是怕不良物料影響產品品質而造成工廠之損失，另一方面，供應商也不能藉此請領貨款。

一般物料驗收之程序如下：

1. 確認供應商名稱是否與訂購單上相符；
2. 確定交貨日期與訂購單上之交貨日期是否相同；
3. 核對交貨之物料名稱與數量是否與訂購單上一致；
4. 檢驗交貨物料之品質是否符合要求；
5. 決定允收或拒收；
6. 通知相關部門（如採購及會計）驗收的結果；
7. 送料入庫儲存或退回物料給供應商。

以上作業項目除了第 4、5 兩項是由品質管制人員負責外，其餘的項目皆是由倉儲人員所負責。品質管制人員主要根據其品質檢驗結果來決定是否要允收或是拒收該批物料。其檢驗方法與允收、拒收標準，將於品質管制章節中說明。

三、倉儲管理

　　物料驗收完畢後之工作便是將物料送入倉庫儲存。依照物料涵蓋之種類（詳見 5–1 節），工廠裡面的倉庫亦可分為許多種，而其中較為普遍的是原料倉庫 (Raw Materials Store) 及成品倉庫 (Warehouse)。而所謂的倉儲管理即是對這些儲存物料場所之管理。倉儲管理之最終目的為降低成本，為了達到此一目的，倉儲管理則必須做到以下數項：

1. 維護物料之品質與安全

　　倉儲管理最基本之任務便是保護物料使其不受損壞或遺失。因此，一些會影響到物料品質之因素如溫度、光線、濕度、水災、火災等，於倉庫設計時便需考慮進去加以防範。另外，對倉庫之出入人員也應嚴格管制，以免造成物料的遺失。

2. 節省人力

　　人工費用為倉儲作業中最大之成本支出。因此為降低此項成本，則必須選用適當之搬運設備與搬運方法，以精簡人力，發揮倉儲管理之功能。

3. 提高倉儲空間之利用

　　是否能有效地利用儲存空間，主要決定於選擇適當的儲存設備與儲存方式。譬如說，利用料架、料櫃或墊板來放置物料，使得物料能夠被堆高來儲存，以增加倉儲空間之利用。

4. 能夠快速存取物料

　　在設計倉庫之佈置時應考慮到所有物料之存取方便程度。例如，儘可能將使用頻率較高之物料擺置於近倉庫進出口處，以方便物料之快速存取。另一方面，每項物料之儲存位置亦需要有明顯之標識及紀錄，以使倉儲人員能很快地找到所要之物料。

四、物料之領用與發放

　　倉儲部門之另一項任務是負責物料之領用或發放作業。物料之領用主要是指由生產部門根據實際生產需求情形，填寫領料單向倉庫領取物料，此又簡稱為領料。另一種方式則是由倉儲部門依據預定之生產計畫，直接將物料發放至生產部門，此種情形便稱之為發料。

　　使用發料之方式一般對倉儲管理與生產部門之用料控制，較為便利。但是由於它是根據生產計畫來發料，一旦碰到生產情況不穩定或生產計畫變動頻繁，則將造成發料的作業不順利。相對地，在生產計畫常變動或用料項目無需嚴格管制（如 C 類物料）之情況下，則可採行領料之方式。

　　不管是採用領料或發料的方式，它們都需遵守一些基本原則（林清河，民 82）：

1. 先進先出原則

　　先進先出（First In, First Out，簡稱 FIFO）是指領、發料時應照進料之先後次序進行，以免較早進倉之物料積壓過久而造成其品質改變、損壞。

2. 正確原則

　　領、發料須憑規定之單據與手續辦理之。

3. 安全原則

　　物料送至生產部門之過程，應注意物料與人員之安全。

4. 經濟原則

　　充分利用人力，減少領、發料作業之人員浪費。

5. 時間原則

　　領、發料作業應在適當時間內完成，不應過早或過晚。

五、呆廢料處理

　　現今之產品，不僅要具有國際市場競爭力，亦要迎合消費者之喜好。因此，產品之變化也就多樣而且快速。由於產品快速變化之結果，使得工廠往往會留有一些品質完好但已不符合生產需要之物料，這些物料便稱之為呆料。而所謂的廢料便是指一些已不堪使用之物料，如工廠生產過程中之殘留物或遭淘汰之

不良品，以及於儲存時損壞之物料等皆是。

呆廢料之產生在工廠中是很自然的現象，許多工廠也普遍認為這些物料已不具任何價值而可任意丟棄。所以，呆廢料之處理便較不受到重視。可是，呆廢料若不能及時有效地處理與控制，不僅會造成倉庫空間被佔用，亦會造成公司資金的積壓與浪費。另一方面，呆廢料實際上並非完全沒有一點價值，如果能加以有效處理亦可產生一些價值的。再則，今天環境保護意識高漲，政府亦明訂嚴格法令來保護環境與人民的安全，故一些如重金屬和化學工廠之廢料，便不能任意丟棄或銷毀以免觸法。也正因為這些因素，呆廢料之處理便不得不謹慎。

通常呆廢料之處理方式有以下幾種形式：

1. 出　售

工廠殘留或損壞之廢料和呆料可售於他人回收使用，而對於一些不良品亦可當做次級品來出售。雖然呆廢料之出售價格頗低，但至少可減少公司之損失。

2. 撥　用

對於一些尚可利用之呆廢料，可撥給其他需要單位來使用。

3. 交　換

若其他公司可利用這些呆廢料，則可將其與之交換其他物料使用。

4. 自行利用

工廠可自己設法回收使用或設計新產品來利用這些呆廢料。

5. 丟　棄

對於毫無一點價值而上述方式皆無法處理之呆廢料，只好將之丟棄或銷毀。不過，對於有害之危險呆廢料，則須委託可靠之廠商代為處理以避免造成環境污染，或者可適當地加以掩埋如核能廢料一般。

所謂「預防勝於治療」，無論如何，呆廢料之形成對企業而言是很大的損失，或許它們可再出售或再利用，然而，其價值已遠低於原先之價值了。雖然，呆廢料之形成往往無法完全避免，但至少事先之預防可使它們之損失降至最低。總之，呆廢料之預防應注意下列各項：

 1.有效倉儲管理，以避免物料儲存不當造成損壞，或儲存過久而形成呆料。

 2.有效品質管制以減少不良品之產生。

3.有效設計加工與剪裁方式以減少殘料之產生。

4.與銷售及生產部門配合，儘量將原有物料用盡再更換新物料，以免造成過多呆料。

5.將物料標準化，以使物料可通用，減少呆料之形成。

六、物料之盤點

物料之盤點是指實際清點倉庫中物料之存量，以核對是否與存貨紀錄上相符。存貨紀錄之正確性對存量控制之效率有著莫大的影響，因為在決定訂購量與訂購時間時都需仰賴存貨紀錄之輸入。如果存貨紀錄錯誤的話，則可能會多訂而造成存量增加，或者少訂而使存量短缺。為防止這種情形發生，企業通常會適時地對存貨進行盤點，以便發現錯誤並即時加以修正。除此之外，企業亦可透過盤點來發覺倉庫內之呆廢料，以便及早將其處理。

物料盤點的方式主要有二種：定期盤點與週期盤點 (Tersine, 1994)。

1. 定期盤點 (Periodic Count)

顧名思義是於固定的日期對物料之存量做全面性的清查。對於每半年一次之盤點日期通常為年中及年終時，而對一年只有一次之盤點日期則為年終時。固定年終盤點之目的主要是為了配合每年公司財務報表中存貨價值之確定。

在實施定期盤點時，所有倉庫之進出作業與工廠之生產都必須全部停止，因為如此才能方便盤點之進行並確保結果之正確。所以，定期盤點必須要在最短的時間內完成，以免停產過久而造成損失。在這種盤點方式下，存貨紀錄錯誤之情形只限於盤點後做帳面上之更改，而無法立即調查錯誤發生之原因，並且對於盤點外之其他時刻中之存貨紀錄，此方式亦無法控制其正確性。

2. 週期盤點 (Cycle Count)

又稱為連續盤點。這種盤點方式是於一年中連續地對物料之存量加以清點。它的進行方式可以將倉庫分區或將物料分批或分類，逐序地來盤點，亦可於每次物料訂購時即予以盤點。由於實施週期盤點時，工廠倉庫無需關閉，因此不會影響到工廠之正常生產，其盤點之成本也就較定期盤點為低。此外，採用此種盤點方式不僅可找出存貨帳面上之錯誤並予以更正，而且還可立即追查

造成錯誤的原因,使同樣的錯誤不再發生。所以,存貨紀錄之正確性可以有效控制、維持。

每年週期盤點次數之多寡,可依物料重要程度之不同而有所差別。換言之,就是按照 ABC 物料之分類,施以不同頻率之盤點。所以,對於 A 類物料,由於需要嚴格管制,因此週期盤點之次數為最多。反之,C 類物料之盤點次數便最少,通常一年盤點一次即可。

參考書目

1. 陳文哲、杜壯、楊銘賢與侯東旭合著,《工業工程與管理》,臺北:中興管理顧問公司,民國 82 年,頁 224-225。

2. Arnold, J. R. T., *Introduction to Materials Management*, New York: Prentice-Hall, Inc., 1992, p. 150.

3. Tersine, R. J., *Principles of Inventory and Materials Management*, Englewood Cliffs, New Jersey: PTR Prentice-Hall, 1994, pp. 13, 494-495.

4. Stevenson, W. J., *Production/Operations Management*, Burr Ridge, Illinois: Irwin, 1993, p. 650.

5. Adam, Jr., E. E., and Ebert, R. J., *Production & Operations Management*, Englewood Cliffs, New Jersey: Prentice-Hall, Inc., 1992, p. 525.

6. 林清河,《物料管理——實務,理論與資訊化之探討》,臺北:華泰書局,民國 82 年,頁 192。

習 題

1. 物料涵蓋之種類有那些?

2. 物料管理之定義為何? 其目的又為何?

3. 請說明為什麼要將物料分類與編號?

4. 物料分類之原則為何?

5. 物料編號之原則為何?

6. 何謂 ABC 分析?

7. 何謂存量控制?

8. 與存貨相關之成本因素有那些?

9. 某公司對 A 物料之年需求量為 10000 個,儲存成本為每年每個 0.3 元,訂購成本為每次 15 元。請找出 A 物料之經濟訂購量。每年需要訂購 A 物料幾次?

10. 某工廠每年耗用 50000 個 A 零件,工廠自行生產 A 零件之速度為每天 800 個。已知 A 零件之儲存成本為每年每個 10 元,生產準備成本為每次 100 元,工廠一年生產 250 天。請決定 A 零件之經濟生產批量。此時最低之存貨成本為何?

11. 某公司每年需消耗 8000 個 B 物料,其儲存成本為每年每個 5 元,訂購成本為每次 50 元。供應商訂定的價錢為每個 4 元,如果訂購量小於 500 個,若訂購量大於等於 500 個的話,每個售價便為 3.8 元。請決定經濟訂購量與總存貨成本。

12. 何謂定量訂購法? 它與定期訂購法不同之處為何?

13. 定量與定期訂購法之訂購時機與訂購量如何決定?

14. 請根據下列數據制訂物料需求計畫:已知主生產排程中預定在第 5 週生產 A 產品 200 個,現有 D 存量 300 個,預計在第 3 週將有 100 C 送達。假設全部之前置時間皆為 1 週。

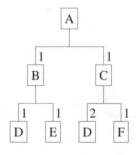

15. 採購部門之主要工作為何?

16. 何時採用領料方式較合適?

17. 何謂盤點? 其方式有那二種?

第六章
品質管制

　　當前品質受重視的風潮主要是因為日本公司因其產品品質的優異，在國際市場上取得相當的競爭優勢所引發出來的。過去，由於競爭者少、消費者的消費能力不足，生產者因缺乏競爭的壓力，產品的品質良莠不齊；而消費者則因其消費能力不強，可供選擇的機會也不多，所以只能接受品質不齊的產品。但自從國際貿易的繁盛以及世界經濟的快速發展後，各公司的生存受到相當的壓力，消費者的經濟能力亦大增。不論是那個公司，為了求生存、在市場上佔有一席之地，都不得不提供品質及價格都具競爭力的產品，否則只有退出市場一途。

 6-1 概　述

一、品質新時代的挑戰

　　在現代，「品質」已成為一個很普遍且被廣泛使用的名詞。各種廣播媒體刊登的或播出的廣告莫不以品質為號召，以吸引消費者購買其產品。由於生產技術的進步及世界各國生活水準的提高，消費者對產品品質的要求也日趨嚴格。各國、各公司企業為了在市場上取得競爭優勢，都卯足全力的生產高品質的產品以符合消費者的要求。

　　有些公司的產品本身就是品質代名詞，例如國際知名的戴爾 (Dell) 電腦產品、英特爾 (Intel) 的中央處理器、惠普 (Hewlett Packard, HP) 或愛普生 (Epson) 的印表機、3M 的各種產品、日本索尼 (SONY) 或松下 (Matsushita) 的家電用品、德國雙 B 或日本凌志 (Lexus) 的汽車等。至於本地的商品則有 LaNew 或阿瘦的皮鞋、新竹米粉、貢丸、濁水溪米、西螺的醬油等。享有盛譽的公司不僅

不因目前的成就感到自滿，且還不斷的自我改善使其聲譽能維持不墜。新的公司則更是積極的力求表現，希望能為人認知，在市場上取得一席之地。事實上，自從由日本發生的品質革命 (Quality Revolution) 開始，唯有確實體認品質重要性的公司才能繼續生存下去，其餘的不是已被淘汰就是苟延殘喘而已。

二、品質的意義

　　品質管制中的「品質」並不只限於有形的貨品，還包括了無形的服務。而「品質」並非指最好的品質，而是能令顧客滿意的品質。因此，品質的定義應是符合顧客要求的程度或令顧客滿意的程度。一個公司因此應在合理的成本下生產出能符合顧客要求或令顧客滿意的產品或服務。

三、管制的意義

　　管制是管理的基本功能之一。一個企業為了要達成其經營的目標，必須要有一完善的計畫，健全的組織架構，選擇任用適當的人才，正常有效的領導功能，然後評估實際的成效是否與預訂的目標或標準相符合。若實際的表現與預定的目標有差異時，就應採取適當的行動加以補救。像這種計畫、執行、評估、行動的循環，就可說是管制。

　　至於「品質管制」就是依產品設計的規格生產產品，並在生產過程中，為了維持產品品質水準所做的一切活動。戴明博士提出的統計品質管制係指在生產過程中應用統計學的原理與技術，以最經濟的方式生產產品。

　　石川馨博士則認為品質管制是將消費者所滿意的產品加以研究開發、設計、生產、銷售並提供售後服務。為達此目的，必須結合公司各個部門的人員，大家分工合作，使所訂的計畫都能確實的被執行。

　　朱朗博士認為品質管制是設定品質標準及為達到這標準所用的一切方法。

四、品質三部曲

　　朱朗博士認為造成品質變異的因素中有 85% 是可由管理人員控制的。因此他認為大部分改善產品或服務品質的責任應由管理階層來承擔。朱朗博士因

而主張管理階層應採取整合的步驟處理品質的問題。他以有名的品質三部曲 (Quality Trilogy) 作為品質管理的三項基本程序 (Mitra, 1993)：

1. 品質計畫 (Quality Planning) 階段

⑴辨認內部與外部的顧客：外部顧客指的是公司外購買其產品或服務的消費者。內部顧客則是公司內部接受其他部門產出物品的人員或單位。

⑵確認顧客的需求：公司須對顧客的需求進行審慎的研究及分析，因為公司是否能生存完全視其是否能滿足顧客的需求。

⑶發展產品的特色以符合顧客的需求：產品的設計及開發需符合顧客的需求。當顧客的需求改變時，產品需迅速的重新設計、改變以迎合這些改變。

⑷在滿足顧客需求的前提下，以最低的成本建立品質目標：應以最低的成本達成公司整體的目標，而不應只追求個人或個別部門的目標。

⑸針對產品所需的特色，發展一合適的製程：選擇適當的設備及方法以生產能符合設計規格及特色的產品。

⑹證明製程的能力：分析製程之各項輸出數據，確認其作業能力，以證明此製程能生產符合設計規格的產品。

2. 品質管制 (Quality Control) 階段

⑴選擇管制的對象：以能使產品符合設計且能被管制的品質特性為選擇對象，同時須依這些品質特性對品質影響的程度，排列出優先次序。

⑵選擇量測的單位：須根據所要管制的品質特性，選擇合適的量測單位，例如公克、公分、公釐等。

⑶建立量測的程序：所謂的量測程序包括使用的量測設備、量測人員及抽樣方法等。而且須確定使用的量測工具是否經校正完畢、量測的人員是否經適當的訓練等。

⑷建立成效的標準：依據顧客的要求，建立產品應具有的成效標準。

⑸衡量產品的實際成效：根據事先選擇的品質特性，衡量製成品的成效，以瞭解製程中各作業階段的情況。

⑹分析實際成效及事先設定標準之間的差異：若製程的產出品質穩定且符合設計規格要求，則實際的成效應與標準值相符。

(7)採取行動：若實際成效與標準值有差異存在，則應針對造成變異的原因，採取適當的行動，加以修正。

3. 品質改善 (Quality Improvement) 階段

(1)證明改善的必要：將產品因品質不良而重製或報廢的情形以金錢、成本的方式表達，藉此引起管理階層的重視及參與。

(2)確認改善的計畫：受限於資源，並不是每個品質的問題都能同時解決。柏拉圖分析的方法可用來辨認少數重要的品質問題，而列為首先須解決的對象。針對每一品質問題皆有一專案計畫將之消除。

(3)指導專案計畫的進行：須建立一個健全的組織架構使專案計畫能順利進行。高階管理人員負責策略性的工作，而低階管理人員負責實際作業的工作。

(4)探討發生品質變異的原因：指定相關、合適的人員組成團隊以探討造成品質變異的原因。公司則須提供必要的工具及資源給此團隊，以利工作之進行。

(5)尋找發生品質變異的原因：這是最困難也是最關鍵的步驟。此步驟包括蒐集及分析相關的資料及數據以決定造成品質變異的原因。

(6)提供矯正的行動：找出造成品質變異的原因之後，就是要提供矯正的措施以將這些原因去除。矯正的行動中，有些與管理階層能控制的問題有關，有些則與現場作業員能控制的問題有關。屬於前者的問題可能須以購買新的設備或採用新的生產方法等解決。屬於後者的問題則多半與作業員本身的疏忽或缺少應有的知識或技能有關。

朱朗博士的品質三部曲觀念對一公司在訂定品管政策及計畫時，提供了很詳細、有效的指導方針。也就是因為其理念已被廣泛的應用並產生很大的效用，所以才為各界所肯定。

五、品質管制之演進

自極古的年代開始，產品的品質就已為人所重視。比較而言，以統計原理等計量的方法來處理品質的問題就顯得非常現代了。

古埃及人建造金字塔、希臘人在雕刻、繪畫上的成就、羅馬人各項建築物等都充分的顯示出他們對品質的重視。我國的長城、宮殿、廟宇、天壇、敦煌、

雲南的佛教石刻及繪畫、秦始皇陵墓中的兵馬俑等也顯示了古代中國人追求品質的信念及精神。這些中西建築物及文物所表現出的完美境界仍一直對後人產生啟發的作用。

依費根堡 (A. V. Feigenbaun) (Mitra, 1993) 的分法，品質管制的發展過程如下：

1. 操作員的品質管制階段 (Operator Quality Control Period)

從中世紀到西元 1800 年間，物品的生產或服務的提供都是由個人或幾個屬於同一家庭的成員所執行的。因此產品或服務的品質就由這個人或這些家庭的成員負責管制。這種情形一直延續到 1920 年。因為所有的產品都是由某個人或一群少數的人生產的，因此產品的品質最終還是須由這些負責生產的人負責。這個時期生產的數量很有限，每一個生產者對其生產出的產品有著一份榮譽心及責任感，這份榮譽心及責任感也促使負責生產的人重視其產品的品質。

2. 領班的品質管制階段 (Foreman Quality Control Period)

這個階段約自 1900 年代初期到 1920 年左右。由於工業革命帶來大量生產的觀念。勞工漸趨專業化，每個人實際上都只負責生產產品的某一部分而不是整個產品。這種情況下，勞工較難對最終的產品產生滿足感或榮譽心。但因為每人負責的工作並不複雜，容易專精與熟練。因此，產品的品質就由現場小主管或領班負責管制。各領班須負責其手下工作的品質。

3. 檢驗的品質管制階段 (Inspection Quality Control Period)

約自 1920 至 1940 年為檢驗的品質管制階段。此時期因為產品及製程皆相當複雜，產量也大幅提升。每個領班須管理的勞工增多，因此無法一一的去管制每個下屬的工作品質。在這種情況下，只好設個專門職位，由檢驗員負責完成品品質的檢驗工作。檢驗員依事先設定好的標準以檢驗各產品的規格，不合規格的不良品須重做或被丟棄。

在這階段，一些統計的基本理論逐漸被發展出來以應用在品質管制上面。例如 Shewhart 發展的管制圖，Dodge 及 Roming 發展的抽樣檢驗計畫等。

4. 統計的品質管制階段 (Statistical Quality Control Period)

這個階段約自 1940 至 1960 年。由於二次大戰的爆發，使各項產品（尤其

是武器）的產量大增，無法進行百分之百的全數檢驗。抽樣檢驗計畫就開始盛行。美國品管學會 (American Society for Quality Control, ASQC) 於 1946 年成立。美國軍方於 1950 年推出 MIL–STD–105A 的抽樣檢驗計畫。接著，MIL–STD–105B, MIL–STD–105C, MIL–STD–105D, MIL–STD–105E 及 MIL–STD–414 都被發展出來。

雖然這些統計品管的觀念是在美國發展出來，但美國的工業界因其自大的心理而未積極的採用。1950 年，戴明博士赴日宣揚統計品管的理念。1954 年，朱朗博士也至日本宣揚管理階層在品管計畫中應扮演的積極角色，不同於美國工業界的冷漠反應，日本人反而下定決心、積極的進行各項與統計品管相關的教育訓練計畫。

5. 全面品質管制階段 (Total Quality Control Period)

於 1960 年左右出現了所謂的全面品質管制階段。此階段的一個重要特性就是許多部門及管理者都漸漸的參與品質管制的過程，而不是如過去那般的僅由數人或品管部門的人負責品管的工作。在這階段，公司開始拋棄過去認為只有品管部門應為產品品質負責的錯誤觀念，而建立起每個部門都應為產品品質負責的觀念。所謂的零缺點 (Zero Defects)、品管圈 (Quality Control Circles) 等都是在此階段發展出來的一些品管計畫。

6. 組織全面性品質管制階段 (Total Quality Control Organization Wide Period)

自 1970 年起，開始了所謂的組織全面性品質管制的階段。在這階段，1970 年開始大量的使用特性要因圖或魚骨圖，田口氏介紹了他的以統計實驗設計改善品質的觀念。1980 年代，美國大量使用品質的口號、標語及廣告以吸引消費者。自這階段開始公司上下都體認到品質的重要性，紛紛透過各種的教育訓練計畫宣揚品質的觀念及學習統計品管的觀念及技術。

1990 年代將看到品管的觀念深入各角落，消費者的需求也將更被重視。畢竟消費者才是決定產品品質水準及標準的人，產業界必須做自我調整以滿足消費者的需求。

6-2 品質管制之統計分析

　　品質管制中所使用的技術幾乎都與統計有關。在品質管制中，對統計的應用，包括了資料的蒐集、製表、分析及解釋。原始的資料或數據可由品管人員測量得來，或由業務行銷人員的市場調查得來等。蒐集來的資料及數據須進一步的製成各種圖表以利分析及解釋。

一、數據之整理與分析

　　對品質管制而言，須蒐集的資料很多，但多半與原、物料、零、組件、在製品或製成品的物理性質或化學性質有關，例如長、寬、高、重量、耐酸的程度、抗腐蝕的程度等。

　　品質管制所用的數據有兩大類：

1. 計量值 (Variables) 數據

　　這些是可以儀器測量得來的數據，例如直徑、長度、重量、材料強度等。

2. 計數值 (Attributes) 數據

　　這些是在品管上只須區分符合規格或不符合規格的品質特性的數據，例如缺點數、不良品個數等。

　　蒐集來的數據可製作成各種圖表以便分析。在製成圖表之前，首先就要做次數分配。以下試舉一例說明次數分配的作法：

1. 蒐集資料

　　假設某工廠的品管人員，檢驗某圓棒的直徑，其資料如下表所示：

表 6-1　圓棒直徑記錄表　　單位：公分

3.010	3.000	3.003	3.000	3.000	3.003
3.008	3.000	3.002	3.001	2.999	3.006
3.000	2.999	3.000	3.003	2.998	3.007
2.998	2.995	2.997	3.002	2.994	3.001
2.990	2.999	2.998	3.002	2.991	2.993
2.996	2.998	2.992	3.000	2.995	3.000
3.002	2.995	2.991	2.999	3.005	2.996
3.001	3.005	2.994	2.997	3.006	2.997
2.996	3.004	2.998	2.994	3.004	3.001
2.997	3.000	2.999	2.993	3.005	3.000

2. 繪製劃記表

表 6-2　圓棒直徑劃記表

直徑	支數	直徑	支數	直徑	支數
2.990	I	2.997	IIII	3.004	II
2.991	II	2.998	IIII	3.005	III
2.992	I	2.999	IIII	3.006	II
2.993	II	3.000	IIII IIII	3.007	I
2.994	III	3.001	IIII	3.008	I
2.995	III	3.002	IIII	3.009	
2.996	III	3.003	III	3.010	I

3. 決定全距

全距 (R) = 最大數值 (max.) – 最小數值 (min.)

由表 6-2 中可得最大數值 = 3.010，最小數值 = 2.990

所以　　全距 = 3.010 – 2.990 = 0.020

4. 決定組距及組數

其公式為：組數 = $\dfrac{全距}{組距}$

組數的決定一般可參考下表的經驗值：

數據個數	組數
50～100	6～10
101～250	7～12
251 以上	10～20

　　假設此例之數據分成 7 組，組距約為 0.003。

5. 決定組界

　　首先應決定第一組的下組界，而其選定原則為：根據資料中的最小值，選定一個小於該最小值且易於表示的數值。決定了第一組的下組界後，其上組界及其他各組的上、下組界就可依序求得了。

　　於此例中，可選取 2.9895 為第一組的下組界，然後各組的組界就可計算出來了。各組組界如下：

組別	組　　界
1	$2.9895 \leq x < 2.9925$
2	$2.9925 \leq x < 2.9955$
3	$2.9955 \leq x < 2.9985$
4	$2.9985 \leq x < 3.0015$
5	$3.0015 \leq x < 3.0045$
6	$3.0045 \leq x < 3.0075$
7	$3.0075 \leq x \leq 3.0105$

其中 x 表示蒐集的數據值。

6. 決定組中點

　　各組的組中點為各組上、下組界和的平均值。各組的組中點如下：

組別	組中點
1	2.991
2	2.994
3	2.997
4	3.000
5	3.003
6	3.006
7	3.009

7. 劃記次數分配表

表 6-3　圓棒直徑之次數分配

組　　界	組中點	次數	劃　　記	累積次數
2.9895～2.9925	2.991	4	ⅡⅡ	4
2.9925～2.9955	2.994	8	卌 Ⅲ	12
2.9955～2.9985	2.997	12	卌 卌 Ⅱ	24
2.9985～3.0015	3.000	19	卌 卌 卌 ⅠⅠⅠⅠ	43
3.0015～3.0045	3.003	9	卌 ⅠⅠⅠⅠ	52
3.0045～3.0075	3.006	6	卌 Ⅰ	58
3.0075～3.0105	3.009	2	Ⅱ	60

8. 繪製次數分配圖

由表 6-3 的次數分配表，可畫出下列幾種統計圖：

⑴次數直方圖 (Frequency Histogram)：直方柱的中點即為各組的組中點，其圖形如下：

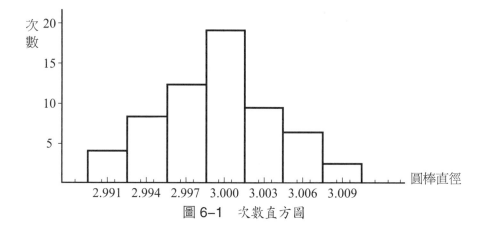

圖 6-1　次數直方圖

(2)次數分配多邊圖 (Frequency Polygon)：將原先組數各向前後延伸一組，其次數為零，再連接直方圖中各直方柱的中點，形成一封閉曲線，即為次數分配多邊圖，如圖 6-2 所示。

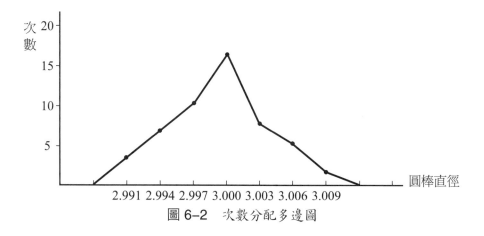

圖 6-2　次數分配多邊圖

(3)累積次數分配圖 (Cumulative Frequency)：累積次數分配圖是用來指出所有低於某組上界的次數圖形。先標出各組組中點的累積次數值，再以直線連接即成。

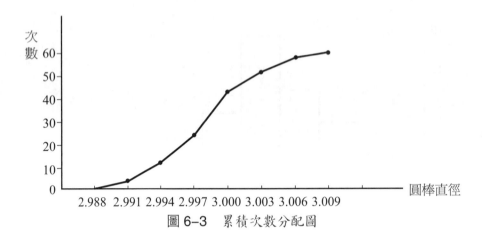

圖 6-3　累積次數分配圖

　　蒐集的數據製成次數分配圖後，次數分配圖的圖形會顯示出一些特性，茲以次數直方圖為例說明如下：

1. 常態分配

　　數據呈左右對稱的分配，如圖 6-4 所示。若極大部分的數據皆在要求規格之內，則此分配是理想的狀況。

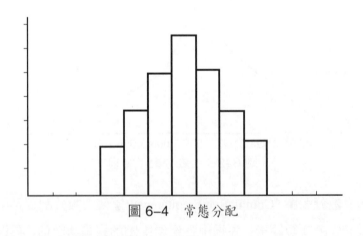

圖 6-4　常態分配

2. 偏態分配

　　數據的分配偏向右邊或左邊，如圖 6-5 所示。此種分配情況表示生產過程存在不正常的現象。

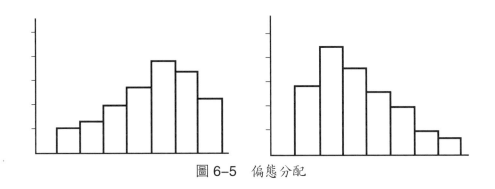

圖 6-5　偏態分配

3. 雙峰分配

數據的分配呈現雙高峰的分配，如圖 6-6 所示。此種分配顯示數據可能為兩種不同的製程造成的結果。

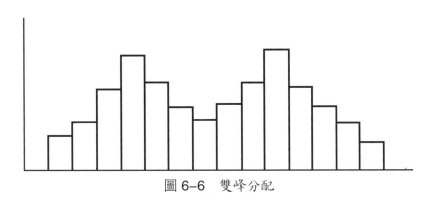

圖 6-6　雙峰分配

4. 一端斷裂的分配

數據的分配呈一端斷裂的情形。若產品經挑選，不合規格者被剔除掉，則可能出現此情形，如圖 6-7 所示。

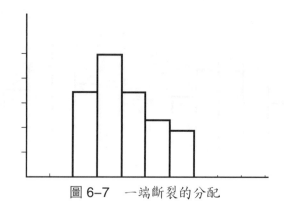

圖 6-7　一端斷裂的分配

5. 不正常的分配

其他不似常態分配的分配均屬之，這些分配都表示製程中存在不正常的現象。

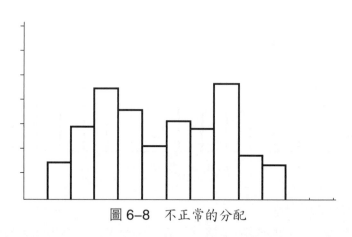

圖 6-8　不正常的分配

當次數分配圖呈現不正常的分配情形時，即表示存在某些造成品質變異的因素，相關人員應深入了解，找出這些因素，加以改善。

二、問題之分析與防止

不論是多精密的儀器設備，其使用過程都會產生變異的情形。使用的方法、人員、地點、原物料、環境等都會造成變異的發生。造成變異的因素可分為兩種 (Mitra, 1993)：機遇原因 (Chance Causes)，及非機遇原因 (Assignable Causes)。

機遇原因是製程本身原來就有的。這是種自然的變異，可能是由許多不同的小因素共同造成的。由於無法將此類的因素全部除去，吾人只能使其變異降至最小。當一個製程中的機遇因素造成的變異很小時，這個製程就可說是處於穩定狀態或稱為在統計管制 (Statistical Control) 中。戴明博士將此機遇原因又稱為共同原因 (Common Causes)，因其造成的變異是全面、共同性的。例如，從供應商來的原物料、管理技術的不當、機器本身的震動、工作環境的變化等。管理階層應對此類變異原因負責。朱朗博士認為品質變異的原因中有 85% 是因為機遇的原因，而管理者應負起責任除去這類的因素。

非機遇原因指的是可以辨認出來的變異原因。一般來說，非機遇原因造成的影響比機遇原因造成的要大。例如，使用了錯誤的工具、使用錯誤的原物料、操作員操作不當等。戴明博士另把這類因素稱為特殊原因 (Special Causes)。

 ## 6-3 基本的品質觀念及現代的品質哲學

品質就是符合顧客要求的程度或令顧客滿意的程度。根據這項定義，吾人可知品質水準的決定是依消費者的需求，而不是依生產者自行判斷的。所以消費者才是決定產品或服務品質水準的關鍵。

當消費者的需求改變時，品質水準就應跟著改變。因此，品質不是一成不變的。不同的消費者、不同的時間，對品質的要求都會有所不同。如何針對不同的需求供應令人滿意的產品是公司經營致勝的重要因素。

價廉物美或物超所值的產品或服務往往會受到歡迎及令人感到滿意。但一般而言，品質與成本是成正比的，品質越好的產品或服務所需的成本越高。因此，一個能令顧客願意以某種代價獲得的品質，而這品質又能令其滿意的話，這項產品或服務就算是提供了一「適當的品質」（即使這可能不是一完美的品質）。舉例而言，若報紙能以銅版紙印刷，則其品質自然會提升很多，但其成本也會相對提高，消費者是否願意以如此高的代價去購買以銅版紙印刷的報紙呢？還是目前的報紙的價位及品質已到了令人滿意的地步了？以汽車為例，針對不同的需求有不同型式、性能、裝備等的車種供應。要求的越多，付出的代價越高，獲得的也就越多。生產者依顧客的需求，以不同的價位提供不同的車

種。消費者依其願付的價錢，要求的品質，購買其滿意的車款。因此，生產者是要在消費者願意付出的代價下，提供令消費者滿意的產品。

決定品質的因素很多，同時也會因產品的不同而有所差異。但一般來說，決定品質的因素有下列幾項 (Stevenson, 1993)：

1. 主要功能

產品或服務的主要功能，例如車子的各部分是否都能正常的運轉，操控、行駛等是否正常。

2. 特殊功能

除了基本主要功能之外的額外功能。例如汽車的防盜裝置、防剎車鎖死裝置 (Antilock Braking System, ABS)、安全氣囊 (Air Bag)、內部裝潢等。

3. 一致的程度

一件產品或一項服務符合顧客期望的程度。例如顧客試開某一新車後，其感覺是否與其未試開時的期望相符。接受某項服務的前後是否有相同的感覺。

4. 可靠的程度

產品的表現是否能一直保持不變。例如在正常的情況下，車子的性能是否能保持不變，不會有突然損壞的情形發生。

5. 持久的程度

產品的壽命有多長，可使用多久。例如在正常情況下，一部車能開 12 萬公里、15 萬公里等等。

6. 售後服務

對消費者抱怨的處理，對消費者滿意程度的追蹤等。例如汽車保養過後，保養廠會寄份問卷調查對其服務提供滿意的程度。

以上所提的幾項因素，主要是以消費者的立場來評斷一件產品或一項服務的品質水準。而生產者則須以消費者的眼光來審視其產品是否能達到消費者的需求。

管理階層的人員須體認其公司產品或服務的品質對該公司的影響，並根據評估的結果去制定一個能保證品質良好的計畫。管理者首先須瞭解產品或服務品質的不良會對公司帶來什麼不良的後果。一般而言，品質不良造成的影響如

下 (Stevenson, 1993)：

1. 客戶、生意的喪失

不良的產品設計、品質不良的產品或服務會造成公司不注重其產品或服務品質的印象，因而使公司的形象受損、客戶流失而逐漸喪失競爭力，最後則無法於市場上立足。管理者尤須注意顧客的反應，一個滿意的顧客只會跟少數人提及他或她的滿意，而一個不滿意的顧客卻可能四處宣揚其不愉快的經驗。因此，因品質不良造成的有形及無形的不良影響，管理者必須有深切的體認才行。

2. 賠償責任

不良的產品設計或製造會使使用者受到傷害甚至喪命。例如矽膠隆乳事件、嬰兒車夾死嬰兒事件、填充玩具令嬰兒窒息而死的事件等。公司需對其產品或提供的服務負完全的責任。因設計不良或品質不良造成的傷害，會使公司在信譽上、財務上都受到很大的衝擊。

3. 生產力的損失

生產力與產品或服務的品質是息息相關的。設計不良的產品增加不必要的工作負擔，使生產力降低。品質不良的產品使公司必須增加生產的數量以彌補良品不足之數，而再製的情形一樣也造成額外的工作負擔，使生產力降低。反過來說，整體品質的提升或不良率的降低就能使生產力增加了。

4. 成本的增加

廢料、再製、售後的損害賠償、維修、更換等都會使公司的負擔增加。

管理階層在瞭解品質不良對公司造成的不良影響後，還需知道與品質相關的成本因素。品質成本一般可分為下列三類 (Stevenson, 1993)：

1. 失敗成本（內部失敗成本及外部失敗成本）

因為不良的零組件、產品或不當的服務所造成的成本就是失敗成本。內部失敗成本是指發生於生產過程中，尚未到達消費者手上發生的成本。內部失敗成本的例子包括生產時間的損失、廢料及再製品的發生、調查錯誤的成本、機械設備的損害、工作人員的傷害等。其發生的原因，例如供應廠商提供了不良的原物料，機器的設定不當，使用錯誤的設備、方法、製程，操作時的疏忽等。外部失敗成本則是在消費者獲得產品或服務後所發生的成本。其例子包括保證

期間所產生的各項成本、對消費者造成傷害的賠償、消費者信心及好感的喪失等。其造成的原因多半是公司沒有完善的品管制度及對品質的疏忽及漠視。

2. 鑑定成本

因為檢驗、測試及其他試圖找出不良產品及服務或確保品質所做的工作所引起的成本就是鑑定成本。其例子包括檢驗員的工資、產品測試、設備測試、檢驗設備等。

3. 預防成本

凡是為了預防產生不良產品或服務所做的努力以致發生的成本就是預防成本。其例子包括品管制度的規劃及執行，與供應廠商的協調及合作、員工訓練、產品、製程的設計等。

瞭解品質成本的目的在於增加預防成本以減少大量的失敗成本及鑑定成本。亦即現代的品質觀念是設計出來的，不是光靠生產，更不是靠檢驗出來的。若在設計階段就能將生產的因素考慮進去，原物料沒有不良的情形，各生產過程又能順利進行的話，產生不良品的機會自然就減少了。

長久以來，在一公司內多半是由品管部門負起一切與品質相關的責任。對製造業來說，產品的品質完全依賴品管人員大量的檢驗以找出不良的產品，使其不致到達消費者的手中。這種只對完成品進行檢驗的方式，頂多能使不良品不致流出，對不良率的降低並無實質的幫助。

在 1950 至 1960 年代之間，品質檢驗的方式由對完成品的測試轉為製程中的檢驗。此種方式可於生產過程中將一些造成品質不良的因素除去，使最終的不良率降低。但這些都還只將注意力放在生產的部分，而沒有注意產品設計、製程設計的部分，也沒有將供應廠商的因素考慮在內。對供應商的選擇純粹只以產品的供應價作為考慮重點。員工在公司裡只如機器般的執行被分配的工作，所有的決策皆由管理階層的人負責，溝通的管道並不順暢。

現代品質管理的觀點則在於強調預防及避免錯誤的發生，而不是在於尋找錯誤及更正錯誤。品質管理的工作也不只是品管部門的專利，而是公司內從上到下，每一個人的責任。供應廠商不被視為對手而是合作的夥伴。現代的品質管理觀念受到很多學者及專家的影響，其中最具影響力的應是戴明博士 (Dr.

W. Edwards Deming)、朱朗博士 (Dr. J. M. Juran)、柯羅斯比 (Philip Crosby)，及
石川馨博士 (Dr. Kaoru Ishikawa)。

戴明博士的十四點品質管理原則明白的指出是系統（公司、組織）造成了
無效率及品質不良的情形，不是員工。為了要達到令人滿意的結果，管理階層
需負起改善系統的責任。其十四點原則簡列如下 (Mitra, 1993)：

1. 向全體員工明確的指出公司的目標，管理階層需持續的表現實現此目標
的決心。

2. 公司所有的人員皆應學習新的品質管理哲學。

3. 從改善生產程序及減少生產成本的角度來看檢驗的目的。

4. 不能單純以供應價格的高低決定供應的廠商。

5. 對生產及服務的系統進行持續性的改善。

6. 實施在職訓練。

7. 教導及培養現場管理人員的領導能力。

8. 除去員工恐懼的心理、建立互信的氣氛，使員工勇於改革。

9. 藉群體的力量實現公司的目標。

10. 避免訂定不合理、不可行的工作目標。

11. 避免訂定數字型的生產目標及目標式的管理。應瞭解並實施改善的方
法。

12. 使員工能對其工作產生榮譽感及自信心。

13. 鼓勵員工參加各種再教育或自我改善的訓練計畫。

14. 確實採取行動以完成公司體質改善的計畫。

柯羅斯比提出了零缺點 (Zero Defects) 的觀念。他認為任何不良品的發生
都是不應存在的。公司必須實施品質改善計畫以達到零缺點的境界。他同時也
提出了品質改善的十四個步驟 (Mitra, 1993)：

1. 管理階層的決心。管理階層須強調不良品的防制並制定能滿足消費者需
要的品質計畫。

2. 品質改善小組。來自各單位的代表須組成一品質改善小組以進行相關的
工作。

3.品質的衡量。找出須進行品質改善的地方以進行修正的行動。

4.品質不良的成本評估。由成本數據顯示出品質不良所造成的損失及品質改善能帶來的收益。

5.品質的認知。讓公司的每個人都能體認品質不良帶來的後果。

6.修正的行動。透過溝通及討論的方式尋求品質改善應採取的行動。

7.特別的決心以達成零缺點的目標。特別強調公司的目標就是要達到產品零缺點的地步。

8.主管的訓練。各階層主管皆須瞭解品質改善計畫的內容。

9.零缺點日。公司須訂一「零缺點日」，使每個人都能體認品質的重要。

10.設定目標。公司及員工應設定明確的目標，例如 30 天、60 天、90 天須達成的目標等。

11.將問題除去。員工應把遭遇到的問題詳細列出並報告上級，雙方再一起找出解決問題的方法。

12.獎勵達成目標的員工。若員工達成其目標，公司應給予適當的獎勵。如此可鼓舞大家的士氣。

13.品質改善委員會。此委員會須定期召開檢討品質改善的進行，並提出新的理念。

14.持續不斷的進行品質改善的活動。品質改善的活動須持續不斷的進行下去。

三位美國學者對品質改善的進行步驟或有稍許不同，但對品質的重要性，三位專家的觀點卻是一致的。尤其是公司上下，每一個人都必須把品質改善當成生活的一部分，持續的去做，這樣才能做到真正的品質改善。

日本學者石川馨博士受戴明博士及朱朗博士的影響甚多，但他也有其顯著的貢獻。特性要因圖 (Cause-and-Effect Diagram) 或稱魚骨圖及品管圖皆為石川馨博士所創 (Turner, 1993)。

其他重要的發展如全面品質管理（Total Quality Management，簡稱 TQM）及品質機能展開（Quality Function Deployment，簡稱 QFD）（將消費者的需求引入產品的設計過程中）等的觀念皆為現代品質管理哲學以顧客為中心的具體

表現。

6-4 品質檢驗

品質檢驗可用於原、物料、零、組件進廠、製程當中以及製成品三種情況。其方式則有兩種：全數檢驗及抽樣檢驗。

一、全數檢驗

全數檢驗就是對所有的原、物料、零、組件、在製品或製成品，一一的檢驗，合格的則可進行下一加工步驟或進入倉庫、運送出廠，不合格的則報廢或再製。

適合全數檢驗的情況有下列數種：

1. 須檢驗的數量很少，失去抽樣檢驗的意義。

2. 檢驗的方法簡單、容易實施，且檢驗費用很低。

3. 物品必須全部都為良品，不允許有任何不良品的存在。

二、抽樣檢驗

品質管制圖是用來分析製造過程是否在管制狀態之下的工具。其目的是要矯正不正常的生產程序，使產品品質保持穩定及良好的狀態。抽樣檢驗則是由產品的送驗批中，抽取一定樣本加以檢驗，判斷是否應接受該批產品以保證產品的品質。

抽樣檢驗是於一送驗批產品中隨機抽取一樣本加以檢驗，再將檢驗結果與事先設定的準則比較，以決定是允收或拒收該整批產品。

與全數檢驗相比較，抽樣檢驗有下列幾項優點 (Mitra, 1993)：

1. 若為破壞性的檢驗方式，則全數檢驗的方式不可行，只能使用抽樣檢驗的方法。

2. 使用抽樣檢驗較為經濟，節省人力的使用及成本的支出，也可減少因搬運次數過多造成的損壞。

3. 可降低檢驗時發生的錯誤。全數檢驗可能會因耗時耗人力，造成檢驗人

員的疲勞或疏忽，而導致錯誤的發生。

　　4.整批產品會因部分產品（樣本）的品質表現而遭到允收或拒收的命運，這對改善產品品質有很大的激勵作用。

　　另一方面，抽樣檢驗也有其缺點 (Mitra, 1993)：

　　1.因為只抽取部分產品檢驗，有允收壞批、拒收好批的風險存在，但此風險可由適當的抽樣計畫加以降低。

　　2.與全數檢驗相比較，抽樣檢驗所得到的產品資訊較少。

　　3.需花較多的時間及計畫以選擇、使用一個完善的抽樣計畫。

　　一般而言，若送驗批數量很少、檢驗過程簡單、容易實施、成本又不高，或不容許有不良品的情形時，以採用全數檢驗的方式較適當。

1. 生產者與消費者的風險

　　抽樣檢驗是由一批產品或一個製程中等隨機抽取某個數目的產品做檢驗，因此任何一個抽樣計畫在決定一送驗批或製程的產品是否該允收時都會冒著兩種風險，以下是一些相關的專有名詞解釋 (Mitra, 1993)：

　　(1)生產者風險係數 (Producer's Risk)：這是拒絕一個「好」批產品的機率。換言之，送驗批產品的平均品質已達允收的水準，卻因抽樣的關係而遭拒收。發生這種錯誤的機率是謂生產者風險係數，同樣也是型 I 誤差，以 α 表示。

　　(2)允收水準 (Acceptable Quality Level, AQL)：這是能被視為滿意的送驗批所能有的最大平均不良率。換言之，若送驗批的不良率小於或等於 AQL 時，此批就被視為是「好」批而應被允收。

　　(3)消費者風險係數 (Consumer's Risk)：這是允收一個「不良」批產品的機率。換言之，送驗批產品的平均品質水準已達拒收的地步，卻因抽樣的關係遭到允收。發生這種錯誤的機率是謂消費者風險係數，同樣也是型 II 誤差，以 β 表示。

　　(4)拒收水準 (Limiting Quality Level, LQL)：這是被視為不能接受的送驗批的平均不良率。換言之，若送驗批產品的平均不良率大於或等於此 LQL 時，此批產品就被視為「壞」批而應被拒收。LQL 有時也可稱為 LTPD (Lot Tolerance Percent Defective)。

因此，當我們敘述一個抽樣計畫的生產者風險係數時（亦即，此計畫會拒收一個好批的機率），也須說明 AQL 的值（亦即，應被允收的好批的平均不良率）。例如，若我們說生產者風險係數，$a = 0.05$，而允收水準為 $AQL = 0.02$ 時，此即表示，一個平均不良率為 0.02 的送驗批應被視為好批，而此好批被拒收的機率為 0.05。同樣的，敘述一個抽樣計畫的消費者風險係數時（亦即，此計畫會允收一個壞批的機率），也須說明 LQL 的值（應被拒收的壞批的平均不良率）。例如，若消費者風險係數，$\beta = 0.10$，而拒收水準為 $LQL = 0.08$ 時，此即表示，一個平均不良率為 0.08 的送驗批應被視為壞批，而此壞批會被允收的機率為 0.10。

2. 操作特性曲線

　　操作特性曲線（Operating Characteristic Curve, OC 曲線）是用以衡量一抽樣計畫表現績效的工具 (Mitra, 1993)。OC 曲線為送驗批產品在不同的不良率之下被接受的機率。OC 曲線能顯示一個抽樣計畫辨別好批與壞批的能力。不論任何抽樣計畫，吾人都希望當送驗批產品不良率低時，其被允收的機率要高，而若送驗批產品不良率偏高時，其被允收的機率要低。OC 曲線正能顯示出這種區分能力的高低。

　　一般而言，OC 曲線的橫軸表示不良率的百分比，縱軸則表示允收機率。舉例如下：

【例 6–1】

假設有一單次抽樣計畫，每次抽取樣本 100 件，允收數為 3。則允收機率 p_a 的值可由附表 A–2 的布瓦松分配 (Poisson Distribution) 數值表求得。

解 例如，若不良率 $p = 0.02$，由題中可知 $n = 100, c = 3 = X$，因為 $np = 100 \times 0.02 = 2 = \lambda$，由附表 A–2 可得機率 0.857，此即其允收機率 p_a。不同的不良率可得不同的允收機率如下表。

送驗批不良率 p	平　均不良數 $np = \lambda$	允收機率 p_a	送驗批不良率 p	平　均不良數 $np = \lambda$	允收機率 p_a
0	0	1	0.05	5	0.265
0.01	1	0.981	0.06	6	0.151
0.02	2	0.857	0.07	7	0.082
0.03	3	0.647	0.08	8	0.042
0.04	4	0.433	0.09	9	0.021

根據上表，可繪出 OC 曲線如圖 6–9。

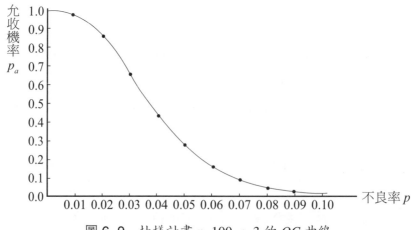

圖 6–9　抽樣計畫 $n=100, c=3$ 的 OC 曲線

此抽樣計畫 $n = 100, c = 3$ 區分好、壞批的能力也可由 OC 曲線中看出。若一送驗批產品的不良率為 1% 時，允收機率為 98.1%。此即表示，平均而言，1000 個此種送驗批中約有 981 個會被此抽樣計畫允收。但若一送驗批產品的不良率為 5% 時，允收機率為 26.5%。此即表示，1000 個此種送驗批中平均約只有 265 個會被允收。送驗批產品的不良率提高時，被允收的機率會隨著下降。當不良率降低時，允收機率降的幅度越大的話，就表示抽樣計畫區分好、壞批的能力越強。

　　生產者及消費者風險係數亦可由此 OC 曲線上觀察得到。假設允收水準 AQL 定為 1%，亦即送驗批產品的不良率為 1% 或 1% 以下時，應被視為好批而允收；而拒收水準 LQL 定為 8%，亦即送驗批產品的不良率為 8% 或 8% 以上

時，應被視為壞批而拒收。以圖 6–9 觀之，不良率為 1% 時，允收機率為 98.1%，此即表示生產者風險係數 $a = 1 - 0.981 = 1.9\%$，有 1.9% 的機率會拒絕好批。而不良率為 8% 時，允收機率為 4.2%，此即表示消費者風險係數 $\beta = 4.2\%$，有 4.2% 的機率會允收壞批。

樣本大小 N 及允收數 c 兩參數都會影響 OC 曲線的形狀。若送驗批大小 N 比 n 要大很多的話，N 的數值對 OC 曲線的影響並不大。當 N 及 c 固定時，n 越大則 OC 曲線會越陡，區分好、壞批的能力越強 (Mitra, 1993)。圖 6–10 即顯示當 $N = 1000$，$c = 3$ 時，不同 n 值的 OC 曲線的比較。

由圖 6–10 中的 OC 曲線可得 n 值愈大，OC 曲線愈陡。例如當不良率 $p = 0.02$ 時，若 $n = 50$ 則 $p_a = 98.1\%$，若 $n = 100$ 則 $p_a = 85.7\%$，而 $n = 200$ 時，$p_a = 43.3\%$，允收機率隨 n 值上升而迅速下降。此即表示 n 值越大，抽樣計畫區分好、壞批的能力越強。另若 N 及 n 值固定時，c 值越小則 OC 曲線會越陡 (Mitra, 1993)。圖 6–11 即顯示當 $N = 1000$, $n = 100$ 時，不同 c 值的 OC 曲線的比較。

由圖 6–11 中的 OC 曲線可得 c 值愈小，OC 曲線愈陡。如當不良率 $p = 0.02$ 時，若 $c = 1$ 則 $p_a = 40.6\%$，若 $c = 3$ 則 $p_a = 85.7\%$，而 $c = 5$ 時，$p_a = 98.3\%$。允收機率隨 c 值減少而迅速下降。此即表示 c 值越小，抽樣計畫區分好、壞批的能力越強。

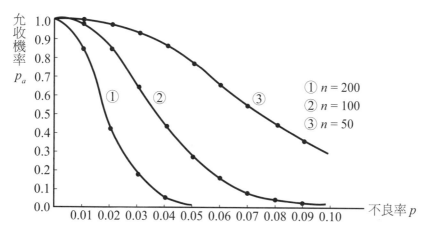

圖 6–10　N=1000, c=3, n=50、100、200 的 OC 曲線比較

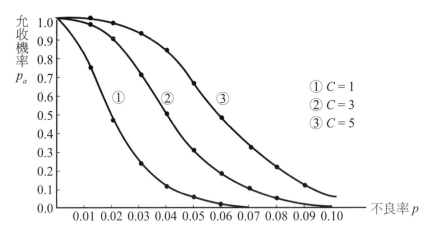

圖 6-11　$N=1000, n=100, c=1、3、5$ 的 OC 曲線比較

　　如何選擇適當的 N 值及 c 值，使抽樣計畫能符合使用者的需求，例如生產者風險係數及消費者風險係數等，就成為重要的課題了。

3. 抽樣計畫

　　一般而言，抽樣計畫有三種類型：單次、雙次，及多次抽樣計畫。不論是何種類型的抽樣計畫都是由適當的樣本數 n 及允收數 c 所構成的。抽樣計畫中常用的符號如下列所述：

N：每一送驗批所含產品或製品的件數。

n：由送驗批中抽取樣本的大小。對雙次或多次抽樣計畫而言，其樣本以 $n_i (i = 1, \cdots)$ 表示第 i 樣本的大小。

m：樣本中所含不良品的件數。對雙次或多次抽樣計畫而言，以 m_i 代表第 i 樣本中不良品的件數。

c：允收數，為樣本中可允許最大的不良品數或缺點數。在雙次或多次抽樣計畫中，以 c_i 代表於第 i 樣本的允收數。

r：拒收數，在雙次或多次抽樣計畫中使用。當樣本不良品數或缺點數等於或大於此數時，即拒收該批。以 r_i 代表於第 i 樣本的拒收數。

p：送驗批的不良率。

p_a：允收機率。

在單次抽樣中，一個樣本的檢驗結果就用以判定該送驗批是允收或拒收。

此抽樣計畫僅需兩參數 n 及 c，若由 N 中抽取 n 件樣本檢驗，其中的不良品或缺點數為 m，則若 $m \leq c$，允收該送驗批；若 $m > c$，拒收該批。例如若一單次抽樣計畫為 $N = 1000, n = 100, c = 3$，其意即為自一送驗批為 1000 件的產品中，隨機抽取 100 件產品檢驗，若其中不良品數為 3 或小於 3 則允收該批，否則拒收。

雙次抽樣檢驗中，若第一次抽樣檢驗的結果很好，不良數低，則允收送驗批；若結果很壞，不良數高，則拒收該批。若無法確定該允收或拒收，則須做第二次檢驗。雙次抽樣檢驗所用的參數如下：

n_1：第一次檢驗樣本的大小。

c_1：第一次檢驗的允收數。

r_1：第一次檢驗的拒收數。

n_2：第二次檢驗樣本的大小。

c_2：第二次檢驗的允收數。

r_2：第二次檢驗的拒收數。

m_1：第一次檢驗的不良數。

m_2：第二次檢驗的不良數。

若 $m_1 \leq c_1$，允收該批。

$m_1 \geq r_1$，拒收該批。

$c_1 < m_1 < r_1$，進行第二次檢驗。

若 $m_1 + m_2 \leq c_2$，允收該批。

$m_1 + m_2 \geq r_2$，拒收該批。

假設有一雙次抽樣計畫：$N = 1000$，$n_1 = 40$，$c_1 = 2$，$r_1 = 4$，$n_2 = 50$，$c_2 = 5$，$r_2 = 6$。其意即為一送驗批含 1000 個產品，第一次隨機抽取 40 件產品檢驗，若不良數等於或小於 2，則允收該批。若不良數大於或等於 4，則拒收該批。若不良數為 3，則進行第二次抽樣檢查。隨機抽取 50 件產品檢驗。若第一、二次不良數的和為 5 或小於 5，則允收該批。若不良數的和大於或等於 6，則拒收該批。

多次抽樣計畫其實是雙次抽樣計畫的延伸。若須 3 次或 3 次以上的抽樣才可能決定是該允收或拒收的計畫就是多次抽樣計畫。在這種抽樣計畫下，只要

允收或拒收的條件被滿足，隨時就可停止，做下決定，不須繼續抽樣下去。例如，若有個多次抽樣計畫如下：

$$N = 1000, n_1 = 30, c_1 = 0, r_1 = 2$$
$$n_2 = 30, c_2 = 1, r_2 = 3$$
$$n_3 = 30, c_3 = 3, r_3 = 4$$

即表示送驗批含 1000 個產品，第一次隨機抽取 30 個產品檢驗，若不良數為 0 則允收，若不良數為 2 或 2 以上則拒收，若不良數為 1 則進行第二次抽樣。若前兩次抽樣的不良數和為 1 或 1 以下則允收，若不良數和為 3 或 3 以上則拒收，若不良數和為 2 則進行第三次抽樣。若三次抽樣的不良數總和為 3 或 3 以下則允收，若不良數總和為 4 或 4 以上則拒收。

　　至於該採用單次、雙次，或多次抽樣檢驗計畫則見仁見智，視情況需要而定。單次抽樣計畫最單純、獲得的資訊最多，但抽樣的數目也最多。多次抽樣計畫最複雜、獲得的資訊可能最少，平均抽樣的數目則最少。雙次抽樣計畫的情形則介於兩者之間。因此，使用者須依本身的需要決定其抽樣計畫。

4. 標準抽樣計畫

　　因為抽樣計畫的選用須繁複的計算及努力。因此許多公司寧可從現存已有的標準抽樣計畫選擇其所需要的。如此一來，不僅節省時間，同時抽樣計畫的性質及功效都已製成表格以供查核。最常用的計數值抽樣計畫是由美國國家標準學會 (American National Standards Institute) 及美國品管協會 (American Society for Quality Control) 發展的 ANSI / ASQC Z1.4–1981 抽驗法。此法是以 AQL 與樣本代字作為抽樣計畫的根據。因此在這抽樣法下，若不良率或每百件產品的缺點數小於選擇的 AQL 時，送驗批被允收的機率很高。但在保護消費者方面，AQL 值並不能提供消費者品質上的保證。此抽樣法中含單次、雙次，及多次抽樣計畫可供選擇。

　　ANSI / ASQC Z1.4–1981 的使用步驟如下 (Mitra, 1993)：

　　⑴決定允收水準 AQL。此 AQL 可以是不良率或每百單位產品的缺點數。

　　⑵選擇檢驗水準。一般檢驗水準有三級：Ⅰ、Ⅱ，及Ⅲ。不同的檢驗水準對消費者提供不同程度的保護作用。第Ⅱ級提供正常的保護，第Ⅰ級則較為寬

鬆，第 III 級則最嚴格。當樣本較小且允許較大的抽樣風險時，尚有特殊檢驗水準 S–1, S–2, S–3, S–4 四級可供選擇。

⑶決定送驗批的大小。

⑷決定樣本代字。樣本代字可由附表 A–4 中，依送驗批的大小及檢驗水準查得。

⑸決定抽樣的方法。單次、雙次，或多次抽樣計畫，可依需要任選一種。

⑹決定檢驗的程度。檢驗程度可分為三種：正常、嚴格、減量檢驗。正常檢驗用於開始檢驗時；若送驗批產品的品質有轉壞的趨勢則使用嚴格檢驗；若送驗批產品的品質紀錄良好則可使用減量檢驗。三種檢驗程度的轉換可依下列原則進行：

①正常檢驗轉成嚴格檢驗：連續 5 批中有 2 批被拒收。

②嚴格檢驗轉成正常檢驗：連續 5 批皆被允收。

③正常檢驗轉成減量檢驗：

　　㈠最近 10 批皆被允收。

　　㈡最近 10 批的抽樣樣本的不良數總和小於某界限數 (Limit Number) 時。（界限值可於附表 A–13 查得）

　　㈢生產率穩定時。

　　㈣決策者認為可採用減量檢驗時。

④減量檢驗轉成正常檢驗：

　　㈠有 1 批被拒收。

　　㈡送驗批被允收，但樣本的不良數介於允收數及拒收數之間。

　　㈢生產不穩定或有延誤的情況時。

　　㈣其他應使用正常檢驗的情形發生時。

此外，若連續 10 批皆須使用嚴格檢驗則應停止檢驗。

⑺由合適的表格中查出抽樣計畫。

【例 6–2】

若 $AQL = 2.5\%$, $N = 1000$，採用檢驗水準 II 時，求其正常檢驗的抽樣計畫。

解 首先由附表 A–4 可得樣本代字 J，若為單次抽樣計畫則由附表 A–5 可得 $n = 80, c = 5, r = 6$。此即表示隨機抽取 80 件產品檢驗，若不良數為 5 或 5 以下則允收，否則拒收。

若為雙次抽樣計畫則由附表 A–8 可得 $n_1 = 50, c_1 = 2, r_1 = 5, n_2 = 50, c_2 = 6, r_2 = 7$。即第一次隨機抽取 50 件檢驗，若不良數為 2 或 2 以下則允收，若不良數為 5 或 5 以上則拒收。若不良數為 3 或 4 則進行第二次抽樣。若兩次抽樣的不良數和為 6 或 6 以下則允收，否則拒收。

若為多次抽樣計畫則由附表 A–11 可得 $r_1 = 4, c_2 = 1, r_2 = 5, c_2 = 2, r_3 = 6, c_4 = 3, r_4 = 7, c_5 = 5, r_5 = 8, c_6 = 7, r_6 = 9, c_7 = 9, r_7 = 10$。$n_1 = n_2 = \cdots = n_7 = 20$。此計畫須至第二次抽樣時才能決定是否允收。

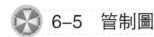 6–5　管制圖

　　1924 年，於美國貝爾實驗室 (Bell Telephone Laboratories) 研究的舒華特 (W. Shewhart) 提出了用以監測生產過程的統計管制圖。1930 年左右，同樣於貝爾實驗室工作的道奇 (H. F. Dodge) 及羅明 (H. G. Roming) 則介紹了抽樣計畫所用的表格。可是一直到二次大戰期間，美國軍方才要求供應商使用這些品管的工具。

　　1950 及 1960 年代，戴明博士將統計品質管制的方法引入日本的工業界。在此之前，日本工業產品品質甚差。但 1970 年代末期，日本的各項產品卻開始以品質良好聞名全世界。1970 及 1980 年代開始，品質保證 (Quality Assurance) 的方法更被引入了各種服務業中。

　　所謂的管制圖 (Control Chart) 是一偵測生產過程的圖形工具。在管制圖中共使用了三條橫線。中心線 (Center Line, CL) 代表了觀測對象某特性的平均數，亦即其中心趨勢。兩條管制界限 (Control Limits)，上管制界限 (Upper Control Limit, UCL) 及下管制界限 (Lower Control Limit, LCL)，則指出了某特性的分佈情形及需符合的限制範圍。例如，若觀測的值皆落於上下管制界限之內且未呈現任何趨勢、規則的情形，則這製程可稱為是在統計管制之中 (in Statistical

Control)。反之，若觀測的值有落於上下管制界限之外或呈現一些趨勢、規則的情形，則這製程可稱為是在統計管制之外 (Out-of-Control)，即無法管制之意。

使用統計管制圖有下列幾項優點 (Mitra, 1993)：

1. 知道何時該採取修正的行動

管制圖可顯示出一些異常的現象，例如，超出管制界限或呈現規則、趨勢的情形。相關人員可依管制圖顯示的情形採取必要的修正、補救措施使製程恢復正常。

2. 瞭解製程的能力

若由管制圖顯示出製程是在控制當中，則可依此估計此製程的能力，亦即製程滿足規格要求或消費者需求的能力。此外，瞭解製程的能力也有助於產品及製程的設計。

3. 提供品質改善的方法

由管制圖所顯示出的情形，專業人員可從中獲得許多有用的資訊以助於品質的改善。

4. 如何設定產品的規格標準

因為管制圖可顯示出製程的能力，產品的規格要求就可依此而設定。若製程有能力滿足產品規格的要求，則不應有不良品的情形發生。若製程的能力不足時，那產品的規格要求可能需放寬，不然製程需重新設計（換更精密的機器、設備等）。

一、管制圖的一些基本觀念

當管制圖中有點超出管制界限之外或出現非隨機型態的情形時，吾人可假設此製程中有非機遇的原因存在，此製程也就被視為是不在管制之內。管制圖的一個目的就是要儘快的找出非機遇原因，然後迅速的加以修正。所有的非機遇原因都被除掉後，此製程就回復到統計管制的狀態了。

用來畫在管制圖上的數值（平均數、全距等）都被假設為遵循常態分佈。管制圖中所用的上下管制界限則被規定為距中心線上下 3 個標準差的位置。依常態分佈的原理，若製程是在統計管制的狀態，則 99.74% 的樣本值會落於上

下管制界限之內。

　　由管制圖顯示的情形做推論時，可能會有兩種錯誤的狀況發生 (Mitra, 1993)：型Ⅰ誤差（Type Ⅰ Errors）及型Ⅱ誤差（Type Ⅱ Errors）。型Ⅰ誤差指的是當製程是在統計管制當中卻被判斷為在管制之外，亦即製程是在正常狀態中卻被判斷為不正常，此種誤差發生的機率以 α 表示。若觀測的樣本值落於管制界限之外時，此製程會被視為不在管制之中。但因管制界限是以距中心線 3 個標準差設定的。因此，實際上會有 0.0026 的機會，樣本值落於管制界限之外。這種情況下，若將製程視為不在管制之內則犯了型Ⅰ錯誤。圖 6–12 顯示了型Ⅰ誤差的機率。

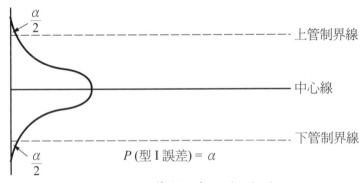

$$P\,(\text{型Ⅰ誤差}) = \alpha$$

圖 6–12　管制圖中的型Ⅰ誤差

　　型Ⅱ誤差指的是當製程已發生變化，不在管制之內時，卻被判斷為是在管制之中，亦即製程已不正常卻被判斷為正常。若製程已發生變化，但觀測的樣本值仍落於上下管制界限之內，此製程會被判斷為在管制之中，雖然事實上此製程已在管制之外。此種誤差發生的機率以 β 表示。圖 6–13 顯示了型Ⅱ誤差的機率。此製程的平均數由 A 變成 B，因此應被視為在管制之外，但因為觀測樣本值很有可能仍落於管制界限之內（斜線的區域），此製程會被判斷成在管制之內，此時就犯了型Ⅱ錯誤。

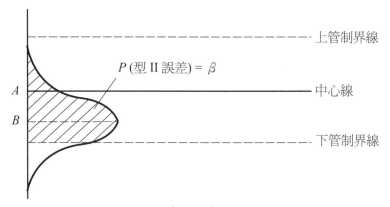

圖 6-13 管制圖中的型 II 誤差

常用的管制圖可分為兩類: 計量值管制圖 (Control Charts for Variables) 及計數值管制圖 (Control Charts for Attributes)。前者適用於管制計量的因素,例如重量、長度、強度、硬度等可以數量化的因素。後者則適用於判斷物品符合不符合要求規格的情形,即只判斷合或不合兩種情形。此兩種管制圖將於下列兩節中做更進一步的說明。

二、計量值管制圖

常用的計量值管制圖有兩種 $\overline{X}-R$ 管制圖及 $\overline{X}-S$ 管制圖。前者為平均數管制圖與全距管制圖兩者一起合用。後者則是平均數管制圖與標準差管制圖合用。

依前述 3 個標準差的原則, $\overline{X}-R$ 管制圖的管制界限可以下列公式求得:

令　　　n 為樣本的大小,例如 $n = 5$ 表示每個樣本內含 5 個觀測值

$\overline{X}$ 為樣本的平均數,即 $\overline{X} = \dfrac{\sum\limits_{i=1}^{n} X_i}{n}$ 　　　　　　　　　　　　(6-1)

R 為樣本的全距,即 $R = X_{max} - X_{min}$ 　　　　　　　　　　(6-2)

其中, X_{max} 為該樣本中最大的值,而 X_{min} 為該樣本中最小的值。

UCL (Upper Control Limits) 為上管制界限

CL (Center Line) 為中心線

LCL (Lower Control Limits) 為下管制界限

1. $\bar{X}$ 管制圖

$\bar{X}$ 管制圖的上、下管制界限為 $\bar{\bar{X}}_0 \pm 3\sigma_{\bar{X}}$。

(1)當製程平均數 μ 及標準差 σ 為已知時，

$$UCL_{\bar{X}} = \bar{\bar{X}}_0 + 3\sigma_{\bar{X}} = \mu + 3\frac{\sigma}{\sqrt{n}} = \mu + A\sigma \tag{6-3}$$

$$CL_{\bar{X}} = \mu \tag{6-4}$$

$$LCL_{\bar{X}} = \bar{\bar{X}}_0 - 3\sigma_{\bar{X}} = \mu - 3\frac{\sigma}{\sqrt{n}} = \mu - A\sigma \tag{6-5}$$

其中，$\sigma_{\bar{X}} = \dfrac{\sigma}{\sqrt{n}}, A = \dfrac{3}{\sqrt{n}}$

A 的值可由附表 A–1 查得。

(2)當製程平均數 μ 及標準差 σ 未知時，$\bar{\bar{X}}_0$ 須由樣本平均數之平均數 $\bar{\bar{X}}$ 估計，$\sigma_{\bar{X}}$ 需由樣本全距的平均數 $\bar{R}$ 估計。

$$UCL_{\bar{X}} = \bar{\bar{X}}_0 + 3\sigma_{\bar{X}} = \bar{\bar{X}} + 3\frac{\hat{\sigma}}{\sqrt{n}}$$

$$= \bar{\bar{X}} + \frac{3\bar{R}}{\sqrt{n}d_2} = \bar{\bar{X}} + A_2\bar{R} \tag{6-6}$$

$$CL_{\bar{X}} = \bar{\bar{X}}_0 = \bar{\bar{X}} \tag{6-7}$$

$$LCL_{\bar{X}} = \bar{\bar{X}}_0 - 3\sigma_{\bar{X}} = \bar{\bar{X}} - 3\frac{\hat{\sigma}}{\sqrt{n}} = \bar{\bar{X}} - \frac{3\bar{R}}{\sqrt{n}d_2} = \bar{\bar{X}} - A_2\bar{R} \tag{6-8}$$

其中，$\quad \hat{\sigma} = \dfrac{\bar{R}}{d_2}, A_2 = \dfrac{3}{\sqrt{n}d_2}$ \tag{6-9}

A_2, d_2 的值可由附表 A–1 查得。

2. R 管制圖

R 管制圖的上、下管制界限為 $\bar{R} \pm 3\sigma_R$。

(1)當製程標準差 σ 為已知時，

$$UCL_R = \bar{R} + 3\sigma_R = d_2\sigma + 3d_3\sigma$$

$$= (d_2 + 3d_3)\sigma = D_2\sigma \tag{6-10}$$

$$CL_R = \bar{R} = d_2\sigma \tag{6-11}$$

$$LCL_R = \bar{R} - 3\sigma_R = d_2\sigma - 3d_3\sigma$$

$$= (d_2 - 3d_3)\sigma = D_1\sigma \tag{6-12}$$

其中，
$$\sigma_R = d_3\sigma \tag{6-13}$$

$$D_2 = d_2 + 3d_3 \tag{6-14}$$

$$D_1 = d_1 - 3d_3 \tag{6-15}$$

d_2, d_3, D_1, D_2 的值皆可由附表 A–1 查得。

⑵當製程標準差 σ 未知時，$\bar{R}$ 及 σ_R 需由樣本全距的平均數估計。

$$UCL_R = \bar{R} + 3\sigma_R = \bar{R} + 3d_3\hat{\sigma} = \bar{R} + 3d_3\left(\frac{\bar{R}}{d_2}\right)$$

$$= \left(1 + \frac{3d_3}{d_2}\right)\bar{R} = D_4\bar{R} \tag{6-16}$$

$$CL_R = \bar{R} \tag{6-17}$$

$$LCL_R = \bar{R} - 3\sigma_R = \bar{R} - 3d_3\hat{\sigma} = \bar{R} - 3d_3\left(\frac{\bar{R}}{d_2}\right)$$

$$= \left(1 - \frac{3d_3}{d_2}\right)\bar{R} = D_3\bar{R} \tag{6-18}$$

其中，
$$\hat{\sigma}_R = d_3\left(\frac{\bar{R}}{d_2}\right) \tag{6-19}$$

$$D_4 = 1 + \left(\frac{3d_3}{d_2}\right) \tag{6-20}$$

$$D_3 = 1 - \frac{3d_3}{d_2} \tag{6-21}$$

D_3 及 D_4 的值亦可由附表 A–1 查得。

計算 $\bar{X}$–R 管制圖的公式可如表 6–4 所示。

表 6–4 $\bar{X}$–R 管制圖公式表

$\bar{X}$–R 管制圖	製程 μ、σ 已知	製程 μ、σ 未知
平均數管制圖 （$\bar{X}$ 管制圖）	$UCL_{\bar{X}} = \mu + A\sigma$ $CL_{\bar{X}} = \mu$ $LCL_{\bar{X}} = \mu - A\sigma$	$UCL_{\bar{X}} = \bar{\bar{X}} + A_2\bar{R}$ $CL_{\bar{X}} = \bar{\bar{X}}$ $LCL_{\bar{X}} = \bar{\bar{X}} - A_2\bar{R}$
全距管制圖 （R 管制圖）	$UCL_R = D_2\sigma$ $CL_R = d_2\sigma$ $LCL_R = D_1\sigma$	$UCL_R = D_4\bar{R}$ $CL_R = \bar{R}$ $LCL_R = D_3\bar{R}$

【例 6-3】

假設某食品公司每半小時抽取 4 包產品並測定其重量，共檢驗了 20 個樣本，其資料如表 6-5。試求其 $\overline{X}$–R 管制圖之中心線及上、下管制界限，並繪製管制圖。

表 6-5　20 組樣本的觀測值資料

樣 本	觀測值	平均數 $\overline{X}$	全距 R
1	20, 22, 21, 23	21.5	3
2	19, 21, 20, 22	20.5	3
3	23, 21, 22, 24	22.5	3
4	18, 24, 19, 23	21.0	6
5	20, 18, 21, 19	19.5	3
6	17, 19, 20, 22	19.5	5
7	23, 20, 19, 22	21.0	4
8	20, 20, 19, 17	19.0	3
9	21, 23, 20, 18	20.5	5
10	22, 21, 23, 22	22.0	2
11	21, 20, 19, 22	20.5	3
12	19, 21, 20, 22	20.5	3
13	20, 21, 22, 21	21.0	2
14	23, 21, 22, 24	22.5	3
15	24, 21, 20, 19	21.0	5
16	17, 18, 20, 21	19.0	4
17	22, 20, 19, 23	21.0	4
18	18, 20, 19, 21	19.5	3
19	20, 22, 23, 21	21.5	3
20	21, 21, 20, 22	21.0	2
	合　計	414.5	69

$$\overline{\overline{X}} = 20.725 \qquad \overline{R} = 3.45$$

解　(1)若已知製程的平均重量為 21，標準差為 2.0，則 $n = 4$，查附表 A-1 得

$A = 1.50, d_2 = 2.059, D_2 = 4.698, D_1 = 0$。

$\overline{X}$ 管制圖：

管制上限　　$UCL_{\bar{X}} = \mu + A\sigma = 21 + 1.50 \times 2.0 = 24.0$

中心線　　$CL_{\bar{X}} = \mu = 21$

管制下限　　$LCL_{\bar{X}} = \mu - A\sigma = 21 - 1.50 \times 2.0 = 18.0$

R 管制圖：

管制上限　　$UCL_R = D_2\sigma = 4.698 \times 2.0 = 9.396$

中心線　　$CL_R = d_2\sigma = 2.059 \times 2.0 = 4.118$

管制下限　　$LCL_R = D_1\sigma = 0 \times 2.0 = 0$

繪圖如下：

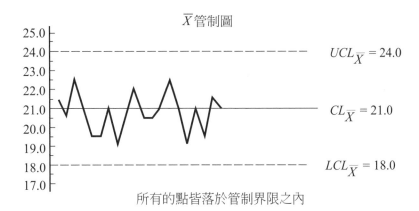

所有的點皆落於管制界限之內

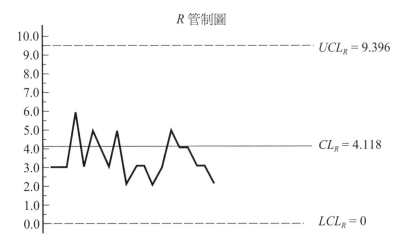

所有的點皆落於管制界限之內

因此，吾人可推斷此製程是在統計管制之中。

(2)若製程的平均重量及標準差未知，則 $n=4$, $A_2=0.729$, $D_3=0$, $D_4=2.282$。

$\overline{X}$ 管制圖：

管制上限　$UCL_{\overline{X}} = \overline{\overline{X}} + A_2\overline{R} = 20.725 + 0.729 \times 3.45$
$= 23.240$

中心線　$CL_{\overline{X}} = \overline{\overline{X}} = 20.725$

管制下限　$LCL_{\overline{X}} = \overline{\overline{X}} - A_2\overline{R} = 20.725 - 0.729 \times 3.45 = 18.210$

R 管制圖：

管制上限　$UCL_R = D_4\overline{R} = 2.282 \times 3.45 = 7.873$

中心線　$CL_R = \overline{R} = 3.45$

管制下限　$LCL_R = D_3\overline{R} = 0 \times 3.45 = 0$

繪圖如下：

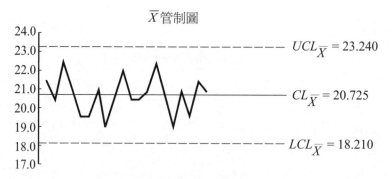

所有的點皆落於管制界限之內

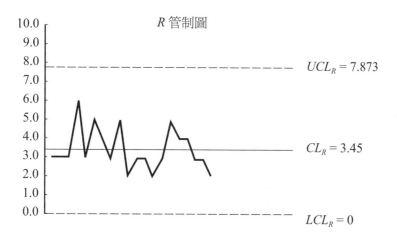

所有的點皆落於管制界限之內

因此，吾人可推斷此製程是在統計管制之中。

$\overline{X}$–S 管制圖的中心線及管制界限可以下列公式求得：

$$樣本標準差 \ S = \sqrt{\frac{\sum\limits_{i=1}^{n}(X_i - \overline{X})^2}{n-1}} \tag{6-22}$$

$$E(S) = C_4\sigma \tag{6-23}$$

$$\sigma_S = \sigma\sqrt{1 - C_4^2} \tag{6-24}$$

C_4 的值可於附表 A–1 求得。

1. $\overline{X}$ 管制圖

(1)若製程平均數 μ 及標準差 σ 為已知時，

$$UCL_{\overline{X}} = \mu + A\sigma \tag{6-25}$$

$$CL_{\overline{X}} = \mu \tag{6-26}$$

$$LCL_{\overline{X}} = \mu - A\sigma \tag{6-27}$$

其中，$A = \dfrac{3}{\sqrt{n}}$

(2)若製程平均數 μ 及標準差 σ 未知時，$\overline{X}_0$ 須由樣本平均數之平均數 $\overline{\overline{X}}$ 估計，$\sigma_{\overline{X}}$ 須由樣本的標準差 S 估計。

$$UCL_{\overline{X}} = \overline{\overline{X}}_0 + 3\sigma_{\overline{X}} = \overline{\overline{X}} + 3\frac{\sigma}{\sqrt{n}} = \overline{\overline{X}} + 3\frac{\overline{S}}{C_4\sqrt{n}}$$

$$= \overline{\overline{X}} + A_3 \overline{S} \tag{6-28}$$

$$CL_{\overline{X}} = \overline{\overline{X}}_0 = \overline{\overline{X}} \tag{6-29}$$

$$LCL_{\overline{X}} = \overline{\overline{X}} - 3\sigma_{\overline{X}} = \overline{\overline{X}} - 3\frac{\sigma}{\sqrt{n}} = \overline{\overline{X}} - 3\frac{\overline{S}}{C_4 \sqrt{n}} = \overline{\overline{X}} - A_3 \overline{S} \tag{6-30}$$

其中，$A_3 = \dfrac{3}{C_4 \sqrt{n}}$ 且可由附表 A–1 中求得。

2. S 管制圖

S 管制圖的上、下管制界限為 $\overline{S}_0 \pm 3\sigma_S$。

(1)當製程標準差 σ 為已知時

$$UCL_S = \overline{S}_0 + 3\sigma_S = C_4 \sigma + 3\sigma_S = C_4 \sigma + 3\sigma \sqrt{1 - C_4^2}$$

$$= (C_4 + 3\sqrt{1 - C_4^2})\sigma = B_6 \sigma \tag{6-31}$$

$$CL_S = \overline{S}_0 = C_4 \sigma \tag{6-32}$$

$$LCL_S = \overline{S}_0 - 3\sigma_S = C_4 \sigma - 3\sigma_S = C_4 \sigma - 3\sigma \sqrt{1 - C_4^2}$$

$$= (C_4 - 3\sqrt{1 - C_4^2})\sigma = B_5 \sigma \tag{6-33}$$

其中，$B_6 = C_4 + 3\sqrt{1 - C_4^2}$，$B_5 = C_4 - 3\sqrt{1 - C_4^2}$

(2)當製程標準差 σ 未知時，$\overline{S}_0$ 須以樣本標準差 S 的平均數估計。

由公式 (6–23) 可得製程標準差 σ 的估計值可由樣本標準差 S 的平均數求得，即

$$\hat{\sigma} = \frac{\overline{S}}{C_4} \tag{6-34}$$

$$UCL_S = \overline{S}_0 + 3\sigma_S = \overline{S} + 3\sigma \sqrt{1 - C_4^2} = \overline{S} + \frac{3\overline{S}\sqrt{1 - C_4^2}}{C_4}$$

$$= B_4 \overline{S} \tag{6-35}$$

$$CL_S = \overline{S}_0 = \overline{S} \tag{6-36}$$

$$LCL_S = \overline{S}_0 - 3\sigma_S = \overline{S} - 3\sigma \sqrt{1 - C_4^2} = \overline{S} - \frac{3\overline{S}\sqrt{1 - C_4^2}}{C_4}$$

$$= B_3 \overline{S} \tag{6-37}$$

其中，$B_4 = 1 + 3\dfrac{\sqrt{1 - C_4^2}}{C_4}$, $B_3 = 1 - 3\dfrac{\sqrt{1 - C_4^2}}{C_4}$

B_3、B_4、B_5，及 B_6 皆可由附表 A–1 求得。

計算 $\overline{X}$–S 管制圖的公式可如表 6–6 所示。

表 6–6 $\overline{X}$–S 管制圖公式表

$\overline{X}$–S 管制圖	製程 μ、σ 已知	製程 μ、σ 未知
平均數管制圖 （$\overline{X}$ 管制圖）	$UCL_{\overline{X}} = \mu + A\sigma$ $CL_{\overline{X}} = \mu$ $LCL_{\overline{X}} = \mu - A\sigma$	$UCL_{\overline{X}} = \overline{\overline{X}} + A_3\overline{S}$ $CL_{\overline{X}} = \overline{\overline{X}}$ $LCL_{\overline{X}} = \overline{\overline{X}} - A_3\overline{S}$
標準差管制圖 （S 管制圖）	$UCL_S = B_6\sigma$ $CL_S = C_4\sigma$ $LCL_S = B_5\sigma$	$UCL_S = B_4\overline{S}$ $CL_S = \overline{S}$ $LCL_S = B_3\overline{S}$

一般而言，標準差管制圖適用於樣本較大 (≥ 10) 的情況。

【例 6–4】

假設某食品公司每 30 分鐘抽取 10 包產品並測定其重量，共檢驗了 20 個樣本，其資料如表 6–7 所示。試求其 $\overline{X}$–S 管制圖的中心線及上、下管制界限，並繪製管制圖。

表 6-7　20 組樣本的觀測值資料

樣本	觀　　測　　值	平均數 $\overline{X}$	標準差 S
1	17, 19, 21, 20, 18, 19, 22, 23, 20, 24	20.3	2.214
2	23, 24, 22, 19, 17, 21, 21, 22, 23, 23	21.5	2.121
3	18, 18, 22, 23, 24, 17, 19, 21, 21, 18	20.1	2.424
4	20, 22, 21, 21, 24, 22, 18, 19, 19, 22	20.8	1.814
5	19, 21, 20, 21, 23, 24, 23, 22, 19, 21	21.3	1.703
6	20, 20, 22, 23, 20, 21, 22, 17, 19, 23	20.7	1.889
7	21, 23, 24, 24, 22, 22, 21, 19, 19, 23	21.8	1.814
8	16, 17, 19, 19, 18, 20, 22, 23, 23, 22	19.9	2.514
9	18, 18, 20, 21, 20, 22, 23, 22, 21, 20	20.5	1.650
10	20, 21, 23, 22, 22, 24, 23, 20, 19, 19	21.3	1.767
11	21, 20, 22, 22, 23, 21, 20, 19, 18, 17	20.3	1.889
12	17, 19, 22, 22, 21, 19, 20, 21, 19, 18	19.8	1.687
13	18, 18, 19, 20, 22, 23, 22, 21, 21, 20	20.4	1.713
14	18, 19, 19, 20, 20, 22, 23, 21, 20, 20	20.2	1.476
15	22, 23, 23, 21, 20, 19, 18, 18, 19, 19	20.2	1.932
16	21, 23, 23, 22, 23, 21, 21, 19, 18, 18	20.9	1.969
17	20, 20, 22, 22, 19, 18, 17, 19, 21, 23	20.1	1.912
18	19, 18, 17, 16, 18, 20, 22, 23, 21, 21	19.5	2.273
19	19, 20, 21, 22, 21, 19, 18, 19, 20, 21	20.0	1.247
20	22, 21, 20, 19, 19, 22, 22, 23, 21, 21	21.0	1.333

$$\overline{\overline{X}} = 20.53 \qquad \overline{S} = 1.867$$

解　(1) 若已知製程的平均重量為 21，標準差為 2.0。則 $n = 10$，查附表 A-1 得

　　　$A = 0.949, C_4 = 0.9727, B_5 = 0.276, B_6 = 1.669$

　　$\overline{X}$ 管制圖：

　　　管制上限　$UCL_{\overline{X}} = \mu + A\sigma = 21 + 0.949 \times 2 = 22.90$

　　　中心線　　$CL_{\overline{X}} = \mu = 21.0$

　　　管制下限　$LCL_{\overline{X}} = \mu - A\sigma = 21 - 0.949 \times 2 = 19.10$

　　S 管制圖：

　　　管制上限　$UCL_S = B_6\sigma = 1.669 \times 2 = 3.34$

中心線　　$CL_S = C_4\sigma = 0.9727 \times 2 = 1.95$

管制下限　$LCL_S = B_5\sigma = 0.276 \times 2 = 0.55$

繪圖如下：

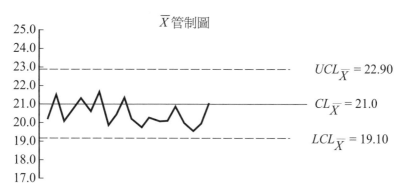

所有的點皆落於管制界限之內

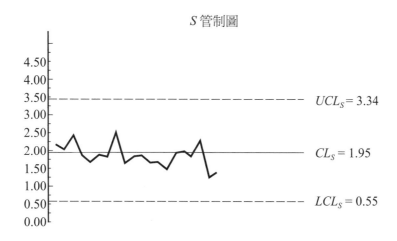

所有的點皆落於管制界限之內

因此，吾人可推斷此製程是在統計管制之中。

(2)若製程的平均重量及標準差未知。則 $n = 10$，$A_3 = 0.975$，$B_3 = 0.284$，

$B_4 = 1.716$。

$\overline{X}$ 管制圖：

管制上限　$UCL_{\overline{X}} = \overline{\overline{X}} + A_3\overline{S} = 20.53 + 0.975 \times 1.867 = 22.35$

中心線　　$CL_{\bar{X}} = \bar{\bar{X}} = 20.53$

管制下限　$LCL_{\bar{X}} = \bar{\bar{X}} - A_3\bar{S} = 20.53 - 0.975 \times 1.867 = 18.71$

S 管制圖：

管制上限　$UCL_S = B_4\bar{S} = 1.716 \times 1.867 = 3.204$

中心線　　$CL_S = \bar{S} = 1.867$

管制下限　$LCL_S = B_3\bar{S} = 0.284 \times 1.867 = 0.530$

繪圖如下：

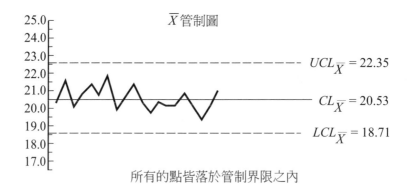

因此，吾人可推斷此製程是在統計管制之中。

$\bar{X}-R$ 管制圖因為計算容易、使用較為簡便，因此被廣泛使用。但對樣本較大的情形而言，$\bar{X}-S$ 管制圖對製程的變異較能做有效的反映。

三、計數值管制圖

　　計數值管制圖所注重的是品質的特性是否符合規格，亦即是良品或不良品。計量值管制圖是尋找品質變異原因的有效工具，但其應用範圍僅限於品質特性可以量化時。有些品質特性是無法量化的，或因各種限制（時間、金錢等因素）不便量化。有時候計數值管制圖能以簡便且節省成本的方式提供整體品質的資料。尤其當產品品質特性非常多的時候，使用計量值管制圖可能既不經濟也不實用，因為針對每個品質特性都需做一管制圖，而事實上可能只需瞭解此項產品（所有特性合起來）是否符合規格、是否為良品而已。

　　常用的計數值管制圖有下列幾種：

1. 不良率管制圖 (p–chart)

　　不良率管制圖是最被廣泛使用的管制圖之一。此管制圖可用於某項品質特性或一群品質特性（例如長、寬、高等）。不良率管制圖也可用來量測某個操作員、機器、工作站、部門、甚至整個工廠的品質。此管制圖的運用範圍極廣。

　　p–管制圖的計算如下：

　⑴當製程的不良率已於事先設定或已知為 p_0 時

$$上管制界限 \quad UCL_p = p_0 + 3\sqrt{\frac{p_0(1-p_0)}{n}} \tag{6-38}$$

$$中心線 \quad CL_p = p_0 \tag{6-39}$$

$$下管制界限 \quad LCL_p = p_0 - 3\sqrt{\frac{p_0(1-p_0)}{n}} \tag{6-40}$$

　　其中，n 為樣本的大小，若公式 (6–40) 中的值為負數，則下管制界限定為 0。

　⑵若製程的不良率未知也未預先設定時，製程的不良率需由樣本的不良率估計之。

$$上管制界限 \quad UCL_p = \bar{p} + 3\sqrt{\frac{\bar{p}(1-\bar{p})}{n}} \tag{6-41}$$

$$\text{中心線} \qquad CL_p = \bar{p} = \frac{\sum\limits_{i=1}^{g} x_i}{ng} \qquad\qquad (6\text{--}42)$$

$$\text{下管制界限} \quad LCL_p = \bar{p} - 3\sqrt{\frac{\bar{p}(1-\bar{p})}{n}} \qquad\qquad (6\text{--}43)$$

其中，n 為樣本的大小，g 為樣本的數目，x_i 是樣本 i 中不良品的數目。

若公式 (6–43) 中的值為負數，則下管制界限定為 0。

【例 6–5】

假設某紙尿褲工廠每小時抽取 100 件產品檢查。檢查的結果如表 6–8 所示。試繪製其不良率管制圖。

表 6–8　20 組樣本的檢查結果

樣本	n	不良品數	不良率	樣本	n	不良品數	不良率
1	100	2	0.02	11	100	1	0.01
2	100	0	0	12	100	1	0.01
3	100	3	0.03	13	100	0	0
4	100	0	0	14	100	1	0.01
5	100	1	0.01	15	100	2	0.02
6	100	1	0.01	16	100	1	0.01
7	100	1	0.01	17	100	0	0
8	100	1	0.01	18	100	1	0.01
9	100	0	0	19	100	1	0.01
10	100	2	0.02	20	100	1	0.01

解 (1)若製程不良率的目標值訂為 0.01，則此不良率管制圖的

$$\text{上管制界限} \quad UCL_p = 0.01 + 3\sqrt{\frac{0.01 \times (1 - 0.01)}{100}}$$

$$= 0.01 + 0.03 = 0.04$$

$$\text{中心線} \qquad CL_p = 0.01$$

$$\text{下管制界限} \quad LCL_p = 0.01 - 3\sqrt{\frac{0.01 \times (1 - 0.01)}{100}}$$

$$= 0.01 - 0.03 = -0.02 \quad （定為 0）$$

其不良率管制圖可繪製如下：

p 管制圖

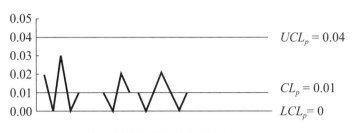

所有的點皆落於管制界限之內

因此，吾人可推斷此製程是在統計管制之中。

(2) 若製程不良率未知亦未設定目標值，則須以樣本的平均不良率估計之。

$$\bar{p} = \frac{1}{20 \times 100}(2 + 0 + 3 + 0 + 1 + 1 + 1 + 1 + 0 + 2 + 1 + 1 + 0 + 1 + 2 + 1 + 0 + 1 + 1 + 1)$$

$$= \frac{20}{20 \times 100} = 0.01$$

因此，

上管制界限 $UCL_p = 0.01 + 3\sqrt{\dfrac{0.01 \times (1 - 0.01)}{100}} = 0.01 + 0.03$

$$= 0.04$$

中心線 $CL_p = 0.01$

下管制界限 $LCL_p = 0.01 - 3\sqrt{\dfrac{0.01 \times (1 - 0.01)}{100}} = 0.01 - 0.03$

$$= -0.02 \quad （定為 0）$$

其不良率管制圖可繪製如下：

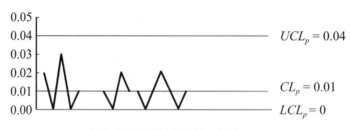

p 管制圖

所有的點皆落於管制界限之內

因此，吾人可推斷此製程是在統計管制之中。

公式 (6–38) 至 (6–43) 適用於各樣本的大小為一樣時的情形。對於樣本大小不等的情形則有下列兩種計算方式：

(1)求各樣本的上、下管制界限

(a)製程不良率已知或設定為 p_0 時，對第 i 個樣本（樣本大小為 n_i）而言

上管制界限　　$UCL = p_0 + 3\sqrt{\dfrac{p_0(1-p_0)}{n_i}}$　　　　　(6–44)

中心線　　　　$CL = p_0$　　　　　　　　　　　　　　　(6–45)

下管制界限　　$LCL = p_0 - 3\sqrt{\dfrac{p_0(1-p_0)}{n_i}}$　　　　　(6–46)

若公式 (6–46) 中的值為負數，則下管制界限定為 0。

(b)製程不良率未知時，對第 i 個樣本（樣本大小為 n_i）而言

上管制界限　　$UCL = \bar{p} + 3\sqrt{\dfrac{\bar{p}(1-\bar{p})}{n_i}}$　　　　　(6–47)

中心線　　　　$CL = \bar{p} = \dfrac{\sum\limits_{i=1}^{g} x_i}{\sum\limits_{i=1}^{g} n_i}$　　　　　　　(6–48)

下管制界限　　$LCL = \bar{p} - 3\sqrt{\dfrac{\bar{p}(1-\bar{p})}{n_i}}$　　　　　(6–49)

其中，x_i 為樣本 i 不良品的數目，g 為樣本的數目，若公式 (6–49) 中的值為負數，則下管制界限定為 0。

⑵以平均樣本大小求上、下管制界限，亦即

$$\bar{n} = \frac{\sum\limits_{i=1}^{g} n_i}{g} \tag{6-50}$$

⒜製程不良率已知或設定為 p_0 時，則

上管制界限　$UCL_p = p_0 + 3\sqrt{\dfrac{p_0(1-p_0)}{\bar{n}}}$ \hfill (6-51)

中心線　　　$CL_p = p_0$ \hfill (6-52)

下管制界限　$LCL_p = p_0 - 3\sqrt{\dfrac{p_0(1-p_0)}{\bar{n}}}$ \hfill (6-53)

若公式 (6-53) 中的值為負數，則下管制界限定為 0。

⒝製程不良率未知時，

上管制界限 $UCL_p = \bar{p} + 3\sqrt{\dfrac{\bar{p}(1-\bar{p})}{\bar{n}}}$ \hfill (6-54)

中心線 $CL_p = \bar{p} = \dfrac{\sum\limits_{i=1}^{g} x_i}{\sum\limits_{i=1}^{g} n_i}$ \hfill (6-55)

下管制界限 $LCL_p = \bar{p} - 3\sqrt{\dfrac{\bar{p}(1-\bar{p})}{\bar{n}}}$ \hfill (6-56)

若公式 (6-56) 中的值為負數，則下管制界限定為 0。

【例 6-6】

假設某工廠每小時抽取不同件數的產品檢驗，其結果如表 6-9 所示。試繪製其不良率管制圖。

表 6-9　20 組樣本的檢驗結果

樣本	樣本大小	不良品數	不良率	樣本	樣本大小	不良品數	不良率
1	100	2	0.020	11	125	2	0.016
2	90	1	0.011	12	115	1	0.009
3	120	3	0.025	13	95	1	0.011
4	110	0	0	14	100	1	0.010
5	100	2	0.020	15	120	1	0.008
6	105	1	0.010	16	110	2	0.018
7	125	1	0.008	17	90	0	0
8	110	1	0.009	18	100	0	0
9	130	1	0.008	19	115	1	0.009
10	120	0	0	20	120	1	0.008

解 假設製程的不良率未知也未設定目標值。

(1)求各樣本的上、下管制界限

$$中心線\ CL_p = \bar{p} = \frac{\sum_{i=1}^{20} x_i}{\sum_{i=1}^{20} n_i}$$

$$= \frac{(2+1+3+0+\cdots+0+0+1+1)}{(100+90+120+110+\cdots+90+100+115+120)}$$

$$= \frac{22}{2200} = 0.01$$

20 組樣本的上、下管制界限可依公式 (6–44) 及 (6–46) 求得，如下表所示：

樣本	n_i	UCL_p	LCL_p	樣本	n_i	UCL_p	LCL_p
1	100	0.040	0	11	125	0.037	0
2	90	0.041	0	12	115	0.038	0
3	120	0.037	0	13	95	0.041	0
4	110	0.038	0	14	100	0.040	0
5	100	0.040	0	15	120	0.037	0
6	105	0.039	0	16	110	0.038	0
7	125	0.037	0	17	90	0.041	0
8	110	0.038	0	18	100	0.040	0
9	130	0.036	0	19	115	0.038	0
10	120	0.037	0	20	120	0.037	0

繪圖如下：

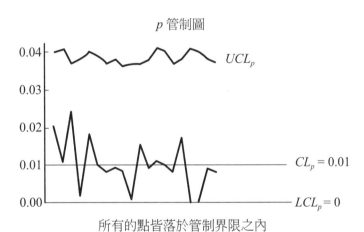

p 管制圖

所有的點皆落於管制界限之內

因此，吾人可推斷此製程是在統計管制之中。

⑵以平均樣本大小求上、下管制界限

$$\bar{n} = \frac{\sum_{i=1}^{20} n_i}{20} = \frac{2200}{20} = 110$$

$$UCL_p = \bar{p} + 3\sqrt{\frac{\bar{p}(1-\bar{p})}{\bar{n}}} = 0.01 + 3\sqrt{\frac{0.01 \times 0.99}{110}} = 0.038$$

$$CL_p = \bar{p} = 0.01$$

$$LCL_p = \overline{p} - 3\sqrt{\frac{\overline{p}(1-\overline{p})}{\overline{n}}} = 0.01 - 3\sqrt{\frac{0.01 \times 0.99}{110}} = 0$$

繪圖如下：

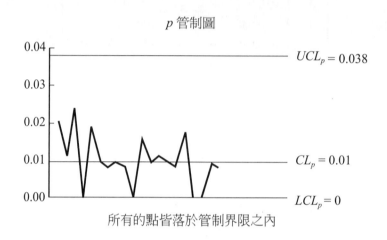

p 管制圖

所有的點皆落於管制界限之內

因此，吾人可推斷此製程是在統計管制之中。

何時須求出各樣本的上、下管制界限，何時可簡單的以平均樣本的大小求上、下管制界限，完全視情況需要而定。一般而言，須做較仔細的判斷或樣本大小差距過大時，應求出各樣本的上、下管制界限以求得精確的結果。

2. 不良數管制圖 (*np*–chart)

使用不良數管制圖有時較不良率管制圖方便。不良品的數目可直接由樣本中求得，操作員亦較容易瞭解產品品質的情況。不良數管制圖的一項缺點是當其樣本大小改變時，中心線會與管制界限一樣跟著改變。因此，當樣本大小不定時，吾人並不推薦使用不良數管制圖。

不良數管制圖的中心線及上、下管制界限計算公式如下：

⑴當製程的不良數已設定為 np_0 時，則

上管制界限　　$UCL_{np} = np_0 + 3\sqrt{np_0(1-p_0)}$　　　　　　(6–57)

中心線　　　　$CL_{np} = np_0$　　　　　　　　　　　　　　　(6–58)

下管制界限　　$LCL_{np} = np_0 - 3\sqrt{np_0(1-p_0)}$　　　　　　(6–59)

若公式 (6–59) 的值為負數，則下管制界限定為 0。

(2)若製程不良率未知時，則不良數須由樣本估計。

上管制界限 $\quad UCL_{np} = n\bar{p} + 3\sqrt{n\bar{p}(1-\bar{p})}$ (6–60)

中心線 $\quad CL_{np} = n\bar{p} = \dfrac{\sum\limits_{i=1}^{g} x_i}{\sum\limits_{i=1}^{g} n_i} = n\bar{p}$ (6–61)

下管制界限 $\quad LCL_{np} = n\bar{p} - 3\sqrt{n\bar{p}(1-\bar{p})}$ (6–62)

若公式 (6–62) 的值為負數，則下管制界限定為 0。

【例 6–7】

以表 6–8 的檢查結果，求其不良數管制圖。

解 (1)若製程不良數的目標值定為 1，則此不良數管制圖的

上管制界限 $\quad UCL_{np} = 1 + 3\sqrt{1 \times (1-0.01)} = 4$

中心線 $\quad CL_{np} = 1$

下管制界限 $\quad LCL_{np} = 1 - 3\sqrt{1 \times (1-0.01)} = -2$ （定為 0）

繪圖如下：

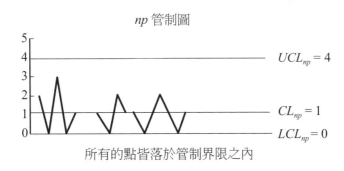

np 管制圖

所有的點皆落於管制界限之內

因此，吾人可推斷此製程是在統計管制之中。

(2)若製程不良數未知也未設定，則須由樣本估計。

$n = 100, \bar{p} = 0.01, n\bar{p} = 1$

上管制界限 $\quad UCL_{np} = 1 + 3\sqrt{1 \times (1-0.01)} = 4$

中心線 $\quad CL_{np} = 1$

下管制界限 $\quad LCL_{np} = 1 - 3\sqrt{1 \times (1-0.01)} = -2$ （定為 0）

繪圖如下：

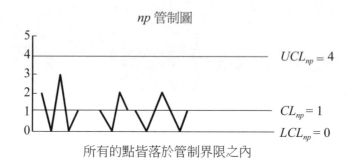

np 管制圖

$UCL_{np} = 4$

$CL_{np} = 1$

$LCL_{np} = 0$

所有的點皆落於管制界限之內

因此，吾人可推斷此製程是在統計管制之中。

3. 缺點數管制圖 (c–chart)

　　所謂缺點是指某一品質特性不符合設定的規格或標準。不良品則為含有一個或數個缺點以至於無法發揮應有的功能的產品。前述不良率管制圖及不良數管制圖主要是針對不良品使用。而缺點數管制圖則是用於缺點方面的情況。缺點的例子有很多，例如衣服上的脫線、桌面、椅面的刮痕、書中的錯別字等。缺點的發生機率假設是遵循布瓦松分配。因此若平均缺點數為 $\bar{c}$，則其標準差為 $\sqrt{c}$。

　　缺點數管制圖適用於樣本大小固定不變時，其管制界限的公式如下：

⑴若缺點數為已知或事先設定為 c_0 時

上管制界限　　$UCL_c = c_0 + 3\sqrt{c_0}$ 　　　　　　　　　　　(6–63)

中心線　　　　$CL_c = c_0$ 　　　　　　　　　　　　　　　　(6–64)

下管制界限　　$LCL_c = c_0 - 3\sqrt{c_0}$ 　　　　　　　　　　　(6–65)

若公式 (6–65) 中的值為負數，則下管制界限定為 0。

⑵若缺點數未知也未設定時，則須由樣本估計。

$$\bar{c} = \frac{\sum\limits_{i=1}^{g} c_i}{g}$$

其中，c_i 為樣本 i 的缺點數，g 為總樣本的數目。

上管制界限　　$UCL_c = \bar{c} + 3\sqrt{\bar{c}}$ 　　　　　　　　　　　(6–66)

中心線　　　$CL_c = \bar{c}$　　　　　　　　　　　　　　　　　　　(6–67)

下管制界限　$LCL_c = \bar{c} - 3\sqrt{\bar{c}}$　　　　　　　　　　　　　　(6–68)

若公式 (6–68) 中的值為負數，則下管制界限定為 0。

【例 6–8】

假設某工廠每 15 分鐘抽取 3 件產品，檢驗其缺點數。表 6–10 顯示檢查的結果。試求其缺點數管制圖。

表 6–10　20 組樣本的檢查結果

樣本	缺點數	樣本	缺點數	樣本	缺點數	樣本	缺點數
1	1	6	0	11	1	16	0
2	2	7	1	12	1	17	0
3	0	8	1	13	2	18	1
4	0	9	1	14	0	19	1
5	1	10	0	15	1	20	1

解 (1)若缺點數的目標值設定為 1.5，則

上管制界限　$UCL_c = 1.5 + 3\sqrt{1.5} = 5.17$

中心線　　　$CL_c = 1.5$

下管制界限　$LCL_c = 1.5 - 3\sqrt{1.5} = -2.17$　　（定為 0）

繪圖如下：

c 管制圖

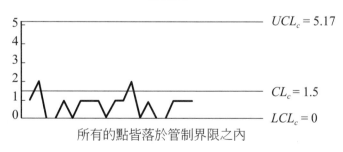

所有的點皆落於管制界限之內

因此，吾人可推斷此製程是在統計管制之中。

(2)若製程缺點數未知也未設定時，則須由樣本估計。

$$\bar{c} = \frac{1}{20}(1 + 2 + 0 + \cdots + 1 + 1 + 1) = \frac{15}{20} = 0.75$$

上管制界限　　$UCL_c = 0.75 + 3\sqrt{0.75} = 3.35$

中心線　　　　$CL_c = 0.75$

下管制界限　　$LCL_c = 0.75 - 3\sqrt{0.75} = -1.85$　　（定為 0）

繪圖如下：

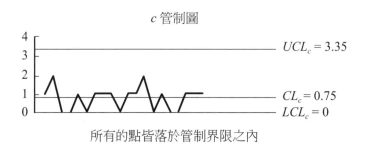

c 管制圖

所有的點皆落於管制界限之內

　　因此，吾人可推斷此製程是在統計管制之中。

4. 單位缺點數管制圖 (u–chart)

　　缺點數管制圖適用於樣本大小固定的情況。若樣本大小不相等時則可使用單位缺點數管制圖。此時，單位缺點數

$$u_i = \frac{c_i}{n_i}$$

其中，c_i 為樣本 i 中的缺點數，而 n_i 為樣本 i 的大小。

　　單位缺點數管制圖的管制界限可由下列公式求得：

⑴若製程的單位缺點數已知或設定為 u_0 時，則

上管制界限　　$UCL_u = u_0 + 3\sqrt{\dfrac{u_0}{n_i}}$　　　　　　　　　　(6–69)

中心線　　　　$CL_u = u_0$　　　　　　　　　　　　　　　　　　(6–70)

下管制界限　　$LCL_u = u_0 - 3\sqrt{\dfrac{u_0}{n_i}}$　　　　　　　　　　(6–71)

若公式 (6–71) 中的值為負數，則下管制界限定為 0。

⑵若製程的單位缺點數未知也未設定時，則須由樣本估計平均單位缺點數。

$$\bar{u} = \frac{\sum\limits_{i=1}^{g} c_i}{\sum\limits_{i=1}^{g} n_i} \tag{6-72}$$

上管制界限 $UCL_u = \bar{u} + 3\sqrt{\dfrac{\bar{u}}{n_i}}$ (6-73)

中心線 $CL_u = \bar{u}$ (6-74)

下管制界限 $LCL_u = \bar{u} - 3\sqrt{\dfrac{\bar{u}}{n_i}}$ (6-75)

公式 (6-75) 中的值若為負數則定為 0。

【例 6-9】

某工廠每 15 分鐘抽取不同數目的產品並檢查其缺點，檢驗結果如表 6-11 所示。試求其單位缺點數管制圖。

表 6-11 20 組樣本的檢驗結果

樣本	樣本大小	缺點數	單位缺點數	樣本	樣本大小	缺點數	單位缺點數
1	10	1	0.10	11	9	1	0.11
2	12	2	0.17	12	10	2	0.20
3	11	1	0.09	13	10	1	0.10
4	9	1	0.11	14	10	1	0.10
5	8	0	0	15	8	0	0
6	10	1	0.10	16	11	1	0.09
7	9	1	0.11	17	12	1	0.08
8	9	1	0.11	18	10	0	0
9	10	1	0.10	19	10	0	0
10	11	2	0.18	20	9	1	0.11

解 (1)若單位缺點數的目標值定為 0.10，則各樣本的上、下管制界限將如下表所示，中心線 $CL_u = 0.10$。

樣本	UCL_u	LCL_u	樣本	UCL_u	LCL_u	樣本	UCL_u	LCL_u
1	0.40	0	8	0.42	0	15	0.44	0
2	0.37	0	9	0.40	0	16	0.39	0
3	0.39	0	10	0.39	0	17	0.37	0
4	0.42	0	11	0.42	0	18	0.40	0
5	0.44	0	12	0.40	0	19	0.40	0
6	0.40	0	13	0.40	0	20	0.42	0
7	0.42	0	14	0.40	0			

繪圖如下：

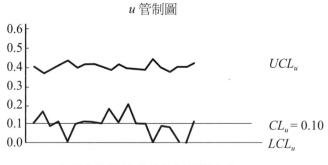

u 管制圖

所有的點皆落於管制界限之內

因此，吾人可推斷此製程是在統計管制之中。

(2)若製程的單位缺點數未知也未設定，則須由樣本估計。

$$\bar{u} = \frac{1+2+1+\cdots+0+0+1}{10+12+11+\cdots+10+10+9} = \frac{19}{198} = 0.096$$

中心線 $CL_u = 0.096$

各樣本的上、下管制界限如下表所示：

樣本	UCL_u	LCL_u	樣本	UCL_u	LCL_u	樣本	UCL_u	LCL_u
1	0.39	0	8	0.41	0	15	0.42	0
2	0.36	0	9	0.39	0	16	0.38	0
3	0.38	0	10	0.38	0	17	0.36	0
4	0.41	0	11	0.41	0	18	0.39	0
5	0.42	0	12	0.39	0	19	0.39	0
6	0.39	0	13	0.39	0	20	0.41	0
7	0.41	0	14	0.39	0			

繪圖如下：

u 管制圖

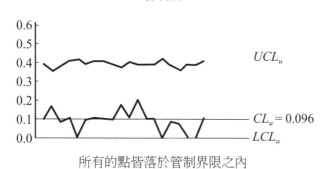

所有的點皆落於管制界限之內

　　因此，吾人可推斷此製程是在統計管制之中。

　　一般而言，僅對產品是否為良品感興趣或只想對產品品質有整體、初步的認知時，計數值管制圖較方便使用。若欲瞭解各項品質特性對產品品質的影響或要找出品質發生變異的原因時，計量值管制圖則較為適合。

四、管制圖的判識

　　由於管制圖的基本假設皆由常態分佈而來，管制圖的判讀因此與常態分佈的特性有密不可分的關係。

1. 正常管制圖的判讀法

　　⑴正常的管制圖中，大多數的點應集中在中心線附近，且這些點應呈隨機散佈而不呈現任何型式或趨勢，同時散佈在管制界限附近的點應很少。

(2)因為上、下管制界限與中心線的距離各為 3 個標準差，依常態分佈的特性，管制圖的上、下界限之間包含了 99.73% 的點。若一個製程是在統計管制之中的話，1000 點中有 3 點以下超出管制界限或 10000 點中有 27 點超出管制界限都應屬正常的情形。

2. 不正常管制圖的判讀法 (Mitra, 1993)

(1)有任何一點超出管制界限則可推斷此製程不在管制之中的狀態，如圖 6–14 所示。

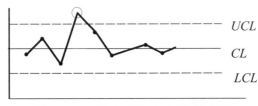

圖 6–14　第 4 點超出上管制界限

(2)若連續 3 點中有 2 點位於同一警戒區域（距中心線 2 個標準差至 3 個標準差之間的區域），則可推斷此製程不在管制之中，如圖 6–15 所示。

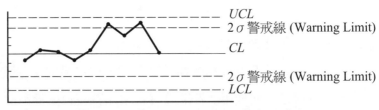

圖 6–15　第 6、8 兩點位於警戒區域內

(3)若連續 5 點中有 4 點位於同側 1 個標準差以外的區域，則可推斷此製程不在管制之中，如圖 6–16 所示。

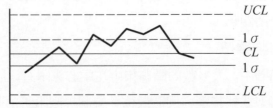

圖 6–16　第 5、7、8、9 四點位於同側 1σ 之外的區域

(4)若連續 8 點或 8 點以上都位於中心線的上方或下方，則可推斷此製程不在管制之中，如圖 6-17 所示。

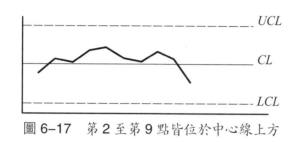

圖 6-17 第 2 至第 9 點皆位於中心線上方

(5)若連續 8 點或 8 點以上呈上升或下降的趨勢，則可推斷此製程不在管制之中，如圖 6-18 所示。

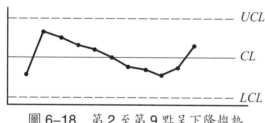

圖 6-18 第 2 至第 9 點呈下降趨勢

發現管制圖有異常現象發生時，一定有非機遇原因的存在，相關人員應儘速查明發生變異的原因將之排除，使管制圖恢復正常。

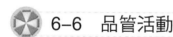 6-6 品管活動

自從產品或服務的品質逐漸受到重視後，各公司企業就實施了一些與改善品質相關的活動，使員工皆能持續的為提升產品或服務的品質而努力。以下將就較普遍的品管活動做進一步的說明：

1. 品管圈 (Quality Control Circle, QCC)

品管圈是由石川馨博士創始的，其作法是以工廠較低階或現場的第一線主管為核心（組長），把工作性質類似或在一起工作的員工（約 3 至 15 人）聚集起來，組成一圈，施以簡單的品管觀念及方法，提出發生品質變異的地方，討論解決的方法。

實施品管圈的基本精神為：

(1)發揚人性善的一面，營造一個和諧的工作環境。不論是尋找問題發生的原因、提出解決問題的方案或發表改善的成果，品管圈的成員皆能在和諧愉快的氣氛中進行、分享。

(2)開發人腦無限的潛能。品管圈的活動是以民主開放的形式進行，以發掘問題、解決問題。由於個人受到相當的尊重，每人都有平等的發言權、不受任何限制。因此個人潛在的能力才得以發揮，而品管圈即能集合個別的力量成為團體的力量，共同解決所發現的問題。

品質改善的活動是永無止境的，只有持續不斷的發掘問題，解決發生品質變異的原因，或提出改善品質的方案，才能使公司產品的品質獲得保障而具有競爭力。品管圈就是利用小組團隊的精神，以非正式開會的模式，大家一起腦力激盪、交換意見，使彼此的觀念經常性的溝通，藉小組成員間的合作及努力，共同解決工作上的問題。

2. 全面品質改善

朱朗博士的品質三部曲中的第三部即為品質改善。其宗旨就是要證明品質改善的需要，找出發生問題的原因及提出矯正的措施。更重要的是要保持改善的績效，使改善的成果能夠持續下去。

事實上品質改善是全面品質管制中的一環。全面品質管制是將一個公司內各部門的各項品質功能整合起來，使公司的行銷、產品設計、生產及售後服務等都能在最經濟的狀況下，使消費者得到最滿意的產品。全面品質管制的特點就是揚棄過去只由少數幾個人或品管部門負責品管工作的觀念，而使各部門的品管功能都能整合起來。雖然全面品質管制的觀念使品管的工作向前邁進了一大步，但在普遍性方面卻仍嫌不足。因為在全面品質管制之下，現場作業員僅需按既定的作業程序執行其工作。為了讓全員參與品管的工作，日本企業將美國的全面品質改善做了些改變。改變後的日本的全面品質管制就被稱為組織全面性品質管制 (Total Quality Control Organization Wide)。這種日本模式的全面品質管制與原先美國模式的全面品質管制，最大的差異就是組織全面性品質管制中，公司各部門不分主管、職員或作業員都須體認品質的重要性，每個人皆

須為公司的產品或服務的品質負責。

品管觀念發展至今，已使公司全員皆注重品質改善的活動，而達到全面品質改善的目的。

3. 田口玄一品質管制方法

近年日本田口玄一提出之品質工程 (Quality Engineering) 的理念及方法，因為在工業界獲得很好的效果，所以頗受品管專家們的重視及研究。品質工程之目的是要在產品的製程內做好品質的工作，其理念將品質改善的對象由製造階段更進一步的推前到產品的設計階段。

在品質的觀念方面，田口提出了品質損失 (Quality Loss) 以衡量產品之品質。對於一些造成品質變異且無法控制的雜音 (Noise)，由於要消除這些雜音需耗費的成本很高，田口使用的方法是要降低這些雜音對品質的影響程度，而不是要消除它們。

傳統的品質損失觀念是認為只要品質特性 (Quality Characteristic) 落於規格界之內，就沒有任何損失。只有在品質特性落於規格界限之外時，才會有損失。如圖 6–19 (a)。而田口的品質損失函數是與品質特性偏離目標值 (m) 的量之平方成正比，如圖 6–19 (b)，若品質特性符合目標值，則沒有損失。但只要品質特性有任何偏離的情形，就會產生損失，偏離越多，損失越大。

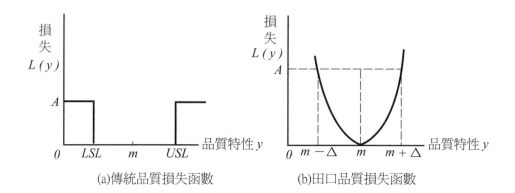

(a)傳統品質損失函數　　　　　(b)田口品質損失函數

LSL：下規格界線 (Lower Specification Limit)
USL：上規格界線 (Upper Specification Limit)
m：目標值 (Target)
$m \pm \triangle$：消費者公差 (Customer Tolerance)

圖 6-19　傳統與田口的損失函數比較 (Mitra, 1993)

　　田口建議以訊號／雜音比 (Signal-to-Noise Ratio, S/N Ratio) 評估產品設計的成效。「訊號」是品質特性之平均值，愈接近目標值愈佳。「雜音」則為造成品質變異的一種量測值，其值愈小愈佳。S/N 比的公式依品質特性的不同而異。但當 S/N 比被極大化時，期望的損失為最小。

　　田口在品質方面所使用的方法分成三個階段: 系統設計 (System Design)、參數設計 (Parameter Design) 及公差設計 (Tolerance Design)。系統設計階段是指產品設計者所製出的產品原型 (Prototype) 係依其經驗及科學的原則設計，以符合功能的要求。於此階段，生產此項產品所需的原、物料及零、組件、製造程序、工具及生產時的限制皆需加以分析。參數設計的階段則是要找出最佳的產品及製程參數設定值，以降低產品品質的變異性。各重要參數值的設定可以實驗設計的方式加以分析、決定。公差設計則是決定參數設計中各參數的公差範圍。若參數設計所獲得的成效不佳，則可藉縮小參數的公差、降低品質的變異。另一方面，對品質變異較無影響的因子或參數，則可放寬其公差，以降低生產成本。

4. 全面品質管理 (Total Quality Management, TQM)

　　費根堡所稱的全面品質管制 (TQC) 階段中的觀念經日本企業界於 1960

年代引進後加以改善，形成了公司全面性的品質管制 (CWQC)。而 TQC 與 CWQC 的理念再經過不少學者專家的研究改良後，形成了 1980 年代另一新的、整合的品管理念——全面品質管理。

依巴恩斯（Bounds 等，1994）等人的著作。全面品質管理中，「全面」的意義為公司上下所有的員工皆須追求卓越的品質；「品質」的意義為公司各方面（不僅只是產品）的優越表現；而「管理」則是透過一個精心設計的管理過程去追求具高品質的結果。因此綜合起來，全面品質管理可說是公司從上到下，所有的員工皆透過一個完整、設計良好的管理計畫，一同追求公司全方位（人員素質、管理制度、產品等）的卓越表現。

當然，不同的公司，對全面品質管理可能會有不同的解釋及做法。但不論做何種解釋或怎麼去實施，最重要的一點就是全面品質管理提出了一個很重要的觀念，那就是追求優越的品質是公司每個人的責任及義務，而所謂的品質亦不限於只是指產品本身而已，所有與公司有關的，有形的或無形的，都以追求完美為目標。而要做到這一點，管理階層的人更是有責任提出一套完善的管理制度及計畫以達到此目標。

6-7 結 論

戴明博士強調的品質管制工具統計製程管制 (Statistical Process Control, SPC) 已經證明其對品質改善的效用。這一章對品質理念、哲學、管制圖等的 SPC 工具，及抽樣檢驗計畫做了概括的描述，希望此舉能使讀者對品管有初步的認識。

近年來由於競爭上的壓力，國內產業界也都體認到品質的重要性，尤其許多公司紛紛爭取 ISO9000 的認證也都獲得成功。ISO9000–9004 標準是由國際標準組織 (International Standard Organization, ISO) 所制定的有關品質管理系統的規範。國內是由經濟部商檢局負責相關的業務。對以從事外銷為主的廠商而言，取得 ISO9001 或 ISO9002 的認證可能是必備的條件。可預見的是，未來不論是外銷或內銷的廠商皆須取得此類認證，使消費者對其產品品質有一定的信心。當然取得 ISO9001 或 ISO9002 的認證不應是努力的終結。品質的改善是

持續不斷、永無止境的行為。也只有做到這一點，廠商才能永保其競爭力，在國際市場上與人一較長短。

1. Bounds, Greg, Yorks, Lyle, Adams, Mel, and Ranney, Gipsie, *Beyond Total Quality Management*, McGraw-Hill, Inc., 1994, p. 61.

2. Mitra, Amitava, *Fundamentals of Quality Control and Improvement*, Macmillan Publishing Company, 1993, pp. 4-6, 38-53, 56, 57, 167, 170.

3. Stevenson, William J., *Production/Operations Management*, 4th ed., Richard D. Irwin, Inc., 1993, pp. 97, 99, 100-101, 176-178, 332-333, 335, 336, 358.

4. Turner, Wayne C., Mize, Joe H., Case, Kenneth E., and Nazemetz, John W., *Introduction to Industrial and Systems Engineering*, 3rd ed., New Jersey: Prentice-Hall, Inc., 1993, p. 226.

5. 戴久永，《品質管理》，增訂版，臺北：三民書局，民國 80 年。

習　　題

1. 試述品質管制發展的過程。
2. 試述決定品質的因素。
3. 試述品質不良可能造成的影響。
4. 試述品質成本的種類。
5. 試述使用管制圖的優點。
6. 試述造成品質變異的原因。
7. 試解釋型 I 誤差及型 II 誤差。
8. 假設某工廠每半小時抽取 4 件產品並測定其直徑。共抽取 20 組，$\sum \overline{X} = 410$，$\sum R = 22$。

　(1)若規格標準定為 20，標準差已知為 1。

(2)未定標準，製程的平均數及標準差也未知。

試依上述兩情況，分別求其 $\bar{X}$–R 管制圖的中心線及上、下管制界限。

9. 假設某工廠每 15 分鐘抽取 15 件產品並測其電阻，共抽取 20 組，若 $\sum \bar{X} =$ 1100, $\sum S = 195$。

(1)若製程平均數已知為 54，標準差為 5。

(2)若製程平均數與標準差未知。

試依上述兩情況，分別求其 $\bar{X}$–S 管制圖的中心線及上、下管制界限。

10. 假設某成衣工廠每小時抽取 200 件成品檢查，檢驗的結果如下表所示。

(1)若製程不良率的目標值定為 0.005。

(2)若製程不良率未知也未設定目標值。

樣本	1	2	3	4	5	6	7	8	9	10	11	12	13	14	15
不良數	1	1	0	0	2	0	0	1	2	2	0	0	0	0	1
樣本	16	17	18	19	20	21	22	23	24	25	26	27	28	29	30
不良數	2	0	1	1	1	0	0	0	1	1	0	1	1	0	2

試依上述兩種情況，分別求其不良率 (p) 管制圖的中心線及上、下管制界限。

11. 依第 10 題的資料，

(1)若製程不良數的目標值定為 1。

(2)若製程不良數未知也未設定目標值。

試依上述兩種情況，分別求其不良數 (np) 管制圖的中心線及上、下管制界限。

12. 某印刷工廠每小時抽取 100 件印刷品，檢查印刷錯誤之處。其檢驗資料如下表。

樣本	1	2	3	4	5	6	7	8	9	10	11	12	13	14	15	16	17	18	19	20
缺點數	0	0	0	1	1	1	0	1	0	1	0	0	0	0	0	1	0	0	0	1

(1)若缺點數的目標值定為 0.005。

(2)若製程缺點數未知也未設定目標值。

試依上述兩種情況，分別求其缺點數 (c) 管制圖的中心線及上、下管制界限。

13. 某罐頭食品公司每半小時抽取不同數目的罐頭，檢查其罐面的印刷物是否黏貼正確。其檢驗資料如下表。

樣本	1	2	3	4	5	6	7	8	9	10
樣本大小 n	1000	800	1200	900	1100	1500	900	850	1250	700
缺點數	1	0	2	0	0	1	0	0	1	0
樣本	11	12	13	14	15	16	17	18	19	20
樣本大小 n	1000	1200	800	900	1100	1000	900	1000	800	1000
缺點數	0	0	1	0	0	1	0	0	0	1

(1) 若單位缺點數的目標值定為 0.001。

(2) 若單位缺點數未知也未設定標準值。

試依上述兩種情況，分別求其單位缺點數 (u) 管制圖的中心線及上、下管制界限。

14. 試述抽樣檢驗的優點。

15. 假設 $N = 1500$, $AQL = 2.5\%$，採用檢驗水準 II，試由 ANSI/ASQC Z1.4–1981 的表中求：

(1) 正常檢驗下的單次及雙次的抽樣計畫。

(2) 嚴格檢驗下的單次及雙次的抽樣計畫。

第七章
工作研究

7-1　工作研究的意義與目的

生產力 (Productivity) 的提高長久以來一直是工廠為增加利潤、降低成本而積極追求的目標之一。所謂生產力乃是一種表示生產效率的指標，換言之，生產力是衡量一個生產系統將輸入的資源轉換成輸出產品之能力，亦即是：

$$\text{生產力} = \frac{\text{輸出 (Output)}}{\text{輸入 (Input)}}$$

生產力指標可由下列二種方式表示之：

1. 總因素生產力 (Total Factor Productivity)

此種表示方式乃是考量輸出與所有輸入資源包括人工、物料、資金及能源等之比例。因此，

$$\text{生產力} = \frac{\text{輸出}}{\text{人工} + \text{物料} + \text{資金} + \text{能源}}$$

2. 部分因素生產力 (Partial Factor Productivity)

此種生產力表示方式只有衡量某種輸入資源與輸出之關係。因此，

$$\text{生產力} = \frac{\text{輸出}}{\text{某種輸入資源}}$$

換言之，在此種表示方式下，生產力指標之種類更可有所謂的人工生產力、物料生產力、資金生產力，以及能源生產力等幾種。而其中最為普遍使用者為人工生產力。

生產力之提升可藉由增加產品之輸出數量來達到，就人工生產力而言，要提高其生產力則需設法增加其單位時間之產出量，也就是設法提高其工作效

率，而達成此項目標最有效之管理技術便是工作研究 (Work Study)。

工作研究可說是工業工程或工廠管理中最早亦是最基本的技術。所謂工作研究係應用科學方法來找出最佳的工作方式並衡量其所需之工作時間的一種技術，它的目的主要是為了增加作業人員之工作效率。對企業本身而言，可經由人員工作效率的增加進而提高生產力以及降低成本。另一方面，對作業人員本身而言，更可因為其工作效率的提高而增加其收入。此外，經過工作研究的結果，作業人員的工作與工作的環境皆可獲得改善，不僅增加其工作之滿足，更確保其工作時之舒適與安全。有鑑於此，工作研究直至今日仍是工廠管理中不可或缺之一項技術。

7-2　工作研究的範圍

工作研究一般又可稱為動作及時間研究 (Motion and Time Study)，其內涵最主要包括方法研究 (Methods Study) 與時間研究 (Time Study) 二大部分。

方法研究其實與一些常見之名詞如動作研究、工作方法設計 (Work Methods Design)、方法工程 (Methods Engineering)、工作簡化 (Work Simplification)、工作設計（Job Design 或 Work Design）等大致意義相同，皆是指有系統的記錄與分析某項工作之程序以找出較為經濟、有效的工作方法。

通常方法研究之進行可由兩方面著眼，一種是由大處著手，針對整個製造程序做通盤的分析，稱之為程序分析 (Process Analysis)，或詳細分析工作站之作業程序，稱之為作業分析 (Operation Analysis)；另一種是由小處著手來分析操作者之動作細節，稱之為動作分析 (Motion Analysis)（譚伯群，民 82）。在分析一項工作之程序時，除了考慮工作本身之作業內容與作業方法外，尚須考慮到包括工作時所需之物料、工具、機器設備以及工作時之周圍環境等因素，探討其間之整體配合情形並以消除不必要之浪費為基本目標，如此方能設計出較佳的工作方法，而此工作方法便成為這項工作之標準。

時間研究又可稱為工作衡量 (Work Measurement)，顧名思義，其內容乃在於衡量完成某件特定工作所需花費的時間。時間研究之目的旨在訂定標準時間 (Standard Time)。標準時間之訂定對工廠而言是件相當重要的工作，因為標準

時間是計算生產成本，制定生產計畫與獎工制度 (Wage Incentives Plan) 之基礎。

　　早期工作研究之對象主要局限於生產工廠中直接參與生產之作業人員，而今日，工作研究之應用範圍更擴大到工廠之其他辦公部門，甚至一些非生產性之企業如銀行、醫院、百貨公司等。

 ## 7-3　工作研究的發展

　　1770 年代，在英國因為紡織機之發明而釀成所謂的工業革命，並於 18 世紀末及 19 世紀初之時，工業革命更擴散至整個歐洲和美國。由於工業革命之結果，較具規模之工廠紛紛出現，然而，因為工廠之生產較繁雜而且人員眾多，其工作亦複雜，並於工作上訓練亦普遍不足，因此引發了許多工廠管理之問題。其中，要如何增進員工之工作效率便為最主要之一項，而這也正促使日後對此方面管理問題之研究。

一、泰勒之研究

　　一般認為工作研究起源於泰勒 (Frederick W. Taylor) 之時間研究。泰勒於 1878 年開始進入美國賓州費城之密德維爾鋼鐵公司 (Midvale Steel Company) 工作，由基層勞工做起，後來晉升到公司的總工程師職位。在這段期間，工廠的管理效率普遍不彰，因為工廠之管理人員通常只有下命令，要求工人努力工作而沒有設法協助改善工人之工作方法，對工作之狀況及生產計畫與管制工作不瞭解，所以工人之生產力相當低落。有鑑於此，泰勒便在公司總裁之許可下，於 1881 年開始進行時間研究。經過多年的努力，泰勒提出以觀察、測量、實驗、分析等科學方法，來研究及改善工作之內容與方法。他認為欲提高工作之效率，必須要訂定明確之工作項目與其工作方法，以及訂定工作所需之標準時間。

　　泰勒於 1895 年將其研究成果發表於〈計件工資系統〉(A Piece Rate System) 論文中，可惜並未造成很大的回響，因為絕大多數的人皆認為它只是一種新的計件工資制度，而未體認出其為有效工作分析與方法改善之技術。1903 年，泰

勒發表一篇名為〈工廠管理〉(Shop Management) 之論文，其結果廣受認同與採用。1911 年，泰勒發表另一鉅著《科學管理原則》(*The Principles of Scientific Management*) 之後，科學管理之理論更風行於工業界，泰勒之名聲因而遠播，最後被稱為「科學管理之父」。

二、吉爾伯斯之研究

工作研究之另一個重要發展是吉爾伯斯夫婦 (Frank B. 及 Lillian M. Gilbreth) 的動作研究。在吉爾伯斯早年從事營造工作時，他便發現不僅每個泥水匠砌磚之方式皆不相同，而且泥水匠本身砌磚時之動作亦非每次皆一樣，因此促使其致力找出工作之最佳方法。在觀察與研究泥水匠之砌磚動作後，他配合工作簡化與工具設計之方法，將不必要之動作消除並改善必須之動作使其較省力省時。於是乎，砌一塊磚所需之動作由原本的 18 個減為 $4\frac{1}{2}$ 個，而泥水匠之砌磚效率亦由原本之每小時平均 120 塊，改善至每小時 350 塊，成效可謂十分顯著 (Niebel, B. W., 1988)。

此外，吉爾伯斯在其為心理學家之夫人協助下，融合了一些人體因素之考量來增加效率及減輕工人之疲勞，如此發展出完善之動作研究。他們於 1912 年發表了〈細微動作研究〉(Micromotion Study) 一篇論文，其中他們首先啟用電影攝影機來記錄及分析細微之人體動作單元。爾後，他們又陸續發展出「動作軌跡影片」(Cyclegraph) 及「動作時間軌跡影片」(Chronocyclegraph) 等技術來研究操作者之動作軌跡。直至今日，動作研究依然廣泛地為工業界所使用，而且其應用技術仍未超越吉爾伯斯夫婦所發展之技術範圍。由此可見，他們在此方面貢獻之偉大。

三、其他發展

其他重要之工作研究發展包括 1913 年艾默生 (H. Emerson) 所著的《十二效率原則》(*Twelve Principles of Efficiency*) 一書中建議有效率作業之程序；1917年甘特 (Henry L. Gantt) 發明了甘特圖來衡量作業進度之績效；1927 年由梅歐 (Elton Mayo) 主導之霍桑實驗 (Hawthorne Experiments) 探討人性因素對工作

效率之影響；龐恩士博士 (Dr. R. M. Barnes) 承續並補充吉爾伯斯及其他學者在動作經濟方面之研究，於 1937 年訂定 22 項「動作經濟原則」(Principles of Motion Economy)。

近年來，工作研究之發展更普遍應用人體工學或人因工程（Ergonomics 或 Human Factors）之理論與技術。而所謂人體工學便是指於設計工作方法，工作場所，機器設備以及產品時，考慮人體之生理能力、特性、行為等因素，使人與機器及其環境之關係更加合理化。其主要目的除了全面性的提升個人與公司之生產力外，更為了創造一個使員工舒適、安全的工作環境。

 7-4 工作研究的用途與方法

一、工作研究之用途

工作研究除了找出最佳之工作方法與訂定標準工作時間以提高生產力之外，其成果尚可被應用在許多地方，以下便概略敘述工作研究之其他用途：

1. 產品成本之決定

由於產品之成本主要是由物料、人工及間接製造費用等三項所構成，而其中人工成本一項則可由工作研究訂定之標準時間來決定。

2. 生產計畫之擬定

由工作研究之結果可得知生產一件產品需花費之標準時間為何，因此可推估每日之生產量，進而據以制定更為切合實際之生產計畫。

3. 獎工制度之制定

工廠可根據標準時間來衡量工作者之績效及訂定合理的獎工制度。對於工作績效良好之員工可多給予報酬來激勵其工作之意願。

4. 工廠佈置之規劃

在從事工廠佈置計畫之擬定時，不僅需要利用工作研究之技術來分析與改善產品之製造程序、製造方法以及物料搬運之流程，另一方面，更需依據標準時間來決定製造所需之人工數與機器臺數並進行生產線之平衡以設計出既經濟又有效率之理想佈置方案。

5. 產品、機器設備與工具之設計

在產品設計時，可利用工作研究與人因工程之技術來設計製造簡化且符合人體工學之產品。此外，亦可利用這些技術來設計適合人體操作和使用之機器設備與工具以增加操作者工作之效率與安全。

二、工作研究之方法

工作研究承襲泰勒科學管理之理念，以科學方法來分析與改善工作內容與方法。而此科學方法一般又稱為工程程序 (Engineering Process)，其乃是指解決問題的一連串有系統的步驟。幾乎所有的問題皆需要用科學方法來解決，因為唯有採取系統的步驟才能有效地解決問題。因此，工作研究主要採取以下系統之步驟（如圖 7-1 所示）：

1. 確認問題

工作研究首先必須確認問題之所在，然後才能針對它進行研究及改善。生產線上之管理者與工業工程師必須隨時觀察生產之現況，以盡早發現生產作業瓶頸、成本過高、產量減少、品質不佳、意外傷害發生等癥狀並優先尋求改善。另外，管理者與工業工程師不應因沒有明顯問題存在而安於現狀，應始終抱持追求完善之精神，不斷尋求工作之改善。

2. 蒐集相關資料

一旦確認需要改善之問題後，接下來便需蒐集與其相關之資料以供分析之用。與工作相關之資料包括現行之工作方法、工作時間、工作頻率、使用之機器與工具、工作環境等，需詳加觀察與蒐集，並儘可能利用簡單之圖形或符號來記錄與描述以便利爾後之分析。

3. 分析資料

資料之分析方式主要針對所蒐集到現行工作方法中之每一個工作項目質疑：作業項目為何 (What) 及為何 (Why) 需要這個項目；何時 (When) 進行及為何在此時進行；何處 (Where) 進行及為何在此處進行；由何人 (Who) 進行及為何由此人進行；如何 (How) 進行及為何如此進行等問題以找出其缺失。

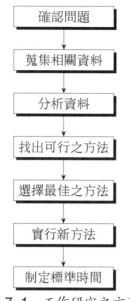

圖 7-1　工作研究之方法

4. 找出可行之方法

根據分析之資料透過刪除 (Elimination)，合併 (Combination)，重排 (Rearrangement)，簡化 (Simplification) 等技巧之應用，尋找可能之改善之道。所謂刪除是指將工作中不必要之作業項目剔除，特別是針對資料分析中有所質疑之項目。合併則是在剩餘之必要作業項目中，找出合適之項目予以合而為一。而重排則是將經過合併後之必要作業項目，重新排列其次序以期增加效率。最後之簡化技巧是利用一些較簡便省力的動作、工具或設備等來取代原有之作業方式。

5. 選擇最佳之方法

由於可行之工作方法可能不只一種，因此必須評估其各別之效益與成本並從中選擇最佳的方法來施行。

6. 實行新方法

工作方法選定之後，便可依其訂定作業標準，包括作業之程序、材料、機器設備、工具，及工作環境等之規範，並且開始訓練人員新的工作方法。

7. 制定標準時間

工作研究最後的工作便是制定標準時間。在人員已經熟練新的工作方法之後，即可開始進行時間研究以衡量進行新工作方法所需之標準時間應為何。

 7-5 方法研究

方法研究之目的在於找出較佳的工作方法。但是不論是針對舊方法來做改良或者是對新方法做設計，它皆必須詳細地記錄與分析其工作內容或方法才能達到目標。一般而言，方法研究之進行是先由所謂的程序分析開始，再延伸至作業分析，最後進行動作分析，有系統、有層次地來找出最經濟有效的工作方法。然而，在從事各項分析的工作過程中，需盡力將不必要的作業項目或動作單元刪除；將必要的作業項目或動作單元合併、重排或簡化來使整個工作程序與內容合理化。

一、程序分析

程序分析係對整個工作過程做一全盤性的分析，換言之，它是分析從工作開始至工作完成過程間之不合理與浪費現象，將其改善以使工作程序更順暢、更有效率。由於整個工作之過程可能相當複雜，為了讓分析者容易瞭解整個程序並進一步改善它，通常需使用簡單之符號來描述整個過程並將其繪製成所謂的程序圖 (Process Chart)。程序圖使用之標準符號與其意義如表 7-1 所列：

表 7-1　程序圖之標準符號

符號	意　義	說　　明
○	操　作 (Operation)	機器加工、裝配，如用鑽床鑽洞、裝配螺絲，或文件打字、抄寫之現象
⇒	搬運或運送 (Transportation)	從某位置移至另一位置的過程，例如輸送帶運送物品，或用人遞送文件之過程
D	延遲或等待 (Delay)	加工完成之物件等待運送至下一工作站之情況，或文件放於桌上等待發送
□	檢　驗 (Inspection)	檢查原物料、零組件、成品之數量與品質，或檢查文件錯誤之過程
▽	儲　存 (Storage)	原物料、零組件、成品放置於倉庫內，或是文件放置於檔案櫃中

一般較常見的程序分析工具有以下幾種：

1. 操作程序圖 (Operation Process Chart)

操作程序圖係一種用圖形來表示生產或工作過程中所有操作、檢驗及物料或零組件使用之情形。其目的是要便於分析與消除不必要之操作與檢驗作業以找出適當的製造或工作程序。操作程序圖之繪製方式一般是將主要物件之製造或裝配情形，按先後順序，由上而下成一直線繪於紙張之右邊，而物料或零組件則由直線左邊以水平方式繪入主程序中。圖 7–2 即為鋼杯之操作程序圖，其中鋼杯之組件包括塑膠杯蓋、鋼製杯體、塑膠底座及把手等三部分。

2. 流程程序圖 (Flow Process Chart)

流程程序圖係用以描述製造或工作程序中所有活動，包括操作、搬運、檢驗、延遲與儲存等之情形。它於描述整個程序中之情形要較操作程序圖來得詳盡，究其目的乃為了便利分析者瞭解並消除程序中搬運、延遲與儲存等之浪費。因此，於流程程序圖中亦應將搬運距離與搬運及延遲時間等資料記錄。圖 7–3 為一簡單之流程程序圖例子。圖 7–4 則為此例子之改善後流程程序圖。

3. 線圖 (Flow Diagram)

線圖其實便是將流程程序圖繪製在工廠佈置圖上，其目的是在使分析者能夠清楚地看出人員與物料實際在工廠內移動之過程，以研究可否藉由改變工廠佈置來減少搬運之距離以及使流程更順暢。

二、作業分析

在程序分析過程中，固然可將工作站與工作站間之次序與移動距離合理化，但對每一個工作站之作業卻未能深入探討來加以改善。因此，作業分析便是針對工作站內部之作業情形做詳細的研究與改善，其目的是在研究分析工作站內人與機器配合或純粹人之作業情形，以減少作業人員與機器閒置之浪費。

作業分析中常用到之分析工具有以下幾種：

1. 人機程序圖 (Man-Machine Chart)

人機程序圖係將一個工作週期中，人與機器之配合情形用圖描述出來。從人機程序圖中，分析者可以很清楚地看出某一時間人與機器作業之情形，進而

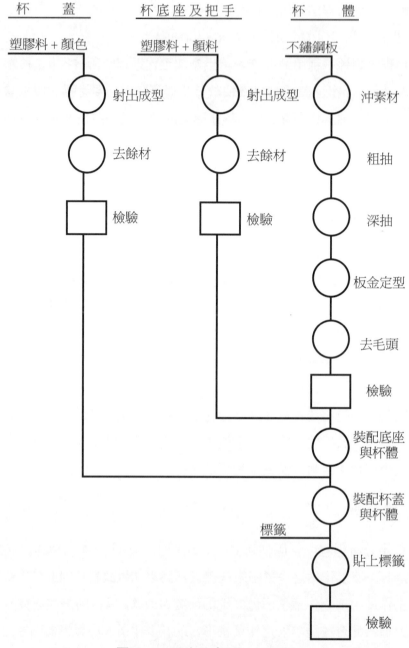

圖 7-2　操作程序圖——鋼杯

瞭解人與機器之工作負荷與閒置狀況，由此設法改善二者間之配合情形以減少
閒置時間及縮短工作週期為目的。圖 7-5 為人機程序圖之例子。

程序流程圖

工作單位：	摘　要			
	動作項目	現行方法	改善方法	節省
工作名稱：泡麵流程	操作次數○	11		
工作編號：＿＿＿＿	搬運次數⇨	5		
	檢驗次數□	1		
製圖者：＿＿　日期：＿＿	延遲次數D	2		
	儲存次數▽	0		
審查者：＿＿　日期：＿＿	搬運距離（公尺）	24		
	使用時間（分）	8.71		

工　作　說　明	操作	運送	檢驗	等待	儲存	搬運距離（公尺）	使用時間（分）	備　　註
拿碗裝泡麵	●	⇨	□	D	▽			
至餐桌	○	➡	□	D	▽	6	0.05	
打開泡麵	●	⇨	□	D	▽		0.05	
將調味料倒入碗中	●	⇨	□	D	▽		0.1	
至廚房	○	➡	□	D	▽	8	0.07	
拿水壺	●	⇨	□	D	▽			
至洗碗臺	○	➡	□	D	▽	1	0.01	
裝水	●	⇨	□	D	▽		0.3	
至瓦斯爐	○	➡	□	D	▽	1	0.01	
將水壺置於瓦斯爐上	●	⇨	□	D	▽			
開火	●	⇨	□	D	▽			
等待	○	⇨	□	●	▽		5	
檢查水開否	○	⇨	■	D	▽			
關瓦斯	●	⇨	□	D	▽			
提水壺	●	⇨	□	D	▽			
至餐桌	○	➡	□	D	▽	8	0.07	
將熱水倒入碗中	●	⇨	□	D	▽		0.05	
蓋住碗蓋	●	⇨	□	D	▽			
等待	○	⇨	□	●	▽		3	
	○	⇨	□	D	▽			
	○	⇨	□	D	▽			
	○	⇨	□	D	▽			
	○	⇨	□	D	▽			
	○	⇨	□	D	▽			
	○	⇨	□	D	▽			
	○	⇨	□	D	▽			
	○	⇨	□	D	▽			
	○	⇨	□	D	▽			
	○	⇨	□	D	▽			
	○	⇨	□	D	▽			

圖 7-3　流程程序圖範例

流程程序圖

								摘　　要			
工作單位：＿＿＿＿							動作項目		現行方法	改善方法	節省
工作名稱：泡麵流程							操作次數○		11	5	6
工作編號：＿＿＿＿							搬運次數⇒		5	2	3
							檢驗次數□		1	0	1
製圖者：＿＿＿＿　日期：＿＿＿							延遲次數D		2	1	1
							儲存次數▽		0	0	0
審查者：＿＿＿＿　日期：＿＿＿							搬運距離（公尺）		24	8	16
							使用時間（分）		8.71	3.28	5.43

工　作　說　明	動作符號					搬運距離（公尺）	使用時間（分）	備　　註
	操作	運送	檢驗	等待	儲存			
拿碗裝泡麵	●	⇒	□	D	▽			
打開泡麵	●	⇒	□	D	▽		0.05	
將調味料倒入碗中	●	⇒	□	D	▽		0.1	
至熱水瓶放置處	○	➡	□	D	▽	3	0.03	
將熱水倒入碗中	●	⇒	□	D	▽		0.05	
蓋住碗蓋	●	⇒	□	D	▽			
至餐桌	○	➡	□	D	▽	5	0.05	
等待	○	⇒	□	●	▽		3	
	○	⇒	□	D	▽			
	○	⇒	□	D	▽			
	○	⇒	□	D	▽			
	○	⇒	□	D	▽			
	○	⇒	□	D	▽			
	○	⇒	□	D	▽			
	○	⇒	□	D	▽			
	○	⇒	□	D	▽			
	○	⇒	□	D	▽			
	○	⇒	□	D	▽			
	○	⇒	□	D	▽			
	○	⇒	□	D	▽			
	○	⇒	□	D	▽			
	○	⇒	□	D	▽			
	○	⇒	□	D	▽			
	○	⇒	□	D	▽			
	○	⇒	□	D	▽			
	○	⇒	□	D	▽			
	○	⇒	□	D	▽			
	○	⇒	□	D	▽			
	○	⇒	□	D	▽			
	○	⇒	□	D	▽			

圖 7-4　改善後之流程程序圖

人機程序圖

		摘　要		
工作部門: 製一課			操作員	機器
工作名稱: 鑄體加工　　　工作編號: P110		作　業時　間 (分)	2.4	2.3
機器名稱: 銑　床　　　　機器編號: M020		閒　置時　間 (分)	2.0	2.1
操作者:		總時間 (分)	4.4	4.4
製圖者:　　　　　　日　期:		使用率 (分)	54.5%	52.3%

操　作　員		時間	機　　器	
作業項目	使用時間	(分)	使用時間	作業項目
取加工件並將其放置於工具機上	0.3		0.8	等　待
將加工件定位	0.5	— 0.5		
開機	0.2	— 1.0	0.2	開　動
等待	2.0	— 1.5 — 2.0 — 2.5	2.0	機器加工
關機	0.1	— 3.0	0.1	停　止
將完成件取下	0.1	— 3.5		
檢驗	1.0	— 4.0	1.3	等　待
將完成件放入盒中	0.2	— 4.4		

圖 7–5　人機程序圖範例

2. 多動作程序圖 (Multiple Activity Chart)

　　多動作程序圖是人機程序圖之延伸。它將同一時間內多數人與多部機器的作業情形同時在一個圖中表示出來,所以乃適合於分析多人或多機之間之工作負荷與閒置情形,其目的是為使人與機器間獲得平衡以減少工作週期時間。

3. 作業員程序圖 (Operator Process Chart)

作業員程序圖又稱為左右手程序圖 (Left-Hand-Right-Hand Chart)，它最主要是用以記錄工作站內單一作業員之作業程序，由分析作業員左右手之動作來設法改進以平衡兩手之操作，減少閒置之情形及增加工作效益。圖 7–6 即為原子筆裝配之作業員程序圖。

三、動作分析

最為細密之工作分析是所謂的動作分析。動作分析係針對操作者工作時之細微人體動作做研究，其目的為剔除無效之人體動作，設計減少疲勞與閒置時間之有效工作方法。一般常用之動作分析技術為以下幾種：

1. 動作經濟原則

動作經濟原則之理念始自吉爾伯斯夫婦之研究成果，後來陸續為其他學者研究補充，其中又以龐恩士將其改善得最為完整。龐恩士將動作經濟原則歸納為 3 大類共 22 項（如表 7–2 所示）(Barnes, R. M., 1980)。由於動作經濟原則提供了減少疲勞與經濟有效之動作法則，因此在從事動作分析追求作業效率之時，便可利用這些原則作為改善作業方法之工具。

2. 動素分析

吉爾伯斯夫婦在從事動作研究時，發現不論操作者從事何種性質的工作，其人體之動作皆可為 17 種基本單元所組成，稱之為動素。而動素分析便是將一項工作細分成若干動素，再逐項分析設法儘量消除無效之動素項目或合併、重排有效之動素項目來加以改善。表 7–3 所列為 17 種動素名稱與符號。其中伸手，移動，握取，放手，預對，使用，裝配，拆卸等八項動素為有效動素，其餘為無效動素。由於將一般工作細分成動素往往需耗費非常大的工夫，因此此方法只適用於重複性高而且操作週期短之工作。

作業員程序圖

工作部門: 裝配廠		工作站佈置圖		
工作名稱: 原子筆裝配		筆管　筆心　筆蓋　筆頭　筆尾		
工作編號: W010				
製圖者: _____ 日期: _____		完成品放置箱　　　　　作業員		
審查者: _____ 日期: _____				

左手動作說明	動作符號	動作符號	右手動作說明
伸至筆管放置盒	⇨	D	等待
拿筆管	○	D	等待
移至裝配位置	⇨	D	等待
握持筆管	▽	⇨	伸至筆尾放置盒
		○	拿筆尾
		⇨	移至裝配位置
		○	將筆尾旋上
		⇨	至筆心放置盒
		○	拿起筆心
		⇨	至裝配位置
		○	將筆心裝入筆管中
		⇨	至筆頭放置盒
		○	拿筆頭
		⇨	移至裝配位置
		○	將筆頭旋上
		⇨	至筆蓋放置盒
		○	拿起筆蓋
		⇨	至裝配位置
握持筆管	▽	○	套上筆蓋
移至放置箱位置	⇨	D	等待
將筆放入箱中	○	D	等待

圖 7-6　作業員程序圖範例

表 7-2　22 項動作經濟原則

分類	動　作　經　濟　原　則
與使用人體有關	1. 雙手應同時開始並同時完成動作。 2. 除了休息時間外，雙手不應同時空閒。 3. 手臂之動作應方向相反及對稱並應同時為之。 4. 手及身體之動作在能完成工作之前提下，應儘可能採用較低級次的動作種類，如使用手指或手腕。 5. 工作時應儘可能使用物體本身之衝量，並將制止衝力之肌肉耗力減至最小。 6. 連續平滑曲線動作方式較需突然改變動作方向之直線動作方式為佳。 7. 彈道運動方式較受限制或控制的運動方式更快速、容易、精確。 8. 動作的安排應儘可能使其輕鬆且具有自然的節奏。 9. 應儘量減少需要眼睛凝視之情形。
與安排工作場所有關	10. 工具及物料應放置於固定的位置。 11. 工具、物料及操作控制應靠近使用地點。 12. 應使用重力墜送之容器將物料送至使用地點。 13. 墜送方式應儘量使用之。 14. 工具及物料之放置應按照最佳之動作順序來安排。 15. 應有足夠的照明設備。 16. 工作桌椅之高度應妥善安排，使容易更改站立或坐著之工作方式。 17. 椅子的型式與高度應使每個工作者保持良好之姿勢。
與工具和設備設計有關	18. 儘量使用夾具、模具或由腳操作之設備來取代手之動作。 19. 應儘可能將多種工具合併為一。 20. 工具與物料應儘可能預先放置。 21. 設計須使用手指動作時，應將工作量按手指之靈活程序與潛能來分配。 22. 應將機器設備上之控制槓桿、手轉輪等放在操作者容易快速操作之近地方。

表 7-3 動素名稱與符號

動 素 名 稱	文字符號	象形符號	意 義
1. 伸手 (Reach)	RE	⌣	空手移動
2. 移動 (Move)	M	⌣	手內握有物體移動
3. 握取 (Grasp)	G	∩	利用手指或手掌充分控制物體
4. 對準 (Position)	P	9	將物體置於特定地點
5. 裝配 (Assemble)	A	#	兩個以上物體配合在一起
6. 拆卸 (Disassemble)	DA	++	使一物體脫離他物體
7. 使用 (Use)	U	∪	為操作之目的而使用工具或設備
8. 放手 (Release)	RL	⌢	將所持之物放開
9. 尋找 (Search)	SH	⊂⊃	眼睛或手摸索物體之位置
10. 選擇 (Select)	ST	→	從兩個以上相類似物體中選擇其一
11. 檢驗 (Inspect)	I	◊	檢驗物體是否合乎標準
12. 計畫 (Plan)	PN	⌐	操作進行中，為決定下一步驟所做的考慮
13. 預對 (Preposition)	PP	⏀	將物體在對準之前，預先擺置於對準之位置
14. 持住 (Hold)	H	⊓	手指或手掌連續握取物體並保持靜止狀態
15. 遲延 (Unavoidable Delay)	UD	◇	在操作中，因不可控制之因素而使工作中斷
16. 故延 (Avoidable Delay)	AD	⌐	在操作中，因工人之事故而使工作中斷
17. 休息 (Rest)	RT	⌐	工人因疲勞而休息

資料來源: 譚伯群，《工廠管理》，臺北: 三民書局，民國 82 年，頁 154–155。

3. 細微動作研究

　　由於使用動素分析時需將每個動作細分，而有些動作是相當細微，很難以肉眼觀察得到，因此吉爾伯斯夫婦便利用電影攝影機將操作者之動作全程拍攝下來，然後再逐框來分析研究，此種方法便稱為細微動作研究。但是，這個方法的缺點是成本過高，所以通常也只限於重複性高，操作週期短之作業。

7-6　時間研究

　　工作研究之另一個重要內涵為時間研究。時間研究又稱為工作衡量，它是繼方法研究設計最佳工作程序與方法之後，測量完成工作所需的時間以訂定工作之標準時間。對管理者而言，訂定標準是一件相當重要的課題。一個管理者要使其管理工作具有效率與效果，首先必須能夠衡量員工工作之績效並且根據訂定之標準來做控制，而時間研究所訂定之標準時間便是用以評估員工績效之基準。

一、標準時間之意義與用途

　　標準時間之定義為指一個受過合格訓練的工作者於正常速度與標準工作狀況下，完成某一特定工作所需要的時間。此處所謂的正常速度是指工作者在不勉強、不怠慢、不受心理狀況影響下之工作速度。而所謂的標準工作狀況乃意指標準工作方法、標準工作環境、標準設備、標準程序、標準工具及標準機器運轉速度等狀況條件下（陳文哲、葉宏謨，民 82）。

　　標準時間之用途主要有以下幾項：

　　1.計算生產成本。

　　2.衡量工作績效。

　　3.決定生產計畫之依據。

　　4.作為獎工制度之基礎。

　　5.作為生產線平衡之依據。

　　6.作為決定生產所需之人工數與機器臺數之依據。

由此可知標準時間之訂定對工廠管理之重要性。有鑑於此，標準時間絕不能草率或不客觀來決定，否則將造成管理上之偏差與員工之反彈。所以，宜採用較科學與客觀的方法來衡量才能訂出較正確、合理，及令人接受的標準時間。現今，較為普遍的標準時間決定方法有：

　　1.直接時間研究 (Direct Time Study)。

　　2.預定動作時間標準（Predetermined Motion Time Standard，簡稱 PTS）。

3.工作抽查 (Work Sampling)。

二、直接時間研究

　　直接時間研究又稱為馬錶時間研究 (Stopwatch Time Study)，最早是由泰勒所創，是目前最被廣泛使用之時間研究技術。顧名思義，直接時間研究是直接使用馬錶來觀測實際工作所花費之時間，進而估計該工作之標準時間。其進行之基本步驟主要如下 (Adam, E. E., 1992)：

1. 選擇需衡量之工作

　　所選擇之工作必須要存在而且具有既定之工作標準。此外，尚需選擇合格之工作者來觀測。

2. 決定工作週期與觀測週期數

　　界定組成一個工作週期之動作單元並決定需觀測之工作週期數。

3. 進行測時並訂定評比 (Rating)

　　根據所決定之觀測週期數來測量每個工作週期所費之時間，最後並予以評比來調整當工作者之工作速度比正常速度快或慢之情形。例如，評比為90%即表示較正常速度慢10%，反之，評比為110%則表示較正常速度快10%。

4. 計算正常時間

　　根據平均週期時間及評比來計算，亦即是：

$$正常時間 = \frac{每個工作週期所費時間之總和}{觀測工作週期數} \times 評比$$

5. 決定寬放 (Allowance) 時間

　　寬放是指工作者於正常時間外，因私人需要（如上廁所、喝水等），疲勞需休息及不可避免之延遲（如機器故障、缺料等）所需要之多餘時間。

6. 計算標準時間

　　根據正常時間與寬放時間，即

　　　　標準時間 = 正常時間 + 寬放時間

　　例如，實際測量某工作所需之時間各為 4.5, 5, 4.8, 4.5 與 4.6 分，觀測者給予之評比為90%，寬放時間為正常時間之12%，則：

$$正常時間 = \frac{4.5 + 5 + 4.8 + 4.5 + 4.6}{5} \times 90\% = 4.212 （分）$$

$$標準時間 = 4.212 \times (1 + 12\%) = 4.72 （分）$$

三、預定動作時間標準

　　預定動作時間標準係採用預先建立好的細微動作單元之時間數據，而不用經由直接馬錶測時及設定評比來決定標準時間的方法。這種方法避免了馬錶測時之麻煩與成本之耗費，以及設定評比之不客觀性。除此之外，它更適用於建立工作尚未正式開始實施前之標準時間，以利正式生產前生產計畫之安排與成本之估計。

　　在預定動作時間標準方法中，標準時間之決定首先需對工作程序做詳細的分析，並將其細分成基本動作單元（動素），再由預定之動作時間表中查出每個動作單元所需之時間，最後將所有動作單元之時間加總再加上寬放時間即為工作之標準時間。但是，如果工作無法被細分成預定動作時間表所含之動作單元時，則此方法便不適用了。

　　較普遍之預定動作時間標準方法為方法時間衡量（Methods Time Measurement，簡稱 MTM）。MTM 係於 1948 年由梅納德 (Harold B. Maynard)，史特格麥騰 (G. L. Stegemerten) 和史瓦伯 (John L. Schwab) 所創。在經過反覆地研究細微基本動作後，建立一套最基本之 MTM 系統稱為 MTM–1。MTM–1 包含了十種基本動作單元之時間數據表，包括伸手，移動，旋轉，加壓，握取，對準，放手，拆卸，眼睛之移動和眼睛之注視，身體、腿、足之動作，與同時動作等 (Niebel, B. W., 1988)。其中每種基本動作單元乃是按照動作之情況，移動距離及旋轉角度等因素之不同，而定出不同之時間數據，其基本時間測量單位為 TMU (Time Measurement Unit)，而 1 TMU 等於 0.036 秒。

　　使用 MTM–1 雖能夠將工作的方法詳細、精確地描述出來，但另一方面卻需花費較長的時間來分析它。有鑑於此，陸續便有以 MTM–1 為基礎而發展出來的所謂 MTM–2 及 MTM–3 等系統。此兩種系統之主要特色便是分析速度快，故目前廣受使用。MTM–2 系統是由九種動作單元所組成，包括取得、放

置、加壓、重握、眼睛動作、翻轉、步行、足部動作、彎身與起立等。使用 MTM-2 的分析時間只要 MTM-1 之一半,但是精確程度便稍差些。一般適用於重複性不高且每個工作單元的時間長度超過一分鐘以上之工作項目。

MTM-3 是 MTM 方法中最簡單易用的一種。它以處理、運送、步行與足部動作、彎身與起立等四種動作單元來描述工作的方法以及衡量工作時間。它的分析速度較之 MTM-1 與 MTM-2 都要快許多,主要適用於週期長且生產時間短之作業,例如電子業之裝配作業。但如果作業中有一連串眼睛動作存在時,則此方法便不適用了。

四、工作抽查

所謂工作抽查係由娣佩特 (L. H. L. Tippett) 於 1934 年所創,乃是利用機率之原理來抽樣調查某一工作情形之技術。它應用的範圍與直接時間研究不相同,為適用於工作週期長及重複性低之作業,例如辦公行政、醫療、維護、倉庫管理等。由於進行工作抽查時,並不需要如直接時間研究全程觀察工作之程序與使用馬錶來測時,以及需由專業技術人員實施之限制,而是採取簡單隨機觀察並記錄人員或機器當時之工作狀況。因此,它較不會影響到人員之工作和較節省時間與成本,所以便廣受採用。

工作抽查之主要用途除了訂定標準時間外,尚可用來估計人員或機器工作與閒置時間之比率以作為工作改善之基準。人員或機器之工作與閒置時間比率可以下列式子計算之:

$$工作時間比率 = \frac{隨機觀察時人或機器在工作的次數}{總觀察次數} \times 100\%$$

$$閒置時間比率 = \frac{隨機觀察時人或機器在閒置的次數}{總觀察次數} \times 100\%$$

其中,觀察次數之多寡將會影響到估計之準確度。根據統計學之理論,觀察次數愈多則結果愈能趨近實際之狀況,然而其所需之成本與時間亦愈高。因此,需先設定抽樣結果之信賴度,再利用統計學原理來決定合理之抽樣觀察次數,最後標準時間之計算可使用下列式子來決定 (Barnes, R. M., 1980):

$$標準時間 = \frac{總觀察時間 \times 工作時間比率 \times 評比}{觀察期間之總產量} + 寬放時間$$

參考書目

1. 譚伯群，《工廠管理》，臺北：三民書局，民國 82 年，頁 141。

2. Niebel, B. W., *Motion and Time Study*, 8th ed., Homewood, Illinois: Irwin, 1988, pp. 15, 495-497.

3. Barnes, R. M., *Motion and Time Study*: *Design and Measurement of Work*, 7th ed., New York: John Wiley & Sons, 1980, pp. 117, 437.

4. 陳文哲、葉宏謨合著，《工作研究》，八訂版，臺北：中興管理顧問公司，民國 82 年，頁 245。

5. Adam, Jr., E. E., and Ebert, R. J., *Production & Operations Management*, Englewood Cliffs, New Jersey: Prentice-Hall, Inc., 1992, p. 309.

習　題

1. 何謂工作研究？其重要性為何？

2. 工作研究之主要內涵為何？

3. 工作研究之用途為何？

4. 工作研究之方法為何？

5. 何謂方法研究？其進行方式為何？

6. 何謂操作程序圖？它與流程程序圖之差別為何？

7. 人機程序圖之用途為何？

8. 請試著將圖 7-5 之程序改善使其更有效率。

9. 何謂作業員程序圖？

10. 請設法改善圖 7-6 之裝配程序。

11. 何謂動素分析? 那些是無效動素? 那些是有效動素?

12. 何謂時間研究? 其最終目的為何?

13. 標準時間之定義為何? 其主要用途又為何?

14. 決定標準時間之方式有那幾種?

15. 何謂評比? 何謂寬放?

16. 某君從事生產裝配之時間研究測得裝配一電子組件之時間為 1.2, 1.5, 2.0, 1.4, 1.8, 1.6, 1.4, 1.5 分，其給予之評比為95%，寬放為 10%，請計算標準時間為何?

17. 何謂預定動作時間標準? 其優點為何?

18. 何謂工作抽查? 在何種情況下適合用此種方法?

第八章
設施規劃

 ## 8-1 設施規劃的意義

就工業生產而言,如圖 8-1 所示,從投入的人員 (Man)、原物料 (Materials)、機器設備 (Machines and Facilities) 和資金 (Money) 等,經由製程加工、轉換而順利地生產出產品 (Products) 或服務 (Services)。這之間,生產系統所投入與產出的效益,受到製程 (Process) 的影響很大,即所謂生產製造產品的利潤源泉在製程中,此時設施規劃 (Facilities Planning) 扮演著生產製程的主導性工作。基本上,設施規劃包括了設備 (Equipment)、土地、廠房等設施的選擇,考量人員、原物料、設備及空間等配合生產流程的需要,有效地安排工作區域的實體設備,以使製程通暢,人員操作安全,進而達到高品質低成本的生產目標。

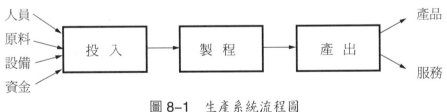

圖 8-1　生產系統流程圖

從生產系統流程來分析,所投入的人員、原物料或設備等易受到外在因素左右,其投入成本 (Input Cost) 通常被視為固定成本 (Fixed Cost) 而無法變易;至於所產出的產品或服務,因容易受到競爭者的加入,售價往往只會降不易升的現象,在如此生產狀況下,欲維持高利潤的生產目標,唯一的辦法就是進行製程改善,期望以最短時間和最低的製程成本規劃下完成生產作業。設施規劃即是循著達到最佳製程佈置的條件下,進行廠址選擇,廠房設施規劃,考量製

程的區域需求，配合人員流動、物料流與資訊流間的互動關係，以做到整個製程系統所需的人員、原物料、設備、安全設施、污染處理等生產作業流程最佳化，進而提高生產力。

設施規劃雖然以工廠的生產活動為主要課題，但從它對生產活動的實體設施 (Physical Facilities) 規劃的效益，已逐漸發展到所有空間配置的規劃，如倉庫 (Warehouse)、零售店 (Retail Store)、郵局、旅館、餐廳、醫院及住家的佈置，雖然其投入與產出有所不同，但是運用設施規劃的原理原則卻有異曲同工之妙，使設施規劃成為現代工商社會不可忽視的一門學問。

 ## 8-2　設施規劃的目標

為使企業能夠永續經營，必須要講求成本效益，才可通過市場競爭的考驗。設施規劃就是本著「大處著眼，小處著手」的理念，利用最省錢、省力、省時的方式，消除製程反常現象，有效地安排工作區域的實體設備，不但能夠獲致最經濟的操作成本，而且能使工作人員得到安全感和舒適滿意的目標。通常，良好的設施規劃需做到下述主要目標：

1. 有效安排機器設備與工作區域的統合，使製程依直線流動，保持前後工作連貫。

2. 使物料搬運的距離最短，避免逆回或交叉的現象發生。

3. 維持生產作業及製程安排的彈性，以利做必要性的調整。

4. 保持在製品的高周轉率，以使原物料在製程中快速流動，避免過多的未完成品，造成資金積壓。

5. 透過合理有效的規劃安排，以減少對設備的重複投資。

6. 建築空間的有效利用。

7. 運用人機平衡 (Man-Machine Balance) 原則，提升人力使用績效。

8. 提供員工方便、安全、舒適的工作環境。

從引進日本工業界頗負盛名的 5S 管理法則，即「清潔」、「整理」、「整頓」、「清掃」、「教養」等五項，以及國內企業為拓展歐洲共同市場的行銷，紛紛以取得 ISO9000 系列認證的風潮來看，這些意謂著從製程改善，要求合理化，若

能從設施規劃著手，將可加速達到上述 5S 運動及 ISO9000 系列認證的目標。

 8-3　設施規劃的功能

事實上，設施規劃的工作，在較具規模的工廠，通常隸屬於製造或生產部門，由工廠工程師 (Plant Engineer) 或工業工程師 (Industrial Engineer) 來執行設施規劃所屬的廠址選擇 (Plant Location) 和工廠佈置 (Plant Layout) 兩項主要功能。但在小型工廠，設施規劃的作業就缺乏專業人員來負責，當然也較無法有系統地進行整體性的設施規劃工作，功能也就不顯著。

 8-4　廠址選擇

廠址的選擇就如一個小家庭要購買選擇住家一樣，考慮的因素要周詳仔細，諸如價格多少，交通方便與否，接近市場，靠近學校，會不會淹水，噪音及空氣污染程度等都必須從長計議，然後才做「最有利」的選擇。而投資設立一個新的工廠，或者原有工廠因市場的擴展，導致原有的生產設備無法滿足市場需求，企業經營者認為有利可圖而不願拱手把市場讓與他人，遂計畫擴建，另尋一處建造分廠。甚至基於某種需求，如多角化經營，都市計畫或配合國防需要等而必須遷往他處，將原有工廠地點賣掉或放棄，當面臨這些情況時，就得做廠址選擇的決定。

投資設立一個工廠是一項長期性的重要投資，一個企業在其經營年限內，涉及廠址選擇的次數雖然不多，然而若事先沒有做周密地搜集有關資料，考慮各種影響因素，研究其可行性，遽然憑藉經營者的主觀意識判斷，和依賴以往的經驗而匆促決定廠址地點。俟投入所有的時間、大量的金錢、設備和人力等後，才發覺當初設廠的地點並不適合未來生產需要，例如政府法令的限制或牴觸，人口移動造成勞力市場供不應求，當地的風俗習慣，天然資源的開採逐漸用盡，運輸成本或間接費用偏高。此時，真是令經營者進退兩難，遭受無形的困擾和損失，尤其一般中小企業往往資金並不很雄厚，一旦廠址選擇做成明顯的錯誤決定，將使企業經營一開始即處於非常不利的地位，導致投入設廠費用無法如期得到應有利潤，而告周轉不靈，嚴重者即要宣告倒閉的命運。因此，

廠址選擇必須做到「慎於始」的地步，有了良好廠址，則得天獨厚，奠定成功的基礎了。

一、廠址選擇應考慮之因素

　　廠址選擇需要慎密的分析和權衡各種可能的影響因素，有些因素是可以用成本來加以量化和評估，但有些因素的影響是無形的。因此，吾人在進行廠址選擇之際，應著眼於工廠的特徵，生產品的種類和性質，市場需求狀況，工業技術的轉移和經濟環境及社會變化等等一一地加以考慮。一般工廠選擇廠址應注意到下列十二項共同因素，至於這些考慮因素的重要性，孰者為重，何種較次，則需視各工廠的當時狀況加以評量。在此，特別使用魚骨圖（又稱特性要因圖）來說明選擇工廠廠址的條件，並一一再予列舉敘述，魚骨圖分析如圖 8-2 所示。

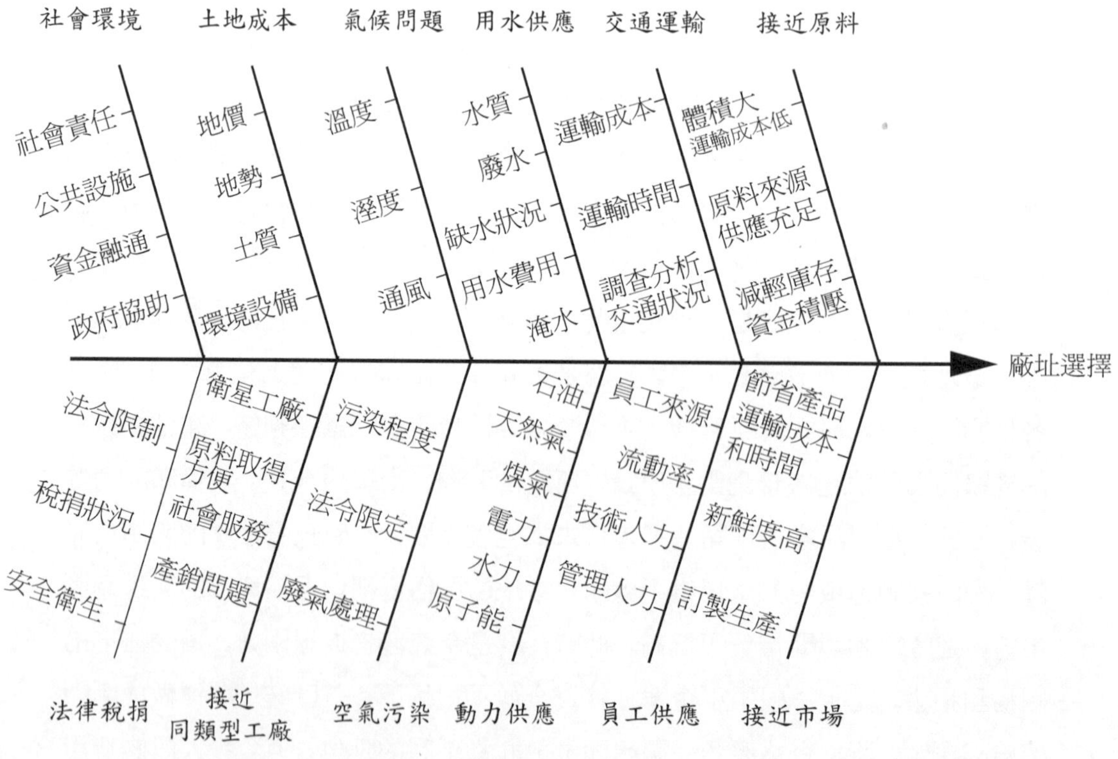

圖 8-2　選擇廠址條件的特性要因圖

1. 接近原料

　　原料直接影響產品的成本，其比例一般都很大，約佔產品的 70% 以上，例如食品加工廠、水泥廠、煉鋼廠、紙廠、鋸木廠、煉礦廠等。其所需要的原材料耗用量，若相當龐大而且笨重，如農產品則容易腐壞；有些材料則經製造加工之後體積變小且重量大為減輕，類似這些生產產品的工廠應考慮其運輸原料的成本和時間以達到最低的程度。此時，廠址應考慮設於接近原材料產地，如此可以減少庫存數量和減輕積壓一筆龐大的庫存資金等負擔。我國臺塑關係企業在美國投資設廠的最大動機之一，是接近原料產地，原料來源充分供應，生產方能源源不斷，否則無原料，生產立即停頓，影響之鉅，可想而知。

2. 接近市場

　　決定廠址接近市場的最大考慮理由，是基於節省產品送到顧客手中的運輸成本和時間，尤其原料體積小而重量輕，但經配製後，其產品體積增大而重者如汽車裝配工廠、輪胎工廠、機車廠等。另外產品若是依顧客所要求的特別規格而製造之工廠，如印刷廠、服裝店、花卉店等。再則若考慮產品的新鮮度如麵包廠、鮮奶廠等均宜設在接近市場為佳。

3. 員工來源

　　工廠生產運作不能沒有員工，員工包括勞心和勞力兩方面人員。目前現代化的生產工廠，仍然需要大量第一線動手的員工，特別是基層的操作員 (Operator)，例如電子工廠、紡織工廠、汽車工廠等。因此，設廠時應考慮當地的勞力市場供應是否充沛，臺灣竹北飛利浦 (Philips) 公司當初設在竹北的主要考慮因素是基於竹北附近，經調查分析顯示該地區有充沛的男性勞工供應。另外，勞心員工的供應，由於技術日新月異，隨著產品不斷更新改良，其動腦的員工需求日切，尤其比較趨向技術密集工業生產的工廠，更需要大量的高級技術人員，來共同發揮腦力密集效果，以推展企業或工廠不斷成長，所以勞心員工的供應是否已能夠掌握，對於廠址選擇是一項重要決定因素。例如，當初國立中央大學在臺復校，校址最初選在苗栗，但當該校投下鉅額金錢興建校舍，俟完成後才發覺師資嚴重缺乏，無法聘得適當師資人才，最後不得不遷校至中壢。從這例子告訴我們，員工供應在選擇廠址時多麼不可疏忽。

4. 交通運輸問題

　　廠址選擇最好的地點就是位於交通運輸方便的地區。這樣,工廠原材料的購入、產品的運出、員工的僱用、市場調查與分析、對外連絡等均能達到使運輸成本和時間耗用「最低化」。若對於生產體積大、笨重而需要出口或進口的產品或原料的工廠,設在港口附近,利用海運可使運輸成本降至最低。若依運輸方式來計算費用的多寡,則以海運的運輸費用最低,鐵路次之,公路又次之,空運成本最高。但以公路運輸最為方便,空運速度最快。其實有關員工交通問題,對於廠址地點亦有很大影響,一般勞力密集的紡織廠、電子工廠往往需要支付一筆相當大的費用,來接送員工上下班或補貼其交通費。

5. 動力供應

　　現代的生產工廠無一不需要依賴動力 (Power) 來運轉機械,維持生產操作,通常動力包括石油、天然氣、煤氣、電力、蒸氣及原子能等,由於工業生產的性質不同,所需要的動力種類亦有所不一樣。而動力成本為一項連續而不太變動的費用,如鋼鐵廠、汽車廠、玻璃廠、造紙廠、煉鋁廠等需使用龐大的電力和燃料,因之此類工廠選擇廠址時,考慮其生產動力的來源是否供應與方便,費用是不是最為經濟,需要不需要自行設立發電廠 (Power Station) 等,均需慎重分析比較。

6. 用水供應

　　若干工廠如電鍍工廠、紡織工廠、製藥工廠、化學工廠及酒廠等需用大量新鮮而純淨的水,因此用水供應便成為選擇廠址的重要考慮因素。特別是在臺灣地區儲水量並不很充裕,俟連續一段時間天熱而不下雨,偶而連日常生活都會發生水荒的現象,所以設立工廠時應調查當地落雨量、儲水量是否豐富、地下水源是否可以開採等,否則用水不濟致使一個工廠無法生產,最後逼得遷廠,損失可謂相當大矣。同時亦應該注意到水質的問題,一經使用被污染的水,將造成生產作業嚴重的困擾,同樣地廢水的處理也要一併考慮,否則廢水污染了附近農民、漁民或其他居民等將引起許多不必要的法律賠償和干涉等問題,造成工廠不必要的紛爭和怨尤。例如新竹某一個化工廠大量排放廢水污染環境,被迫勒令停工,便是一個實證例子。

7. 空氣污染

政府為了維護人民健康，還有受到社會輿論的壓力，對於日益嚴重的空氣污染問題非常關切，許多有嚴重污染的工業如煉鋼、石油、造紙、化學等工廠，因淨化空氣所花費的成本變為一項很大的費用支出。前些年，臺北市南港地區的工廠，造成甚為嚴重的空氣污染景觀，成為臺北市政府施政的重點項目，當地區民和民意代表也不斷地攻擊工廠形成空氣污染的責任，政府因此施予工廠壓力，要求淨化空氣或限期遷廠。由此可知，廠址選擇對於空氣污染和廢水處理的合法性已成為重要的考量要項。

8. 氣候適宜問題

隨著科技進步及人民生活或工作的需求層次提高，一般有規模的工廠，通常均使用空氣調節器來控制廠內作業的溫度、濕度和通風。但氣候適宜與否仍直接影響一個人室外的活動力、警覺性和工作效率。尤其常年地仰賴空氣調節器，其設備的運作費用，是一筆相當大的負擔。目前臺灣的工廠，大致在辦公處所設有冷暖氣設施，生產工廠除非基於產品和材料本身需要，很少裝設空氣調節器，大部分仰賴自然通風和使用排、送風機而已。

9. 接近同類型的工廠

若僅為配合市場需要，設立一個分廠，此時廠址選擇以接近原有的工廠為宜，這樣可以減少有關的工程技術人員和管理者來回兩邊的時間浪費。又如衛星工廠的選擇，因其產品只是供應其他工廠或由其他工廠來供應原料或配件，則廠址最好能接近相類似或與其有關係的工廠，或者選在工業區 (Industrial Park) 內，如此對於員工供應、銀行服務、原料供應、市場活動、交通運輸等都佔了相當的便利。

10. 土地成本

一個資金雄厚且不斷成長的大企業要購買一塊工廠用地，其經費來源並不是很大的問題，如果是中小企業要購買一塊足夠使用的廠地，是一項重大的決策。目前土地價格已漸漸增高，為了使資金有效應用，並滿足工廠生產要求，選擇一塊適當的工廠用地，除了考慮其價格之外，應注意其土質是否能夠承受工廠建築和設備的負荷，地勢高低問題等之配合，然後才做最後決定。

11.法律和稅捐問題

在分析各種廠址選擇的條件，頗為適合設廠的地點，但是往往由於法律的限制如煤煙控制、廢水廢物處理、防火建築、安全衛生標準等，以及稅捐負擔過重如營業稅、財產稅、貨物稅等，而迫使投資建廠者不敢前往。依此，在建廠之前得考慮法律和稅捐問題，以防止決定而投下鉅資後，才發現蒙受其害而怨天尤人，反而於事無補。

12.社會環境

投資建廠，經營生產作業，一方面創造企業利潤，另一方面仍負有「社會責任」和服務社會的特性。相對地，當地社會對該工廠是否歡迎，直接影響工廠的經營。當然所選擇廠址附近的社區，是否能提供有完善的社會福利設施如醫療、娛樂場所、公園、學校、市場和交通等，甚至當地政府是否能夠提供最佳廠地、資金融通、水電供應、交通道路等，另外當地治安是否良好，人民守法的程度，員工收入水準等等社會環境因素，均為選擇廠址的充要條件。

二、都市、鄉村、郊區及工業區設廠的比較

當經過選定廠址選擇的方針之後，其次便面臨著廠址地點的抉擇，究竟在都市、市郊、鄉村或工業區設廠，那一地區較為有利且符合需要呢？這必須透過詳列工廠本身的需要目標，然後逐一衡量以達到最明智的抉擇。一般而言，都市設廠對小型工廠較為有利，鄉村則對大型工廠頗為適合，市郊較適合中型工廠設廠，工業區在我國則對中小型工廠均相當合適，茲分別說明此四種不同地區設廠的優缺點如下：

1. 都市建廠的優缺點

優點：

(1)交通運輸便利。

(2)資金周轉容易。

(3)各種技術性人力供應充裕。

(4)員工休閒活動，子女教育，社會服務等均非常方便。

(5)公共事業如水電等供應便捷。

缺點：

(1)地價昂貴，擴廠不容易。

(2)稅捐重。

(3)法令限制較嚴，如污水、噪音、空氣污染等公害較易引起有關當局限制。

(4)勞工關係較為複雜。

(5)員工流動率較偏高。

2. 鄉村建廠的優缺點

優點：

(1)地價便宜，擴廠容易。

(2)稅捐負擔較輕，房屋建築限制少。

(3)勞工關係比較單純，初級勞工（體力性工作者）供應較充裕。

(4)法令限制少。

缺點：

(1)交通運輸較不方便。

(2)高級技術性和管理人才，僱用不容易。

(3)教育設施，公共設備和社會福利等服務較差。

(4)對外連繫不便。

3. 市郊建廠

市郊建廠兼具有都市和鄉村建築工廠的優點，由於經濟發展，人民生活水準提高，有關的公共設施已相繼從都市鋪設到市郊區，因此市郊的交通已越來越方便，土地比都市便宜，稅捐較輕，空氣新鮮，光線充足，間接地對員工身心有益，例如臺北市近郊的工廠如士林電機、三洋電機、裕隆汽車、三陽機車、味全公司等，又如桃園中壢的美國無線電公司、福特六和汽車公司、山葉機車公司等均屬於典型的市郊建廠的實例。

4. 工業區設廠

我國因地域在臺灣受到限制，因此鼓勵民間工廠在工業區設廠，以收土地規劃及有效利用的雙重效果，所以對申請在工業區建廠者，可以優先享受資金融通，土地貸款，提供管理和技術服務等待遇。由於工業區是事先將特定的土

地給予規劃和開發，首先完成工業區內的公共設施如道路、下水道系統、水電、路燈等建築，然後再提供給願意投資設廠的經營者使用。工業區的設立已漸漸受到重視和歡迎，目前在臺灣先後規劃完成了三十多處工業區。雖然工業區具有多項優點，但因事先做好初步工作，因此顯然較缺乏彈性，若加上管理並不健全，往往會導致許多不必要的爭端和困擾。

三、廠址選擇的趨勢

現代工業，隨著經濟的發展，科技日新月異，工業組織型態及生產方式亦跟著做彈性的更新，以符合實際需要。特別在投資建廠地點的選擇，因社會人力結構的轉移，人口流動，交通便利，經濟性原則的考慮，以及政策性的配合等均有所不同。今後廠址選擇的重要趨勢，大致可以歸納為下列五個方向，說明如下：

1. 遠離都市，趨向市郊或小市鎮設廠

市郊或小市鎮設廠，能夠提供在都市和鄉村設廠的兩者優點，它擁有都市提供的社會服務，公共設施和稅捐較輕的好處。並能獲得較為廉價的土地成本以及購得較充裕的設廠空間，原料或產品裝卸容易，停車問題容易解決，加上交通方便而縮短員工上下班的時間，同時市郊空氣較新鮮，光線充足，若廠房四周加以整理，栽植花木美化環境，堪稱工廠花園化，是理想的設廠地區。

2. 轉向工業區設廠

為了有效地運用有限的土地資源，政府對於地方建設不遺餘力，同時為管理方便，提高生產效率，再加上因應經濟成長的需要，調查分析並將特定土地劃分為工業區，在美國就有此種工業區近千處。由於工業區是根據當地工業生產需要，事先有系統地規劃，將工業區內的道路、水電、下水道、公共設施等完成。因此投資設廠在工業區的經營者得分享許多福利和有關生產服務，在臺灣的工業區分佈全省各處，有日漸增多之勢。

3. 地方政府競相爭取有潛力的企業在當地設廠

這是一個競爭的時代，地方政府為了開闢財源，繁榮地方經濟，提高當地生活水準，竭誠歡迎有潛力的成長性企業到當地設廠。往往地方政府提供給企

業主最優渥的條件,例如地點適中而有充裕的土地面積,開拓道路到廠房門口,水電供應,下水道設施,條件優厚的貸款辦法,稅捐減免,增設學校,提供休閒場所等等來吸引企業經營者前往設廠,本省臺塑關係企業在彰化和嘉義設廠之前, 就有好幾個縣市競相爭取, 可見一斑。

4. 廠址分散化

由於企業經營成長,相對地其生產工廠能量要逐漸擴充以應市場需要。但是一個龐大的大量生產工廠要維持一個完善的員工服務、廠內秩序、設備維護保養、和生產運作等均不太容易,特別其生產組織繁亂,各部門職能混淆不清,以致顯得有點笨拙,特別容易造成管理上的困擾而產生不平衡等失調現象,依作者在本省一家美商汽車製造廠工作三年的實際體驗, 當時員工僅有 2500 人左右,而每個工作天其汽車零配件的無謂損失 (Unknown Shortage or Loss) 高達新臺幣 30 萬元,而且平均地持續下去而無法改正。基於此, 近年來大型工廠的設立已趨向小工廠化,廠址分散各處,以吸收當地社區資源,提高經營績效。基本上, 廠址分散的兩個基本方式如下:

⑴水平式設立分廠 (Unit or Horizontal Method):亦即每個分廠生產製造一個單元的產品,從原材料至完成品的生產製造流程,然後再將各種單元產品分別送至總廠或裝配廠組合而成最終產品。

⑵垂直式分散化 (Subsidiary or Vertical Method):是將原有母廠的產能 (Production Capacity) 不再予擴充,而另設一分廠於他處,同樣生產相同產品,這種方式特別如汽車裝配廠,像日本豐田、美國福特汽車、通用汽車等在世界各地,僅運送所需汽車零配件,然後在當地裝配成完整的一部汽車,以即時能服務於當地市場的需求, 減輕一筆龐大的關稅, 提高經營收益。

5. 污染控制的廠址選擇趨勢

現代工業生產,普遍引起爭議不休的是污染問題,而污染的領域主要包括空氣污染、水污染、噪音控制、地質破壞和自然生態的損害等。根據 1969 年統計,美國的食品、紡織、造紙、化學、石油、橡膠、金屬、機械、和運輸等工業,一年中所排出來的廢水高達 25 兆加侖（1 兆等於 1 萬億）,如此導致許多河川、湖泊受到嚴重的污染。工商企業經營者, 若要找到一處擁有乾淨水源

的地點設廠，已越來越不容易了。

　　空氣污染也成為現代工業社會的副產物；汽車排煙，工廠排出大量的廢氣，交通所引起的塵土飛揚等，就以臺北市落塵量之嚴重，已明顯地影響到人民的健康，這事實警告我們，找到一處有新鮮空氣的地點設廠，尤其在都市越來越困難。

　　另外，噪音污染也愈來愈嚴重，根據健康資料顯示，在噪音連續超過 85 分貝以上處工作，容易導致工作者重聽或耳聾，如果在一個充滿噪音的周圍環境設廠，噪音將減低員工的工作效率，甚至容易發生意外事件。

　　土質污染由於生態學家的研究發現，頗受到各方面的重視。一個肥沃而且乾淨的土地，經過污水、油渣、化學藥劑的侵蝕，土質會變得相當貧瘠，植物生長不起來。為了保護天然資源，法令限制和輿論的抨擊，廠址選擇在如何避免造成土質污染被重視的地區，將是一重要的趨勢。

　　再則，放射線污染問題，隨著科技發展，日益嚴重，尤其放射線污染的危害最為不可忽視，不但人員受到危害而且原料和產品將同時受到感染，影響之鉅，令人擔憂。所以在做廠址選擇時，應考慮是否會受到放射線污染問題，也是一項極不可忽視的趨勢。

四、廠址選擇決策分析法

　　廠址決策的良窳，直接影響未來工廠生產和事業經營的前途，故必須經由有系統的分析與研究，多加比較，權衡輕重，慎重的考慮和抉擇，方能使最後決定的廠址，符合預期需要和生產規模，茲將廠址決策分析 (Plant Location Decision Analysis) 程序說明如下：

1. 確立設廠目標

　　在研提各種廠址方案之先，管理者應先確定所欲達成的廠址目標何在；包括交通運輸，員工供應，投資金額，土地面積，產品類別，設備和廠房建築方式，水電供應等，以及希望達到何種效益，避免何種不便，必須將此種種有關連的目標條列出來，越詳盡則越能符合決策分析要求以引領到最佳地步。

2. 區分目標

確立廠址選擇的目標之後，接著即將所有目標區分為必須目標 (Must Objectives) 和期望目標 (Want Objectives) 兩類。何者目標必須達成，在制定決策時必須受其限制。何者期望達成的目標，則視達成程度的多寡作為決策參考。

3. 產生可行的方案

當廠址選擇的決策目標訂定決定後，應運用集體創思，腦力激盪術 (Brain-Storming Method)，並參與討論，研提各種具體而可行的廠址選擇方案，然後再逐項分析比較，求出一種最佳的方案。

4. 廠址方案衡量

廠址方案衡量，必須借助有豐富的實際經驗和分析事理能力的人員，事先將所研提的方案一一審慎對照，是否能夠達成必須目標，若未能達成者則將該方案淘汰，然後再就符合必須目標的所餘方案，分別研究其欲達成期望目標的程度，以數字 1～10 作為衡量標準；1 表示達成程度最低，10 則表示達成的程度最高。接著進行分析每一方案內之期望目標的達成程度，同樣以數字 1～10 作為評量標準，此時再將此兩者之乘積總和求出，如此每一方案除了符合必須目標外，其達成期望目標的程度亦可量化求出來。

5. 選擇決策腹案

各種經調查、分析、歸納而研提的廠址選擇方案，經過評比 (Rating) 衡量之後，凡是全部達成必須目標，而且該腹案對達成期望目標的積分又最高者，應作為初步選擇廠址的腹案，然此一腹案仍須進一步考慮其有否不良後果後，再做抉擇。

6. 探究不良後果

廠址選擇腹案決定之後，應進一步地研究此一腹案若付之建廠，是否會有任何潛在不良後果問題存在。此時應就組織、員工、設備、生產能量、工作方法及社會環境等因素，仔細考量其對各方面因素的平衡性。並再分別研探所要選擇相近方案，可能產生不良後果的諸項嚴重性 (Seriousness) 和可能性 (Probability)，再以數字 1～10 做評量並計算其嚴重性和可能性兩者的積分，擇其積分較少者，供最後決策參考。

7. 制定廠址最後決策

決策的制定，關係未來的工廠生產成敗甚鉅，允宜三思，儘量避免因決策的偏差而導致無法彌補的錯誤。因此，在制定廠址選擇決策時，事先再行研究、分析、調查訪問，輔以豐富的經驗做判斷，並找出可能產生不良後果的實際解決對策，最後才決定廠址地點，方能獲致比較滿意的廠址選擇結果。

五、購買廠址決策分析個案研究

1. 個案背景資料

　　某君鑑於北歐等國家天氣寒冷，經常下雪，自然植物花木無法生長，然這些國家的國民所得均相當高，人民對室內裝飾，愛好自然景物。因此某君再經過市場分析與資料研判，位於亞熱帶的臺灣，生產乾燥花（乾燥花即將自然花木抽取水分，利用化學處理使其花木維持自然色澤而枝幹花朵呈半僵硬狀態）甚得其時，遂一方面籌資從國外進口機器設備，另一方面積極尋找廠地。因係決定全部外銷，而每日生產數量相當多，需有較大的庫容量，交通運輸宜方便，同時最好靠近花卉產地，並容易僱用處理花卉有經驗的人員參與作業，經估計廠房佔地面積至少 250 坪，若能擴充時更佳，購買廠地的價款以不超過 1000 萬元為原則。今經初步覓得四處廠地，分述如下：

　　⑴市區：廠址位於市區內，佔地 250 坪，交通甚為方便，水電齊全，距離花卉產地約 15 公里，唯索價 1450 萬元，可以辦理銀行貸款 500 萬元。

　　⑵市郊㈠：位於路邊，距離南北高速公路交流道 15 公里，約離花卉產地 30 公里，佔地 300 坪，附近是工業區，環境優雅，售價 950 萬元。

　　⑶市郊㈡：位於花卉產地，近軍用機場，距離高速公路交流道 10 公里，附近有小學及小型預定公園區，廠地約 300 坪，前有廣場可供貨櫃車掉頭，僱用經驗工較易，售價 1000 萬元，一次付清。

　　⑷工業區：位於工業區內，距離高速公路交流道 15 公里，佔地 250 坪，索價 850 萬元，距花卉產地 35 公里。

2. 廠址決策個案剖析

　　步驟 1：確立廠址決策目標並區分目標如表 8-1 所示：

表 8-1 確立廠址決策目標與區分目標

廠 址 決 策 目 標	區 分 目 標
1.土地成本 1000 萬元	1.必須目標
2.靠近花卉產地	2.期望目標
3.交通運輸方便	3.期望目標
4.僱經驗工容易	4.期望目標
5.用水充裕	5.期望目標
6.廠房能擴充	6.期望目標
7.廠地 250 坪	7.必須目標
8.員工休閒	8.期望目標

步驟 2: 方案衡量如表 8-2 所示:

表 8-2 廠址決策方案衡量表

		方 案 一 市 區	方 案 二 市郊廠地(一)	方 案 三 市郊廠地(二)	方 案 四 工 業 區
必須目標	土地成本 1000 萬元	1450 萬元	950 萬元	1000 萬元	850 萬元
	廠地 250 坪	250 坪	300 坪	300 坪	250 坪
期望目標及其重要性			達成程度	達成程度	達成程度
	1.靠近花卉產地 (10)*		×6 = 60	×10 = 100	×5 = 50
	2.交通運輸方便 (8)		×8 = 64	×9 = 72	×8 = 64
	3.僱經驗工容易 (9)		×8 = 72	×10 = 90	×7 = 63
	4.用水充裕 (7)		×8 = 56	×8 = 56	×8 = 56
	5.廠房能擴充 (8)		×10 = 80	×10 = 80	×5 = 40
	6.員工休閒 (5)		×6 = 30	×10 = 50	×8 = 40
*括弧（ ）內數值為各期望目標之評比值。			362	448	313

步驟 3: 腹案衡量

從所選定的四個方案衡量表中，如表 8-2 所示，方案一因土地成本遠超過 1000 萬元，不合必須目標需求，而遭剔除。另外，方案二、方案三及方案四均符合必須目標要求，此三方案再進行達成期望目標的評比，其中方案三得到的分數最高，因此初步決定以方案三，市郊(二)廠址為最適宜。但花卉最需要小心

收集、包裝和運送，從花卉產地送至工廠一定要保持花卉的鮮度以及不得使花瓣和葉子受損脫落，如此將影響乾燥花製作的完整性，甚至徒然浪費不必要的人工費用和花卉成本。

步驟 4: 不良後果的評估

經過初步決定廠地選擇，該廠地一定留有或多或少的缺失，針對這些潛在性缺點 (Potential Shortcoming)，評量其嚴重性及可能發生性，最後才根據所研擬的潛在性問題，設法採取補救措施，以達到最佳抉擇。不良後果 (Adverse Consequences Assessment) 評估表如表 8–3 所示。

步驟 5: 制定決策

經過不良後果分析，從方案二與方案三所做的分析比較，明顯地是方案三所得的不良後果評量分數遠低於方案二，因我們可以從表 8–2 和表 8–3 同時得知，方案三是最好的廠地選擇。但在做成最後決策時，仍須考慮該方案的不良後果因素，如方案三的第一個因素是: 受產地生產量及花農的限制，吾人可以事先與花農訂立契約，要求花卉收購標準和數量，並預付訂金，通常花農較為篤實，何況契約已訂，此種不良因素可以消除。至於第二因素，近軍用機場較為吵雜，這只是習慣問題，並不太嚴重，不直接影響乾燥花生產。一旦可以消除或採行各種補救措施之後，最後決策選擇廠地是市郊㈡。

表 8–3　不良後果評估表

			嚴　重　性 (Seriousness)	可　能　性 (Probability)
方案二	市郊廠地㈠	1. 花卉鮮度差	10	×9 = 90
		2. 僱經驗工不易	5	×8 = 40
		3. 運輸、包裝等費用高	8	×5 = 40
				170
方案三	市郊廠地㈡	1. 受到生產量及花農之限制	10	×9 = 90
		2. 近軍用機場吵雜	3	×9 = 27
				117

8-5 工廠佈置

經廠址選擇之後，接著進行廠房建築，然後得要配合生產製造的需求，應同時考量工廠內部設備的佈置和物料搬運系統，並就各項廠內活動關係的建立與需求空間的決定，做充分的規劃，以獲致最有效、經濟及操作安全的生產活動。

工廠佈置是小處著手的工作，尤其在初期的計畫階段，必須要將人員、產品、物料、機器設備、作業方法及成本等相關因素，逐一做資料分析與整理，以利掌握工廠的特性。通常，工廠佈置除了生產製程的物料流動外，尚有人員流動和資訊流動，彼此之間的關係密切，為達到最佳的佈置，從個別區域需求，經過各區域關係分析整合，目前已有多種工廠佈置專用的電腦套裝軟體，如CRAFT, CORELP, ALDEP, PLANET 等供選擇使用，最後完成一個以最低化生產成本的佈置安排，並獲致較高的生產利潤。

一、工廠佈置的時機

在這個以顧客為導向的現代化社會，為求滿足顧客的求新求變需求，相對地，傳統的大量生產時代已逐漸被少量多品種的生產方式所取代。此時此刻，為因應實際不同設計的產品生產需求，必須快速調整生產流程，因此，工廠佈置除在設立新廠需進行規劃佈置外，其他大部分的機會均以配合生產變化或調整等應運而生，其主要的工廠佈置時機如下：

1. 產品設計變更。
2. 擴充或縮併工作單位。
3. 新增產品。
4. 部門位置遷移。
5. 增設新的工作單位。
6. 改變生產方式或增減生產設備。
7. 工廠若遇有如下運作不順利或出現反常現象時，亦須對現有的佈置方式加以檢討調整之：

⑴建築物老舊或不適合需求者。

⑵現有佈置不適合新的生產方式。

⑶新產品設計或製造程序的改變。

⑷新增加設備與現有的流程不適合。

⑸發生無謂的閒置與遲延時。

⑹庫存管制發生困難時。

⑺部分生產量偏低時。

⑻物料流程發生擁擠、阻塞或逆回等現象時。

⑼生產過程呈現瓶頸時。

⑽工作區域堆積過多零組件或半成品。

⑾排程困難時。

⑿人員或機具閒置。

⒀空間使用不當。

⒁生產流程耗事費時。

⒂進行工廠設備維護保養有困難時。

二、工廠佈置的型式

通常在決定工廠佈置的型式前，須進行產品產量分析 (Product-Quantity Analysis)，又稱 P–Q 分析。瞭解產品的類別及其生產數量，是屬於少品種大量的生產、或多品種少量的生產方式，甚或因應顧客個別需要的訂單生產，這對工廠佈置的型式具有重大的影響，為配合產品產量分析的結果，常見的工廠佈置的類型，概分為下列三種型式：

1. 產品別佈置 (Product Layout)

產品別佈置是依據加工流程順序安排所需的機器設備，使之形成一連續的生產線，例如紙廠、水泥廠、汽車裝配廠、食品加工廠等，適用於少品種的標準化產品或大量生產方式的佈置。其優缺點如下：

優點：

⑴生產作業一貫，流程順暢。

(2)由於製程連續，可以降低在製品存貨。

(3)物料搬運距離較短，可以減少物料搬運時間，並可縮短產品的單位生產時間。

(4)員工不需具有高度的技術水準，訓練容易、簡單且費用較低。

(5)生產計畫與管制容易。

缺點：

(1)生產線上任一機器設備發生故障，將導致全面作業的停頓。

(2)缺乏彈性，產品設計稍有改變，即需要調整佈置，甚至重置設備。

(3)速度最慢的機器加工設備會影響整個生產線。

(4)使用較多的單能機，設備投資重複且費用高。

(5)由於大量生產，工作重複而單調乏味。

2. 程序別佈置 (Process Layout)

適用於多品種少量的訂貨生產或計畫生產方式，係將相同或類似功能的機器放置在一起，亦即將所有車床、鑽床、銑床、磨床或焊接機等分別佈置成一個工作單位，例如一個工件需經過車削、鑽孔、銑削溝槽和研磨時，先行將工件送至車床區車削，再分別送至鑽床區鑽孔，銑床區銑削溝槽，至磨床區進行研磨作業。因此，程序別佈置又稱功能別佈置 (Functional Layout) 或稱訂單式生產佈置 (Job-lot Layout)，類此每一種機器自成一工作群區的佈置，可針對各種不同品種的產品加工程序做彈性安排，其優缺點如下：

優點：

(1)使用通用機器 (General-Purpose Machine)，設備費用較低且無須重複投資設備。

(2)人員和設備的安排具有高度的彈性，不會因部分人員缺勤或設備故障而無法繼續生產。

(3)由於適合訂單式生產，工作內容多樣化，員工較不會因工作單調而覺得乏味，有助於發揮員工的技術專長。

缺點：

(1)由於機器設備不按生產程序安排，物料搬運成本較高。

⑵為配合訂單式生產，在生產計畫與控制上較繁複且不易掌握，通常總生產時間 (Total Production Time) 會較長。

⑶較多的在製品存量。

⑷需要較高技術的操作人員，以應付不同工作內容的產品加工。

3. 固定位置佈置 (Fixed-Position Layout)

當產品較為龐大，產品主體不動，而將所有的工作人員、機具設備和原物料帶至某一固定位置加工作業，直到產品完成為止。例如飛機、船艦、房屋建築、水壩、造橋等是典型的固定位置之佈置。採用固定位置佈置的優點在於物料搬動少，搬運成本低，具有較高的彈性，適於量少或體積龐大而笨重產品的生產方式；但其缺點是，人員和機具設備的移動成本增加，需要有效而嚴密的計畫與控制，否則容易造成混淆不清的現象，導致不當的浪費。

4. 混合型佈置 (Combination Layout)

由於上述三種型式的佈置各有其優缺點，為提高生產效率和降低成本的考量，大多數的中大型企業，按生產作業的實際需要，採行合併佈置策略，一般較複雜產品的生產作業，如機車、汽車、工具機等的生產作業，對於多批少量或多批多量的生產工廠，常採此混合佈置方式。

三、物料流程規劃

物料流程規劃是在避免傳統搬運物料的缺失，只是將某些物料利用適當搬運工具或設備從甲處移到乙處，以個別的狀況來處理，這樣只能解決廠內物料搬運的問題，卻忽略了原物料進廠運輸及成品運送至顧客的搬運部分。具體而言，物料流程規劃，需自原物料進廠至成品包裝出廠這一過程中，物料的流程需加以有效地分析，並以適當的搬運設備（如輸送帶、起重機、吊車或堆高機等），使物料能適質、適量、適地、適時地供應給製造過程中的每一作業單位，其目的在於減低物料搬運時間與成本。

通常，進行工廠佈置時，除配合生產製程外，其次就是物料搬運的流程規劃，為使物料搬運流程設計，達到提高生產效率和降低成本的功效，須將有關的物料 (Material)、移動方式 (Flow Pattern)、搬運方法 (Method) 及環境限制等

因素加以考量分析，如物料的型態、特徵及數量、操作活動範圍、通道、建築物樣式、外部運送設備等做整體性的分析與設計，以解決物料搬運的各項問題。

四、工廠佈置之程序

工廠佈置係在維持人員、機器設備與物料流程間的平衡，而做空間利用的最佳安排，由於工廠佈置隨著產品 (Product)、產量 (Quantities)、途程安排 (Routing)、輔助性勞務 (Supporting Services) 及時間 (Time) 等因素的不同投入，需有不同的佈置方案以應實務需求，這之間隱含著佈置的藝術，但依其系統化的原理原則，茲介紹兩種工廠佈置程序如下：

1. James M. Apple 所提出的工廠佈置程序，著重於整體物料流程與搬運方法，並配合各活動區域之分析與需求，再經協調、調整修正，使其達到最佳化的佈置方案，其佈置程序為：

(1)蒐集基本資料：如銷售預測、產量、途程安排、現有佈置方案、建築物圖樣、零組件、天花板負荷等。

(2)分析基本資料：瞭解所蒐集資料間的關係，試圖找出有利計畫的資訊，例如可從裝配圖中知悉物料的流程等。

(3)設計生產程序：在於決定將物料轉換為所希望的零組件和產品的製程。

(4)規劃物料流程的型式：利於確立最小移動路徑，同時要考量未來調整的彈性。

(5)考慮一般物料的搬運計畫：兼顧靜態物料及動態物料的搬運。

(6)計算設備的需求：以利決定每一種型式設備的需求量。

(7)規劃個別工作區域：從工作區域詳細列出每一作業員、機器設備與輔助性設施的關係及其需求。

(8)選擇所需物料搬運設備：視每一物料或零組件移動需求而決定最適用的搬運設備。

(9)協調相關作業：工作區域間有關的作業或群組作業間均需同時考慮周延，以免發生脫序現象。

(10)設計各項活動的相互關係：將輔助性勞務活動依物料、人員和資訊流程

所需的密切程度結合在一起，以求整體性。

⑾決定儲存需求：需考慮到原物料、半成品和成品的儲存空間和需求。

⑿規劃服務及輔助性活動：應以生產導向為主，規劃所需的輔助性活動空間，如工具室、急救站、餐廳、洗手間等需求。

⒀決定所需的空間：將設備、人員、物料及服務性設施等空間需求，做一精算以求得總空間需求。

⒁將各活動區分配至總空間內：空間分配需視彼此間的關係程度加以有效規劃，務使分配在經濟、安全、方便的原則下達到最佳化。

⒂考慮建築物的型式：至於建築物的型式、結構、外觀及層別等應一併考慮，通常建築物的規劃宜在佈置計畫完成後再處理，將可避免佈置受制於建築物。

⒃完成總體佈置 (Master Layout)：主要將區域分派圖轉變到總體佈置圖內，然後循著物料流程及搬運路線標示出各個生產部門、輔助性設施和工作場區的細部佈置。

⒄與相關人員進行評估、調整及檢討佈置方案。

⒅取得主管的核可。

⒆進行佈置。

⒇對佈置執行的跟催，尋求是否有差異，以利改正。

2. Richard Muther 的系統化佈置計畫 (Systematic Layout Planning, SLP) 程序如圖 8-3 所示，它係依據輸入資料，如產品 (Product)、產量 (Quantity)、途程安排 (Routing)、服務設施 (Supporting Service) 與時間 (Time) 等 P、Q、R、S、T 五種資訊，以及瞭解各活動間的角色與關係，再而進行物料流程 (Flow of Materials) 分析及活動關係分析 (Activity Relationships)，並以此發展出相關圖 (Relationship Diagram)，接著由相關圖表示出各項活動的空間位置。然而，在表達各活動的關係是利用相鄰與否來加以界定，一般的相關圖是二度空間，若是多層樓建築、樓中樓或工廠上方空間要利用的場合，亦可考慮採用三度空間的相關圖。

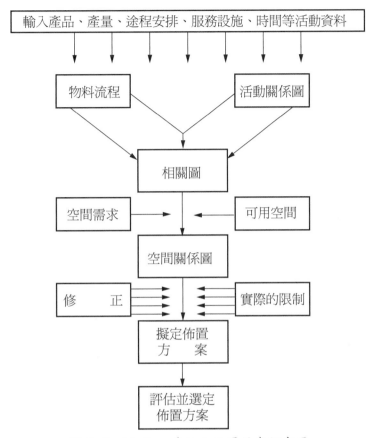

圖 8-3 Muther 系統化佈置計畫程序圖

　　當完成相關圖的規劃後，依各部門空間需求及可用空間來決定各項作業所能分配的空間大小，並製作每一部門的空間樣板，將樣板放入相關圖內，做初步佈置方案，逐步依實務上的需要做必要的修正與評估，最後擬出較佳的方案為止。

　　活動相關圖如圖 8-4 所示，相關圖如圖 8-5 所示，空間相關圖如圖 8-6 所示，圖 8-7 為擬定出的佈置方案範例。

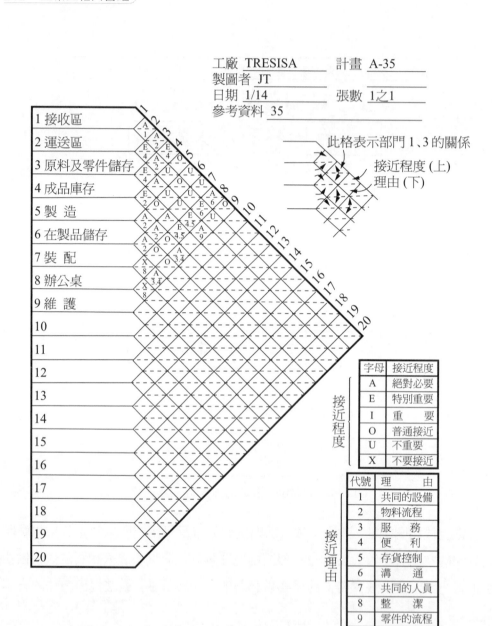

圖 8-4　活動相關圖

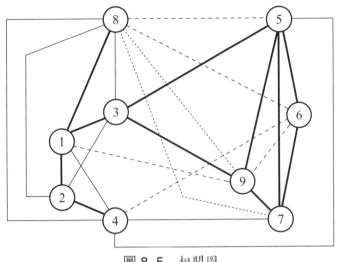

圖 8-5 相關圖

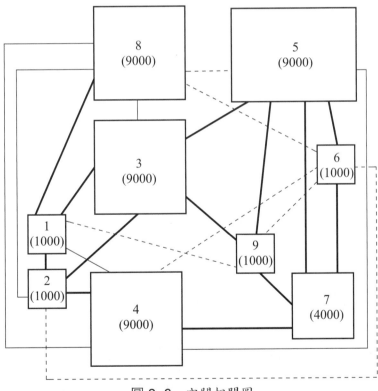

圖 8-6 空間相關圖

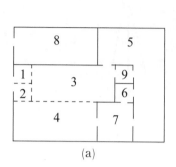
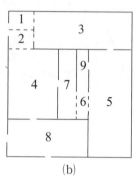
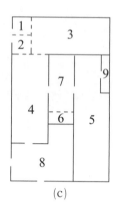

(a)　　　　　(b)　　　　　(c)

圖 8-7　佈置方案的產生範例

參考書目

1. Apple, J. H., *Plant Layout and Material Handling*, 3rd ed., John Wiley & Sons, Inc., 1977.

2. Turner, W. C., Mize, J. H., and Case, K. E., *Introduction to Industrial and Systems Engineering*, 2nd ed., New Jersey: Prentice-Hall, Inc., 1987, pp. 65-104.

3. Thompkins, J. A., and White J. A., *Facilities Planning*, John Wiley & Sons, Inc., 1984.

習　　　題

1. 試述設施規劃的目的何在？它對工業生產扮演何種角色？
2. 試述進行廠址選擇時應考慮那些因素？
3. 試簡述對在工業區內設廠的優缺點。
4. 試述產品產量分析 (Product-Quantity Analysis) 對工廠佈置型式有何影響？
5. 試述物料流程規劃與工廠佈置的關係何在？試舉例說明之。
6. 試比較 James M. Apple 與 Richard Muther 對工廠佈置程序的異同。

第九章
行銷管理

　　對行銷的重視雖然是較現代才發生的事，但行銷的行為卻已存在數千年以上了。在貨幣尚未出現的古代，人們是以以物易物的方式進行買賣。如何將自己所擁有的東西成功的推銷出去以換取所需的物品，這就已是初步的行銷行為了。貨幣的出現使財富的累積變得更容易，貨物的流通更快速，行銷的手段及方式也更為進步及複雜了。

　　生活在現代，幾乎每一個人都時時刻刻的為各種行銷的活動包圍。家庭用品、汽車、房屋等任何買賣行為是行銷，工作時向上級「推銷」自己的方案、表現，向屬下「推銷」自己的要求事項，向客戶「推銷」公司的產品或服務等，也都是行銷的行為。甚至朋友之間（異性或同性）的交往也可算是行銷的行為。至於每天所看的報紙、雜誌、電視節目中出現的各式各樣的廣告，則更是典型的行銷的活動。

　　工業革命後是生產導向的時代。生產技術及資本的取得不易，少數生產者乃可以大量生產的方式將產品供應給消費者。此時期的消費者因為可供選擇的產品不多，只能被動的接受生產者製造出來的產品或提供的服務。但隨著時代的演變、國際貿易的盛行、跨國投資的頻繁，生產技術及資本的取得已較前容易許多。除了少數需要特殊專門技術的產品（例如化工產品、特殊藥物等）較能避開競爭的壓力外，其餘的產品因為提供的功能類似，生產的技術也相差不大，因而在市場上的競爭就異常的激烈。例如各種家電用品、個人電腦、汽車、軍事武器等皆是如此。為了要在市場上立足，產品或服務的提供者不得不走上消費者導向、行銷導向的路，以滿足消費者的需求為著眼點，先生產或提供能令消費者滿意的產品或服務。現代消費者的角色已由被動轉為主動，由產品或服務的接受者轉變為產品或服務的決定者及主導者。

　　當然行銷並不是個獨立的功能。一般而言，成功的行銷背後需有三項因素的配合：正確的產品、合理的價位、良好的品質。產品選擇的正確與否與企業的生存有直接的關係。王安 (WANG) 電腦及 IBM 公司就是因為對個人電腦市場的判斷錯誤而付出了極大的代價。前者已宣佈破產，後者則因資產雄厚，在一連串的裁員、重整、及重新擬定經營方向之後，已逐漸脫離經營困境、轉虧為盈了。日本索尼公司早期的 Beta 錄影標準也是失敗的例子之一。錯誤的產品即使有再好的行銷手段也會使公司的經營步上失敗之路。一般而言，在其他的因素都相當時，價位低的產品較易取得競爭的優勢。但如化妝品、服飾、手錶、汽車等產品可能會有不一樣的情形。經由行銷策略的運用，消費者會將高價位視為合理，因為產品所提供的可能不止是其本身的功能，而還包括了消費者自認的地位的象徵、財富的象徵等心理因素。良好的品質不僅是指產品本身的品質，還需包含與產品有關的各項活動的品質，例如操作手冊的品質、公司提供售後服務的品質、銷售人員、維修人員的服務品質等等。品質不好的產品是無法長久存在於市場上的。當然，有正確的產品、合理的價位、良好的品質，卻沒有一個完善的行銷策略，那公司的經營也會發生問題。同樣的，沒有此三項的因素配合，再好的行銷策略也難以奏效。所以，唯有完善的行銷策略才能事半功倍的將品質良好的產品成功的以合理的價位推銷出去。

　　日本產品的成功，其根本原因就在於生產技術的不斷改進，強調產品及服務的品質、合理不昂貴的價位，以及強勢的行銷策略等因素結合起來所造成的結果。時至今日，日本的電器產品及汽車等都已成功的塑造了高級卻不昂貴的形象。其他國家的產品除非在功能、品質及價位方面能凌駕日本產品之上，其行銷策略也能令消費者相信此點。不然，想要取代目前日本許多優良產品的地位絕非容易的事。

　　過去我國工業因為生產技術層次不高，只能為其他知名的國際廠商代工生產。但隨著生產技術的提升、人工成本上漲及國際市場競爭的壓力，開發自有廠牌已是不可避免的經營方向。但以自有廠牌銷售所需的努力極大。例如宏碁電腦為了換個新的英文名稱並打出知名度就投下鉅額的資金及心力。如何建立自身產品的優良形象並成功的推銷出去與行銷策略是否完善的訂定有密切的

關係。行銷策略的運用得當與否是一公司是否能生存的關鍵因素之一，而這點對國內工商業界尤其重要。

以下部分將就行銷的內容分別做更進一步的說明及探討。

9-1 行銷管理概論

一般人常認為銷售就是行銷，其實銷售只是行銷的一部分，甚至還不是最重要的部分。一個成功的行銷人員需能確認顧客實際的需要，配合、引導相關部門（設計、生產、品管等）發展適用的產品，訂定合理的價位及品質標準、做好配銷及促銷等活動。以上這些工作都能做好的話，銷售這些產品就會輕鬆許多了。

在 Philip Kotler 的《行銷學要義》(Kotler, 1986) 一書中將行銷定義為：「『行銷』乃指經由交換過程以滿足人類多種需要與慾望的活動。」

在此定義中的「慾望」及「需要」有著不同的含意。「慾望」指的是心理需求的一種反應。這種反應會受到文化背景或個人的因素影響。例如美國人早餐會想要喝牛奶、吃培根 (Bacon)、炒蛋、麥片等，國人早餐會想吃燒餅、油條、飯糰、稀飯等。當生活水準提高時，人們的慾望也會逐漸增加。一方面因為接觸的事物多了，尤其是目前資訊快速流通的時代，世界各地發生的事都能很快的傳送到每個人眼前。另一方面，物品的提供者利用各種不同管道刺激人們對其產品的慾望。例如利用電視促銷汽車、家電用品、兒童玩具等。慾望並不一定能實現，例如不少人會有住高級別墅、開高級轎車、佩戴高級珠寶的慾望，卻不見得每個人都會去購買這些東西或有能力去買這些東西。而需要就是較具體的行動。當人們具有購買的能力時，其慾望就變成了「需要」。以學生為例，入小學前可能會有要一部自行車的慾望，這慾望可能要到入小學後，身高夠了，家庭也願意提供財力或其本身有足夠的財力時，才轉成了「需要」。至於不少大專學生有想要開轎車的慾望，可能需到其有了經濟基礎後才能成為「需要」而實現。

慾望可以是無窮止盡的，如何將慾望轉換成需要正是各公司促銷其產品的重要課題。除了本身產品需具備吸引人的條件之外，大環境也佔了很重要的地

位。例如大陸市場的逐漸開放，各公司企業一方面經由各種宣傳手段，使中國大陸的人民產生了無數新的慾望，成為購買的原動力；另一方面這些公司企業以擴大投資的方式，促進當地經濟的發展，使民眾的生活水準提高。如此一來，民眾有慾望，然後又有購買力，自然而然的，他們就會去購買他們所「需要」的物品。

以「交換」的方式來滿足個人的需求與慾望時，「交換」可以是以物易物的方式。這種情形不僅存在遠古時代，現代也常發生。例如蘇聯解體前，我國與蘇聯的交易因為蘇聯缺乏外匯，以致需以以物易物的方式進行交易。當然最普遍的「交換」方式是以貨幣進行買賣。不論是何種方式，買賣的雙方（或多方）都必須認為所付出的及所得到的價值相當。如何使顧客認為物品的售價合理且願意購買就是行銷策略的應用了。

因為透過交換方式的進行，因而有「市場」的產生。市場是由買方、賣方、物品（有形或無形）三項因素所組合成的。透過對各種市場的瞭解，吾人對行銷會有更清楚的概念。行銷即為與市場有關的各項活動，也是為滿足人們慾望與需求，而經由市場的運作所產生的交換活動。一般而言，行銷是屬於賣方所需進行的活動，尤其是在產品功能類似者眾多、競爭激烈的市場中，各產品的供應者無不用盡各種方法打動消費者購買其產品。買方只需依賣方供應的產品及促銷的活動做比較，選擇自己所喜歡的購買。

Philip Kotler 同時將行銷管理定義為：「透過分析、計畫、執行及控制的功能，以謀求創造、建立並維持與目標市場之間有利的交換關係，藉此而達成組織的目標——如利潤、銷售成長、市場配額等。」

行銷管理的工作並不只是為公司的產品尋找顧客、擴張市場的需求而已，其工作尚包括了調整（增加、減少、或保持穩定）市場的需求，使公司整體的利益最佳化。以個人電腦 (PC) 的中央處理器 (CPU) 的主要供應者英特爾 (Intel) 為例。當某型 CPU 開始普遍，對手也推出對應的產品時，英特爾常會斷然將該型 CPU 停產或大幅降價，然後推出新一代的 CPU，進軍並創造新的市場。縮小已經飽和、獲利不佳的市場，而擴充具成長潛力、獲利高的市場，這是許多企業致勝的主要原因。

最新的行銷概念除了是消費者導向，以消費者為中心，使消費者獲得最大的滿足外，還加入了對社會的責任及關心。例如生產個人電腦的廠商紛紛推出節省能源的省電型電腦或稱之綠色電腦。清潔用品公司也紛紛推出無磷或能自然分解的產品，這些都是以環保的作為吸引消費者的作法。此外，低鈉鹽、無糖可樂、無糖口香糖等則是以消費者的健康為訴求。可以預見的是，未來產品銷售的趨勢一定是朝環境保護、不危害人體健康，或者對健康有益的方向走。

 ## 9-2　分析市場機會

　　任何公司皆需具備辨認及開發新市場的能力。光靠現有的產品是無法永遠在市場上立足的。以錄影機為例，早期索尼發展了 Beta 系統，開發了錄影機的市場，但後來卻為松下等公司的 VHS 系統取代。而攝錄機 (Camcorder) 的市場早期為松下等公司的 VHS 系統佔有，後來索尼推出的 V8（使用 8 公釐寬的帶子）系統則慢慢的取代了 VHS 甚至 VHS–C 系統的位置。本來索尼或許希望原先 VHS 錄影機的系統能轉換為 V8 的系統，可是 VCD 的出現卻逐漸終結了錄影機的時代，V8 的系統自然也在淘汰之列了。時至今日，VCD 的時代也正被 DVD 逐漸淘汰中。類似這種情況的例子很多，而這些例子說明了一種現象，那就是新技術及新產品開發的速度很快，公司必須不斷的辨認市場新的需求，並開發新的產品以為因應，進而保持競爭上的優勢。

　　公司可以以有系統的方式去尋找新的契機。例如專人（推銷人員）負責監視市場上需求的變化，閱讀報章雜誌、參加商展、研究競爭者的成功產品，甚至可用腦力激盪 (Brain Storming) 的方式產生新的主意。

　　也有公司使用一種很有效的「產品／市場擴展矩陣」(Product/Market Expansion Gird) (Ansoff, 1957) 方法來開發新的市場，如圖 9–1 所示，其進行步驟另說明如下：

	現有產品	新產品
現在市場	1. 市場滲透	3. 產品開發
新市場	2. 市場開發	4. 多角化

圖9-1　利用產品／市場擴展矩陣開發新市場機會

1. 市場滲透 (Market Penetration)

公司現有的產品是否能做更深入的市場滲透，增加產品的銷售量，尤其是在不改變產品的情況下做到這些。當然可用的辦法不少，例如以廣告強力促銷、降價、贈獎、增加陳列的機會等。

2. 市場開發 (Market Development)

研究公司現有的產品是否能開發新的區隔市場。以數位攝錄機而言，新婚青年、家有初生嬰兒的家庭、家有老年人的家庭、大專青年等都是不同的市場。是否有不同的策略可以打入這些市場，使他們能購買這項產品？

3. 產品開發 (Product Development)

公司或者可考慮提供新的產品以進入現有的市場，爭取更多的使用者。例如可將影像數位化並錄於光碟片上的數位攝錄機，可於火災現場使用的簡便隔離濃煙及一氧化碳等的防毒面具等。在現有產品的市場已飽和時，推出新的產品有時是唯一能走的路。

4. 多角化經營 (Diversification)

公司也可考慮生產新的產品進入新的市場。其產品可以是與現有產品類似或完全相異者。以臺糖為例，除了製糖外，它還有豬肉、沙拉油、飲料、蝴蝶蘭等產品，甚至還進軍便利商店及量販業。充分發揮了多角化經營的功效。

以現有的產品去開發新的契機似乎是較容易做的事，但效果可能並不十分顯著，尤其是市場已很成熟，呈飽和的狀態時，開發新的產品固然可能搶得先機，佔有市場，但也有不被市場接受、估計錯誤的風險。如何選擇正確而適當的策略是相關決策人員需特別注意的事項。

一、行銷資訊系統

過去由於公司的規模不大，購買其產品者多半局限於某特定區域。這種屬於地方性、區域性的公司企業，可以透過與顧客的直接接觸而獲得所需的資訊。但目前連鎖型的大企業早已成為全國性，甚至世界型的企業。例如麥當勞 (Mc-Donald) 速食店、IKEA 傢俱、微軟 (Microsoft)、我國的宏碁電腦等。管理者已無法以過去傳統的方式蒐集所需的資訊。此外，顧客對商品的需求及選擇日漸挑剔，也愈難以預測。商品除了本身價格的因素外，還有其他非價格的因素，如廣告、促銷、品牌形象等。多種因素的衝擊下，公司企業需要有一個有效的系統去蒐集相關的資訊，例如消費者需求的轉變、地域的差異性、對廣告的反應等，以做出正確的決策。

　　行銷資訊系統是透過專門人員及設備，以固定的程序去蒐集、整理，並分析各項資訊，然後將分析的結果適時的提供給相關的決策人員以供規劃或改善公司行銷策略之用。圖 9–2 說明了行銷資訊系統的大致架構。左側是決策者需瞭解、掌握的行銷環境。右側是相關決策者應制定的一些行銷策略。介於兩者之間的就是行銷資訊系統。此系統尚包括四個子系統：內部報告系統 (Internal Reporting System)、行銷情報系統 (Marketing Intelligence System)、行銷研究系統 (Marketing Research System)，及行銷分析系統 (Analytical Marketing System) 等。以下將分別就各子系統的功能做進一步的說明 (Kotler, 1986)。

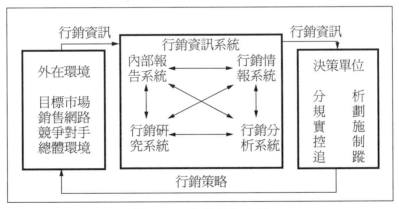

圖 9–2　整體行銷系統

1. 內部系統報告

任何公司都有內部的報告以說明各期的銷售額、成本、存貨等資料。由於電腦應用的普及，公司很容易建立一套很完善的內部報告系統。許多公司更可由連線作業的方式，立刻知道某天、某週、某月、或某個期間，某項產品的銷售量、存量、已訂購但尚未送達的數量等。這在管理上能充分掌握時效，迅速的因應市場上的變化。

2. 行銷情報系統

此子系統是要透過一些既定的程序，使決策者能掌握外界環境的最新資訊。例如，透過公司的銷售人員瞭解外界對公司產品的反應，市場需求的變化等。透過經銷商、零售商，或其他相關機構提供市場的情報。或者成立專責機構，透過各種不同管道，蒐集所需的資訊。

3. 行銷研究系統

在此子系統下，需系統化的、專業的將公司所面臨的行銷環境進行調查並做出建議及結論，以供決策之用。行銷研究的方式很多，而最普遍的莫過於以問卷調查的方式進行。針對不同的主題，設計不同的問卷，以電話訪談、當面訪問，或郵寄填寫的方式，蒐集相關的資料。此外，也可以召集一批專家，針對某一主題進行討論研究，然後做下結論。

4. 行銷分析系統

此子系統是要以較技術性或學術性的工具對各種與行銷相關的資訊進行分析。在此子系統下，統計及數學的模式常被發展出來，以找出影響銷售的主要因素及其重要的程度。這些模式可協助決策者在廣告促銷、地點選擇、產品組合、新產品銷售預測等方面做下正確的決定。

各子系統並不是各自獨立，而是不斷互動的，像行銷分析系統中的模式就須靠其他系統中的資料才能有效的建立。而其他系統也可從其蒐集的資料中，瞭解所建立的模式或實施的行銷策略是否正確、得當。

二、市場環境的變動趨勢

市場的環境是由個體環境及總體環境組成。個體環境指的是公司、供應商、經銷商、代理商、顧客等直接影響公司提供產品或服務的力量組合。總體環境

則是會影響個體環境的一些因素所組成的，例如，人口年齡結構、經濟環境、政治發展、天然環境、文化發展等。

不論是個體環境或總體環境，只要其中的某些因素發生變化，就會影響到市場的環境，也就會影響到公司的行銷策略及經營策略。以下僅就國內現在及未來市場變動的趨勢做概略的說明：

1. 全球性競爭的壓力

臺灣的市場本來就充斥了各種國內、外的品牌，加入世界貿易組織 (WTO) 後，國際化的程度會更加深。在這種情形下，財力雄厚的大企業自然可以以其強大的力量將一些小企業趕出市場。另一方面，由於競爭激烈，物美價廉（品質好、價位低）的產品是成功的基本條件。對大企業而言，由於其資金及技術的優勢，使其能開發新的產品、能以低價佔有市場、能忍受較長期的虧損等。這些都不是一般小公司所能做到的。在美國的大型折扣商店中，Wal-Mart 就能以其雄厚的資金，大量（數量及種類）質優價廉的商品，良好的服務態度及政策，不僅使許多位於其附近的商家紛紛關門，更超越了 Sears 及 K Mart，成為美國最大的大型折扣連鎖企業。臺灣也有同樣的情形，家樂福、大潤發及愛買吉安等大型的折扣商場對其他小型的商家造成了很大的威脅。小型商家多半只能以結盟的方式或成為大廠的衛星工廠的方式生存。例如，統一超商 (7-Eleven) 等的便利商店及其他為 IBM、Compaq、Wal-Mart、GE 等大企業代工生產的廠商。臺灣汽車業紛紛以母廠的名稱做號召也是明顯的例子。可以預見的是，國內的市場主要將是各國際大廠商產品互相競爭的局面，其他的小廠商將只佔很小的比例。

2. 求新求變的社會現象

由於經濟發展過於迅速，民眾物質享受的慾望越來越高。另一方面也由於「速食文化」的衝擊，造成產品壽命的快速縮短。為了因應這種求新求變的趨勢，產品開發設計及推出上市的時間要求壓力很大。產品壽命減短的情形，也使經營的風險增加、獲利減少。例如英特爾 (Intel) 中央處理器的推出就非常的快速，快到競爭者趕不上它的腳步，也快到消費者剛買的個人電腦很快就成了上一代的產品。這種現象使公司彼此間的競爭愈形激烈，一些資金不足、專業

能力（設計能力、生產技術、行銷策略等）不足的公司很快的會被淘汰。

3. 消費者自我保護意識的抬頭

由於法令的不健全以及有關單位的漠視，國內消費者並未受到應有的保護。但目前資訊傳遞快速及普遍的情況，使國內民眾能接觸到先進國家對消費者權益所做的保障措施，加上一些民間社團的奔走鼓吹，國內民眾將越來越重視自身的權益。未來如果凍噎死幼童、餐廳食物中毒、公共安全設施不足造成傷亡、廣告誇大不實等不合理、不合法的情形都將令業者付出相當的代價。

4. 環保觀念的高漲

隨著大眾對環境的日益重視，各種商品也不得不朝向「綠色革命」這條路走。有益於環境保護的商品不僅能獲得消費者的青睞，也能獲得政府的鼓勵。例如廢紙回收製成再生紙、寶特瓶回收、各種金屬的回收，以及科學家最近發現某些植物能製造塑膠，而此種塑膠很容易於大自然中被分解。能建立良好環保形象的公司及商品，在市場上較能吸引消費者的注意並購買。

現代的公司所面臨的是競爭空前激烈的市場，掌握市場變動的趨勢而做出因應之道是公司生存的基本條件之一。一個公司需對市場的變化迅速做出正確的決定，否則將永遠不能成為市場的領導者。

9-3　消費者行為分析

消費者購買行為的型態直接影響了一項商品的銷售情形。因此瞭解消費者的購買行為以訂出合宜的行銷策略就成了決策者必備的條件之一。

消費者之間由於年齡、所得、教育水準、居住處所，及個人偏好等的差異，彼此之間的購買行為並不盡相同。以日用品牙膏為例，雖然每個人每天都要用牙膏，但每個人的購買行為卻可能不一樣。幼兒可能喜歡用有卡通圖案的牙膏，青少年可能會偏好有潔白功能的牙膏，成年人則或許會選用能防牙周病的牙膏。但不論是何種消費者群體，都會受到所謂 4P 的行銷刺激；亦即產品 (Product)、價格 (Price)、銷售地點 (Place)，及促銷 (Promotion)，以及其他的刺激，如政治、經濟、文化、風俗等的影響，而做出一連串的反應，如產品選擇、品牌選擇、購買時機、地點、數量等。購買者的特徵則是對上述各類刺激產生反

應的一重要參考指標。以下將做更進一步的說明。

一、購買者特徵

消費者的購買行為深受文化、社會、信仰、風俗習慣、個人、心理因素等特徵所影響（見圖 9-3）。有些因素不是行銷決策人員所能掌握控制，但卻是必須瞭解的。

文化因素對消費者的購買行為具相當的影響。個人的需求與行為，主要源於文化。例如基本的價值觀、生活習慣等。由於交通及資訊流通的發達，許多國家難免會受到外來文化的衝擊。例如我國過去的飲食習慣是以米食、麵食為主，這是傳統的飲食習慣。最近則趨向多元化，西餐、披薩 (Pizza)、義大利麵 (Spaghetti)、炸雞、漢堡、日本料理等都深受歡迎。美製節目、日製節目、韓製節目、運動文化、MTV 文化、卡拉 OK 文化等都迅速的在國內造成不同程度的影響。傳統的價值觀及生活習慣面臨了極大的轉變。

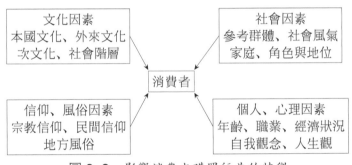

圖 9-3 影響消費者購買行為的特徵

次文化則是每個文化中所包含的較小的群體，各群體有明顯的特徵。例如美國這多民族的國家中，猶太人、義大利人、華人、拉丁美洲人、波蘭人、愛爾蘭人等，都有不同的倫理觀念及生活習慣，也有不同的文化偏好及禁忌，這些不同的地方就會影響到對商品的偏好。

社會階層指的是社會中依某些標準、按順序排列的群體。群體內的成員具有類似的價值觀、行為，及興趣等。階層劃分的標準由職業、所得、財富、教育程度等因素組成。不同的社會階層對商品會有不同的偏好。例如高所得階層

的人或許會選擇賓士轎車 (Mercedes Benz)、戴勞力士手錶、名貴的珠寶等；中產階級的人或許會選擇一些 2000 c.c. 的房車、住較高級的公寓、不太穿戴名貴珠寶等。當然個人可以晉升到上一階層，也有可能降到下一階層。發生這種改變時，其購買行為也會跟著改變。決策者因此須針對不同社會階層的人，設計不同的商品及行銷策略。

消費者的購買行為也會受到社會因素影響。社會因素包括了參考群體 (Reference Group)、家庭、社會的角色與地位等。所謂的參考群體是對個人的態度與行為有間接或直接影響的群體。例如家庭、朋友、同學、同事等成員間不斷互相影響的群體，或歌友會、球迷俱樂部、其他俱樂部等因特殊目的或興趣組成的群體。決策人員須找出目標市場的參考群體。因為參考群體會影響個人對商品與品牌的興趣與愛好。這也是廣告中常有名人、影視演員等出現的原因。

購買者的家庭成員對購買者的行為也有相當的影響。因為個人的價值觀、習性等主要皆源自於家庭。但家庭中的成員在購買商品時所扮演的角色卻不盡相同。例如妻子多半決定菜式、烹飪用品、洗衣機、傢俱、服飾的購買。丈夫多半在購屋、購車、視聽器材等方面較有影響力。小孩則在購買機車、自行車、玩具、電視遊樂器方面有其地位。

社會風氣對消費者的購買行為有時有全面的影響。例如 60 年代國內流行喇叭褲的服飾，放眼所及，幾乎人人皆著喇叭褲，其餘如迷你裙、露背裝的流行亦然。當然，更廣泛一點來說，當社會風氣趨於奢靡、物質慾望較高時，會刺激人們的消費行為。相反的，若社會風氣趨於保守、節儉，則會減弱消費的慾望。顯而易見的，國內的消費風氣很盛，這對擅於行銷的公司的商品相當有利。

不論是在家庭、公司、班級、俱樂部等組織中，個人在群體的位置可以角色與地位來界定。例如男主人、女主人、總經理、課長、職員、理事長、會員等。每個角色都會伴隨著某種地位，這種地位反映了社會上對此角色尊重的程度。也因此，人們常會購買那些能彰顯其地位的產品。所以董事長、總經理之流常有名貴轎車代步，影星皆著流行名貴的服飾，從事公教職者皆都以實用為

考量重點。

　　信仰及風俗對個人的消費行為也有某種影響力。例如信仰回教的人不吃豬肉，也無法接受與豬有關的商品。寄往阿拉伯國家的信件應避免使用有豬的圖案的郵票即為一例。情人節、耶誕節的應景商品，端午節、中秋節、春節時的粽子、月餅、年糕等商品都是與信仰及風俗有關的例子。瞭解各地的信仰及風俗對行銷策略的制定會有相當的幫助。

　　購買者的行為也會受到個人的因素影響。例如年齡、職業、經濟狀況，及各種心理因素。

　　在年齡方面，不同的階段有著不同的購買特徵。例如單身階段時，財務負擔不重，購買的商品較偏個人化，像跑車、渡假旅遊、套房等。新婚階段則以購買耐久財為主，像房車、冰箱、洗衣機、耐久傢俱、視聽設備等。婚後則以購買家庭用品及與兒女有關的商品為主。子女長大成年後，渡假、醫療用品等的購買機會會較大些。

　　個人的職業也會影響一個人的購買行為。例如銷售人員需機車或轎車、襯衫、西裝等。高階管理者需高級西裝、搭飛機、加入獅子會、青商會、同濟會等。

　　個人的經濟情況更會影響一個人的購買行為。若經濟狀況良好，自可購置別墅、名貴轎車、高級視聽器材、攝影器材、赴私人醫院就診等。經濟狀況普通則對商品的價位較為敏感，例如購置國宅或租屋、購買普通小汽車或機車、使用手提收錄音機、傻瓜相機、以健康保險就診等。經濟狀況不佳則可能無力購買任何非基本需求的商品。

　　在心理因素方面則有動機、認知、學習、信念與態度等。為什麼要買此件商品？追求的是什麼？想滿足的是什麼？這些都是動機所造成的。認知則是個人用來選擇、組織，和解釋所獲的資訊，以產生有意義的反應的過程。例如有人可能會對咄咄逼人、窮追不捨的銷售人員反感，認為他們不夠誠懇，以賺佣金為目的，另有人卻可能覺得這種銷售方式才對胃口。至於學習則是經由經驗而對個人購買行為造成的改變。例如選擇降價、附贈品的時間購買，使用折價券，若覺得所購買的產品物超所值，下次會再度購買相同的產品或該公司生產的其

他產品。信念與態度是個人對某些事物所抱的觀點及行動傾向。例如國人可能認為尼康 (Nikon) 相機最好，日本的汽車和德國的汽車品質最好，美國拍的電影拍得最好等。

　　讀者可能發現購買者的特徵既多且複雜，各項因素並不是各自獨立而是互相影響的。行銷決策人員必須瞭解購買者的特徵才能訂出有效的行銷策略。能夠掌握消費者購買行為的人，甚至可以「引導」、「教導」消費者去購買他們的商品。像索尼的 Walkman、CD player 等。

二、購買者決策過程

　　消費者從開始有購物的想法到付諸實施，即所謂的決策過程。圖 9–4 可用以說明消費者一般購買的五個階段：問題的產生、資訊的蒐集、方案的評估、購買的決定、購後的行為。由此過程可發現，在發生購買行為之前及之後都有很長一段的時間，行銷決策人員應注意的是整個購買的過程，而不只是下購買決定的那個階段而已。

圖 9–4　消費者決策過程

　　購買的過程始於問題的發生，也就是消費者產生了某種需求。不論這種需求是醞釀已久的還是瞬間發生的，有了需求後，消費者就有購買的動機了。例如肚子餓了會想要吃東西，上班交通不便會想要購車，畢業旅行前會想要買相機、軟片等。需求也可能由外在的刺激而來，例如看到同學所穿的牛仔褲不錯自己也想買，看到人家騎新車或開新車，自己也想買一輛等。在這階段，行銷人員應注意的是消費者會有什麼樣的需求？會因為什麼因素產生需求？什麼樣的產品能令消費者產生需求？由此而將能令消費者產生興趣的刺激放入行銷策略中。

　　受到刺激或有需求的消費者會進行各種相關資訊的蒐集。蒐集的過程可以很短，也可以很長，完全視狀況而定。例如，肚子餓時正好經過麵包店，可能

消費者就直接進入店中挑選所要的麵包。但若是為了慶祝某個特別日子，則可能會大費周章的蒐集各種資料。中餐或西餐？中餐中有臺菜、粵菜、湘菜、川菜、江浙菜，西餐中有牛排、披薩、德國菜、法國菜，此外還有日本料理。而又是哪些餐廳做得最好？或者欲購買一部房車，車子的大小、配備、製造廠商、價錢、售後服務等資料可能都在蒐集之列。

　　資訊的來源很多，例如家人、朋友、廣告、消費者組織的評鑑等。行銷人員須瞭解消費者所用的資訊來源，並確定其重要性。例如美國消費者聯盟 (Consumer Union) 所出版的消費者報導 (*Consumer Reports*) 就具有相當的公信力及影響力。能被該組織推薦的產品，等於其品質與功能等被肯定，消費者自然樂於購買。

　　蒐集了足夠的資料後，就是各種方案的評估了。像上述用餐的決定，消費者可能會評估用餐處能提供的菜色、餐廳的大小、佈置、公共安全設施、是否有停車的空間、價錢等。需求的不同，考慮重點的不同，都會影響評估的程序。

　　經過評估的階段，消費者會對可行的方案訂出優先次序，而依此進行購買。例如前述的用餐決定，可能在前往第一優先的餐廳發現已經客滿或無處可停車後，會改往列為第二優先的餐廳。或購車時，列為第一優先的車子不僅缺貨且沒有折扣也無贈品，可能消費者會去購買列為第二優先的車子。行銷人員在這階段須注意的是，消費者前來購買時，其所見的、所受到的服務，是否真如該公司所說的，是否與其所蒐集到的資料相符。若消費者有上當的感覺，可能就不會有購買的行為了。

　　購買某項商品後，消費者可能感到滿意，也可能不滿意。不論是消費者想對購買的商品多瞭解些，或消費者對所購買的商品或服務有所疑問或抱怨，行銷人員都應予以注意。售後服務在保有顧客上扮演很重要的角色。在美國，許多公司對所售出的商品都有所謂的退貨政策 (Return Policy)，不論對商品有任何的不滿意都可以退回。有的公司甚至標榜 "No question asked." 「不問任何問題」的接受顧客的退貨。有的公司會問退貨的原因，但不是為了要刁難顧客，而是想瞭解商品本身是否有任何的問題，知道退貨的原因使公司有改善的依據。相較之下，國內有些商家在售後服務方面就做得不夠，尤其是透過電視購

物頻道或以網路、電話進行銷售的一些廠商，有些商家總能以各種手段規避政府的規定，欺瞞顧客。在大家都不注重售後服務的時候，消費者會因沒有選擇餘地而容忍。但隨著消費者對自身權益的重視以及一些外來企業的服務政策，未來不注重售後服務的公司將面臨很大的挑戰。

這一節所談的偏向消費者個人在購買時各種影響因素的介紹，因為消費者是實際購買公司產品的人，瞭解其購買特徵及購買過程的行為及心理變化是制定行銷策略的基礎。

9-4　選擇目標市場

在瞭解消費者的購買特徵後，公司較易對其產品選擇適當的目標市場。例如登山越野車的訴求對象會以青少年為主，房車的訴求對象會以家庭的男主人為主，麥當勞 (McDonald) 的訴求對象為整個家庭等。任何一種產品都無法吸引全部的消費者，除非是在計畫經濟的社會（如共產國家）才有可能，因為在此種社會下，可供選擇的產品極少，民眾只有要或不要，而無用那一種產品的選擇權利。在自由競爭的市場下，消費者有不同的需求及購買習性。一家公司必須選擇最有把握、對其最有吸引力的市場區隔，有效的提供其產品及服務。例如可口可樂 (Coca Cola) 除了其招牌的可口可樂飲料 (Classic Coca Cola) 之外，另還推出其他不同口味的飲料以及熱量只有一卡的可樂。此種作法就是針對不同的市場，提供不一樣的產品以滿足消費者的需求。

一、市場區隔的方式

市場是由產品的供應者及購買者所構成的。對供應產品的一方而言，購買者有不同的慾望與需求、資源、地理位置、購買態度、購買習性等。這些因素中，任何一個都能拿來當區隔一個市場的依據。市場的區隔沒有一定的方式，以下將就以地理、人口，與行為等因素區隔市場，做概略的介紹。

1. 地理性的市場區隔

此種區隔方式是將市場劃分成不同的地理單位。例如五大洲、國家、省、州、縣、市、區域等。公司須考慮各地區的差異現象（不同的需要、偏好等）。

例如過去傳統相機使用的 135 軟片的訂價，在美國與在我國就有明顯的差異，在美國軟片業者之間的競爭不比在我國的激烈，因此軟片在美國的訂價比在此地的要高出許多。

有些公司會在大的區域之下再區分成更小的地理區域，這在大的國家像美國較為明顯。例如東北部、中西部、西部、陽光帶等，各區域有不同的特性，因此有時不能一體適用相同的行銷策略。

2. 人口性的市場區隔

此種市場區隔方式是以與人有關的特性來劃分市場的。例如年齡、性別、家庭人數、所得、職業、教育水準等。這是最常用來區隔市場的方法。因為消費者的慾望、偏好、需求等與其特性有極大的關係。同時這些特性也較易衡量、界定。

依年齡來區分，則市場可有初生嬰兒、幼兒、少年、青少年、青年、中年、壯年、老年的消費市場等。當然年齡並不光是指生理上的年齡，還應考慮心理上的年齡。

依性別來區分，則市場可分為男性、女性，或中性的市場。過去男性專有的一些市場，如今已加入不少女性的消費者，例如吉普車、跑車、菸酒等。因此訂定行銷策略時應注意不要冒犯任一性別的群體。依所得、職業、教育水準來區分，一些高品味、包裝優雅、價位高的商品及價位低、普及化的商品就被區隔開以滿足不同的需求。

3. 行為性的市場區隔

此種市場區隔方式是依消費者對產品的知識、態度，或反應等為基礎以區隔市場。例如依使用時機來區分，行銷人員可提高商品的使用率。例如豆漿常用於早餐，但若把豆漿當成一般性的飲料，則於任何時間皆可飲用。鮮花的使用時機也日趨多元化，慶生、探病、情人節、母親節、結婚紀念日等。若依商品價位來區分，則有些商品不宜有高價位的情形出現，例如報紙、衛生紙等，此類產品只要品質達到某一水準即可，過高的價位反而嚇走消費者。有些商品就可以採取不同的價位吸引不同的消費者，例如美國通用汽車就有凱迪拉克、別克、奧斯莫比、龐蒂亞克、雪佛蘭等不同的車種供選擇，日產汽車也有日產

及無限 (Infiniti) 兩車種上市。

此外，還可依使用者情況（從未使用、過去用過、初次使用、經常使用、潛在使用）、使用率（輕度使用、中度使用、重度使用）、忠誠度（忠於品牌、忠於公司、忠於某特定公眾人物）等因素來劃分市場。

市場區隔的方式絕不僅前面所提的這幾種。行銷人員須依公司的產品特性，調查使用者的情形，選擇其市場區隔的策略。

二、市場涵蓋策略

市場區隔可以辨認出對公司有用的市場機會，公司接著就須決定要涵蓋多少的區隔市場以獲最大的利益。依商品的特性，公司一般可採用三種市場涵蓋策略 (Kotler, 1986)：無差異行銷 (Undifferentiated Marketing)、差異行銷 (Differentiated Marketing)，與集中行銷 (Concentrated Marketing)。

1. 無差異行銷

公司可能將整個市場視為一整體而忽視各區隔市場的差異性。公司注意的焦點在消費者需求的共同點，而非其差異的地方。不論是產品的設計或行銷的規劃都是以吸引大多數的消費者為目的。

此種方式較經濟，生產及行銷方面皆然。在生產導向的時代或社會，由於產品種類少且又大量生產，消費者的需求較不挑剔時，無差異的行銷方式較為盛行。時至今日，由於競爭的激烈，完全採用無差異行銷的公司企業已不多見。

2. 差異行銷

實施差異行銷的公司，會依每個區隔市場設計不同的產品。由於市場競爭的激烈，消費者口味的多變。大部分的公司都採取差異行銷的方式，一方面可涵蓋多個區隔市場，另一方面可刺激消費者重複購買同一公司的產品，加強消費者對公司的整體印象。例如美國通用汽車就推出了不同廠牌、大大小小各種不同的車種。在美國，有些消費者可能會購買一部大型的凱迪拉克轎車，卻又購買一部鈰星 (Saturn) 的小轎車。尼康 (Nikon) 相機推出了多功能的單眼數位相機及具不同畫素值的雙眼數位相機。喜歡攝影者可購買前者以應付較專業的情況，同時也會購買後者應付一般的場合。此外，像房屋的銷售，有透天屋、

大別墅、大型公寓、小型公寓與套房等，消費者可依自己的需要及經濟能力購買其中一種或數種。

差異行銷的方式使公司能充分利用公司的資源。只要公司的資源夠，行銷策略正確的話，自可推出各種不同的產品以滿足各式各樣消費者的需求、涵蓋極廣大的市場。因此實施差異行銷的限制應是公司是否有足夠的資源推出各種不同且都能獲利的產品。

3. 集中行銷

當公司資源有限時，多半會採用集中行銷的方式。全力去爭取某特定市場，而不去大市場與其他大的公司競爭。像臺灣一些半導體業者專攻個人電腦主機板、滑鼠、掃描器 (Scanner) 等周邊設備即是一例。將公司資源集中在其熟悉、專精的市場，如此可避免產品過於分散的風險。但若其所專注的市場突然轉壞時，公司的營運就會受到影響。例如美國王安 (WANG) 公司即因其產品被個人電腦取代而走上倒閉的命運。集中行銷的方式許多是地域性的，亦即其產品只在某特定區域銷售，例如金門的花生貢糖、高粱酒，臺中的太陽餅、一心豆干等。

在選擇市場涵蓋策略時，一般須考慮五個因素 (Kotler, 1986)：

1. 公司的資源

當公司的資源有限時，集中行銷或少數幾個區隔市場的差異行銷較適合。若公司資源豐富，當然可以進入許多市場。像美國奇異公司 (GE)，其產品從飛機引擎、家電產品，到電燈泡，一應俱全。而過去康白克 (Compaq) 則以個人電腦為主。一般來說，中小企業多用集中行銷的方式，大型企業則較偏好差異行銷。

2. 產品的同質性

同質性的產品偏向採用無差異行銷。像鋼鐵、各種水果等。但若產品在設計、功能、價錢上有所差異，則以差異行銷或集中行銷較適合。像汽車、音響設備、房屋、書籍等。

3. 產品所處的生命週期階段

若公司推出的新產品只有一種型式時，無差異行銷或集中行銷的方式較常

被使用。像早期黑白電視、彩色電視剛問世時，索尼 (SONY) 的隨身聽 (Walk-man) 剛出現時都是這類的例子。

4. 市場的同質性

若消費者的嗜好類似、消費的數量相當，對行銷策略的反應相差不多時，無差異行銷的方式較適合。例如麵粉、白米、面紙、衛生紙等產品。

5. 競爭對手的行銷策略

若競爭對手積極進行市場區隔時，採用差異行銷是必走的途徑。而若競爭對手採取無差異行銷時，採用差異行銷或集中行銷或可佔有一部分的市場。像聯合報系的《經濟日報》、《民生報》，中國時報系的《工商時報》、《時報周刊》等。

總之，公司必須就本身的各項資源及能力進行評估，選擇合適的市場，獲取自己的利益。

 ## 9-5　擬定行銷組合

所謂的行銷組合包括了產品、訂價、推廣、配銷通路等政策的制定。這些政策在行銷決策人員分析了該公司欲進入的市場的各項特性後，應可完善的規劃出來。

一、產品政策

產品是指市場上可供消費者購買、使用，或消費以滿足其慾望或需求的東西，這東西包括了有實體的物品或無形的服務。

公司可選擇為其現有的產品開拓新的市場或保有現有的市場，也可選擇開發新的產品進入新的市場。若為現有的產品，首先應注意的是此項產品位於其生命週期的那一階段。若已位於成熟期，需求不再增加，甚至減少時，或許堅持銷售此項產品並不是個好主意。若只是位於生命週期中的初期，則仍大有可為，不須急著放棄。例如彩色電視雖已發展至 50 吋以上的機型，但這市場已趨飽和，是否應再投下大量的資金開發類似的產品，值得商榷。或者應進行高畫質電視 (HDTV) 的技術開發較為妥當。英特爾公司的策略就是不斷的開發新

產品，當現有產品的市場成熟，競爭對手開始進行瓜分時，英特爾立刻有新的產品上市。英特爾因此才保有個人電腦中央處理器盟主的地位。

對現有產品而言，透過市場資料的回饋，公司可進行產品的改善及功能的增減，以滿足不同的需求。若在生命週期的初期則應努力提升市場佔有率；若為生命週期晚期，則保持現有的佔有率應是可行的作法。更進一步而言，每個成功的產品會經歷生命週期的四個階段：引介期、成長期、成熟期，及衰退期。在不同的階段，應有不同的產品行銷策略。

任何公司都須具備開發新產品的能力，同時須擅於管理新產品，使其具有競爭力。新產品的發展過程有下列幾個主要步驟 (Kotler, 1986)：

1. 產生構想

構想的來源有消費者的意見或抱怨、科學家的發明、競爭對手的產品，或公司的銷售人員及經銷商等。當然公司須評估本身的各項資源是否足以開發此產品，開發此產品能為公司達成什麼目標等事項。

2. 構想篩選

此階段的目的是要剔除不良的構想，以各種不同的衡量標準去檢驗所產生出來的構想，例如目標市場、競爭情況、市場大小、產品價格、發展所需的時間及成本、製造成本、投資報酬率等。留下好的構想，篩選掉不好的。

3. 產品觀念發展與測試

產品觀念是要將產品的構想以消費者的角度表達出來。因為消費者買的是產品觀念，而不是產品構想。行銷人員須將產品構想發展出一些產品觀念，並選出最能吸引消費者的。產品觀念測試則是將產品觀念對一群選定的消費者進行反應的調查，公司再依調查所獲的資料進行分析，分析結果將可用來決定是否該繼續發展此新產品或應做的改善。

4. 行銷策略發展

經過了測試的階段，就應擬定行銷的策略。一般而言，行銷策略應包括三部分。第一部分應評估目標市場的大小、消費者的購買行為、新產品的定位、預估銷售額、佔有率等。第二部分則應包括產品的預定價格、配銷策略、行銷的預算等。第三部分則是預估長期銷售目標、利潤、未來的行銷策略等。

5. 商情分析

高階管理階層須就前幾個階段發展出的方案進行評估。例如預估的銷售額、成本、利潤等是否合乎公司的目標。

6. 產品開發

當高階管理階層核可後，研發部門及生產部門就可以進行實體產品的製造。原型產品製造出來後，還須經過各種測試以確定其功能、安全等都符合要求及相關的規定。

7. 市場試銷

在正式全面上市前，公司會將少量的產品先行推出，觀察市場的實際反應。根據這些反應，公司可在產品正式上市前再做些必要的改善。

8. 商品化

若經過了前七個階段，公司決定將產品商品化時，公司須就推出的時機、地點、目標市場、行銷策略等做一整體性的規劃，以求一舉成功。

正式商品化的產品即進入了所謂產品生命週期，各階段的特徵，分別介紹如下 (Kotler, 1986)：

1. 引介期 (Introduction)

當產品剛上市時，銷售成長較為緩慢（價位過高、消費者陌生等），公司幾乎沒有利潤，因為投下的成本尚未回收。

2. 成長期 (Growth)

這段期間，由於需求量漸漸增加，價位開始下降，消費者也較為熟悉，市場乃快速地接納產品，公司利潤也大幅成長。

3. 成熟期 (Maturity)

在這階段，因為產品已被大部分的消費者使用，成長空間有限，銷售成長漸緩，且可能有競爭對手加入，公司利潤可能開始下降。

4. 衰退期 (Decline)

在此期間，可能因為有新的產品上市，發生了取代作用，因而銷售量遽降，公司利潤亦隨之消失。

不同生命週期的階段應有不同的行銷策略，例如在引介階段，行銷的重點

應是放在打開產品的知名度，並以高所得或有特別興趣的人為銷售對象。在成長階段，則應調低價格、改善產品品質、增加產品特色及式樣、進入新的目標市場等，以吸引新的購買者。在成熟階段，可能已有競爭對手出現，此時行銷重點應是建立消費者的品牌忠誠度、繼續改善產品品質及增加功能、進行各種促銷活動以保有自己的市場。在衰退階段，行銷重點應是維持某一水準的曝光率、或將新的替代產品介紹給消費者，成為舊產品與新產品的緩衝期。當然公司也可決定停止生產此項產品，或轉換目標市場，或賣給其他公司等。

現有的產品面臨了愈來愈短的生命週期，因此時時需以新的產品取代。這種情形不僅出現在服飾業、個人電腦業、汽車業，也出現在其他許多的行業上。但開發新產品所需的資源極鉅，因此在各行業才會出現領導者，且這些領導者的地位很難加以動搖。例如電腦軟體業的微軟 (Microsoft)、個人電腦中央處理器的英特爾 (Intel)、汽車業的美國通用 (General Motor)、福特 (FORD)、日本的豐田 (TOYOTA)、日產 (NISSAN)、家電業的奇異 (GE)、索尼 (SONY)、東芝 (TOSHIBA)、先鋒 (PIONEER)、松下 (MATSUSHITA) 等。有些廠商不在推出新產品上與這些大公司競爭，而以自身的技術爭取為這些大公司代工生產的機會，這也不失為一種生存之道。

二、訂價政策

所有的營利或非營利事業都會面臨其產品或服務訂價的問題。當然除了市場供需的因素外，還有人性面的因素。例如我國實施的全民健保措施，若每個看病的人不須負擔任何費用，則勢必會嚴重的浪費資源，因此而將國家財政拖垮，其後果會比沒實施全民健保還要嚴重得多。若採部分負擔制，則應採百分比制還是定額制？其實各有利弊。目前採取的方式是對是錯？甚至全民健保本身是否真能給全民帶來福利、或拖垮財政，造成更大的災難？吾人只能拭目以待了。

不可諱言的，價格是影響購買行為的主要因素。各行業、各公司的訂價方式都各有不同。以下先就不同的市場型態，說明其訂價的方式 (Kotler, 1986)。

1. 完全競爭市場

在這市場中，因為買方、賣方的數目都很多，買賣的都為同質性的產品，如小麥、玉米、銅、鋁等大宗物質。任何一個購買者或銷售者都沒有能力影響市場的價格。產品的價格完全由供需來決定。行銷人員幾乎不需將心力花在訂價上，或甚至不需什麼行銷策略。

2. 獨佔競爭市場

在這市場中，買方及賣方的數目都很多，但買賣價格並不固定，而是在一範圍之內。因為賣方提供的產品具差異性，買方願意依產品的差異性支付不同的價格。例如個人電腦、電視機、冰箱、相機等。行銷人員可針對不同的目標市場提供不同的產品及不同的行銷策略。由於競爭對手多，行銷策略的影響力較小。

3. 寡佔市場

在這市場中，賣方僅有少數幾家，彼此之間的價格及行銷策略影響頗大。這個市場的產品有的為同質性（如鋼鐵、石化產品），有的為異質性（如個人電腦中央處理器、汽車）。新的銷售者可能因種種困難（資金、技術、智慧財產權等）無法進入此市場，因此賣方的數目不多。因此，每個銷售者會很注意競爭對手的行銷策略及行動。主動降價或漲價時，對手會不會跟進，對手降價或漲價時，要不要跟進等。賣方彼此之間的牽制很大，且又不能聯合操作以免違反公平交易法。

4. 完全獨佔市場

在這市場中只有一個賣方。例如國營事業的臺灣電力公司、開放民營以前的電信局、郵局等，或一些有專利的化學或製藥公司。各公司的訂價原則各有不同，例如國營事業可以將價格壓低以服務大眾，也可將價格抬高以抑制消費。民營公司則以獲利最大的原則訂價。既不以高價鎖定固定的對象，也不以低價傾銷。

公司在訂定價位之前，首先須確定其目標何在，愈瞭解其目標，價位的設定就愈容易。一般的目標可如下列所述：

1. 求生存

若市場的競爭過於激烈、競爭對手過強、或消費者的需求難以掌握，為了

使公司能繼續營運下去,求生存很可能是公司的首要目標所在。在這種情況下,生存遠比利潤重要。只要價格高於產品的變動成本,公司就可暫時撐過去。

2. 將目前的利潤極大化

這是許多公司可能設定的目標。管理人員可估計各種價位下的需求量及成本,然後選擇獲利最高者。

3. 追求市場佔有率

有些公司訂定長遠的目標,先佔有市場然後追求長期的高利潤。此種狀況之下,產品的價位將盡可能的壓低。一方面吸引消費者購買。另一方面則可迫使競爭對手退出市場。這種方式常為一些日本企業所引用。

4. 追求產品品質的領導地位

公司也可能以生產最佳品質的產品為目標。為達此目標,其研發及生產等成本勢必增加,其產品的價位也會相對提高。像英國的勞斯萊斯轎車、勞力士手錶等。

至於公司的訂價方法,一般而言,有下列幾種:

1. 成本加利潤訂價法

這是最簡單的訂價方法。將成本加上欲獲得的利潤即為所訂的價位。例如單位總成本為 10 元,而公司想獲 20% 的毛利,則其訂價為 12 元。當然,並不是所有的產品都適用此種訂價方式。有時忽略競爭對手產品的訂價,是容易遭致失敗的。

2. 損益平衡分析及目標利潤訂價法

為了達到公司設定的利潤目標,例如 10% 或 15%,決策人員即依此決定其產品的價位。圖 9–5 可用以說明一損益平衡分析及目標利潤的關係。此公司須賣出 5 萬單位的產品,單價為 120 元,銷售金額為 600 萬時才能達到損益平衡,亦即公司不賺也不虧。若公司的目標利潤是 400 萬,則銷售量須為 10 萬單位。公司也可以提高價位的方式達成其目標,但提高價位後,是否能售出足夠的數量則須視市場對價格的反應而定了。

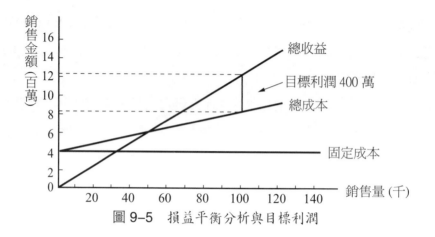

圖 9-5　損益平衡分析與目標利潤

3. 消費者認知價值訂價法

這是依消費者共同認知的價值來訂價。使用這種訂價方式時，公司須能確實掌握消費者「認知」的價值，以及公司在此價位下能獲的利潤。

4. 依現行價格訂價法

這是以市場上競爭對手產品的價格來訂價。在寡佔市場中，這是常用的策略。當然公司須評估此種價位之下，公司獲利的情形。

5. 投標訂價法

須靠投標以爭取生意時，競爭對手可能訂出的價格是考慮重點，雖然訂出的價格須比別人低，但也不能比本身的成本還低。

6. 消費者心理訂價法

有些產品消費者會有越貴越好的心理，例如菸、酒、化粧品、香水、藥品等。這時公司就可利用這種心理將價格提高以獲取高利。

價位的高低對產品的銷售量有直接的關係，而價位本身並非一成不變，而應隨市場的狀況隨時加以調整。

三、推廣政策

公司除了須能供應優良的產品，訂出吸引人的價格外，還須有一套完善的推廣政策，建立產品的形象並打開知名度，使消費者願意購買。一般而言，推廣的方式有下列幾類：

1. 專門的銷售人員負責推銷

由專業人員與消費者面對面的溝通、說明，以促成交易。除了直銷業之外，其他的公司也會有業務員或銷售工程師 (Sales Engineer) 以這種方式進行產品的推廣。

2. 參加評鑑

有些公司會將產品送至具公信力的第三者處，接受其評鑑。例如美國的消費者聯盟便經常在其消費者報導雜誌中登出各類產品的評鑑結果。此外像 *PC Magazine, Motor Trend, Money* 等雜誌亦會對專門產品進行評鑑，並推薦表現良好的產品。參加評鑑的好處在於一旦獲得推薦則立刻身價百倍或品質性能受到肯定，而易為消費者選購。

3. 廣告促銷

除了經常性的產品廣告，維持一定的曝光率外，還包括一些短期的促銷活動，例如贈獎、打折、抽獎等。這是最常用的推廣方式。

4. 贊助各種公益活動

這是企業為了建立良好形象的作法之一，目的要使消費者認為企業除了要獲取利潤外，亦不忘回饋社會。一旦消費者對此企業有良好的印象，此種印象可能就會投射到其所供應的產品上。

推廣政策的進行，一般可依下列步驟為之：

1. 確定目標市場

首先須確定目標消費者為那些人，其購買特徵為何？

2. 確定所想要得到的回應

消費者在購買某產品前，可能處於下列六階段之一：知道這產品、瞭解這產品、喜歡這產品、對這產品有偏好、對這產品深具信心、會購買此產品。行銷人員須評估目標市場所處的階段，然後決定想要得到的回應為何。例如使消費者對公司產品有信心。

3. 選擇適當的訊息

針對想要得到的回應，行銷人員就可適切的選擇要給消費者什麼訊息（訊息內容），如何表達（訊息結構），以何種方式表達（訊息格式）。例如，說明

車子的安全性能（內容）、以確實實驗數據證明（結構）、以磁性男性的聲音強調安全對家庭的重要（格式）等。

4. 選擇適當的媒體

溝通的管道可以是人員溝通管道的，例如由銷售人員直接宣傳、專家做有利陳述，或公眾人物現身說法。另也可使用非人員的溝通管道，例如報章雜誌、廣播、電視、展示媒體等。

5. 蒐集消費者的反應

訊息傳送出去後，行銷人員須掌握消費者實際的反應，然後根據這些反應，做適當的修正及改善，或進行下一階段的推廣政策。

公司須決定要花多少預算在推廣促銷上面，例如某汽車公司計畫以 2 億元的廣告預算促銷一款新車。預算的多寡當然須視公司的財務狀況而定，或以銷售額的某一百分比，或參考競爭者的情形，或分析預算與成效之間的關係來決定。不同的產品、目標市場應有不同的推廣政策，才能達到最好的效果。

四、配銷通路決策

大部分的生產廠商都透過一些中間商把產品銷售給消費者。除非是目標市場很小或侷限於某個區域，例如清晨由菜圃採收蔬菜至菜市場販賣的農民。由於目標市場可能遍及全國，甚至全世界，不靠中間商，勢必無法將產品呈現在消費者眼前。

配銷通路指的是在某項產品或服務從生產者轉移到購買者的過程中，擁有產品所有權或協助所有權轉移的組織或個人。配銷通路的主要功能有下列幾項：

1. 蒐集必要的資訊以供策劃、決策之用。
2. 促銷產品。
3. 尋找並接觸潛在的顧客。
4. 藉分級、組合、包裝等手續，使產品能配合消費者的需求。
5. 協調產品的價格及相關事項，使產品所有權轉移。
6. 運送及儲存管理產品。

配銷的通路可用通路階層數的多寡來區分，例如：

1. 零階通路 (Zero-Level Channel)

由生產者直接將產品銷售給消費者，例如路邊的攤販、郵購服務等。

2. 一階通路 (One-Level Channel)

在生產者及消費者之間另加了中間商。例如菸酒公賣局將菸酒批給有牌照的零售商，再轉賣給消費者。

3. 二階通路 (Two-Level Channel)

在生產者及消費者之間加了兩個中間商，例如批發商及零售商。

當然還有更多階的情況，像我國的蔬菜配銷，青果合作社算是大盤，其下還有中盤，中盤再將產品批給零售商，共有三階的通路。通路愈多，生產者將愈難控制他們，且轉嫁的成本會越高。

在配銷通路的決策設計上，有下列兩點是須考慮的：

1. 中間商的型態

公司須先確定它能利用的中間商型態有那些。不同的產品及購買者特徵，可能需要不同的中間商。例如簡單功能、價位較便宜的相機或家電產品可在大型折扣商店買到。特殊功能、價位高昂、使用者不多的可能就需以專賣店來銷售了。有些產品為了其形象，只允許專門代理商出售其產品，例如勞力士手錶。

2. 中間商的數目

在這方面，公司可視其產品的特性而有不同的作法。例如便利品通常採用密集式配銷 (Intensive Distribution) 的方式以增加產品的曝光度及方便消費者購買，例如香菸及酒。有的產品會採取獨家配銷 (Exclusive Distribution) 的方式銷售，像汽車的正式代理商等。也有的公司採取選擇性配銷 (Selective Distribution) 方式，使生產者能涵蓋更多的市場，例如化粧品的配銷方式。

配銷通路的目的在能迅速的將產品供應給消費者，在提供完善的服務之下，還須將成本儘量壓低。有時因為市場競爭的激烈，生產者會將產品交由代理商處理，由代理商負責各項的行銷策略，亦即生產者專心生產、代理商則負責銷售。分工合作，不失為可行之道。

9-6　管理行銷力量──行銷執行、組織及控制

依照前幾節的內容，讀者對行銷計畫的內容及應注意的事項應有初步的認識及瞭解。進一步來說，行銷計畫是整合低層次行銷機能的指導手冊，以便為某個品牌或目標市場提供服務 (Bonoma, 1986)。亦即行銷計畫須將產品、訂價、推廣、配銷通路等加以整合，使行銷人員能提高公司產品的價值，並提供消費者不同的滿足程度。

當然，有好的行銷計畫，必須有好的組織去執行與控制。以下分別就這些項目做概略的說明。

一、行銷執行

公司的行銷執行有四個層次 (Bonoma, 1986)：行動、計畫、制度與政策。圖 9-6 即顯示了行銷執行的模式。行銷計畫須將行銷行動與非行銷行動加以整合，以達到預定的目標（佔有率、利潤等）。行銷的行動則包括定價、推廣等活動，這些活動的目的是要提供顧客滿意的服務並產生利潤。至於行銷制度則是與管理人員的例行性工作有關的制定預算、銷售人員的報告與控制等。而政策則是管理階層對各項行銷工作發佈的命令。

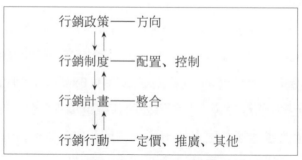

圖 9-6　行銷執行的模式

行銷行動的內容主要是行銷人員的基本業務。這些屬於較低層次的工作，有時在執行上會有些問題，這些問題中主要的有：

　1.銷售人員的管理。

2.銷售通路的管理與通路之間的關係。

3.產品訂價難以掌握。

而之所以會發生這些問題，其主要原因可能有二：

1. 過多的假設造成結果的偏差

決策人員對消費者的動態，由於偷懶、邏輯錯誤、資訊不正確，或過於主觀、自信，以至於做了錯誤的假設。

2. 內部結構的矛盾造成執行的偏差

高階管理階層的決定，與執行單位實際面臨的狀況並不一致。

要避免上述問題的發生，高階管理階層有時須實際的去瞭解市場上的情況，而不只是自作主張或光聽行銷人員的意見而已。如此在執行時，就較不會有與現實不符的情形發生。

行銷計畫注重的是要將行銷與非行銷的功能整合，以成功的銷售公司的產品。行銷計畫制定時首先應注意其被實行的可能性，忽略公司行銷行動能力的話，再好的行銷計畫也無法有效執行。其次，行銷計畫須明確的指出其主題、意圖與方向，使執行人員有一方向可遵循，有重點可掌握。

行銷制度是管理階層用以掌控或便利其行銷決策的工具。因此須透過正式的組織去執行、監督行銷工作的成效，並且制定預算。一個良好的行銷制度首先應要求公司的各項行銷工作皆須按公司的規定或慣例執行，如此則不會因執行人員的改變而造成偏差。其次就是應該有效的運用資料，既不會被資料誤導、也不會因資料不足而判斷錯誤，因此須有提供足夠且有效的資料的制度。

行銷政策的層面較行銷制度的廣泛。政策有時沒有文字的表達，但對行為的指導卻有很大的力量。行銷政策可包括兩方面：行銷主題與行銷文化。前者是指管理階層對行銷目的的共同體認。後者則是公司的一種無形的默契，每個人都會遵循去做的。

行銷執行其實結合了實際的運作及行銷決策人員的工作技巧。因為市場的多變及難以掌握，沒有任何一個計畫會是完美無缺的。但良好的行銷運作至少能使公司在面臨困難時，能有效的去處理相關的問題，而不是亂成一團或一籌莫展。

二、現代行銷部門的組織型態

公司須有一行銷組織才能執行各項行銷工作。若公司規模不大，則所有的行銷工作可能只由一個人負責，例如業務經理。事實上，國內許多公司不是由負責人就是由業務方面的主管負責與行銷有關的工作。至於負責行銷工作的這些人是否有足夠的行銷專業知識，則是另一回事了。

若公司的規模夠大，則其行銷部門的組織就會較為龐大，而行銷部門可依其特性而有下列幾種型態：

1. 功能性的組織

這是常見的組織型態，各行銷功能由不同的專家負責，如圖 9–7 所示。公司可依其規模做適當的調整及職稱的改變。

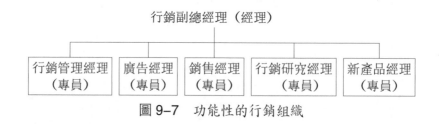

圖 9–7　功能性的行銷組織

2. 區域性的組織

銷售網較廣的公司（例如跨國大企業）通常會採用區域性的組織，如圖 9–8 所示。

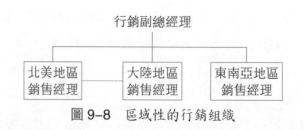

圖 9–8　區域性的行銷組織

3. 產品別的組織

若公司生產多種產品或品牌，設立產品別的行銷組織會較適合，例如美國

奇異 (GE) 公司等。圖 9–9 顯示了一般的產品別行銷組織。

　　當然，行銷組織不限上述三種，也有可能是上述三種的混合型態，例如產品別中又有區域性的組織等。同時，除了正式的組織外，也有採取臨時性編組的。亦即針對某個案、主題，或產品進行任務的編組，任務完成後即行解散。

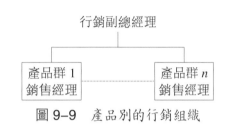

圖 9–9　產品別的行銷組織

三、行銷控制

　　行銷計畫的執行過程中，常會有意外的情形發生，因此公司需有一套控制系統或制度，以確保行銷計畫的預期結果。常見的行銷控制有三種：年度計畫控制、獲利控制，及策略控制。

　　年度計畫控制的目的在使公司的銷售額、利潤等能達到其預設的年度目標。年度計畫控制可分四個步驟進行 (Kotler, 1986)：

　　1.管理階層需在年度計畫中，擬定各階段（月、季等）的目標。

　　2.管理階層需對目標市場的實際績效加以衡量。

　　3.當階段目標與實際績效的差異過大，則管理階層需調查發生差異的原因。

　　4.管理階層需迅速採取有效的措施以彌補目標與實際績效的差異。

　　在獲利控制方面，公司需評估不同產品、目標市場、銷售通路的獲利能力。然後採取適當的行動，改善獲利差的產品、銷售通路或市場的需求量等。

　　在策略控制方面，管理階層需隨時對公司整體的行銷績效作仔細的檢討。因為市場環境的變遷快速，公司原先設定的目標、政策、策略，與行動方案等，可能會不合時宜而需加以修正。在這方面，公司常以行銷稽核為工具，以對公司的行銷環境、目標、策略等做完整、系統，與定期的查核，然後找出問題，並提出改進的方案。

9-7　結　論

在目前及未來的行銷環境中最大的挑戰，就是如何有效管理市場劇變所帶來的衝擊。影響行銷的各項因素，在未來將呈現更不穩定的狀態，行銷管理者需能面對及因應千變萬化的行銷狀況。

行銷的角色在未來將超越傳統的功能。行銷將從原先僅為一個部門的功能轉變為支配全局的指導功能，甚至成為企業生活的方式。最重要的，公司決策當局需具備相當的未來觀，使公司能站在有利的位置，藉預期、預備，及調適等，提前進行必要的改革。隨著市場變化的加大、產品生命週期的縮短、風險與利潤的倍增，以及全球性的競爭，公司決策當局對未來的洞察力與感受力將成為企業生存的基本條件。

展望未來的新興市場（Lazer 等，1994），中國大陸及亞洲其他地區已開始呈現強大、不可忽視的潛力，非洲及拉丁美洲由於政局的動盪，雖然人口眾多，但經濟的發展尚需一段時日。前共產地區的走向市場經濟制度，也提供了許多商機。行銷決策人員在進入這些市場之前，需瞭解各地區、各國的差異性，並確認其不同消費層的購買潛力，以提供合適的產品及服務。

行銷是門有趣且極具挑戰性的工作，其角色將愈形重要。事實上，不論是國外或國內的公司及企業，行銷的工作將直接影響其在市場的競爭力，甚至生存與否的關鍵。

參考書目

1. Kotler, Philip，梁基岩譯，《行銷學要義》，曉園出版社，1986，頁 3, 13, 60-64, 184, 187, 228, 236, 250-252, 259, 431-438。

2. Ansoff, H. Igor, *Stagies for Diversification*, Harvard Business Review, September-October 1957, pp. 113-124.

3. Bonoma, Thomas V.，陳嘉年譯，*The Marketing Edge*，《哈佛行銷法則》，中國生產力中心，1986，頁 86, 30。

4. Lazer, William, Barbera, Priscilla La, MacLachlan, and James M., Smith, Allen E., 周旭華譯, *Marketing 2000 and Beyond*,《優勢行銷》, 天下文化, 1994, 頁 104。

習　題

1. 試述「產品／市場擴展矩陣」的進行步驟。
2. 試述行銷資訊系統的功能。
3. 試述未來市場變動的趨勢。
4. 試述購買者特徵。
5. 試述購買者決策過程。
6. 試述市場區隔的方式。
7. 試述市場涵蓋的策略。
8. 試述新產品發展過程的主要步驟。
9. 試述產品生命週期。
10. 試述產品訂價的目標。
11. 試述產品推廣的方式。

第十章
財務管理與工程經濟

 10-1 概 述

金錢 (Money) 是企業經營的重要資源之一。一個企業從設廠,購買生產機器設備與物料,進而進行生產,一直到產品售出的這段期間內,皆需要大量的資金來維持,而這些資金的取得與運用,必須經過慎重的規劃與管制,才能發揮其效用,並達到企業之目標。因此,在企業的組織架構中皆設有財務管理部門來負責規劃與取得資金,並且有效地利用這些資金來創造企業最高之利潤。

財務管理在企業中所扮演的角色是愈來愈重要。一方面因為目前國際市場之競爭日趨激烈,通貨膨脹亦日益升高,經濟景氣、利率與匯率波動,以及貨幣供給緊縮等情形,使得資金之取得與企業之營運更加困難,因此,企業須仰賴財務管理之功能來充分利用與發揮有限之資源。另一方面,企業中之產品研發、生產、物料管理、行銷、人事等部門之作業不再是獨立而為,而是皆與財務管理有密切之關聯。例如,存量水準之訂定會影響到企業資金積壓之程度以及因生產方式之改變而需購買新的生產設備,亦將導致企業大量資金之投入等等。因此,各部門在從事與財務有關之決策時,必須與財務管理部門協商,以免錯誤之決策造成企業經營之危機。有鑑於此,各部門之管理者及工業工程師對財務管理之內涵應有所認知,以使所有之財務決策更有效益並有助於提升企業之生產力。

一般而言,財務管理之內涵主要可分為會計與財務兩大類。會計方面主要包含了一般會計 (General Accounting) 與成本會計 (Cost Accounting),其功能旨在紀錄與彙整企業財務之數據,於財務報表中以供管理者分析企業經營績效,與做財務決策之參考依據。財務方面之功能包括企業的投資 (Investment)、融資

(Financing) 及股利 (Dividend) 等三大決策（賴汝鑑，民 82）。投資決策主要乃是在決定企業資金應配置於何種投資方案上，以獲得最佳的投資效益。融資決策旨在決定以合理之成本，取得企業各項投資與經營活動所需之資金。股利決策則在於決定企業之盈餘分配，作為再投資或為現金股利發放之比例。

　　本章中之另一重要內容為所謂的工程經濟 (Engineering Economy)。工程經濟是現代工業工程領域中之一門專業學問，其主要的功用在於提供決策者在選擇最佳投資方案時的一個計量評估方法。故而，財務管理之投資決策功能亦需使用其中之方法，來進行投資方案之評估。

10-2　財務報表

一、財務報表概述

　　財務報表乃是會計功能之產物。所謂財務報表係經由有系統的會計處理程序與方法，將企業的各項財務資訊予以彙編而成，以適時地提供管理者與投資者正確無誤之財務資訊，俾作為各項決策之參考（洪國賜，民 82）。

　　一般而言，財務報表是管理者與投資者做決策時最常用到之資料，因此，財務報表內容之真實性對其決策之結果有著深鉅的影響。有鑑於此，政府亦明訂法律來規定企業對外提供財務報表之前，必須經過合格會計師審查無誤後，才能對外公佈，以免造成投資者之損失。

二、財務報表之種類

　　一般企業所提供之財務報表，主要有下列幾種：

1. 資產負債表 (Balance Sheet)

　　資產負債表係用以反映企業於某一特定時間之財務狀況。它可按照每年、每季、每月或其他時間間隔來將企業之資產 (Assets)，負債 (Liabilities) 及股東權益 (Stockholder's Equity) 的狀況彙整於報表中，使使用者能對企業之財務狀況一目了然，因此又被稱為財務狀況表。其中，資產乃是指企業所擁有之一切具有經濟價值的資源，例如現金、有價證券（如股票、債券）、應收帳款、應

收票據、存貨、預付費用（如預付租金及保險費等），以及包括土地、建築物、機器、設備等之固定資產。負債即是企業對外之債務，例如應付帳款、應付票據、應付薪資及銀行貸款等項目。股東權益係指企業之股東對企業資產之要求權。它主要包含二部分，一是企業股東投資之股本，一是保留未付於股東之盈餘。表 10–1 即為資產負債表之例子。根據會計之計算原理，資產負債表中之資產須等於負債與股東權益之和，亦即是

$$資產 = 負債 + 股東權益$$

2. 損益表 (Income Statement)

損益表主要用以說明會計期間企業之收入與支出之情形，以顯示企業獲利之狀況。所謂收入乃是指企業因出售產品或提供服務所獲得之營業收入，而支出則是指企業為生產產品或提供服務所需花費之成本，包括物料、薪資、水電、辦公用品、廣告、租金等營業費用。所謂利潤即為收入減去支出之餘額。餘額愈高，則顯示企業獲利情形愈佳。若餘額為負值，則表示企業之虧損。利潤扣除應繳之稅額後即為企業之稅後利益或盈餘。表 10–2 為一損益表之例子。

表 10–1　資產負債表

大大公司資產負債表 ××年 12 月 31 日			
資　產		**負　債**	
現金	18458700	應付帳款	9300577
有價證券	28745680	銀行貸款	60437987
應收帳款	2876450	應付薪資	3604673
存貨	12882060	其他負債	4344455
預付費用	4200000	負債總額	77687692
固定資產	12137250	**股東權益**	
其他資產	4139823	股本	3650000
資產總額	83439963	保留盈餘	2102271
		股東權益總額	5752271
		負債及股東權益總額	83439963

表 10-2　損益表

大大公司損益表 ××年度		
收入		
營業收入	7798130	
其他非營業收入	41501	
總收入		7839631
支出		
營業支出	6690122	
其他非營業支出	3642	
總支出		6693764
稅前利益		1145867
稅		148824
稅後利益		997043

3. 盈餘分配表

　　盈餘分配表係用以說明會計期間盈餘分配之情形。盈餘分配的方式可包括提列法定公積、股息、紅利、董監事酬勞金等。然而，在政府之法律規定中，規定公司必須首先將一部分盈餘提列作為法定公積，以確保公司債權人、股東及員工之權益。並規定此法定公積除了填補公司虧損外，不得使用。剩餘之盈餘再當作股息及紅利分派給公司之股東及員工。年度未分配之盈餘則保留至下年度再分配。表 10-3 即為盈餘分配表之例子。

表 10-3　盈餘分配表

大大公司盈餘分配表	
××年度	
可分配盈餘	
前年度未分配盈餘	49682
本年度稅後盈餘	997043
總　額	1046725
分配	
提列法定公積	398615
股息	201000
紅利	298653
董監事酬勞金	74663
員工紅利發給現金	4888
員工紅利配發新股	20000
未分配盈餘	48906
總　額	1046725

 10-3　成本分析

一、成本概述

　　所謂成本係指企業生產某一產品時，所需耗用之物料、人工及其他費用之總和。成本一詞跟工業工程可說是息息相關，幾乎所有工業工程之工作項目皆與成本有密切的關係——也就是為了要降低成本。成本的降低將直接影響到企業之利潤與市場競爭力，特別是對生產非獨佔性產品之企業，降低成本會使其利潤及市場競爭力增加。對於生產獨佔性產品之企業，由於其產品之售價不受到市場競爭的影響，所以成本降低的影響也就沒有那麼顯著。但是，無論如何企業仍需積極尋求消除成本浪費之情形並控制成本於合理之範圍內。

　　在企業中，最佳的成本控制工具為成本會計。成本會計不似一般會計只將產品之總成本列出，而是將成本按其組成之因素分別就各產品、各部門或生產

中心，分門別類地將其彙整於報表中，以使管理者能夠瞭解各別產品之獲利情形以及各部門或生產中心之績效，進而發現成本浪費之處及成本耗用之情形，來加以有效地控制與改善。成本之組成因素主要分為下列三種：

1. 直接物料 (Direct Material)

係指直接用於組成或製造成產品之物料。例如，組成鐵櫃之鐵板與鐵架皆是屬於直接物料。

2. 直接人工 (Direct Labor)

指直接從事產品製造生產之人員。例如，生產線上之作業員與搬運人員皆是。

3. 間接製造費用 (Overhead)

除了直接物料與直接人工之成本因素外，其餘製造之支出則屬於間接製造費用。它包括了間接物料（指與產品之組成沒有直接關係的物料，如包裝紙、包裝盒等），間接人工（指和生產沒有直接關係的人員，如管理人員、行政人員、工業工程師等），以及其他間接費用，如保險費用、文具、電話費等。由於間接製造費用較難按產品別來區分，一般可按產品之直接物料或直接人工成本，以及直接人工小時所佔之比例，來將之分攤至各別產品中。

二、成本分類與分析

成本之分類可按其與產品生產量間之關係來劃分為下列三類：

1. 固定成本 (Fixed Cost)

不會隨生產量之變化而改變大小之成本稱為固定成本，例如，保險費及行政費用等間接製造費用。固定成本與生產量之關係如圖 10-1 所示。此外，固定成本是指其總額維持固定不變，當需分攤至各產品時，則其單位固定成本將會隨著生產量之增加而減少。例如，產量 1000 時之單位保險費為 5 元 / 個，當產量增為 2000 時，則單位保險費減為 2.5 元 / 個，兩者之保險費總額皆為 5000 元。

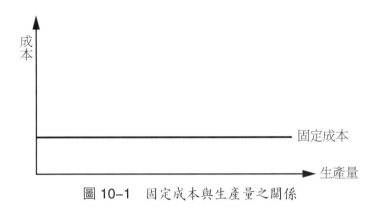

圖 10-1　固定成本與生產量之關係

2. 變動成本 (Variable Cost)

　　係指其成本之大小會隨著生產量之變化而增加或減少，例如直接物料與直接人工成本皆會隨著生產量之增加而增加，其關係如圖 10-2 所示。變動成本之變動因素亦是指成本之總額而言，但對於各產品之單位變動成本則保持不變。

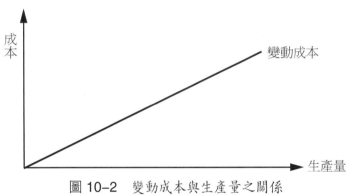

圖 10-2　變動成本與生產量之關係

3. 半變動成本 (Semivariable Cost)

　　係指成本之變動情形於某生產量之前保持固定，而之後則依生產量之增加而增加，稱之為半變動成本。例如，員工之工資可於其生產量小於標準產量時給予固定的工資，生產量超過標準產量時則按其超過部分之多寡給予不同數量之工資，如圖 10-3 所示。

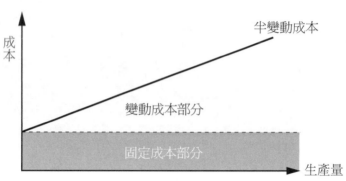

圖 10-3 半變動成本與生產量之關係

通常，固定成本被視為不可控制之成本項目，而變動成本則為可控制之成本項目。因此，在從事成本控制時，須先將屬於半變動成本之項目分解成固定與變動成本二部分以便有效地來控制。半變動成本之解析方法有下列幾種（譚伯群，民 82）：

1. 個別成本認定法

係利用過去之經驗與資料來加以判斷並劃分為固定與變動成本兩部分。

2. 高低點法

係由成本資料中，找出最高與最低之成本項目來分析，以決定其中固定與變動成本所佔之比率。單位變動成本之計算如下：

$$單位變動成本 = \frac{最高點成本 - 最低點成本}{最高點生產量 - 最低點生產量}$$

然後，

變動成本部分 = 生產量 × 單位變動成本

固定成本部分 = 半變動成本 - 其變動成本部分

【例 10-1】

假設某產品之成本與生產量之資料如下：最高點成本為 1200 元，生產量為 400 個；最低點成本為 800 元，生產量為 200 個。求其單位變動成本、變動成本部分，及固定成本部分。

解 單位變動成本 $= \dfrac{1200 - 800}{400 - 200} = 2$（元／個）

變動成本部分：最高點 $= 400 \times 2 = 800$（元）

最低點 $= 200 \times 2 = 400$（元）

固定成本部分 $= 1200 - 800 = 400$（元）或

$= 800 - 400 = 400$（元）

3. 迴歸分析

迴歸分析之用法已在第四章之需求預測一節中介紹過了。此處，使用迴歸分析法來求出變動成本與固定成本所佔之部分，進而導出半變動成本 (Y) 與生產量 (X) 間之直線關係，即

$$Y = a + bX$$

其中　$a =$ 固定成本部分；

$b =$ 單位變動成本；

$bX =$ 變動成本部分。

三、損益平衡分析

損益平衡（Break-Even）分析乃是分析成本與收入間之關係以訂出可以達到損益平衡之生產量，並作為管理決策與訂定售價之參考依據。成本與收入之關係可由損益平衡分析圖來表示，如圖 10-4 所示。

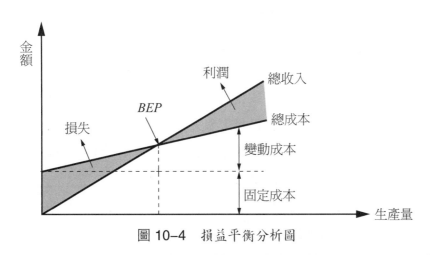

圖 10-4　損益平衡分析圖

在損益平衡分析圖中，總成本為變動成本與固定成本之和，總收入則為產

品售價乘以生產量或銷售量,此二者皆隨著生產量之增加而遞增。當成本與收入相等時即表示達到不盈不虧之狀態,此狀態稱之為損益平衡點 (Break-Even Point, BEP) 或二平點。當生產數量小於損益平衡點對應之生產量時,則產生虧損之情況;反之,則產生利潤。因此,工業工程師在面臨此方面決策問題時便需找出損益平衡點來做衡量。損益平衡點可利用下列公式來決定:

$$損益平衡點 = \frac{固定成本}{產品單位價格 - 單位變動成本}$$

【例 10-2】

某產品之售價為 50 元/個,固定成本為 900000 元,單位變動成本為 5 元/個,則需生產多少才能達損益平衡?

解 損益平衡點 $= \dfrac{900000}{50 - 5} = 20000$(個)

10-4 財務分析

一、概　述

前面章節我們已介紹了財務報表主要是在顯示企業之財務狀況,而在本章節中將介紹如何使用財務報表(尤其是資產負債表與損益表)中之資訊來進行各種不同的財務分析。由於使用財務報表的對象不同,其使用之目的亦不盡相同,因此需要利用不同的分析方法來解析財務報表之內涵以達到目的。譬如,對管理者而言,需從財務分析中檢討營運之績效,及衡量企業目前之財務狀況以規劃企業未來的發展趨勢;對投資者或股東而言,需從中瞭解並預測企業未來之獲利能力與風險;最後,對債權人如銀行而言,則需藉由分析來加以判斷企業之短期及長期償債能力以作為決定貸款之依據。綜合而言,財務分析之目的係在於預測與判斷未來企業之狀況與績效。

財務分析的方法有許多種,不過最常用的一種應該算是比率分析 (Ratio Analysis)。比率分析係計算與分析財務報表中不同項目之相對關係,以便從不同的角度來衡量企業之財務狀況與營運績效。比率分析根據其使用目的之不同

而將其區分為四大類（Block, 1994; Brigham, 1992；林炯垚，民79）：

　　1. 獲利能力 (Profitability) 比率。

　　2. 資產運用 (Asset Utilization) 比率。

　　3. 流動性 (Liquidity) 比率。

　　4. 負債運用 (Debt Utilization) 比率。

在衡量企業績效時，除了需與同產業之平均比率比較外，尚需與企業本身以往之比率比較，以瞭解其真實的績效與未來之趨勢。

二、獲利能力比率

　　獲利能力比率主要用在衡量企業將其資產與權益等資源轉成利潤之能力。此類利率不僅使管理者能瞭解其績效，更可使投資者瞭解該企業之投資報酬率。較常見之獲利能力比率有：

1. 利潤率 (Profit Margin)

　　用以顯示企業每銷售一元轉成稅後利益之能力，其定義為

$$利潤率 = \frac{稅後利益}{營業額}$$

利潤率愈高，則表示企業之獲利能力愈強。例如大大公司××年之利潤率（請參照表 10–2）為 $\frac{997043}{7798130} = 0.1279$ 或 12.79%，即表示每銷售一元可產生 0.1279 元之稅後利益。若同產業之利潤率為 10%，即顯示其比其他企業獲利能力強。

2. 資產報酬率 (Return on Assets)

　　其定義為稅後利益與資產總額之比，即：

$$資產報酬率 = \frac{稅後利益}{資產總額}$$

此比率愈高，則表示資產投資後產生之效益愈高。例如，大大公司××年之資產報酬率為 $\frac{997043}{83439963} = 0.012$ 或 1.2%。若比率過低，則顯示資產之運用效率不彰，企業管理者應注意並研擬對策。

3. 股東權益報酬率 (Return on Equity)

　　定義為稅後利益與股東權益總額之比率，主要用於衡量股東投資之報酬

率，其計算公式如下：

$$股東權益報酬率 = \frac{稅後利益}{股東權益總額}$$

例如，大大公司××年之股東權益報酬率為 $\frac{997043}{5752271} = 0.173$ 或 17.3%。

三、資產運用比率

資產運用比率主要是衡量企業管理其資產之效率。由於資產之運用是否合理有效，對企業之利潤有著很大的影響，而且通常利潤主要來自營業收入之結果，因此，資產運用比率係以各項資產與營業收入之關係來測量企業運用各項資產之效率，此種效率一般稱之為周轉率 (Turnover Ratio)。

1. 應收帳款 (Accounts Receivable) 周轉率

係用以衡量企業收回應收帳款之效率，其定義為：

$$應收帳款周轉率 = \frac{營業額}{應收帳款額}$$

此周轉率愈高則表示企業回收之速率愈快。例如大大公司之應收帳款為 2876450 元，營業額為 7798130 元，則應收帳款周轉率為 $\frac{7798130}{2876450} = 2.7$（次）。

2. 平均收現期 (Average Collection Period)

係衡量從銷售至收到現金為止之平均天數，其計算方式如下：

$$平均收現期 = \frac{應收帳款}{平均每日營業額}$$

其中平均每日營業額為全年營業額除以 365 天。以大大公司之例子來說明，其平均收現期為 2876450/(7798130 ÷ 365) = 135（天）。

3. 存貨周轉率

係用以衡量企業存貨管理之效率，一般是以每年企業存貨補充之次數來作為衡量之指標。其計算方式如下：

$$存貨周轉率 = \frac{營業額}{存貨}$$

通常存貨周轉率過低，則顯示企業平時儲存過多之存量，同時也意味著企業是

否儲存過剩之呆廢料。例如，大大公司之存貨為 12882060 元，其存貨周轉率則為 $\frac{7798130}{12882060} = 0.6$（次），顯然其存量過高。

4. 固定資產周轉率

係用以顯示企業運用其廠房及設備等固定資產之效率，其表示方式是以每元之固定資產所能轉換成營業額之效益，即：

$$固定資產周轉率 = \frac{營業額}{固定資產}$$

例如，大大公司××年之固定資產周轉率為 $\frac{7798130}{12137250} = 0.64$（次）。

5. 總資產周轉率

係用以衡量企業所有資產之運用效率，其定義為：

$$總資產周轉率 = \frac{營業額}{總資產}$$

例如，大大公司××年之總資產周轉率為 $\frac{7798130}{83439963} = 0.09$（次）。很明顯地，大大公司之總資產周轉率相當的低，意味著其資產所產生之營業額非常不夠，是有必要增加營業額或處置過量之資產。

四、流動性比率

所謂的流動性是指企業能將其流動資產轉換成現金的快速程度。因此，流動性比率乃是用於分析企業以流動資產來償還短期債務之能力，這又稱為短期償債能力。一個企業之短期償債能力是債權人最為注意的項目，因為像銀行與物料供應商等債權人無不希望企業能按時將積欠之貸款與利息或是應付貨款全部支付。再者，如果企業流動資產不足，無法即時償還負債，則將導致企業信用受損並影響到投資人與內部員工之信心，最終勢必使企業經營發生嚴重困難。凡此種種，更顯得此項分析之重要性。

較為常用的流動性比率有以下二種：

1. 流動比率 (Current Ratio)

係指流動資產與流動負債之比率關係，其計算公式如下：

$$流動比率 = \frac{流動資產}{流動負債}$$

其中，流動資產包含了現金、有價證券、應收帳款、存貨及其他預付費用等項目；流動負債則包括了應付帳款、銀行貸款及應付費用等。如果流動比率偏低，則顯示企業財務困難。反之，其償債能力非常強，對債權人而言越有保障。例如大大公司××年之流動比率（請參照表 10-1）為 $\frac{67162890}{77343237} = 0.87$ 或 87%。

2. 速動比率 (Quick Ratio)

速動比率與流動比率相似，只不過它將流動資產中變現速度最慢的存貨項目去除，即：

$$速動比率 = \frac{流動資產 - 存貨}{流動負債}$$

因此，速動比率在衡量企業償債能力較之流動比率來得嚴謹。一般而言，其比率應維持在 100% 以上才算是財務狀況良好，否則，企業必須能夠將存貨出售求現才能按時償還負債。

五、負債運用比率

負債運用比率旨在透過研究企業之資本結構來分析企業之長期償債能力。所謂資本結構係指企業資金來自股東投資或借自外界債權人之比例關係，因此，負債運用比率又可稱為資本結構比率。

企業之經營經常需要對外融資以增加投資，提高獲利率。對企業投資者而言，對外融資可使其以極小之投資額而控制企業，另一方面，融資部分投資所產生之利潤若大於融資需付之利息，則便可增加其收入。但是，如果企業對外融資比例佔資本結構之大部分時，則企業所冒之投資風險便相當高。一旦投資決策錯誤將導致企業周轉不靈，甚至倒閉，而此種情況對債權人而言是非常不利的，因為企業大部分之資金皆由其提供。因此，有必要分析其整體負債運用之情況。

普遍使用之負債運用比率有以下三種：

1. 負債比率 (Debt Ratio)

主要用以顯示企業資產中有多少比例來自借貸，其定義為：

$$負債比率 = \frac{負債總額}{資產總額}$$

例如，大大公司××年之負債比率為 $\frac{77687692}{83439963} = 0.931$ 或 93.1%。由此可見，其負債比率相當高，債權人所冒的風險也就非常大。同時，此公司也將難以再由其他債權人借到資金。

2. 負債對股東權益比率 (Debt-Equity Ratio)

係衡量負債總額與股東權益總額之比率關係，亦即是：

$$負債對股東權益比率 = \frac{負債總額}{股東權益總額}$$

此比率愈高，則表示企業主要以融資來取得資產，因此，其長期償債能力愈弱，對債權人也愈沒保障。例如大大公司××年之負債對股東權益比率為 $\frac{77687692}{5752271} = 13.51$ 或 1351%，明顯地偏高。

3. 純益為利息倍數 (Times Interest Earn)

主要用以衡量企業支付利息費用之能力，其定義為：

$$純益為利息倍數 = \frac{息前及稅前純益}{利息費用}$$

倍數愈高則表示企業支付利息的能力愈強，對債權人也愈有保障。

 10–5　財務規劃與控制

一、概　述

一個企業組織之管理要能有效地發揮其應有之功用，需具備許多種的功能，其中，規劃與控制便是有效管理不可缺少之功能。因此，財務管理亦應具有良好的規劃與控制才能達到其追求最大利潤的目標。

所謂財務規劃乃是依據企業所擬定的生產計畫與行銷策略、預期利潤以及企業之各項資產，以訂定如何應付將來財務需求之過程。當企業之銷售額大幅

增加時，即使是獲利率高之企業亦需要籌措資金來支付隨之增加之固定資產、存貨、工資等支出。因此，管理者必須事先規劃企業財務之需求，並於適當時機，用最小成本取得資金以避免發生周轉不靈之情形。另外，管理者亦須於財務規劃之執行有偏差或者外在環境產生意外變化時，對原先之計畫進行修正並找出改善之道。

　　財務管理中相當重要的規劃與控制工具是預算 (Budgeting)。所謂預算乃是將一個計畫用數據和標準有效地表達出來，以使其得以具體化而且容易執行與控制。換言之，預算是將企業所有之事務用金錢來表示之一周密計畫過程，其目的是在達到企業既定之目標。

　　預算的種類大致上可分為下列幾種：

1. 人事預算

　　按照所擬定之生產計畫來預估配合生產所需之人力並作為成本預算編列之基礎。

2. 存貨預算

　　計畫配合生產與銷售計畫所需耗用之原料、零組件、半成品與成品之存貨數量，以減少資金屯積，增加資金之靈活運用，並且作為成本預算編製之基礎。

3. 成本預算

　　主要用以預估產品製造之成本，包括直接物料、直接人工與製造費用等。

4. 資本預算

　　係依據企業未來發展計畫來預估資金投資於設備更新或添置以及擴廠或建廠等計畫。

5. 現金預算

　　係用以預估預算期間現金之收支情形，以在適當時間尋求外來資金支付不足之處。

　　財務規劃進行之程序，首先將企業內各項活動的預算加以彙總並顯示於現金預算中，由此，管理者可得知何時需要籌措資金與其金額。然後便可編製預計損益表與資產負債表，屆時再將此二種預計報告與實際報告比較，即可找出彼此間之差異原因，進而加以修正、改善。

二、現金預算之編製

　　現金預算之編製是財務規劃過程之一部分。通常它是以月份為編製之基準，依據預期銷售額來預估每月所有現金收入與現金支出的情形，最後，再計算每月淨現金流量（亦即是現金收入減去現金支出所餘之金額），及需要向外融資之金額。現金收入最主要的來源是銷售收入與應收帳款之收現。現金支出則包含了直接物料、直接人工、間接費用、設備採購、利息、股利與稅金等項。

　　假設某公司之銷售額分別列於表 10–4 之第 1 列。根據過去之銷售經驗發現銷售額之 20% 可當月份收現，80% 則須待下個月才能收現。因此，此公司之預估現金收入情形為第 2–4 列所示。第 5 列顯示物料採購之現金支出部分，其中 1 月份的支出（250 萬元）為支付上個月之採購款，之後各月支出平均為 275 萬元。第 6–12 列則顯示其他項目之現金支出情形，最後第 13 列為第 5–12 列加總之現金支出總額。此時，1 至 6 月份之淨現金流量情形則可算出（第 14 列），其中括號之數值即表示短缺之現金金額。假若此公司欲保留每月最少 500 萬之周轉現金，則當每月累計現金餘額（第 16 列）小於 500 萬時，便需向外融資，融資金額為累計現金餘額與 500 萬之差（如第 17 列所示）。其中，4 月份需融資金額為負值，此表示公司所償還之金額。

表 10–4　現金預算表　　　　　　　　　　單位：萬元

	12月份	1月份	2月份	3月份	4月份	5月份	6月份
1.銷售額	$600	$700	$ 500	$ 800	$1200	$ 800	$1000
2.銷貨收現 （銷貨額×20%）		140	100	160	240	160	200
3.上個月應收帳款 （上個月銷售額×80%）		480	560	400	640	960	640
4.現金收入總額 （2＋3）		620	660	560	880	1120	840
5.物料採購支出		250	275	275	275	275	275
6.人工薪資		140	140	140	140	140	140
7.間接費用		80	80	80	80	80	80
8.其他費用		110	110	110	110	110	110
9.設備採購			450				600
10.利息支出							80
11.現金股利							200
12.稅金					60		60
13.現金支出總額 （5＋6＋…＋12）		580	1055	665	605	605	1545
14.淨現金流量 （4–13）		40	(210)	(105)	275	515	(705)
15.月初現金餘額 （來自上個月月末餘額）		500	540	500	500	500	1015
16.累計現金餘額 （14＋15）		540	330	395	775	1015	310
17.需融資金額			170	105	(275)		190
18.累計融資金額			170	275	0		190
19.月末現金餘額 （16＋17）		540	500	500	500	1015	500

三、預計損益表

　　預計損益表主要依據預計之銷售量與生產量，及成本預算，來預估下年度或下半年度企業預期之利潤目標。它提供管理者判斷實際執行之績效及調整執

行差異之有效管理工具。

　　預計損益表之編製步驟如下 (Block, 1994)：

　　1.根據預計銷售量與單位售價來決定銷售收入。

　　2.根據預計生產量與成本預算來決定銷售成本，進而計算銷售利益。

　　3.決定其他銷售費用。

　　4.計算稅後利益並完成預計損益表。

　　例如，甲公司 A 產品預計上半年之銷售量為 2000 臺，單位售價為 25000 元，期初存量為 400 臺，預計期末存量維持在 300 臺。上半年度之成本預算為每臺 20000 元（含直接物料 10000 元，直接人工 6000 元，製造費用 4000 元），其他銷售費用為 250 萬元，則其預計損益表如表 10-5 所示：

表 10-5　預計損益表

甲公司預計損益表

84 年 6 月 30 日　　　單位：萬元

科　　目	金　　額
銷售收入	5000
銷售成本	3800
銷售利益	1200
其他銷售費用	250
稅前利益	950
預計所得稅 (20%)	190
稅後利益	760

其中　　銷售收入 = 銷售量 × 單位售價

　　　　　　= 2000 × 25000 = 5000（萬元）

　　　銷售成本 = 計畫生產量 × 產品成本

　　　　　　=（銷售量 − 期初存量 + 期末存量）× 產品成本

　　　　　　= (2000 − 400 + 300) × 20000 = 3800（萬元）

四、預計資產負債表

預計資產負債表是財務預算之最終產物。它主要將企業之現金預算、預計損益表及前期資產負債表綜合摘要於表中，使管理者可預先得知為達到預計損益表之盈餘目標，企業應準備多少資金來應付。需知企業能夠越早擬定融資計畫來籌措所需之資金，則資金之取得成本越有可能降低。

預計資產負債表之內容主要由預計損益表之存貨、現金預算之現金與應收帳款等收入項目及包括物料採購，直接人工，製造費用，設備投資與其他銷售費用等支出項目，以及前期資產負債表之有價證券，長期負債，廠房設備與股東權益等項目所組合而成。

假設甲公司預計每月維持最少 500 萬元之流動現金，上半年末之應收帳款為 800 萬元，購買物料之應付帳款為 570 萬元，維持最低流動現金與其他費用所需借貸之應付票據為 580 萬元，則其預計資產負債表如表 10–6 所示。其中，存貨 600 萬元為期末存量 300 臺乘以每臺價格 2 萬元而得來，其餘皆來自前期之資產負債表。

表 10–6　預計資產負債表

甲公司預計資產負債表

84 年 6 月 30 日　　　　單位：萬元

現金	500
有價證券	320
應收帳款	800
存貨	600
廠房及設備	4500
資產總額	6720
應付帳款	570
應付票據	580
長期負債	1300
負債總額	2450
股本	3050
保留盈餘	1220
股東權益總額	4270
負債及股東權益總額	6720

10-6　企業資金之籌措

一、概　述

　　財務管理的重要主題之一即是融資決策。融資決策主要是在決定企業如何以最低的成本來籌措資金。在前面介紹之現金預算中，企業往往會因機器汰舊換新或增加產能而需要尋求額外的資金來支付營運所需。然而，該從何處取得資金以及資金取得成本之高低等問題，皆需財務主管慎重考慮並做出決定。融資決策大致分為短期融資與長期融資二種。短期融資是指所借資金需於一年或一年內償還者，而所借之資金主要是用以支付企業流動資金之需求。另一種長期融資則為了取得用於資本投資、設備投資、設新廠等長期投資所需之資金。

二、短期融資之方式

　　企業籌措短期資金之來源主要有下列幾種：

1. 交易信用

　　在所謂的「買方市場」之下，企業在進行購貨交易後，時常可要求供應商暫緩收款，因此，企業並不須馬上付出現金而可保留其流動資金。延期付現之期限越長，則所能產生之流動資金便越多。當然，延長期限之長短將受到企業本身之財務狀況與信用好壞，賣方財力狀況，及賣方是否提供現金折扣來吸引買方儘早付現等因素的影響。

2. 銀行貸款

　　銀行是企業取得資金之重要來源。對企業而言，與銀行保持良好密切的關係，不僅資金的取得較容易，而且亦能獲得較低成本之資金，由銀行取得的資金可由企業自由適度使用，有的企業更可利用於支付貨款以獲取折扣之利益。

3. 商業本票

　　一些信譽良好之大企業為籌措不足之資金，亦可透過票券公司發行無擔保之商業本票的方式來取得資金。商業本票通常是以票面價值減去利息賣出，為期為 1 至 9 個月不等，到期後購買者再收回與票面值相等之金額。在貨幣市場

資金緊縮之時，銀行貸款不易，則發行商業本票的方式不失為一個良好資金來源。

4. 顧客預付款

　　相對於「買方市場」之所謂「賣方市場」情形下，買方往往為了爭取貨源，願意預先支付部分，甚至全部之貨款給製造廠商，此時這些預付款便可被運用於應付企業內其他營運之需求。

三、長期融資之方式

　　由於企業投資增購固定資產或建廠等之資金需求，通常是相當龐大而且需要很長的時間來償還，因此，此類資金的取得方式較短期資金便有所不同。一般常用的長期資金取得方式主要有以下幾種：

1. 銀行貸款

　　對於長期資金之取得，銀行仍是企業主要的融資對象。但是，由於長期融資之金額龐大且所冒的風險亦較高，因此，企業向銀行融資時，往往需要提供一些擔保品，例如不動產或股票、政府公債，及金融債券等有價證券，才能借到資金。另一方面，企業長期融資之銀行並不只一家，而可能由多家銀行以聯貸方式進行，例如台塑六輕建廠案所需上千億元資金便是由五十家中外銀行聯貸。

2. 發行股票

　　由於股市之蓬勃發展，以發行股票來籌措長期資金之方式亦很盛行，因此，許多企業便紛紛申請股票上市或現金增資來吸取資金。這種籌資方式最大的優點便是可免除向銀行貸款之利息負擔。但是，若過度發行股票的結果，極可能導致公司股價下滑、股東權益及公司管理權受到影響之處。

3. 保留盈餘

　　保留盈餘之融資方式不同於上述兩種向外融資方式，它是利用企業自有的資金來應付長期投資之所需。企業於每年度結算後，將稅後淨利保留一部分作為轉投資之用，而不當作股利分發給股東們的方式即是此種融資方式。對公司而言，利用保留盈餘來籌措資金不似發行股票還得負擔發行費用，因此較為經

濟。對投資股東而言，若將原本之股利轉投資而可獲得更高之利益，則他們便也欣然地讓公司挪做資本投資之用。

 10-7　資本預算決策

一、概　述

資本預算主要是針對企業從事於土地、廠房、機器設備與研究發展等長期投資所做之財務計畫，其目的是期望藉由長期投資來增加未來企業之獲利能力。因此，資本預算決策又可稱為長期投資決策。

在財務管理中，資本預算決策可謂是既複雜且重要之主題，原因是：

1. 資本預算涵蓋期間很長，因此企業對未來之情形很難正確地預估，導致決策過程中充滿了許多不確定因素，增加決策之複雜與風險。

2. 資本預算所需之資金相當龐大，資金一旦投入，將凍結於固定資產上並且需很長時間才能回收。

3. 資本預算決策錯誤之後果會十分嚴重，企業極可能因此陷入困境。

總而言之，資本預算決策正確與否，實在關係到企業未來之成敗。

二、資本預算決策的類型

資本預算決策之第一步便是擬定各種資本投資方案。企業通常之資本投資方案可分為下面幾種類型（賴汝鑑，民82）：

1. 設備或廠房的重置

為了維持營運、增加生產力與降低成本而將老舊或損壞的機器設備汰舊換新。

2. 現有產品或市場的擴充

為增加現有產品的產量或擴充現有市場之銷售點與配銷設施。

3. 新產品或新市場的開發

為了生產新產品或進入新市場所需的設備之購置。

4. 研究發展計畫

研究開發新產品或生產技術以維持企業之競爭力。

5. 資源的探勘

為開發生產物料與能源等資源之探勘。

6. 安全與環境保護的建立

為了配合政府法令與環境保護之要求。

7. 其　他

包括辦公大樓與停車場等設施之興建。

因此，企業資本預算決策的類型也主要以上列幾種為主。此外，由於以上之各種投資方案對不同企業而言，有著不同之優先順序，所以，企業在進行資本預算決策時，必須衡量本身之資源狀況，進而選擇較有利可行之投資方案來執行。

三、資本預算評估方法

資本預算決策所面臨的重要問題便是如何從眾多投資方案中，選擇較優者來執行，或者決定單一投資方案是否可行。因此，必須要有某種評估方法作為依據來予以客觀地抉擇。在不考慮投資風險之情形下，資本預算評估方法較常見的有下列幾種：

1. 回收期間法

此法是根據投資方案預估產生的現金流量情形，來衡量收回原始投資成本所需之年數。它一方面可使決策者知道資本回收速度是否為企業所能容許；另一方面則可為方案比較時之依據，換言之，回收期間越短的投資方案越佳。假設甲方案之先期投資額為 1000 萬，預期未來五年之現金流量為 200, 300, 500, 600, 400 萬元，則其回收年數即為三年 (200 + 300 + 500 = 1000)。此法雖然計算簡易，但卻完全忽視回收期間後所產生的現金流量情形。

2. 會計報酬率法

此法主要以投資方案的會計報酬率之高低為選擇方案的標準。所謂會計報酬率乃是平均每年淨收入對平均每年投資的比值，亦即是

$$會計報酬率 = \frac{平均每年淨收入}{平均每年投資}$$

此法較前面之回收期間法有考量全部期間之現金流量，但卻還是忽略了金錢之時間價值。

3. 工程經濟的評估方法

有鑑於上述二種方法之缺失，工程經濟之評估方法便考量金錢的時間價值。例如，其中之一的現值法便是將不同期間之淨現金流量，折換成現值來加以比較。如果現值為正值，則可採納該方案。如果是多個方案之比較，則選擇淨現值(利潤)較高的方案。有關工程經濟的評估方法將於下一節中加以介紹。

 ## 10-8　工程經濟

一、工程經濟概述

工程經濟乃是一門計量分析的技術。透過此技術，決策者可評估每個可行方案之經濟效益，進而從中選擇最佳者執行，以達到最大經濟利益之目的。身為管理者在解決工程或管理上之問題時，常常得面對自眾多可行方案中選擇一個最佳方案之抉擇的難題，特別是現在企業面臨著不斷求新求變與激烈競爭之市場。為追求更高的利潤，企業經常需考量投資設立新廠，改變生產技術，設備之汰舊換新，以及企業多角化經營等重大決策難題。由於這些決策之後果對企業而言影響甚鉅，因此管理者在整個決策過程中不得不謹慎小心地來評估其可行性，而工程經濟也正於此時扮演一個非常重要的角色。

工程經濟之應用範圍相當廣泛。除了幫助解決工業上之各種決策問題外，更可適用於政府長期公共建設計畫如建水庫、公路及鐵路等，國防武器採購與汰換，甚至於個人投資理財之決策問題。但是，不論其應用對象為何，工程經濟在衡量與選擇方案時主要皆以金錢為比較之基準，亦即是選擇成本最低或獲利最高之方案。此外，由於金錢一般皆具有所謂的「時間價值」，也就是會隨著時間之增加而增加其價值。例如，我們將錢存在銀行，經過若干時日後，其累積之金額將比原來之金額更多。因此，在探討工程經濟之評估方法之前，確

實有必要先瞭解與錢的時間價值相關之重要觀念。

二、利息等值與現金流量圖

1. 利　息

　　金錢的時間價值一般可用利息 (Interest) 來表示，簡言之，利息即為最後累積金額與原來投入金額之差，其中原來投入之金額稱為本金 (Principal)。另外，利息又可以利率 (Interest Rate) 之方式來表示其值之大小。所謂利率是經過一定時間後所獲得利息與本金的百分比 (陳寬仁，民 81)。例如，存入本金 10000 元於銀行，一年後獲利 700 元，則年利率為 $\frac{700}{10000} = 0.07$ 或 7%。而所經過一定的時間稱為利息週期 (Interest Period)，通常利息週期可為一年、一個月，或一日。此時不同利息週期之利率便以年利率、月利率，或日利率來區別。

　　當利息週期超過 1 個以上時，則必須考慮單利 (Simple Interest) 與複利 (Compound Interest) 兩種計利方式。單利之利息計算只算入本金部分而不包括先前利息所增加之利息。換言之，單利下之利息為：

　　　　利息 = 本金 × 利息週期數 × 利率

複利之利息計算則包括了本金及先前利息所得兩項，亦即是所謂的「利上加利」。茲就以下例來加以顯示兩者之區別：

　　假設存入本金 10000 元於銀行，為期三年，年利率為 7%，分別採單利與複利計算之利息如表 10–7 所示：

表 10–7　單利與複利之比較

週　期	單利利息	複利利息
1	$10000 \times 7\% = 700$	$10000 \times 7\% = 700$
2	$10000 \times 7\% = 700$	$(10000 + 700) \times 7\% = 749$
3	$10000 \times 7\% = 700$	$(10000 + 749) \times 7\% = 801.43$
利息合計	2100	2250.43

　　從以上例子可很明顯地看出，在複利計算下，利息之總數較之單利時高 (2250.43 – 2100 = 150.43)。雖然此例兩者之差額並不大，但當本金數額相當大

時，其差額將會十分顯著（如本金為 1000 萬時，單利與複利之差額為 150430 元）。然而在工程經濟中考量金錢之時間價值主要是採用複利的方式來計算利息。

2. 等　值

在工程經濟的領域中，等值 (Equivalence) 是一個很重要的觀念。等值的觀念係由金錢之時間價值與利率所衍生的，其意義是指在特定利率水準之下，不同時期的不同金額具有相等的經濟價值（賴士葆，民 82）。例如，現在 10000 元在利率 7% 之情況下相當於一年後的 10700 元。在評估與選擇最佳方案時必須先將每個方案之金錢進出情形，應用等值之觀念將其轉換至相同的比較基礎，否則便無法做出正確之比較。假設現有以下 2 個為期兩年之投資方案：

方案 A：投資金額為 100000 元，預期第一年末獲利 10000 元，第二年末獲利 10000 元。

方案 B：投資金額為 100000 元，預期第一年末獲利 0 元，第二年末獲利 20000 元。

在評估 A、B 兩方案時，若不考慮等值之問題，則二者之間並無任何差異，其二年之總獲利皆為 20000 元。然而，如果考量等值之因素，則方案 A 之獲利程度顯然要比方案 B 為佳。原因是在 7% 之利率下方案 A 於第一年末之獲利為 10000 元，於第二年末時相當於 10700 元，所以其總獲利便為 20700 元，較方案 B 多。

3. 現金流量圖 (Cash Flow Diagram)

現金流量圖是工程經濟中常用之分析工具。它係將每個方案之現金流動情形，用具有時間尺度之圖形來描述，以方便分析工作之進行。在現金流量圖中，現金之流動情形是以箭頭來表示，箭頭向上表示正現金流量（亦即是收入），相反地，箭頭向下則表示負現金流量（亦即是支出）。

例如，在向銀行借款 100000 元，每年需付利息 9000 元，五年後連本帶利全部償還之情況下，其現金流量圖便如同圖 10–5 所示：

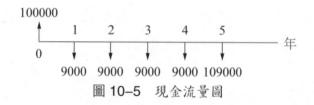

圖 10-5　現金流量圖

但是，如果在同一期間，同時有收入與支出之情況，則需先計算淨現金流量 (Net Cash Flow)，並視其值為正或負再行將之繪入圖中。淨現金流量之計算為收入與支出之差額。

三、各種利息因子與其用法

前面提到在評估方案時應將各方案不同時期之預期現金流量轉換至同一時期上之等值來比較，而此項轉換程序可藉由一些利息因子 (Interest Factors) 來達到。因此，本節中將介紹工程經濟中使用之利息因子及其用法。通常工程經濟中所使用的符號有下列幾種：

i: 表示年利率

n: 表示利息週期數（年）

P: 表示現在投入之金額，通稱為現值

F: 表示最末週期之金額，通稱為終值

A: 表示一系列連續相等之金額，通稱為年金

利用以上之符號可應付六種主要之現金流量轉換狀況，茲將之分列如下 (Thuesen, 1993)：

1. 一次支付複利因子 (Single-Payment Compound-Amount Factor)

在投資現值 P 及利率 i 已知，而欲知現值 P 經過之 n 週期後之終值 F 的情況下，可利用下面公式導出：

$$F = P(1 + i)^n$$

其中，$(1 + i^n)$ 則為一次支付複利因子。

【例 10-3】

現在投資 10000 元，在 10% 之利率下，經過 10 年後金額將會是多少？

$$F = 10000(1 + 0.1)^{10} = 10000 \times 2.594 = 25940（元）$$

2. 一次支付現值因子 (Single-Payment Present-Worth Factor)

一次支付現值因子正和一次支付複利因子應用情況相反。它是用於在終值 F，利率 i 及週期 n 已知下找出現值 P 之情形。它們之間的關係可由下列公式表示之：

$$P = F\left[\frac{1}{(1 + i)^n}\right]$$

其中，$\dfrac{1}{(1 + i)^n}$ 則為一次支付現值因子。

【例 10-4】

如果在利率 10% 下，欲在 10 年後回收 10000 元，則現在應投資多少金額？

$$P = 10000\left[\frac{1}{(1 + 0.1)^{10}}\right] = 10000 \times 0.3856 = 3856（元）$$

3. 等額支付序列複利因子 (Equal-Payment-Series Compound-Amount Factor)

前面所提之利息因子皆為一次支付之情形，但如果在幾個週期中以相等之金額分多次來支付之情形則需採用等額支付序列之因子。其中，等額支付序列複利因子則適用於年金 A，利率 i，週期 n 已知，欲找出終值 F 之情況。其公式如下：

$$F = A\left[\frac{(1+i)^n - 1}{i}\right]$$

其中，$\dfrac{[(1+i)^n - 1]}{i}$ 為等額支付序列複利因子。

【例 10-5】

在利率為 10% 下，假設某人每年固定存入 10000 元，5 年後金額將有多少？

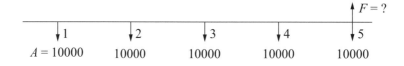

$$F = 10000\left[\frac{(1+0.1)^5 - 1}{0.1}\right] = 10000 \times 6.105 = 61050 \text{（元）}$$

4. 等額支付序列償還基金因子 (Equal-Payment-Series Sinking Fund Factor)

等額支付序列複利因子亦可加以轉換而成為等額支付序列償還基金因子。此因子最主要是解決終值 F，利率 i，週期 n 已知，求年金 A 之問題。其公式如下：

$$A = F\left[\frac{i}{(1+i)^n - 1}\right]$$

等額支付序列償還基金因子為 $\dfrac{i}{[(1+i)^n - 1]}$。

【例 10-6】

假設某人欲在利率為 10% 下，於 10 年後擁有 100 萬元，每年需固定存入多少金額才能達此目標？

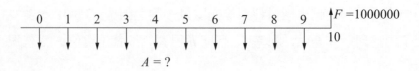

$$A = 1000000\left[\frac{0.1}{(1+0.1)^{10}-1}\right] = 1000000 \times 0.0628 = 62800 \text{（元）}$$

5. 等額支付序列現值因子 (Equal-Payment-Series Present-Worth Factor)

當年金 A，利率 i，週期 n 已知之情況下，而欲得現值 P，可使用下列公式計算：

$$P = A\left[\frac{(1+i)^n-1}{i(1+i)^n}\right]$$

其中，$\dfrac{(1+i)^n-1}{i(1+i)^n}$ 即為等額支付序列現值因子。

【例 10-7】

若某人計畫在其子未來 4 年求學過程中，每年給他從銀行提領 100000 元當生活費，那麼某人現在應存入多少錢? 假設利率為 10%。

$A =100000$　100000　100000　100000

$$P = 100000\left[\frac{(1+0.1)^4-1}{0.1(1+0.1)^4}\right] = 100000 \times 3.1699 = 316990 \text{（元）}$$

6. 等額支付序列資本回收因子 (Equal-Payment-Series Capital-Recovery Factor)

此因子係用於解在現值 P，利率 i，週期 n 已知下，求年金 A 值的問題。此因子為等額支付序列現值因子之倒數，亦即是 $\dfrac{i(1+i)^n}{(1+i)^n-1}$。而年金 A 可利用下列之公式來計算：

$$A = P\left[\frac{i(1+i)^n}{(1+i)^n-1}\right]$$

【例 10-8】

假設某人現在向銀行貸款 100 萬元來購車。貸款利率為 10%，欲分 10 年攤還，請問每年應攤還多少金額？

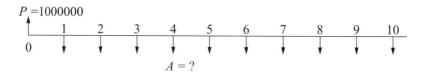

$$A = 1000000\left[\frac{0.1(1+0.1)^{10}}{(1+0.1)^{10}-1}\right] = 1000000 \times 0.1628 = 162800 \text{（元）}$$

四、工程經濟之評估方法

工程經濟中較常使用之經濟評估方法有以下三種：

1. 現值法

係將各方案之所有現金流量按照利率轉換成現在的價值來加以比較。

2. 年金法

係將各方案之所有現金流量按照利率均攤成等額之年金值以進行方案之評估。

3. 終值法

係將各方案之所有現金流量按照利率轉換成終值來比較。

在等值的觀念下上述三種評估方法的最終評估結果應皆相同。因此，在評估方案時任何一種皆適用。但是實際上在選擇使用之評估方法時，仍可事先參照其現金流量圖之情形來選擇較易處理之方法。例如，當投資方案所牽涉的現金流量大都以等額序列形式出現時，則最好使用年金法（賴士葆，民 82）。以下就以一個例子來說明以上三種評估方法。

假設某中小企業之生產方式原本以人工裝配為主，其人工成本每年為 500 萬元。現在企業之老闆考慮購買自動化的裝配機器來取代原本之生產方式。經詢問之結果發現有兩種機型可列入考慮。機型 A 預估先期機器之投資需 1000

萬元，每年操作及維護費用為 200 萬元。機型 B 預估先期機器之投資需花費
1500 萬元，每年操作及維護費用則需 100 萬元，而且使用 5 年後仍具有 150 萬
元之殘值。若以利率 10%，5 年為期來評估，那麼應採用原來生產方式或採用
何種機型為佳？

　　在解決此問題時，首先需繪出每個方案之現金流量圖以茲分析（如圖 10–6
所示）。其中，需稍加說明之現金流量為方案三之第 5 年期末收入 50 萬元。此
值為現金流量，亦即每年操作與維護費用支出 100 萬元與期末殘值 150 萬元之
差額。

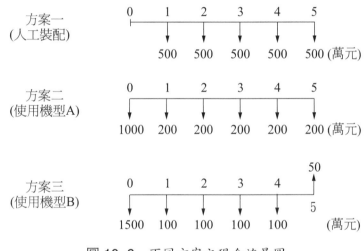

圖 10–6　不同方案之現金流量圖

　　然後再利用工程經濟之評估方法來計算各方案之成本支出，並選擇成本支
出較少者為最佳方案。三種評估方法之計算結果如下：

1. 現值法

方案一：使用等額支付序列現值因子來計算現值。

$$P = A\left[\frac{(1+i)^n - 1}{i(1+i)^n}\right]$$

$$= 500\left[\frac{(1+0.1)^5 - 1}{0.1(1+0.1)^5}\right] = 500 \times 3.7908 = 1895.4 \text{（萬元）}$$

方案二：(1)使用等額支付序列現值因子來計算操作與維護費用之現值。

$$P_1 = 200\left[\frac{(1+0.1)^5 - 1}{0.1(1+0.1)^5}\right] = 200 \times 3.7908 = 758.16\text{（萬元）}$$

⑵加上先期機器之投資 1000 萬元。

$$P = P_1 + P_2 = 758.16 + 1000 = 1758.16\text{（萬元）}$$

方案三：⑴使用等額支付序列現值因子來計算第 1 至 4 年操作與維護費用之現值。

$$P_1 = 100\left[\frac{(1+0.1)^4 - 1}{0.1(1+0.1)^4}\right] = 100 \times 3.1699 = 316.99\text{（萬元）}$$

⑵使用一支付現值因子來計算第 5 年末 50 萬元收入之現值。

$$P_2 = F\left[\frac{1}{(1+i)^n}\right] = 50\left[\frac{1}{(1+0.1)^5}\right] = 50 \times 0.6209 = 31.045\text{（萬元）}$$

⑶將 P_1 與 P_2 之差額加上機器投資 1500 萬元

$$P = P_1 - P_2 + P_3 = 316.99 - 31.045 + 1500$$

$$= 1785.945\text{（萬元）}$$

　　由於方案二所費之成本最低，故以方案二為最佳方案。

2. 年金法

方案一：$A = 500$ 萬元。

方案二：⑴使用等額支付序列資本回收因子來計算機器投資 1000 萬元之年金值。

$$A_1 = P\left[\frac{i(1+i)^n}{(1+i)^n - 1}\right] = 1000\left[\frac{0.1(1+0.1)^5}{(1+0.1)^5 - 1}\right] = 1000 \times 0.2638$$

$$= 263.8\text{（萬元）}$$

⑵將 A_1 加上每年之操作與維護費用 200 萬元。

$$A = A_1 + A_2 = 263.8 + 200 = 463.8\text{（萬元）}$$

方案三：⑴使用等額支付序列資本回收因子來計算 1500 萬元之年金值。

$$A_1 = 1500 \times 0.2638 = 395.7\text{（萬元）}$$

⑵使用等額支付序列償還基金因子來計算 150 萬元收入之年金值。

$$A_2 = F\left[\frac{i}{(1+i)^n - 1}\right] = 150\left[\frac{0.1}{(1+0.1)^5 - 1}\right] = 150 \times 0.1638$$

$$= 24.57 \text{（萬元）}$$

(3)將 A_1 與 A_2 之差額加上每年操作與維護費用。

$$A = A_1 - A_2 + A_3 = 395.7 - 24.57 + 100 = 471.13 \text{（萬元）}$$

同樣地，仍然以方案二之成本為最低。

由前面此二法之比較，我們可很明顯地看出其結論皆為相同，而且年金法在這個例子之計算要比現值法簡單。此外，若使用終值法，其結果勢必會相同，但其計算過程較前二法複雜，故於此不予詳列。

參考書目

1. 賴汝鑑，《財務管理》，臺北：華泰書局，民國 82 年，頁 8, 262。

2. 洪國賜，盧聯生合著，《財務報表分析》，臺北：三民書局，民國 82 年，頁 4。

3. 譚伯群，《工廠管理》，臺北：三民書局，民國 82 年，頁 350-352。

4. Block, S. B., and Hirt, G. A., *Foundations of Financial Management*, 7th ed., Burr Ridge, Illinois: Irwin, 1994, pp. 53, 85-89.

5. Brigham, E. F., *Foundamentals of Financial Management*, 6th ed., Fort Worth, Texas:The Dryden Press, 1992, pp. 49-59.

6. 林烔垚，《財務管理：理論與實務》，臺北：華泰書局，民國 79 年，頁 128-135。

7. 陳寬仁，《工程經濟》，臺北：三民書局，民國 81 年，頁 81。

8. 賴士葆，《工程經濟：資金分配理論》，臺北：華泰書局，民國 82 年，頁 9, 87。

9. Thuesen, G. J., and Fabrycky, W. J., *Engineering Economy*, 8th ed., Englewood Cliffs, New Jersey: Prentice-Hall, Inc., 1993, pp. 43-49.

1. 何謂財務管理? 其重要性為何?

2. 何謂財務報表? 其功用為何?

3. 何謂成本?

4. 何謂間接製造費用? 為何此費用需加以分攤? 分攤的方法又有那幾種?

5. 何謂固定成本與變動成本?

6. 何謂高低點成本解析方法?

7. 根據以下之成本與生產量之關係,用最小平方法來找出其固定成本與變動成本各為若干?

月　份	1	2	3	4	5	6
成　本	4100	3600	3800	4200	4800	4300
生產量	260	200	240	250	300	280

8. 何謂損益平衡點? 其計算為何?

9. 何謂比率分析? 請任選一家公司之公告財務報表來進行比率分析並試著找到同業之數據來加以比較之。

10. 何謂預算? 其主要功用為何?

11. 短期融資與長期融資的方式各有那些?

12. 何謂資本預算? 資本預算決策類型有那幾種?

13. 資本預算評估方法有那幾種?

14. 何謂金錢之時間價值? 何謂等值?

15. 假設某人現在以 6.5% 之利息將錢定存於銀行中,請問需多少年其金額才會加倍?

16. 假如現在投資 10 萬元,利率為 10%,歷時 5 年,那麼其值變為多少?

17. 三年後的 100 萬元,在年利率 12% 下,相當於現在的多少錢?

18. 假如從現在開始每年存 10 萬作為養老金,總共存 30 年,年利率為 10%,則

從第 31 年開始至第 40 年之 10 年中，每年可提出多少金額來花用？

19. 某人欲設立一個獎學金基金來獎助清寒學生，預計實施 10 年，利率為 10%，每年 2 人，每人 20000 元，請問此基金現在應投入多少錢？

20. 某部機器之價格為 150 萬元，預估其每年之操作與維護費用為 40 萬元，可產生收入每年 65 萬元。若機器使用年限為 10 年，年利率為 12%，請繪出此問題之現金流量圖並評估是否要購買此機器來從事生產？

21. 請用終值法來評估 10-8 第四小節中之三個方案。

第十一章
系統分析與設計

 11-1 概 述

一、前 言

經貿國際化與自由化，對世界各國而言，已是必然之趨勢。然而，由於國際化與自由化的結果，市場上的競爭也就愈來愈激烈。在此全球性的競爭壓力下，一個企業為了繼續的成長與生存，實在有必要提升本身之競爭力。

以往，在提高企業競爭力的策略上，不外從如何提升產品品質、生產力、顧客服務水準，以及降低產品售價等方面著手。近年來，由於科技的長足進步，使得資訊 (Information) 成為企業欲在商場上致勝之一項利器。正所謂「知己知彼，百戰百勝」。誰能夠迅速取得商機相關之資訊並有效運用它，便能取得致勝的先機。

二、資料與資訊

什麼是資訊? 資料 (Data) 在經過某些處理程序後，便形成了資訊。而這裡所謂的資料乃是指一些事實或數據，其形式可以是數字、文字或符號。例如，顧客姓名、住址、電話等。

在一個企業中的資料數量，往往是非常龐大的。對管理者而言，光看這些大量未經處理之資料便得花費許多寶貴的時間。而且，這些資料往往不具任何意義。因此，為了增加這些資料的效益以助管理者解決企業經營的問題，則必須將這些資料加以處理，並轉換成具有意義與效用之訊息。而一般的資料處理程序包括資料的蒐集 (Collect)、儲存 (Store)、排序 (Sort)、分類 (Classify)、運

算 (Calculate)，及彙總 (Summarize) 等作業。

　　早期的資料處理作業，完全是仰賴人力。譬如，傳統的記帳方式，首先由人一筆一筆地將收支情形記錄下來，最後再利用算盤結算出總收支金額。這種靠人力的作業方式，不僅耗時而且錯誤情形也較容易發生。今天，由於電腦技術的進步，使得電腦不僅準確且處理速度與記憶容量也大大增加。正因如此，以電腦為主的資訊系統便應運而生，取代了企業中大部分資料處理的工作，並且成為企業主管訂定計畫與決策分析不可或缺的工具之一。然而，一個資訊系統的建立，往往需要投入大量的資金與人工。稍有不慎，則公司必將蒙受極大的損失。所以，為了避免浪費及確保資訊系統能迅速、正確地運作，事前的規劃則必須相當周延。而系統分析與設計的工作便是在計畫、分析、設計、建立資訊系統以提高作業之效率。因此，系統分析與設計在此刻也就顯得格外重要。

✵ 11–2　資訊系統概述

一、系統概念

　　在瞭解什麼是資訊系統之前，我們必須對系統這一名詞之基本概念有所認識。所謂系統 (System) 即為一群相互關聯單元的組合，以達到特定的目的。工廠便是一個系統，它由會計、人事、行銷、倉儲、製造、管理等部門組成，藉由各部門之功能與部門間之關聯及互動，來達到創造利潤的目標。除此之外，一個系統又可細分為若干子系統 (Subsystem)。就工廠之例而言，製造部門便可視為其子系統。它結合其內部之人、物料、機器等資源，將物料轉換成產品。

　　系統依其特性之不同，可區分為下列幾種 (Turner, 1993)：

1. 自然 (Natural) 或人造 (Man-Made) 系統；
2. 靜態 (Static) 或動態 (Dynamic) 系統；
3. 實體 (Physical) 或抽象 (Abstract) 系統；
4. 開放 (Open) 或封閉 (Closed) 系統。

　　前二項由字義上便可清楚地瞭解其中之差別。例如，河流是一個自然系統亦是動態系統；橋樑則為靜態與人造系統。實體系統是指其組成單元實際存在

之系統，例如工廠。而抽象系統則是以符號、圖形或邏輯來代表實體系統中之單元，例如建築藍圖。所謂開放系統是指跟外在環境有交流者，例如企業與外在供應商、顧客、銀行等有金錢之往來。相反地，封閉系統則跟外界無交流的情形。

系統依其控制方式又可區分為下列二種：

1. 開放迴路 (Open-Loop) 系統；
2. 封閉迴路 (Closed-Loop) 系統。

封閉迴路系統是指系統本身具備有回饋 (Feedback) 控制之機構，可以控制與調整系統之運作情形（如圖 11-1 所示），可設定溫度之冷氣機便是一例。一旦冷氣機之溫度感應器測知室溫低於或達到設定之溫度，便停止運轉。反之，則啟動機器。而開放迴路系統則無法控制及調整本身之運作。

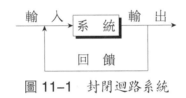

圖 11-1　封閉迴路系統

二、資訊系統之定義

所謂資訊系統是指結合各項與資訊相關之資源，從事資料處理作業以提供有價值之資訊給管理者做決策之用。資訊的價值主要取決於資訊的正確度與時效，以及所產生的資訊是否能完整地提供決策所需之訊息。另外，與資訊相關的資源則包括下列各項 (McLeod, 1994)：

1. 電腦硬體 (Hardware)

用以儲存與處理資料。如：電腦主機、磁碟機、磁帶機、終端機和印表機等實體設備皆是。

2. 電腦軟體 (Software)

用以驅動電腦硬體從事資料處理之作業。一般可分為二大類：

(1)系統軟體（如作業系統、共用程式或編譯程式）。

⑵應用軟體（如套裝軟體及使用者自己設計之軟體）。

3. 資料與資訊

指系統所需輸入之內部或外在環境之資料與資訊。如庫存情況屬於內部資料，顧客對產品之要求則屬於從外在環境而來之資訊。

4. 人　員

指設計、操作、管理及維護系統所需之人員，包括電腦操作員、程式設計師、系統分析師及系統工程師等。

5. 硬體設施

包括電腦房、冷氣設備、不斷電設備等。

三、資訊系統之種類

1. 按資料處理方式區分

由資訊系統之定義可知,資訊系統最主要是在從事資料處理的工作。因此,資料處理方式若不同, 則其資訊系統也會有所不同。一般而言, 資訊系統按其資料處理方式之不同, 可區分為二類:

⑴批次作業 (Batch Processing) 資訊系統;

⑵連線作業 (On-Line Processing) 資訊系統。

批次作業係指累積資料至一定時間（可以是每天、每週或每月）後才做處理。此種作業方式適用於當資料不需要馬上處理之情況。譬如，大多數的薪資系統皆適合此法。因為，員工當月的工作時數都是先搜集，等到月底再做統計並計算薪資。這種作業方式的優點是簡單且成本較低。但是，一旦管理者即刻需要最新的資訊時，則此方式便不適用了。也正因為如此，現今多數的資訊系統便改採行連線作業。

在連線作業方式中，使用者可隨時透過電腦終端機直接查詢或輸入資料，並可快速地取得所需之資訊。但是，這種作業方式由於需設計資料之搜集及處理程序，與終端機之輸出或查詢等功能，所以便較為複雜。

2. 按系統功能區分

由於企業中各管理階層之功能與對資訊之需求各不相同，於是便需設計各

種不同之資訊系統來滿足其不同之需求。故資訊系統又可依其功能之不同而區分為下列三種：

　　⑴作業處理系統（Transaction Processing System，簡稱 TPS）；

　　⑵管理資訊系統（Management Information System，簡稱 MIS）；

　　⑶決策支援系統（Decision Support System，簡稱 DSS）。

　　作業處理系統主要的功能是在處理企業內之日常例行作業項目，如會計及薪資系統。由於這些日常例行作業所需處理的資料數量龐大，而且作業重複性高，所以是多數企業所欲先將之電腦化之作業。

　　管理資訊系統旨在提供資訊幫助中階管理者來從事管理控制與決策。例如，物料需求計畫系統。由於此系統所處理的問題以及解決程序皆已知，所以，對於決策所需之資訊及影響決策好壞之因素，便可事先加以確定。因此，系統每週、每月或是每季都會產生預先設計好的綜合報表，以便管理者從中分析，瞭解企業運作之情形。

　　決策支援系統主要是協助高階管理者從事策略性規劃與決策。它利用一些數學、統計，或模擬之模式來使管理者能夠分析不同策略對企業狀況之影響。由於此階段所面臨之問題，出現頻率較低且無法事先確知，所以此系統一般具有極佳的使用者介面（User-Interface）以便使用者可直接與系統進行問題的溝通與模式之建立。一些以人工智慧（Artificial Intelligent，簡稱 AI）或專家系統 (Expert Systems) 建立之資訊系統便屬於此類型。

 11-3　資訊系統的開發

一、系統分析師的角色

　　今天我們所處的是一個資訊普及的社會。在這個資訊化的社會中，電腦資訊系統不再只限於大企業或政府機構才能擁有。舉凡醫院、圖書館、銀行、中小企業，甚至於一般商店，皆已利用電腦來處理他們的一些日常作業。雖然，每個資訊系統的功能與規模並不相同，但系統建立前之規劃則是同樣重要。因為唯有事先周詳的規劃才能確保開發系統的成功，而這項工作便是由所謂的系

統分析師 (System Analyst) 來執行。

　　系統分析師主要的任務是在分析、設計與建立一個資訊系統以滿足使用者之資訊需求。為了達成此任務，系統分析師除了本身需具備電腦、管理、系統概念與方法、分析能力與創造力等技能外，還需能有效協調與系統開發相關的人員，如使用者、程式設計師及管理者等。所以，系統分析師在資訊系統開發過程中，扮演一個重要的角色。

二、系統開發方法

　　系統的開發就如同蓋一棟大樓或建造一項工程一般，需要投入大量的金錢與人力，而且需花長時間來完成。總體而言，工程的規模越大，則事情越繁瑣且所需投入的人力、金錢與時間也越多。然而，不論工程之大小，它必須要依照設計圖或藍圖來施工。這一點，對於開發一個資訊系統而言，也是相同。所以，系統分析師必須根據所採行系統開發的方法，按部就班來完成。

　　目前，較常被採用之系統開發方法為所謂的系統生命週期 (System Life Cy-cle) 法。系統生命週期法是指能有效建立資訊系統的一系列步驟，它包含了四個進行階段（如圖 11-2 所示）(Edwards, 1993)：

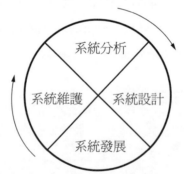

圖 11-2　系統生命週期之階段

1. 系統分析 (System Analysis)。
2. 系統設計 (System Design)。
3. 系統發展 (System Development)。

4.系統維護 (System Maintenance)。

1. 系統分析階段

　　系統分析階段的工作,首先是要確認問題之所在。換言之,就是要找出現行系統中需要改善的作業項目與其流程。然後,便進行可行性研究以決定是否要建立一個資訊系統來解決所發現的問題。如果發現不具足夠經濟效益的話,那麼系統生命週期便到此停止。反之,則進一步瞭解現行系統之作業及使用者之資訊需求,以便研擬出改善方案作為將來設計新系統的依據。

2. 系統設計階段

　　一旦系統分析完成後,在系統設計階段中便依分析之結果,設計出系統的藍圖供程式設計師建立系統之用。而上述之系統藍圖,主要包括了輸入、輸出及處理程序等系統組成要件。除此之外,系統分析師需評估並選擇較佳之一種系統架構或規格來執行。

3. 系統發展階段

　　在系統發展階段最主要的工作是將設計好之系統轉換成可實際運作的電腦資訊系統。此時,系統分析師、程式設計師及使用者皆須按照系統之進度表及工作之分配,按時將其本身負責的工作完成。在系統的軟、硬體及人員訓練完成後,最後的工作便是從事新系統的導入與評估。

　　所謂新系統的導入是將新完成之系統取代原有的作業系統。在新系統正式導入運作一段時間後,系統分析師便得從事新系統的評估作業,來進一步確定新系統之運作完全符合原先設計之目的。若有錯誤或設計不符之情形產生,則需再回到系統生命週期之前面階段,以將錯誤情形修正過來。

4. 系統維護階段

　　系統生命週期的最後階段是系統維護階段。在系統正式啟用之後,難保不會有先前未發現之錯誤產生,因此,系統便需要維護來使它能正常地運作下去。再則,一個系統於啟用後,便不會就此一成不變地運作下去,因為將來可能受到外在環境因素及企業內部組織變化的影響,使得系統原先之功能無法完全應付這些改變。因此,系統需重新設計或略作修改。這個時候,系統的生命週期便又回到系統分析階段,而一個新的系統生命週期又開始。

在整個系統生命週期之各階段中，系統分析與系統設計二個階段不僅工作量與耗時最多，而且也是最重要的過程。因此，本章之下兩個章節便將分別對這兩個階段加以介紹。

 11-4　系統分析

系統分析，簡言之，為研究現行作業系統之情況，診斷系統之問題並研擬可行方案的一個過程。系統分析師為了找出問題之癥結所在，首要之務便是由蒐集系統的相關資料來加以分析。

一、資料蒐集方式

系統分析師所欲蒐集與系統相關之資料需愈詳盡愈好。如此，才能真正地反映出系統之現狀，以便加以分析、改善。與系統相關之資料包含了系統之各項作業，每一項作業之輸入和輸出文件，各項作業之處理程序，所需處理資料的數量與頻率，以及系統各部門之關係等等。而上述這些資料可透過下列常用之資料蒐集方式來取得：

　　1. 系統文件 (System Document)。

　　2. 面談 (Interview)。

　　3. 問卷調查 (Survey)。

　　4. 現場觀察 (Observation)。

對於較有制度化的企業，公司裡的一切作業程序與準則都妥善記錄於作業手冊或系統說明書等系統文件中。而這些系統文件也將提供給系統分析師絕佳的資料來源。系統分析師可藉由閱讀這些文件，進而瞭解公司之運作過程及一些專業名詞，將來有助於其與使用者之溝通。

所謂面談是指由系統分析師藉著與實際作業之操作者面對面之交談，而來獲得資料。由於面談是雙向的溝通，所以系統分析師不僅可從操作者處得知作業之現況，操作者亦可反映系統之問題與其對資訊系統之要求。這些將可作為系統分析師將來設計系統時之考慮依據。然而，若是系統過於龐大，所需訪談的對象眾多而且分散數處，在這種情況下，面談的進行將十分困難而且耗時。

資料蒐集的第三種方式是實施問卷調查。問卷調查是將所欲蒐集之資料設計成問卷 (Questionnaire) 來詢問受訪者。由於這個方法可同時對眾多的受訪對象做調查，所以它可算是最快速並且經濟的資料蒐集方式。但是，問卷的設計卻是件相當困難的工作，它關係到調查之成功與否。如果所設計的問卷問題不夠明確、充分，則蒐集到的資料也將不正確或不夠完整，其結果將影響到系統分析工作之進行。

　　資料蒐集的最後一個方法是採用現場觀察的方式。顧名思義，現場觀察是指系統分析師實地觀察操作者之作業情形以得到更具體之資料。這個方法的好處是可以避免打擾到操作者之作業。除此之外，系統分析師一方面可透過現場之觀察增加其對系統之瞭解與認識；另一方面亦可藉此機會，驗證資料之正確性與完整性。

　　以上的這些資料蒐集方法並非需單獨使用才可，所以，系統分析師可視其狀況，配合使用上述之方法，以便取得更詳盡、正確的資料。

二、系統分析工具

　　一旦資料蒐集完成後，系統分析師便可對這些資料加以分析，進而找出系統的問題並想辦法改善它。通常系統分析師可利用一些工具來幫助他們瞭解與分析系統。另一方面，使用工具也會讓系統分析師容易與使用者或其他相關人員溝通，以尋求改善之道。較常用的分析方法是「結構化方法」(Structured Approach)，其工具有以下四種：

1. 資料流程圖 (Data Flow Diagram)

　　資料流程圖可以說是目前使用最為普遍的系統分析工具。它主要是以圖形來描述資料在系統中流動的情形。透過資料流程圖，系統分析師更能夠瞭解系統中各子系統功能之相互關係。如此，也更容易與使用者溝通進而瞭解其資訊之需求。

　　資料流程圖中共使用了下列四種圖形符號：

　　　○　　處理程序：表示將輸入資料轉換成輸出資訊之作業

□　　　資料來源或去處：表示人或部門

——→　　資料流：表示資料流動之方向

＝＝＝　資料儲存：表示資料檔

　　圖 11-3 為一個訂貨處理系統之資料流程圖。此一系統自顧客處接到訂貨單後，主要進行四項處理程序。首先，「登錄訂貨資料」將顧客及訂貨之內容鍵入並儲存於「訂貨資料檔」中。然後，即進行「確認訂貨資料」之程序。如果發現資料有誤，則進行相關資料之修正工作。否則，便被認定為有效之訂貨。然後，再由「確認庫存量」之程序來檢查現有的庫存量是否能夠滿足此一訂單。若可滿足，則發出送貨單至送貨部門並同時更新現有之存量。否則，便通知顧客延遲交貨之訊息，並透過「登錄未交貨之訂單資料」的程序，將未交貨資料登錄至「未交貨訂單檔」中，以便日後處理。

2. 資料字典 (Data Dictionary)

　　資料字典主要定義及描述系統中之所有資料流，處理程序及資料儲存檔案等。在資料字典中，資料流及資料儲存檔可再細分為若干資料元素 (Data Element)。譬如，顧客資料檔中包含了顧客編號、姓名、住址、電話等資料元素。而資料字典則必須描述每個資料元素之特性，包括資料名稱、資料說明、類型（文字、整數或實數）、欄位長度、合理之數值範圍，還有資料於程式中之別名等。對於資料流，檔案及處理程序之描述愈詳盡，則在從事系統設計工作時就愈省事。大家按照資料字典之定義來設計系統，除了省下彼此溝通所花的時間，於系統整合時才不會有問題產生。

3. 決策樹 (Decision Tree)

　　決策樹是用來描述系統中關於下決策方面的邏輯程序。由於它是用簡單的樹狀圖來表示整個決策之程序，所以容易令人一目瞭然，在什麼狀況下，應採取何種行動。圖 11-4 便是一個訂購折扣決策之決策樹例子。

4. 決策表 (Decision Table)

　　決策表亦與上述之決策樹功能相同，只不過決策表將決策之邏輯程序用表格的方式來表示。表 11-1 表示上述之訂購折扣例子的決策表。它包括了四個

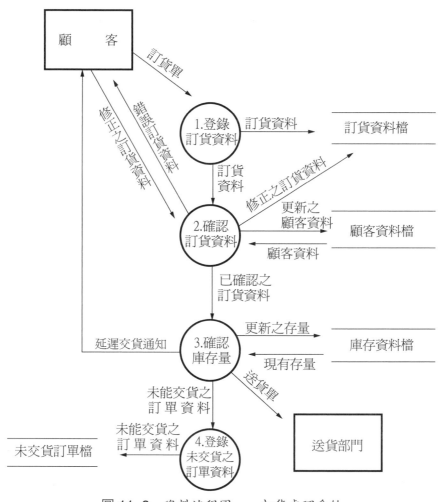

圖 11-3 資料流程圖──訂貨處理系統

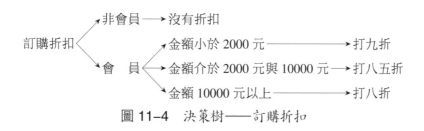

圖 11-4 決策樹──訂購折扣

部分：左上列出所有之可能條件；左下則列出可能採取的行動；右上及右下則分別供使用者填入每個規則符合之條件與其相對應的行動。表格中於右上填入

"Y" 者表示符合左列之條件，填入 "N" 者即表示不符合之情形；右下填入 "X" 者表示應採取左列之行動。例如，在第二個規則下，凡符合「是會員」與「金額小於 2000 元」的條件，則訂購折扣行動採「打九折」。

表 11-1　決策表──訂購折扣

		1	2	3	4
條件	是會員	N	Y	Y	Y
	金額小於 2000 元		Y	N	N
	金額介於 2000 與 10000 元		N	Y	N
	金額大於 10000 元		N	N	Y
行動	沒有折扣	X			
	打九折		X		
	打八五折			X	
	打八折				X

✵ 11-5　系統設計

所謂系統設計便是根據系統分析之結果，設計出新系統的規格與架構。這項工作是否可完美達成，將直接影響到新系統的品質與效率。因此，系統設計的工作確實有賴系統分析師發揮其創造力及想像力，來設計高品質和高效率的系統。另外，一個好的系統設計除了具備上述二項特性外，還必須考慮系統的彈性、經濟效益、信賴度，以及接受度等特性。將這些特性設計到系統中，才能成為一個良好系統。然而，系統設計最主要的工作項目包含下列三項：

1. 輸出設計。
2. 輸入設計。
3. 處理程序設計。

一、輸出設計

系統設計的首項工作是輸出設計。如果無法決定所欲輸出的資訊內容，那麼便無法確定必須輸入的資料有那些，以及它們需要的處理程序。因此，在設

計之初，系統分析師必須與使用者與管理者溝通以確定其輸出之需求。然後，再根據他們的需求，進行輸出格式與輸出方式之設計與選擇。除此之外，一般在從事設計時應注意下列事項：

　　1.輸出之內容應正確、清晰，及令人容易明瞭。

　　2.輸出資訊的數量和時效要能滿足使用者之需求。

　　3.輸出方式的選擇要合適並具有效用。

　　4.輸出格式的安排要合乎邏輯並方便使用者閱覽。

1. 輸出方式的選擇

　　目前可供選擇的輸出方式有許多種，包括報表、終端機螢幕、聲音、圖形、縮影膠片等。而其中最受普遍使用的輸出方式即為報表輸出與螢幕輸出，此兩種輸出方式各有其優缺點。以報表輸出而言，它的優點是報表可長久保存，也可同時分發數個不同的地方供人閱讀。但是，使用報表的成本較高而且尚需空間來儲存它。

　　螢幕輸出的方式則具備有輸出速度快，可顯示生動的色彩來增加吸引力，與成本低等優點。而它的缺點則是輸出之結果無法長久保存，並且每次螢幕畫面所能顯示的資料有限。總而言之，系統分析師必須要根據使用者之需求與偏好，來決定選擇何種輸出方式較為合適。

　　輸出方式一經確定，那麼接下來便可決定相對的輸出媒體。譬如說報表，其輸出媒體可以是點距式 (Dot Matrix)、噴墨式 (Ink Jet)，或雷射 (Laser) 印表機 (Printer)。每種印表機又可分單色和彩色機種，而每種機種又有許多不同之規格。系統分析師要從如此多種類之規格中，挑選出一種合適之媒體，則需考慮到以下的因素：

　　⑴輸出報告產生的數量。

　　⑵印表機輸出的速度。

　　⑶印表機輸出的效果。

　　⑷成本。

2. 輸出格式設計

　　輸出格式設計是指規劃輸出內容之編排與設計。其目的是在使輸出的結果

能達到簡單清楚、美觀、容易閱讀與明瞭的境界。對於輸出的格式，不論它選擇何種輸出方式，皆需包含三個部分：

　⑴表頭 (Heading)：用來描述報告名稱及其內容。

　⑵表身 (Body)：用來顯示資料與資訊等報告內容。

　⑶表底 (Footing)：用來顯示頁數及總數。

　　系統分析師在設計輸出格式時，可以參考企業原有存在之報告格式，再與使用者與管理者討論，進而修改使其能符合輸出媒體之規格。另一方面，系統分析師亦可利用報表格式圖 (Spacing Chart) 來協助報表之設計（如圖 11–5 所示）；或者可利用螢幕格式圖 (Screen Spacing Chart) 來設計螢幕之佈置（如圖 11–6 所示）。使用格式圖可方便將所需列印或顯示的資料與資訊位置，明確地標示在表格中。如此，將來程式設計師在設計程序時，便可以此為設計之依據。

報 表 格 式 圖

編號：＿＿＿＿＿＿

系統名稱：＿＿＿＿＿　程式名稱：＿＿＿＿＿　報表名稱：＿＿＿＿＿

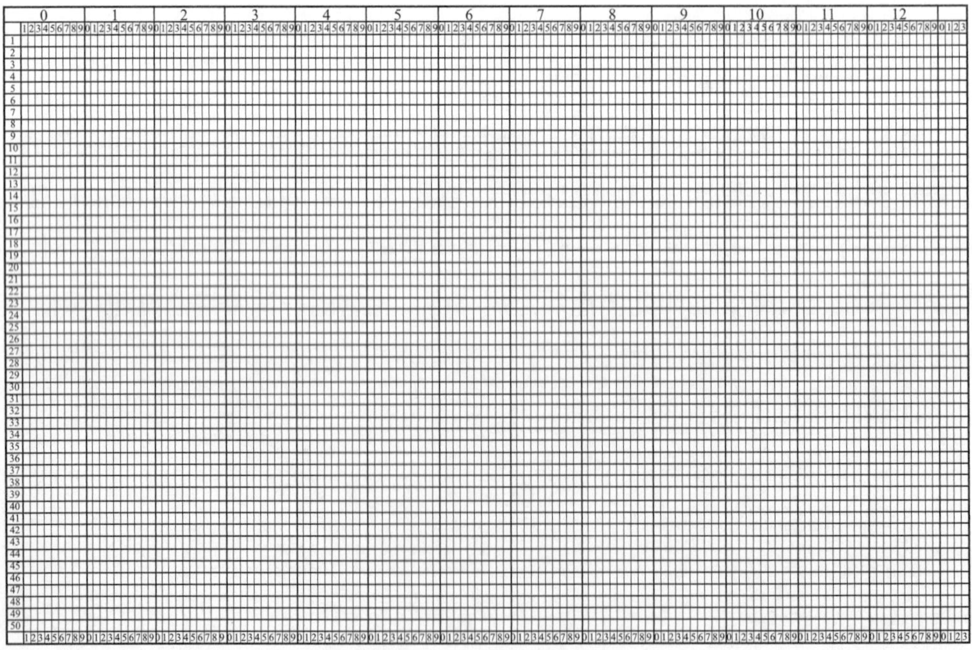

圖 11–5　報表格式圖

螢幕格式圖

編號:＿＿＿＿＿＿

系統名稱:＿＿＿＿＿ 程式名稱:＿＿＿＿＿ 螢幕名稱:＿＿＿＿＿

	5	10	15	20	25	30	35	40	45	50	55	60	65	70	75	80
01																
02																
03																
04																
05																
06																
07																
08																
09																
10																
11																
12																
13																
14																
15																
16																
17																
18																
19																
20																
21																
22																
23																
24																

圖 11-6 螢幕格式圖

二、輸入設計

系統設計的第二項工作是系統輸入設計。輸入設計必須根據輸出報告內容的需要,來決定資料輸入系統之種類、數量、方式、格式,以及驗證方法等等。其實,輸入設計也與輸出設計一樣與使用者的關係最為密切。而設計結果的優劣,勢必會影響到使用者對系統之滿意度與接受度。所以,系統分析師在從事輸入設計時,不得不非常謹慎。

在考慮輸入設計時,應考慮達到下列之目標:

1. 輸入的速度要快速。

2. 輸入的結果要正確。

3. 輸入表格及螢幕之設計要有吸引力。

4. 輸入方式應一致。

5.要方便使用者輸入。

1. 輸入方式

　　總體而言，企業皆蒐集其企業內部及外部的資料於所謂的原始憑據 (Source Document) 中。例如，顧客之訂貨單與員工上下班之打卡單即為原始憑據之一種。而這些原始憑據所包含的資料，最終將會被輸入電腦系統中處理。所需輸入系統處理的原始憑據種類一旦確定，系統分析師便可按照憑據之數量、產生頻率，及使用者之需要等因素來考量資料輸入的方式。

　　資料輸入的方式主要可區分為二大類：

　　⑴人工輸入。

　　⑵直接輸入。

　　人工輸入，顧名思義是需要人把資料鍵入電腦中。例如，使用鍵盤來輸入資料即為其中一種。而所謂直接輸入是指由機器直接將資料讀入電腦中。像使用讀卡機、光學閱讀機、條碼辨識機、磁墨字元辨識機等輸入資料皆屬於此類。對於過於龐大的資料數量，選擇直接輸入的方式是較為恰當的。雖然使用此類機器的成本，往往較人工輸入設備高，但是，由於機器輸入速度快而且少發生輸入錯誤的情形，故可彌補高成本之缺點。

2. 輸入資料之驗證

　　輸入資料正確與否是相當重要的。所謂「垃圾進，垃圾出」(Garbage In, Garbage Out)。如果輸入的資料是錯誤的，則其處理後輸出的結果，也會是錯誤的。這種情形對企業而言，是不能容許的。因為，企業內有許多重要的決策皆需依靠這些輸出的資訊來訂定，若這些引用之資訊有誤，其後果有可能相當嚴重。故而，資料輸入後之驗證工作是不可忽視的。

　　一般資料驗證的方法有下列幾種：

　　⑴目視驗證：其主要是由輸入者於每鍵完一筆資料後，以眼睛來檢查資料是否有鍵錯。

　　⑵重複驗證：主要是由兩位輸入者鍵入相同的資料，再由電腦比對是否有不同之處，以找出錯誤。

　　⑶資料筆數驗證：由計算總共輸入之資料筆數來跟實際資料筆數比較，以

檢查是否有遺漏或重複的情形。

⑷資料總和驗證：將憑據數值項目之總和與輸入資料同項之總和比較，來進行驗證。

3. 輸入格式設計

輸入格式設計主要是針對人工輸入方式而言。由於人工輸入較費時、費力，而且也較容易發生錯誤。因此，若能設計一個兼具操作容易與使用者親和力特性的輸入畫面，那麼上述之情形將可減輕許多，系統也較容易讓人接受。所以，系統分析師在設計輸入畫面時，應考慮以下幾個方面：

⑴輸入畫面的順序應與原始憑據上的順序一致。

⑵資料輸入畫面的順序應配合閱讀的順序，由上而下，由左而右。

⑶輸入畫面的資料項目，不可過多或過密，必要時可分為數個畫面。

⑷必須顯示資料鍵入的位置。

⑸多利用螢幕畫面之功能，使畫面更生動，更有吸引力。

⑹可使用訊息欄或視窗來隨時提供重要訊息或功能說明，以增加使用者親和力。

同樣地，系統分析師亦可利用上節所提之螢幕格式圖來從事輸入螢幕畫面的佈置。

 ## 11-6 系統處理程序設計

一、處理程式之種類

在系統輸入與輸出設計完成後，接下來的工作便是設計系統之處理程序。處理程序設計旨在決定系統需要那些處理程序，來將輸入的資料轉成使用者所需要的資訊。一般而言，資料處理程序可分為下列六種基本程式（張豐雄，民82）：

1. 編輯 (Edit) 程式

主要用於檢查資料登錄或鍵入是否有錯誤。若系統是採用批次作業方式，則編輯程式將會印出錯誤清單 (Error Listing) 或例外報表 (Exception Report)，

供使用者修正錯誤之參考。對連線作業方式,則此程式會直接將錯誤訊息顯示在螢幕上,使用者可立即做適當的修正。對於檢查輸入資料之功能,編輯程式可依輸入資料的類別(指文字或數字)、長度、數值範圍等,來檢查並找出錯誤之資料。

2. 排序 (Sort) 程式

主要是依使用者選擇之排序鍵 (Sort Key),將所有資料紀錄由小而大或由大而小來排列。例如,我們可將學生的成績按學號或分數高低來排列。

3. 更新 (Update) 程式

用以處理資料異動之情形。資料異動的情形主要分為三種:

⑴新增資料之加入。

⑵已無效用舊資料之刪除。

⑶已存在資料之更改。

4. 合併 (Merge) 程式

用以將一個以上之資料檔合併成一個。而合併後之檔案亦需按所選排序鍵之大小順序重新排列。

5. 列印 (List) 程式

旨在產生系統之各種輸出報告。若輸出方式為報表,則列印程式將透過印表機印出報表。若輸出方式為螢幕,則它會直接將結果顯示在螢幕上。

6. 查詢 (Query) 程式

係依照使用者指定之尋找鍵 (Search Key),從資料庫中找出所欲查詢之資料。例如,我們可由鍵入某一學生之學號而找出該學生之基本資料。

二、處理程序設計工具

最常見的處理程序設計工具為系統流程圖 (System Flowchart)。系統流程圖利用一些圖形符號來表示系統中主要處理程序與資料之關聯。一些較常使用到的圖形符號如下:

処理程序　　報表或憑據　　人工作業

決策　　　　鍵盤鍵入　　　線上儲存

輸入/輸出　　螢幕顯示　　　磁碟檔

　　圖 11-7 為前面所提之訂貨處理系統的系統流程圖，其中共包括四個主要處理程序（有編號者）。

　　另外一種常見之處理程序設計工具為結構化英文 (Structure English)。結構化英文是用簡略的英文句子來描述系統的處理程序，一般包含了三種不同結構的句子：

1. 順序 (Sequence) 結構

　　表示處理程序中包含的每一個步驟或作業。

2. 決策 (Decision) 結構

　　顯示進行某項作業當某些條件符合。例如，If...Then 的句型。

3. 反覆 (Iteration) 結構

　　描述重複之作業情形。例如，用到 Do While...End Do 與 For...End For 等句型。

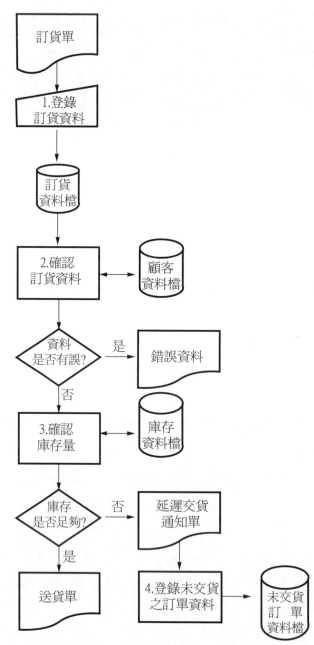

圖 11-7 系統流程圖──訂貨處理系統

11-7 系統發展

　　當系統的藍圖設計完成之後，便可以開始進入系統發展的階段。在其之前的系統分析與設計階段，可以說是紙上作業式的來建立系統。此時所建立的系統即為一抽象系統。在此二階段中，主要的工作項目皆是由系統分析師或規劃小組來執行。而在系統發展的階段則是從事真正系統建造的工作。系統開發可謂是將設計好的系統藍圖轉換成實體運作系統的一個過程。在這個過程中，系統分析師最主要的工作便是擬定工作計畫及控制、協調資訊相關人員之進度，以確保系統的發展可以按照計畫完成。此時，系統分析師可使用一些計畫管制的工具，如前面所提的甘特圖，以及 PERT 與 CPM 等來控制計畫的進度。PERT與 CPM 之計畫控制方法將於第十五章中介紹。

　　系統發展階段所需完成的工作包括下列幾項：

　1. 硬體設備之購建。

　2. 系統程式之撰寫與測試。

　3. 新系統資料庫之建立。

　4. 使用者之訓練。

　5. 系統文件之建立。

　6. 新系統之導入與評估。

　　硬體工程師與程式設計師在這個階段需依照系統設計之結果來建立硬體設備，撰寫系統程式及準備系統資料庫。在軟、硬體齊全之後，系統分析師就需在系統正式導入前，對新系統的使用者施予系統的操作訓練。另一方面，系統分析師亦需準備各種系統文件，來完整記錄系統發展之資料與過程，以供將來系統維護與操作人員之參考。常見的系統文件計有（黃明祥，民82）：

1. 系統說明書

　　主要是描述系統的基本功能，作業流程、檔案、輸入與輸出格式，以及處理程序等。

2. 程式說明書

　　主要由程式設計師撰寫其設計之程式處理邏輯，輸出與輸入之資料格式等

之說明。

3. 操作說明書

又可稱為操作手冊，主要是在說明系統操作的方法及注意事項，供電腦操作人員參考。

4. 使用者說明書

或稱為使用手冊，主要是供管理者或使用者瞭解如何使用系統來輸入、輸出及查詢資料。

系統開發的最後一項工作是系統導入與評估。系統導入係指將新系統取代舊系統的過程。導入的過程是相當重要而且需要謹慎行之。如果系統轉換的過程中有疏失，則不僅會影響到企業正常之運作，亦會造成使用者對系統之不信任。因此，系統分析師必須視企業與人員之實際情況，來慎選系統導入的型式。一般系統導入的型式有以下四種 (McLeod, 1994)：

1. 先前測試 (Pilot Test)

先選擇企業中之一部門來做系統正式導入前的測試。如果測試結果良好的話，則再做全面的導入。

2. 立即導入 (Immediate Cutover)

指立即將企業之舊系統轉換成新系統之作業方式。此種導入方式對小型企業或小型系統才可行，因為如此對企業之衝擊不至於過大。

3. 分段導入 (Phased Cutover)

是將新系統分成若干階段或部分，循序導入。此種方式對於大型或較複雜企業的導入，尤其具有成效。

4. 平行導入 (Parallel Cutover)

指讓新、舊系統同時並行作業一段時間後再取代。此種作法雖然可確保導入之成功，但同時作業之成本則太高。

1. Turner, W. C., Mize, J. H., Case, K. E., and Nazemetz, J. W., *Introduction to Industrial and Systems Engineering*, Englewood Cliffs, New Jersey: Prentice-Hall, Inc., 1993, p.38.

2. McLeod, R., Jr., *Systems Analysis and Design*: *An Organizational Approach*, New York: The Dryden Press, 1994, pp. 202-209, 661-662.

3. Edwards, P., *Systems Analysis & Design*, Watsonville, California:Mitchell McGraw-Hill, 1993, p.14.

4.張豐雄，《結構化系統分析與設計》，臺北：松崗公司，民國 82 年，頁 322。

5.黃明祥，《系統分析與設計》，臺北：松崗公司，民國 82 年，頁 325-326。

1.何謂資訊？何謂資料？

2.何謂系統？一般之工廠是屬於何種系統？

3.資訊系統之定義為何？

4.請比較批次作業與連線作業之區別。

5.資訊系統按功能之不同，可區分為那三種？

6.何謂系統生命週期法？其實施階段為那四種？

7.何謂系統分析？

8.資料蒐集的方法有那幾種？試比較其優缺點。

9.系統分析之工具有那幾種？

10.何謂系統設計？

11.輸入設計時應考慮達到那些目標？

12.輸入資料之驗證方法有那幾種？

13.何謂系統導入？其型式有那幾種？

第十二章
人力資源管理

　　由於工業革命的衝擊，生產方式起了空前的變化，機器代替手工，利用機器從事大規模的生產，於此時期，工廠制度乃應運而生。然而，不管是機器或工廠制度均由「人」所規劃設計和操作執行，因為人是現代工商企業的動源，支配著資本資源和自然資源，利用其計畫 (Plan)、執行 (Do)、查核 (Check) 和改正行動 (Action) 之統合能力，創造企業生產利基，發揮更大的經營績效。

　　吾人知道，雖然人是企業經營上的一項重要資源，卻也呈現出複雜多變的一面，因為每個人的知識、技術和工作態度等均隨著其成長過程有所不同，人畢竟是無法十全十美，設若一個公司企業聘請一位員工進入工作，它是將這位員工的優點和缺點同時僱用，如果未經有效地開發員工的優點（如專長、理智、分析判斷、創新改進等），而讓其缺點（如自私、情緒化、獨特等非理性化行為）顯性，將造成負面效果，形成人力資源管理的負擔。

　　另外，在現代資本密集和技術密集的高科技產業社會，由於大眾傳播媒體無遠弗屆，勞動人口的教育水準急劇上升，國民平均所得不斷提高，相對地，人們對於工作的價值觀念改變，著重於較高的待遇和較短的工作時間，自我意識提高，人力資源管理的工作更扮演著重要的角色，如何有系統地運用合理化的制度、配合民主化和人性化的管理，因勢利導，期使達到「人盡其才，事竟其功」的目標，值得重視。

12-1　人力資源管理的定義

　　所謂人力資源 (Human Resource)，就是企業內所有與員工有關的資源，包括員工的人數、類別、年齡、工作能力、知識、技術、態度和激勵等均屬之。至於人力資源管理 (Human Resource Management, HRM) 係指企業內人力資源

的管理，亦即指企業內所有人力資源的取得、運用和維護等一切管理的過程和活動。

人力資源管理對工商企業而言，是在探討人與人之關係，以及人與事的配合等問題，亦即為企業組織建立體制，遴選適當的人員，謀求人與事配合，有效維持工作紀律，培訓員工工作知能，激發潛能意願，照顧員工生活以達成既定的組織目標。人力資源管理的功能如圖 12-1 所示，它對企業組織而言，是要達到業務能夠順利推展、提高生產效率，並達成預期目標；對員工而言，在於能夠安定員工生活，激發員工工作意願和興趣，進而開拓員工前程。如此帶給員工適才適所的發揮，讓員工個人的奮鬥目標與企業成長目標有效相互結合，是人力資源管理的最高宗旨，以引領員工個人需求的滿足，來達成企業的經營目標。

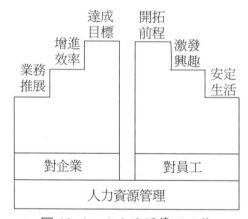

圖 12-1　人力資源管理功能

 12-2　人力資源規劃

人力資源，係指一個公司內的員工，包括管理階層與一般員工。而人力資源管理是 90 年代普遍受到重視的管理技能，它的前身是人事管理 (Personnel Management)。

隨著科技發展日新月異，行銷市場國際化，由於電腦的普及化，使過去以體力 (Muscle Power) 為導向的工作，轉變為今日以智力 (Brain Power) 為導向

的工作型態。工作本質也由傳統的農工業轉向為資訊服務業，另一方面，社會日益富裕後，年輕人價值觀念也隨之調整，他們追求工作、休閒與家庭生活的平衡。而企業內員工亦要求薪資合理化、管理透明化，對人力資源管理的要求標準越來越高。

人力資源管理需反映時代的潮流，特別在多元變化的科技社會裡，人力資源結構已呈現如下變化：

1. 婦女的勞動參與力愈來愈高，所擔任的角色日趨重要。

2. 年輕勞力供應遞減，而醫療技術的發達，則使老年員工的工作年限延長。

3. 殘障人士的應用率增加。

4. 外籍勞工的加入。

尤其在低勞力、低成本優勢無法繼續維持下，企業所能掌握的持久競爭優勢——技術和品牌，在在都需要人去完成。然在企業趨向國際化的過程中，企業主也必須體認到，傳統權威式、官僚式的管理法早已不合時宜，應該意識到在人力結構不斷地改變的環境下，如何鼓勵具多樣才能的一群人，共同建立一個多元化的工作團隊，來為企業效力，是人力資源管理者的一大挑戰。

通常在一般人的印象裡，人力就是資源，其實人力並不見得都是有用的資源。企業界在期待明天會更好之前，必須對自己企業內的人力資源加以規劃，使企業內的人力轉化為可用、有用的人力資源。基於此，所謂人力資源規劃 (Human Resources Planning)，就是針對企業所需求的人力，能夠有計畫、有步驟、有目標、有決心的去全力推展。而人力資源規劃的對象，必須按優先順序，要按高低層級，逐步進行，不是全部一起來。至於如何進行人力資源規劃與發展，原則上以求才、育才、用才和留才四個面向為主要任務，茲分述如下：

1. 求才面

企業的人力需求，通常是依據年度人力發展計畫或以公司業務量為出發點，用人單位進行預估生產及相關人員的數量，接著填報申請書，註明需求原因及任用基本條件，交由人事部門審核後辦理。通常，人事部依經核准的工作職缺，可以不同方式招募不同層次之人才，如從廣告刊登、就業機構推薦、校園專訪、向工會羅致、現職員工介紹、內部晉升、借調人才等方式聘用。當然，

一般的安全調查、筆試、實作測驗、面談等是選才的必經程序。由上可知，求才、選才是人力資源管理「慎於始」的重要工作，是奠定公司企業內可用人力的基礎。

2. 育才面

員工一旦招募與遴選進來之後，下一個步驟是引導 (Orienting) 與訓練 (Training) 他們，此時必須提供員工各種資訊和技能，灌輸員工的工作態度與信念，激發員工的工作士氣，使他們能在擔任新工作後有良好的表現。

3. 用才面

事實上，育才是一項長期性的工作，而用才則是觀察及測驗育才的過程，在用才方面，須遵守以下三原則：

⑴適才適所：因為唯有適才適所，才能使人樂於工作，發揮最大的工作績效。

⑵激勵原則：透過適當激勵措施，才能使人有追尋更高成就目標的動源。

⑶監督考核原則：單位主管與人事部門宜對員工的工作表現與貢獻度要隨時加以衡量與考核，對績效不佳者適時給予規勸與懲戒，至於持續違犯者甚至採行資遣淘汰的手段，也無可厚非。

4. 留才面

當經由育才和用才這兩階段，將使企業人力資源之發展逐漸成形；但是，更重要的是要留住人才，若培育出一流的人才，卻因留才措施不當而揮手離去，這對企業將是一項很大的損失。留才須注意到員工的自我前程規劃、工作環境、組織氣候、升遷、薪資、年終獎金、福利措施、企業的前景，以及企業經營者的理念和個性等。

 ## 12-3　人員招募與發展

人員招募的原則是人就事，而非事就人。所以，在進行人員招募之前應先分析是否有招募的必要；例如現有的人力是否充分發揮了，能否從中調派人員來擔任新職，只有在確定必要的狀況下招人，人力成本才能控制，並對工作士氣有實質助益。

須知，企業人力的多寡，與效率、士氣往往成反比，因為人力一旦超過實際需要，便會因分工不均或待遇不平而怨聲載道，如此一來，反而影響士氣與效率。俗語說得好，「請神容易，送神難」。人畢竟不是物，呆料好處理，但呆人往往會衍生不必要的困擾，應該慎重處理。

　　若經過縝密分析考慮後，確定招人的需要，可將工作職務的特性轉化為人才的能力及工作意願，這之中包括一個人的學歷、經歷和體力等。因此，透過工作分析 (Job Analysis)，可以獲知工作的內容細節，並據以尋求那些有能力和技術的人才來擔任。

　　人員招募的方式有許多種，如 12-2 節求才面所述，但不論是用考試、口試或面試，主要目的在測驗瞭解其能力是否符合工作職務需求，更重要的一點是，除了能力之外，工作興趣、意願與動機也是不可忽視的決定因素。

　　當企業主找到可用的人才之後，即可填補工作職缺，生產效率隨之提高，此時，企業主要改變一個觀念，培育人才不是一種福利，而是為達成企業目標的一種投資，所以育才是根據實際工作的現階段與未來的需要，而擬訂的政策性投資方案，再進一步與職務發展藍圖配合，使得每個人的升遷發展與培育方案做實質上的結合。所謂「良禽擇木而棲」，經由企業主的用心，擬訂出各種職務的發展遠景，使得專業人才有其專業的升遷管道，管理人才亦根據其個性及管理技能，另闢一條管理人員升遷發展的途徑，使得企業中每個人皆有其發展的空間與方向，如此既能留住人才，又能適才適用。

12-4　員工訓練與發展

　　一個現代化管理的企業，乃是一面考慮公司目標，一面注重員工個人目標，以這兩個目標為方針來訂定經營策略。在實行上可藉用生涯諮商、心理測驗等專業化方式，或主動提供組織資訊給員工，同時企業亦應瞭解員工的生涯發展方向，相對地，員工因瞭解在企業中的生涯發展位階，工作時便多一分向心力與效命感。

　　員工是企業最寶貴的資源，亦是延續企業生命的根基，而教育訓練則為企業育才，以達用才之目的。企業必須配合員工的生涯發展計畫，建立階段性的

終身教育訓練，有計畫、有系統地教育訓練員工，讓員工隨著企業的成長不斷成長，提升員工才能，增進企業生產力，促進勞資和諧。

員工訓練在今日企業經營管理中，已扮演相當重要的角色；對企業而言，可以提高工作效率，減低生產成本，減少不必要的浪費與損壞，改進工作態度，提高產品品質，降低意外事件的發生，進而確保工作上的安全，促進企業目標的達成；對員工的訓練而言，新進人員可以很快地進入工作狀況並即時學得工作技能，在職人員亦可不斷提高工作品質，而升等或升職人員更可愉快地勝任更高職位的工作，所以有效而完備的訓練計畫，能使企業與員工雙方都蒙受其利益。

所謂訓練乃是指一個人獲得一種技術 (Skill)，知識 (Knowledge) 和態度 (Attitude) 所須經歷的一連串的「教與學」的過程。所以企業內教育訓練乃是透過一連串的學習歷程使每一位員工於工作時均能勝任愉快，並進而改變員工的知識、技能和態度與行為，進一步更可促使員工的思想觀念與企業經營方向一致，而有效地達成企業生產營運的目標。

站在企業的立場，在企業內辦理教育訓練，其直接的目的固然為企業內本身的利益著想，但是由於企業的不斷發展與成長，企業與社會各方面的關係逐漸密切，企業的「社會責任」也逐漸被強調和重視，即所謂「取之於社會，用之於社會」的觀念，使企業界感覺到辦理員工教育訓練是員工之福利也是整個社會活動之一。另外，由於社會結構因科技不斷更新而有所變化，特別是由勞力密集逐漸改變為技術及資本密集工業的今天，勞動者的意識和地位已不斷提高，要求其自主的慾望也越來越高，企業未來的行動也必須考慮勞動者人格的尊嚴、利益和願望。換句話說，企業內辦理教育訓練工作，除了企業本身利益以外，還兼負對國家社會及勞動者兩方面的責任。基於此，企業內辦理教育訓練工作須具有下列特性：

1. 全體性

企業內辦理教育訓練的對象應包括該企業全體員工，上至經營者、管理者，下至所有第一線操作員、守衛、清潔工等都應包含在內。有些公司往往偏重於生產技術人員的訓練，認為只要能夠生產，一切問題就容易解決。但是現代的

經營管理方法已日新又新，強調經營者如何來做決策與提升其領導能力，又注重人群關係，以使每個員工都能發揮他們的潛力。因此訓練的層面不僅是與生產有關，也應該遍及其他各部門，使全體員工均能積極與自發自動地參與企業的各種活動。

2. 經常性 (Periodically)

企業內辦理教育訓練應涵蓋企業內全部的生活和時間在內。進而實施適時 (Best Time)、適人 (Best People)、適所 (Best Place) 的教育訓練以配合企業不斷成長，技術知識不斷地更新的需要。

3. 以人性為出發點

俗云：「可以把馬牽到河邊，您卻無法強迫牠喝水」，如果訓練的目的只在期求企業的效益而無法滿足員工人性需求，那麼訓練的效果將導致事倍功半，徒浪費時間和金錢而已。因此在訓練實施時，應針對員工需要，發展員工能力並配合激勵方案，以使員工樂意而自動地並有期盼性的接受。

4. 具有生涯教育的觀點

中西方都有一句名言：「活到老，學到老」，這就是生涯教育或終身學習 (Career Education or Lifelong Learning) 的基本精髓所在。如果企業有長期發展計畫，一個員工自進入企業界工作至退休為止，可分為幾個訓練階段：(1)職前訓練；(2)在職訓練 (on the Job Training)；(3)進修訓練；(4)工作輪調訓練；(5)管理訓練；(6)高齡員工任職訓練等等。日本企業採用終身僱用制度，員工訓練的重視，植根於活到老、學到老的生涯教育精神，進而激發員工的團隊精神。日本有今天的成就應歸功於企業重視員工訓練，激發員工學習潛力進而發揮全體智慧，貢獻企業成長的泉源。

5. 培養健全的人格發展

有些公司因缺乏對員工的激勵，視員工只是生產的機器人，久而久之，員工對企業沒有歸屬感，若非為了生活必然拂袖而去，且抱有「食之無味，棄之可惜」之情緒與心理，此種風氣普遍地瀰漫在一般的工作場所之中。因此企業內辦理教育訓練應該不斷灌輸員工的人格教育，強調「工作神聖，技術可以報國」的正確態度。不僅只關心公司企業產品的銷售和服務，同樣應該以服務顧

客的精神「關心」全體員工。使員工以服務該公司或企業引以為榮，強化員工對企業的向心力。若能如此，則由於員工得到適切的關懷和照顧與訓練發展，人人覺得工作有意義、有前途和希望，進而提高生產品質，降低浪費，無形中這種人力訓練就是最好的投資，亦是公司企業繁榮最大的資產。反之，則易成為負債，甚至因此拖垮該公司或企業。我國國營企業往年虧損數十億元，其中員工意志消沈，缺乏健全的訓練制度是其主要原因。

6. 強調社會責任 (Social Responsibilities)

由於企業規模越來越大，資本漸趨大眾化，企業漸漸失去其私人或私有的性質，因而成為多數人的活動，提供社會所需要的產品或服務，而每個員工和社會大眾均直接或間接地使用公司的產品和服務。由此，企業辦理教育訓練，一方面可以灌輸員工以做好最佳的產品和服務為榮，同時亦可由社會大眾的回饋，對企業內全體員工加重其對社會責任的重視。

12-5　激　勵

人是經濟動物，也是社會動物，所追求的不外名氣、權利和財富，為了獲得這些，人往往願意付出加倍的努力，以超越別人。但除此之外，當然人們也渴望被肯定、尊重，並從工作中獲得滿足感與成就感，而這些誘因均足以轉化為強而有力的行動，更是激勵人們不斷努力工作的源泉。

人的需要，隨著個人慾望滿足程度有所不同，因此心理學家馬斯洛 (A. H. Maslow) 在 1943 年倡導動機層次論 (The Hierarchy of Needs Theory)，根據馬氏的分析，人類的動機是基於各種需求 (Needs)。吾人所謂「慾望無窮」，人的滿足往往只是暫時性的，一個需求滿足後，新的需求又繼之而起，所以馬斯洛認為需求有層次之分，低層次的需求滿足之後才能往高層次探求。馬氏的動機理論經管理學家麥格瑞克 (D. M. McGregor) 的修正，如圖 12-2 所示，茲分述各級需求層次：

1. 生理的需求 (Physiological Needs)

生理的需求是指人類為了個體的生存，基本不可缺少的需求而言。這些基本需求包括肉體對食物、水、空氣、居住以及衣著的需求。古人所謂：「衣食

足然後知榮辱」，表示基本生理具有最強烈的慾望，但如人在飽食之餘，再用食物去激勵就無任何作用了。因此當一個人獲得充足食物等基本生理需求後，又會有較高的慾望 (Desire) 起而接替。

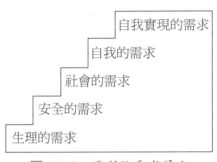

圖 12-2　馬斯洛需求層次

2. 安全的需求 (Safety Needs)

人類基本生理需求一旦得到相當的滿足，進一步出現的安全需求就開始具有激勵作用。所謂安全需求就是避免危險、威脅、恐懼及自由的剝奪等。一般而言，在文明而有秩序的社會裡，由於治安良好，醫藥發達，人們的身體受到野獸的侵襲、犯罪的傷害等危險顯得比過去少得很多了，故可大致獲得基本的安全需求。但由於社會競爭激烈，以及依存的僱用關係，專制的領導，員工工作缺乏應有的保障等等，使得人們在顧及經濟的安全條件下，為年老、意外及喪失工作等擔憂。正如麥格瑞克指出，在今天的工業社會中，吾人應善用管理的行動、不安定的就業關係以及政策的運用，使安全的需求成為激發個人繼續不斷努力的原動力。

3. 社會的需求 (Social Needs)

當生理和安全需求都獲得滿足之後，人們繼起的是社會的需求。合群為人之天性，個人需求依附 (Belonging)、聯合 (Association)、愛 (Love)、為團體接納 (Acceptance) 及友誼 (Friendship) 等。這時候就會感覺朋友、親人、配偶的重要，希望屬於某一團體或組織，在機構中能為同事所接納，給予或得到同事的友誼。因此團體的社會價值與標準，往往因個人社會需求的制約作用而成為個人行為的標準與激勵。

4. 自我的需求 (Ego Needs)

每一個人都有盡力發揮他所有潛能的慾望，使工作做得盡善盡美，而希望被人看重，受到他人的尊敬。自我的需求可分為兩大部分：一方面希望有能力、有力量、有成就和有信心來應付環境，並能獨立自主；另一方面是希望獲得名譽和聲望，為他人所認識、注意和景仰。自我的需求對人來說能夠達到滿足頗為不易，只要我們認為它非常重要時，可以永無止境的追求。不過此項屬於個人榮辱的原則，必須要有其他較低層次的需求滿足以後才可產生激勵的作用。

5. 自我實現的需求 (Self-fulfillment Needs)

人類最高的理想是自我實現，基於對自我的認識，希望繼續不斷地自我發展，以實現自我價值。

事實上，企業內每個人都需要激勵，根據學習經驗得知，一般性的工作，連續做了兩年，幾乎達到學習的高原狀態，若不再加以適當地激勵，就很難有更高的學習動機。至於那些因素具有實質的激勵效果，參照赫茲柏 (F. Herzberg) 的動機理論，又稱雙因素理論 (Two-factor Theory)；此雙因素，一為衛生因素 (Hygiene Factors) 或稱維持因素，另一為激勵因素 (Motivation Factors) 或稱滿足因素，如表 12–1 所示。

表 12–1　赫茲柏雙因素理論

衛生因素 (–)	激勵因素 (+)
金錢	工作本身
督導	賞識
地位	進步
安全	成長的可能性
工作環境	責任
政策與行政	成就
人際關係	

為進一步瞭解雙因素理論中的維持因素和激勵因素，以種植水稻為例，通常需要土壤適宜、陽光充足和雨量適足等基本條件外，就是要施放肥料和噴灑農藥，才能使稻穗滿盈。而農藥的功用在防止病蟲害，若不適時噴灑會對稻子

成果有負面影響，肥料則是可使稻子長得更好更豐收，具有正面效果。其實，員工的士氣就像稻子一樣，要使稻子豐收，就必須有效且正確地施肥和噴灑農藥，不能弄錯。在人力資源管理中，肥料就是激勵因素，如給予員工肯定、讚美、關切、適當加重責任、競爭、進步成長機會等，如此員工士氣才會高昂，努力工作。至於薪水、管理制度、工作環境等都是農藥，只是維持因素，若這些維持因素不足不好時，將會造成負面效果，相對地，具有良好的維持因素卻不見得有激勵效果，這可從噴灑農藥的現象可知。

12-6　薪資管理

對企業界而言，員工是公司企業的內在顧客 (Internal Customers)，是公司企業的衣食父母，若沒有員工，公司企業便無法順利運作或進行生產。相對地，員工也應該認清，公司不是搖錢樹，公司的利潤是要靠每一位員工共同努力創造，進而利用這些利潤來發放員工薪資，以及作為企業成長和永續經營的資金來源。由此可見，創造公司利潤是薪資的源頭，若能善用合理的薪資制度，讓具備不同條件和貢獻度的員工，獲得他們應有的合理薪資，使員工樂於工作，進而提升工作績效，提高生產力，創造更多的利潤，發揮正面而積極的功能。以下就薪資管理的意義、薪資政策及薪資給付做一扼要說明：

一、薪資管理的意義

薪資區分為勞心工作和勞力工作之報酬，通常勞心工作如管理人員、工程師等間接人員，以定期（月或年）發給固定金額之工作薪酬，又稱為薪水 (Salary)。而從事勞力工作如作業員、清潔人員等直接人員，係依實際工作日數作為計算薪酬的基準，又稱為工資 (Wage)。換言之，薪資包括薪水和工資，但由於薪資是員工因工作所獲得的酬勞，一般而言，不論勞心工作的薪水或勞力工作的工資，都通稱為薪資。

就企業和員工而言，薪資對兩者分別存在著生產成本和員工士氣的意義。就企業來說，薪資佔整個生產成本的 40～70% 左右；對員工而言，薪酬也是激勵員工工作態度和行為最廣為使用的報償方法。雖然，薪資在赫茲柏雙因素激

勵理論中只是扮演維持因素，但是若缺乏金錢這個驅動力，例如薪資太低，則再怎麼強調其他價值觀念或所謂的激勵因素，將無法有效地激勵員工，甚或無法用才和留才了。

　　為要發揮薪資管理的正面而積極的意義，主要的工作是建立一個公平合理且具激勵效用的薪資制度，如此企業主願意支付薪資，並且能夠配合員工績效的提升而作合理的加給，員工才會樂於工作和貢獻其才能，生產效率提高，企業才會有能力提高對員工薪資的支付。如此一來，薪資在公平合理的制度運作下，才不會造成勞資關係爭議不休的源頭，進而成為維繫企業成長和永續經營的有力工具。

二、薪資政策

　　要建立一個公平合理的薪資制度前，企業必須先行決定自己的薪資政策，因為薪資政策影響薪資的水平，關係著企業的生產成本和對員工的吸引力。通常，在訂定薪資政策時，必須考慮影響薪資的內在和外在因素，茲分述如下：

1. 內在因素

　　係指企業主能夠加以控制的部分，需考量的因素為：

　　⑴遵行政府的法令規定：如政府規定的最低工資、每週最多工作時數、加班津貼、童工規定等，這些是政府為了保障勞工的基本生活條件所訂定之最基本勞工法規，不得牴觸，否則將觸法，到時候連企業經營都會受到制止。

　　⑵員工所具備的條件：包括員工的知識、技術和工作經驗來決定薪資水平，一般公司企業對新進員工普遍以學歷（即知識）為薪資給付的標準。

　　⑶工作的性質：係以員工從事的工作內容為決定薪資高低的制度，利用工作分析，有系統地比較並評核各項工作內容和價值對企業的貢獻度，以訂定相對應的薪資。

　　⑷企業的經營績效：薪資是利潤的減項，若此人事費用超過企業的負擔能力，無異會拖垮企業獲利能力，唯有生產力高的企業才有能力支付較高的薪資，以網羅優秀的人才，進而創造更高生產力和利潤，使企業不斷成長。

2. 外在因素

決定薪資的外在因素，是企業本身無法加以控制的因素，主要是受到企業外在環境所造成，這些外在因素包括：

(1)人力市場供需：一般而言，人力供應不足，將會造成薪資上漲，若某類人力供過於求，則有助於維持穩定的薪資，並容易招募員工。

(2)經濟景氣狀況：當經濟景氣時，通常會導致較高的薪資水準，而經濟不景氣時的薪資水準則較低。

(3)當地生活水準：不同國家的生活水準和物價固然不同，甚至同一國家不同地區的物價也會有顯著的差異，因此要參考當地的習俗，物價的指數，訂定一個該地區可以接受的薪資行情，以維持當地員工生活所需。

(4)工會的影響力：為了要保護勞工的權益，在法律的保障下，勞工可以合法地自組工會，參與勞資雙方的集體談判，而影響員工生活的薪資自然成為工會對雇主訂定薪資的談判主題，像公車罷駛、工廠員工罷工的事件，都是工會對企業主的薪資調整不滿所引發的事端，無形中工會對雇主造成極大的壓力。

三、薪資給付

薪資給付，係指支付給員工的薪水。為了要透過薪資給付的激勵效果，以提高員工工作效率，降低生產成本，通常以員工的工作時間和生產量，作為薪資給付的兩種基礎，茲分述如下：

1. 計時制

以工作時間為薪資給付的依據，其工作時間的計算單位為小時、日、週、月或年等，一般現場作業員通常以時或日來計算薪資，稱為日薪；但若是為技術人員、辦事人員或管理人員等薪資，有的是隨著職位越高者，薪資計算時間單位則越長，如週薪、月薪或年薪，它不以日薪計酬。此種計時制的薪資給付方式簡單且容易計算，員工自己明確瞭解每個月的收入，可以專心工作，不必擔心薪資多少，相對地，因為員工所獲得的薪資與其努力程度無直接關係，容易造成劣幣驅逐良幣現象，導致工作懶散，形成「上班一條蟲，下班一條龍」的不正常現象，其解決之道，得在監督管理上，多加考核和進行績效評估，讓投機者受到某種程度的警告或處罰，以儆效尤。

2. 計件制

計件制的薪資給付，是依照員工所完成的工作數量或產品件數為計算薪資的標準，其薪資給付額是隨其生產量多少而高低不同。在實行此種按件計酬的薪資給付方式，事先得定出每件產品的工資率，然後再將員工所完成的工作件數乘以工資率來計算薪資，但通常不得低於政府規定的最低工資。計件制的薪資給付，適用於工作性質重複且工作流程固定之大量生產者，或是監督不易不適合採計時制者，它的優點在於員工的努力程度與產量有直接關係，是以成果計算薪酬較為公平，進而能激發員工致力於工作方法的改良，提高工作效率，且可減少監督人員的費用支出。

 ## 12-7　工作績效評估

績效評估係針對員工經過招募、遴選雇用、訓練和激勵效果好壞的一種方式，是人力資源管理制度中很重要的一環。通常，績效評估，是企業在其員工工作一段期間後，對其工作績效、工作能力和工作態度等進行檢討評估，以作為員工調薪、升遷、獎金和教育訓練的依據。但實際上，績效評估的真正用意在讓員工瞭解自己的工作能力和表現，促進組織內有效溝通、適才適任，達到激勵改善的目的，並同時完成員工個人和公司企業的目標。

當然隨著內在、外在環境的變遷，企業每年的營運目標會有所不同，因此除了如工作表現、合作態度、缺勤狀況及對公司的忠誠度等基本項目外，對員工的考核內容和比重也必須隨之調整，若一成不變的內容，不但流於形式，也容易造成績效不彰的弊病。

由於工作績效評估為人力資源管理制度中的重要一環，是主管對部屬領導統御的一項有力的工具，為能使工作績效評估順利推行，「考核公開化」是建立制度化的開端，需讓被考核者知道考核的內容，主管（考核者）也應主動協助部屬達到考核的目標，最直接的方法就是於考核期間之初便告訴員工如何做才能有更好的績效，同時雙方於事先經過充分的溝通，達成彼此的共識，如此部屬因瞭解工作重點，才會積極主動並具有做好做對的心理準備，於工作崗位上發揮個人的能力並善盡職責。

為了力求考核公正、公平和公開化，考核結果宜公佈給員工個人知道，並給予每個員工有申訴的機會，透過一個具代表性和公司性的考績委員會來處理員工申訴的查核，客觀地評估考核者的意見與看法是否過於嚴苛、挑剔或吹毛求疵等，以杜絕主管考核時，因主觀意識和個人好惡，而一手操生殺大權導致考核偏差，成為部屬迎合討好主管，以求好考績的負面弊端。

　　至於工作績效評估的方法，由主管考核部屬是最常見的一種方式，但這卻不見得是最好的一種，由於人難免有主觀和偏見，甚至在一套設計公平合理的制度下進行考核，也難免會有人為的偏差，為此，制度固然必要，考核也應隨企業發展的階段與目標做適度變通，以求更周延更具實質效益，以下分述各種工作績效評估法供比較參考。

1. 人與人比較法

　　此為第一次世界大戰時美國陸軍所使用之方法，又稱軍士比較法，其特點是從同級軍士中遴選受評者代表，依選定的評定因素（如體能、智力、領導能力等）加以考評（分優、良、中、可、劣等級），其所評定結果作為受評人的成績基準，如此其他受評人再依評定因素逐項比較基準而得到他的考績。

2. 因素評級法

　　因素評級法為工作評價的計量方法，係由人事單位規定所欲考核之因素後，再經由直屬主管進行考核。其作法是將受考核員工就個別因素逐一考評，並將各因素所得等級依次轉換成計分，再將各因素評得分數相加，作為考核總分或等級之依據，並供薪資調整的重要參考依據。如表 12-2 即為因素評級法之範例，其中 A 項領導能力部分限主管人員的考核，若僅對一般職員的考核只針對 B 項工作表現和 C 項個性部分評核。至於評量等級為特優 (Outstanding)、優 (Excellent)、佳 (Satisfactory Plus)、可 (Satisfactory)、尚可 (Satisfactory Minus) 可轉換為 5, 4, 3, 2, 1 等級分數加以量化計分。

　　例如某一職員經其主管考核評得成績經統計如表 12-3 所示，得到總分為 $15 + 44 + 6 + 2 + 1 = 68$ 分。今在 18 項評量中，若全部為特優應等於 90 分，優為 72 分，佳為 54 分，可為 36 分，尚可則僅為 18 分；現本例中的職員經評為 68 分，已比全為佳 54 分還好，因此其綜合評等為優。

表 12-2　因素評級法之範例

ABC 汽車製造公司職員考核表

姓　　名		出生日期				委派日期	
現任職務		任職部門				辦公處所	

H.舉例說明職員上年工作成績	尚可	可	佳	優	特優	項　目
						A.領導能力（限主管人員）
						管　制
						判決力
						語言溝通
						工作態度
						培養人才
						指導能力
						紀　律
						工作情緒
						B.工作表現
				✓		工作量
				✓		準確度
				✓		工作速度
				✓		工作品質
				✓		組織能力
					✓	計畫能力
				✓		分析能力
				✓		改進意見
				✓		表達意見
					✓	熟悉工作程度
			✓			進度報告
						C.個　性
				✓		判斷力
		✓				啟發力
			✓			創造力
					✓	合作態度
				✓		可靠性
	✓					外　表
				✓		表達能力
尚可□　　可□　　佳□　　優☑　　特優□						D.一般考核
						E.一般評估
						F.如何啟發及改進他人之工作效率
						G.代理（限主管人員）

填表日期＿＿＿＿＿＿＿＿＿　　填表人＿＿＿＿＿＿＿＿＿＿　　審　核＿＿＿＿＿＿＿＿＿

會談日期＿＿＿＿＿＿＿＿＿

表 12-3　某一職員考核範例

評分等級 考核項目	特優 (5)	優 (4)	佳 (3)	可 (2)	尚可 (1)
B 項 　工作表現 　　共 11 項	2	8	1		
C 項 　個性 　　共 7 項	1	3	1	1	1
轉換為計分	15	44	6	2	1

3. 工作標準法

工作標準法是在鼓勵直接參與工作的作業人員提高工作效率，規定其在做某項工作時所耗的工作時間，能夠在規定的標準工作時間或更少的時間內完成工作者，給予獎金以資獎勵，是為獎工制度的基礎。

原則上，工作標準法較適用於直接參加作業的人員為主，如車床工、裝配員等其工作時間可計件或計時加以衡量者，然工作標準時間的訂定必須利用動作與時間研究要領，客觀地分析訂定，此法對工作性質重複性高，又大量生產者的工作考核頗具優點。

4. 目標管理法

目標管理法又稱為績效評估法 (Performance Appraisal)，通常是部屬和其主管共同議訂工作目標，做成書面報告，於一定期限屆滿後，如三個月、半年或一年等，由主管和部屬進行面談，逐一比對評估，以檢討達成目標的程度，此種工作績效評估方式頗具人性，美商如福特汽車公司等大公司即採此制度。

5. 員工互評法

此法係由員工之間相互評量，依其獲得評核的總成績為評列等級的依據，由於此法易流於員工間猜忌及人際關係的緊張，故在應用時必須審慎為之。

6. 追蹤考評法

為配合企業有效營運，事前的工作計畫、預定工作目標和績效，須仰賴工作人員的全力以赴和努力不懈的付出，追蹤考核法即是在執行工作的過程中，隨時做追蹤管制，考核工作人員的實際進度和成效，是否與計畫目標相符合，

以作為工作績效評估的依據。

7. 主管共同評分法

為使績效考評更為周延務實起見，特別是強調團隊合作，重視溝通協調的時代，往往是不怕官只怕管，例如一位採購員的工作績效，除了採購部門外，它與生產部門、檢驗部門、會計部門和倉儲部門等有關，因此該採購員的考績除其主管評核外，其他相關主管亦與共同評分，更能收到實質的考核效益。通常，視各公司政策，可以百分比計分，如單位主管佔 50%，其他單位主管評分共佔 50%；甚至有的以所有的主管共同評分為之。

 12-8　員工福利與服務

員工福利與服務，是指員工在獲領直接薪酬外的間接待遇，包括對員工的食、衣、住、行、育、樂、保險、退休、撫卹等，良好的福利措施是人力資源管理制度中「留才」的重要方法之一，也是維繫員工對公司的向心力，以獲得和諧的勞資關係，並進而提升企業生產力和競爭力。

本著激勵的原則，員工福利與服務的多寡，並不以員工的工作績效來衡量，通常都是人人平等的方式處理，部分是依年資或職級來決定。一般企業內常辦的員工福利與服務主要為下列各類：

1. 支薪的休閒與請假時間

如星期例假日、國定假日、婚喪假、年假、病假等。

2. 員工的醫療保健

如公司為員工辦理勞工保險，在公司內成立醫務室，定期實施健康檢查，意外災害事故的防治與處理等。

3. 員工服務

係指公司企業提供給員工的一切有形無形的福利措施，如公司福利社、員工宿舍、餐廳、提供交通車、公司貸款、產品優待、分紅入股、眷屬補助、子女獎助學金、公司成立社團、舉辦旅遊、提供運動及遊樂設施、設立圖書館、閱覽室、辦理幼稚園、托兒所，及法律諮詢等。

4. 退休撫卹

　　退休係指員工服務於企業已滿一定年限而不願繼續任職，或因年老力衰，或因身體殘障無法工作，或已屆滿退休年齡時，由公司企業給予一定數額的退休金，以酬謝其對公司的貢獻並安享晚年。至於撫卹，則指員工於執行工作任務中招致傷害或死亡時，由公司給予員工本人或其遺族的一種撫卹金，以供其治傷療病或保障遺族生活的津貼。

習　題

1. 試述人力資源管理的意義。
2. 試述人力資源規劃與發展的四大主要任務。
3. 就工作研究所探討的動作與時間研究，它與人員招募有何相關？請舉例說明之。
4. 就人力資源管理而言，如何運用馬斯洛需求理論來提高工作士氣？試舉例說明之。
5. 試列舉三項企業內常辦的員工福利與服務措施。

第十三章
工業安全與衛生

 ## 13-1　工業安全與衛生的重要性

　　科技的發達除了提供人類生活享受更大的滿足及舒適外，同時也帶來了負面影響的災害，特別是在各行各業蓬勃發展，生產及作業過程亦趨繁複，伴隨而來的作業環境潛在危害隨之增多，以 1993 年為例，臺灣地區因職業災害造成的直接和間接損失高達 270 億元，平均每天約 7400 萬元❶，同時勞保局統計，是年製造業的職業災害共有 16230 件，也就是平均每天發生 44 件職業災害❷，可見職業災害發生頻率很高，危及人員的生命安全及財務損失，值得企業雇主和勞工的重視。

　　然而，要減少職業災害的發生，必須做好工業安全與衛生工作。工業安全是來探究如何防止工業意外事故的發生，因為事故的發生，工作者的生命與健康受到威脅，雇主需要補充人力，影響員工情緒，甚至降低生產力並增加成本。通常事故發生的原因，主要是下列三個因素造成的：

1. 不安全的動作或行為

　　由於人為的疏失，如弄錯、粗心大意、警覺不夠、疲勞、錯覺、開玩笑、誤判、緊張等不安全的動作或行為所造成的事故。解決之道，應確切實施工作安全分析與教導，亦即將工作依據作業流程，列出工作步驟，再從每一步驟中，分析可能發生的危害或事故，進而尋求解決的方案，擬定出安全工作的要領，

❶　趙守博，〈職災損失 270 億，仍較先進國高〉，《經濟日報》民國 83 年 10 月 18 日，第 10 版。

❷　李顯榮，〈勞工安全衛生法與企業經營座談會〉，《經濟日報》民國 83 年 10 月 15 日，第 31 版。

作為員工工作訓練的重點，要求員工隨時注意，以防意外事故發生。

2. 不安全的設備與工具

由於設備和工具在設計時缺乏考慮到人類的能力限制，而無良好的安全裝置，或是設備本身之設計不完善、製造不良、使用不當材料等均易引起工作人員之工作安全問題，另外如管理不良，未做好設備或工具的維修保養，造成不正常損壞而傷及人員的事故發生。

3. 不安全環境

由不安全環境造成傷害或事故的因素很多，諸如易燃易爆品、通風不良、輻射、電擊、高溫、化學品、噪音、採光不佳等不安全環境會直接或間接地造成事故發生的原因。

至於工業衛生方面，主要是避免員工暴露在不良的工作環境或有毒且危害員工身心的作業地點，通常因不良的工業衛生環境所造成的職業病，將危及員工生理和心理健康，甚或造成重大的不適與減低工作效率等不良影響。

根據世界衛生組織 (World Health Organization) 對環境衛生所下的定義為：「環境衛生工作是在人類生活環境內控制一切妨礙或影響人們健康的因素。」因此，環境衛生之內容，應包括一切物質環境之衛生問題，如飲用水衛生、污水處理、垃圾處理、食品衛生、病媒管制、機關學校衛生、工業衛生、空氣污染、放射性衛生、噪音與震動管制等。然為滿足企業經營的任何工業生產，都需要原料、燃料、水和空氣，此四者經由製造過程，除了產生所期待的產品外，還會衍生出一些蒸汽、氣體、塵埃、噪音或震動等有害物質，經由呼吸器官、消化器官、皮膚吸收或聽視覺器官等進入人體，特別是有些化學物如有機溶劑，到達肺部，直接進入血液而經長時間的吸收，將導致暴露於該工作環境的人員發生肝臟功能的危機，另外若有含毒的粉塵經由食物或唾液吞入而不能溶解於體內，再經由腸道排除，同樣會造成職業病。綜而言之，工業衛生環境中危害人體的因素可分為下列三類：

1. 化學性危害

由空氣傳播經呼吸器官吸入，或由皮膚毛囊吸收，甚或在工作區內飲食、抽菸而吞食的有關液體、氣體、霧、塵、煙氣等化學物品，而對人體產生傷害。

2. 物理性危害

物理性危害如高溫高壓、輻射線、照度、噪音、電流、廢水、震動、污染等導致身心危害。

3. 生物性危害

係指任何有生命物質且會引起人員傷害或疾病者，包括各種動植物及微生物，如黴菌、細菌、病毒、寄生蟲等。

 ## 13-2 工作場所的區隔

工作場所是指員工執行某一特定工作項目的作業場所，為能夠區分特定工作場所之範圍，主要分為下列四種：

1. 室內工作場所

係指在室內，亦即四面有牆壁及屋頂之工作場所。

2. 密閉空間工作場所

是指某些設備之建造或在其內部工作，而空間為密閉之場所，如坑道、儲槽、船艙等場所。

3. 缺氧工作場所

是指氧氣濃度低於 18% 之危險場所，如沈箱、深坑及地下室等。

4. 危險工作場所

為防範工作場所之火災、爆炸災害之發生，依照引起火災、爆炸危險程度，而將工作場所區別為低度危險工作場所、中度危險工作場所及高度危險工作場所，其區分之範圍如下：

⑴低度危險工作場所：有可燃性物質存在，但其存量少，延燒範圍小，延燒速度慢，僅形成小型火災者，如教室、會議室、辦公室、總機交換室、員工宿舍、康樂室、餐廳、廁所等。

⑵中度危險工作場所：一般可燃性固體物質倉庫之高度未超過 5.5 公尺者，或可燃性液體物質之閃火點為或超過攝氏 60 度（華氏 140 度）之作業場所，或輕工業作業場所，或通用倉庫、展示場、停車場等。

⑶高度危險工作場所：一般可燃性固體物質倉庫之高度超過 5.5 公尺者，或

可燃性液體物質之閃火點未超過攝氏 60 度者，或可燃性氣體製造、儲存、使用場所，或石化作業場所、木材加工業、油漆、電焊與電鍍等作業場所。

13-3　工作場所安全衛生設施

由於在工作場所內發生意外事故災害，主要是機械或設備等物的不安全狀態，及作業者的不安全行為相互糾結而引起的。為了減少或甚至消除工作場所不安全狀態的危害因素，以下是工作場所一般安全衛生軟硬體設施及作業人員應注意的事項：

一、廠房設施

廠房為員工的作業場所，是為作業活動的主要空間，應有防止坍塌、墜落之重要安全措施，使員工於工作中不致因跌倒、滑倒、踩傷而發生危害之虞。因此，建築物應依建築法規及安全衛生法規之規定事先妥為設計，並於廠房設施注意下列要項：

1. 必須安全穩固，並做有效的保養維修。

2. 工作室樓地板至天花板淨高需有 3 公尺以上。

3. 木造廠房總面積超過 1000 平方公尺，外牆及屋簷應有防火構造，屋頂需為不燃性材料。

4. 有危險物處置或僱用勞工 50 位以上室內工作場所，須設適當出口二處以上，並設有警報裝置，如警鈴、擴音機等。

5. 工作地面應保持安全狀態，不使員工有跌倒、滑倒或踩傷之虞。另工作場所之地面、牆壁如有洞穴及開口之坑、槽、溝等，應加設圍欄或蓋板。

6. 處置高壓氣體設備之場所，應注意安全距離，以防範二次災害。

二、通　道

1. 工作場所出入口、樓梯、通道，均應有適當之採光照明，必要時應設置緊急照明系統。

2. 室內工作場所之通道，應依下列規定：

⑴要有適當寬度。

⑵主要人行道不得小於 1 公尺。

⑶機械間或其他設備間通道不得小於 80 公分。

⑷自路面起 2 公尺高度範圍內，不得有障礙物。

⑸主要人行道及安全門、安全梯應有明顯標示。

3. 人行道、車行道與鐵道，應儘量避免交叉。

4. 車輛通行道寬度，應為最大車輛寬度之 2 倍再加 1 公尺，如係單行道則為最大車輛寬度加 1 公尺。

5. 車輛通行道上，禁止放置物品。

6. 緊急避難用出口、通道或避難器具，應標示目的，且維持隨時能應用狀態，而該出口或通道之門應為外開式。

7. 橫隔兩地之通行時，應設扶手踏板、階梯等適當通行設備。

8. 架設之通道（包括機械防護跨橋）應依下列規定：

⑴具堅固之構造。

⑵傾斜角度在 30 度以下。

⑶傾斜角度超過 15 度以上時，應設踏板或防止溜滑之措施。

⑷有墜落之虞時，應設高度 75 公分以上之堅固扶手。

⑸豎坑內之通道，長度超過 15 公尺者，應每隔 10 公尺內設平臺一處。

⑹營建使用之高度超過 8 公尺以上階梯，應每隔 7 公尺內設平臺一處。

⑺通道如使用漏空格條，其縫間隙不超過 12 公釐，若超過時應裝鐵絲網防護。

三、安全門及安全梯

1. 應用耐火材料構造，如用易燃材料者外面應包金屬皮。

2. 應向外開。

3. 應直達室外空地。

4. 寬度不得小於 1.2 公尺，高度不得低於 2 公尺，並裝設自動向外開啟之自動安全門鎖。

5.與工作地點距離，不超過 35 公尺。

6.工作場所人數在 200 人以下者，不得少於兩處，超過 200 人以上時，每超過 150 人者應增設安全門一處，並均勻分佈設置。

四、梯　子

1.具有堅固的構造。

2.應等間隔設置踏條。

3.踏條與牆壁間應保持在 16.5 公分以上之淨距。

4.應有防止梯子移位之措施。

5.梯子之頂端應突出板面 60 公分以上。

6.梯長超過 9 公尺時，應每隔 6 公尺設一平臺。

7.坑內梯子的傾斜，應保持在 80 度以內。

8.如在原動機與爐房中，或在機械四周通往服務用梯，其寬度不得小於 56 公分，斜度不得大於 60 度，梯級面深度不得小於 15 公分，並設有適當之扶手。

五、採光及照明

照明為作業環境之重要因素，工作場所光線不足，容易引起眼睛疲勞，增加意外事故，並影響工作情緒，減少產品產量，因此良好的採光及照明，可降低職業災害，進而提高生產能力，工作場所之採光照明，依下列注意事項：

1.應有充分之光線。

2.光線宜均勻分佈，不宜有明顯之差別。

3.應防止光線之刺目眩耀。

4.窗面面積比率不得小於室內地面面積的十分之一。

5.採光方法，以儘量開窗，採直接日光之投射為原則，為使夏季免除烈日之直射及冬季採光之充足，可使用適當之窗簾或遮光物。

6.作業場所面積過大，採用自然陽光不足以應需要時，可用人工採光補足之。

7.燈盞裝置應採玻璃燈罩及日光燈為原則，燈泡需完全包覆於玻璃罩中。

8. 窗面及照明器具之透光部分，均須保持清潔，勿使掩蔽。

9. 下列場所，應特別注意其採光，遇有損壞應即時修復：

⑴階梯、升降機及出入口。

⑵電氣機械器具操作部分。

⑶高壓電氣、配電盤處。

⑷高度 2 公尺以上之作業場所。

⑸堆積或拆卸作業場所。

⑹維修鋼軌或行於軌道上之車輛更換，連接作業場所。

⑺其他易因光線不足引起勞工災害之場所。

10. 在易燃品或易爆炸品儲存的場所，其照明要採用防爆構造的電氣裝置。

六、顏色及標示

工作場所之色彩及標示是改善工作環境的必要措施，它是工業社會中普遍使用的方法，尤其在交通、商品、家庭等場合屢見不鮮。顏色和安全標示是利用人的視覺，將必需的資訊經由顏色、標示等方式，傳達及警告作業人員，來消除其不安全動作，改良環境中潛在的危險狀況。它雖不能代替保護措施和安全指示，但卻能非常有效地輔導其達成任務。對於下列場所或設備應予標示：

1. 具有危險或有危害人體之工作場所、或具有危險之機具、輸送化學藥品之管線、危險液體容器，應以標誌、顏色等方法予以警告。

2. 各工作場所及設備危險因素限界，應在地面以黃線明白標示，禁止閒人進入。

3. 機具最大安全負荷，如吊鉤、堆高機的叉舉荷重等要明顯標示，以利操作者注意。

4. 急救用具及材料、設備應貼上明顯標示。

七、通風及換氣

工作場所之空氣，因受勞工生理活動致消耗氧氣或其所產生之二氧化碳、熱、水蒸氣以及因生產過程所發生之氣體、蒸氣、粉塵、熱等之影響，而變更

空氣之成分或增高溫濕度。因此為保持勞工之健康及改善工作環境，工作場所之通風換氣具有重要之意義，有關通風及換氣應依下列規定辦理。

　　1.勞工經常作業之室內作業場所，除設備及自地面算起高度超越 4 公尺以上之空間不計外，每一勞工應有 10 立方公尺以上之空間。

　　2.對坑內或儲槽內作業，應設置適當之通風設備。

　　3.室內作業場所，其窗戶及其他開口部分等可直接與大氣相通之開口部分面積，應保持在地板面積之二十分之一以上，但具有充分換氣能力之設備者不在此限。如在氣溫攝氏 10 度以下換氣時，於換氣之際，不得使員工曝露於每秒 1 公尺以上之氣流中。

　　4.工作場所以機械方式，使空氣充分流通，應採取下列措施：

　　⑴一般通風以調節新鮮空氣，減低室內溫度為主。

　　⑵不論採用機械或自然通風，或兩者互用，工作場所之新鮮空氣，不得少於以下規定：

工作場所每一勞工所佔立方公尺數	每分鐘每一勞工所需新鮮空氣之立方公尺數
5.7 立方公尺以下	0.6　立方公尺
5.7～14.2 立方公尺	0.4　立方公尺
14.2～28.3 立方公尺	0.3　立方公尺
28.3 立方公尺以上	0.14 立方公尺

　　5.有害物質工作場所，應依空氣中有害物質容許濃度及鉛、四烷基鉛、粉塵、有機溶劑等作業有關規定，設置通風設備。

八、整　潔

　　所謂整潔是指一般工作場所的機械設備或材料器具的放置，必須保持整齊，工作環境必須保持清潔而言。如果工作場所任其雜亂無章，藏污納垢，而不能經常保持窗明地潔，則工作的心情定然無法保持舒暢愉快。因此工作場所應隨時注意到：

　　1.對工作場所除日常清掃外，應每隔六個月全面大掃除並配合當地衛生機

關實施滅鼠、滅蚊蠅等衛生安全措施。

2.廢棄物應依下列規定處理：

⑴放置指定適當的地點。

⑵設置適當之垃圾箱等廢棄堆積裝置。

⑶垃圾箱應設置蓋板，並經常清潔、消毒，保持環境之清潔衛生。

⑷廢棄物應依一定期間清除及處理，並符合環保法令之規定。

3.飲用水應符合當地水質衛生標準。

4.餐廳、廚房應保持清潔，門窗應裝紗網，並應有餐具消毒設備、保存設備。

5.被有害物、易腐蝕物或具有惡臭物污染之虞的場所或周圍牆壁，應予適當之清洗。

6.對物料的堆放應注意下列事項：

⑴不得超過堆放地最大安全負荷。

⑵不得影響照明。

⑶不得妨礙機械設備之操作。

⑷不得阻礙交通或出入口。

⑸不得減少自動灑水器及火警警報器的有效功用。

⑹不得妨礙消防器具之緊急使用。

⑺不得依靠牆壁或結構支柱堆放，但不超過其安全負荷者，不在此限。

7.堆積物料，注意有無崩塌或掉落之虞。

8.引火性、爆炸性等危險物品，宜安放於危險品倉庫嚴加管制。

9.鋼瓶應依其不同類別隔離儲存。

 13-4 零災害與安全衛生管理

一、零災害的定義

零災害所指的災害是不至於發生死亡、請假、不請假災害及無傷害事故（如虛驚一場）而言，如圖 13-1 所示。至於無災害所指的災害範圍是一次事故損

失工作能力在 24 小時以上之失能傷害，亦即須請假一天以上的事故。可見從零災害的觀點著眼，重視輕微傷害、無傷害事故的案例，須對所有的危險因素，均能在工作前加以發掘、掌握並解決，從根本上使災害變為零。

二、建立零災害的安全衛生管理原則

一般從職業災害原因分析可知，勞工因安全衛生教育訓練不足而產生的不安全行為肇災者比率約達八成，顯示加強勞工安全衛生教育訓練以提升其知識刻不容緩，此項工作，雇主應基於人道的立場，也基於勞資關係的改善，以真誠的態度表現對勞工的關心，並依政府有關的規定如「勞工安全衛生法」、「勞工安全衛生法施行細則」、「勞動基準法」、「勞工健康保護規則」等法律規章，設置事業單位的勞工安全衛生組織，致力於推動工作場所安全衛生自動檢查，創造安全健康的工作環境，實施新進人員的體格檢查及在職員工的定期健康檢查，做好職業災害的調查與分析工作，給員工施予從事工作及預防災變所必要的安全衛生教育與訓練，並於職業災害發生後，立即提供適當的緊急醫療服務及急救，同時對罹患職業病或職業災害傷亡者，也應妥善安排醫療與撫卹。

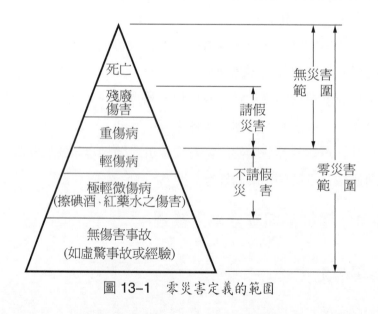

圖 13-1　零災害定義的範圍

另外，勞工為了自身的安全與健康，應該建立起「零災害」的觀念與作法，

培養預知危險的能力，對於工作場所中所有的危險因素（包括不安全的動作或行為及不安全的狀況），均能在事前，加以發掘、掌握以及解決，從根本上使災害變為零，並在作業時，隨時保持「安全第一」的信念，堅持「自己不要受傷」，「不要使對方受傷」，「要消除受傷的要因」及「不要在危險的場所作業」。

工作場所職業災害的發生是可以避免的，只要我們都能深刻地建立起「零災害——工作預知危險」的觀念，排除工作場所中的一切不安全動作或行為及不安全的狀況，必能防止災害的發生。為此，要達到安全衛生管理的目標——零災害，宜注意下列安全衛生管理原則：

1. 避免危害的原則

對於作業環境中的危害應加以注意，危害是可以預先防範的。

2. 安全技術的原則

在設計機器、工作環境時，應注意減少危害的發生機會，並事先採取對策以預防之。在考慮危害發生的機會時要顧及技術、經濟、生產流程與人類行為等因素。

3. 工作環境最佳化的原則

在設計工作環境時，要預先考慮到人類能力的限制，秉持人有缺陷，人免不了粗心大意，本著人造人用的理念，注意到個人心理、生理上的特質與其作業功能，為適合人們使用而設計 (Design for Human Use) 的最佳化工作場所，以減少意外事故的發生，並增進工作績效。

4. 雇主責任的原則

雇主為其自身的生產目的雇用員工與提供作業場所，因此雇主應對工作環境的品質與條件負責。

5. 生產與員工保護並重的原則

生產方式的改變常造成作業環境的調整，因此於開發與設計新的生產方式時，應該以「員工」的安全為第一優先考量，做到使員工能更具安全、舒適、方便與提高生產力的生產方式。

6. 員工自我保護意識原則

雖然雇主有責任提供健康、安全的工作環境，但是員工也應為自身的安全

設想，配合雇主共同地為雇主與自身的共同利益來負擔保護自身的責任。工作場所的安全，需要員工自我保護意識的提升，主動積極，具有預知危險的警覺性，達到零災害的目標。

7. 勞資雙方合作的原則

勞資雙方的合作是達成保護勞工目標的第一步，勞資雙方的合作原則是基於雇主的責任感與勞工自我保護的認知。

8. 工作環境的持續監控

隨著科技的發展與變遷，應時時告知員工有關工作環境中的危害，與削減危害因子的方法，工作環境條件的持續監視，與時時的危害認知訓練是本原則的重要精神所在。

三、激勵員工安全工作

多數的公司，都將他們的安全衛生政策與守則，印成一種或各種式樣分發給員工，特別是用來對新進員工說明意外事故預防的政策及工作環境。通常，這種宣導式的分送資料，所獲致的效果並不顯著，為能夠督促員工建立安全工作的觀念，主管付諸於實施的決心是關鍵所在。例如，管理人員發現，一個員工故意地不遵守安全守則，而繼續地危及自己的健康和別人的安全時，必須採取改正的行動。否則，安全規則執行不嚴格，而且違規事項發生時，尚不能即時採取行動對策，就會衍生事故的不斷發生。

為落實安全衛生工作，首先應將公司的安全衛生守則通知工會，讓工會體認到公司對員工安全的重視，特別是員工違犯安全衛生規則者採取懲戒行動時，獲得工會的支持。原則上，當有必要以懲戒處置違犯者的時候，宜以圓通公正的裁決來處理，建議不應該公開地懲戒，一旦違犯者被毫無保留地置於其同事的眼光中，則懲戒的效果會大打折扣。

相對地，若管理者能夠以激勵的方式取得員工的信任，相互瞭解，共同合作實施，會有意想不到的效果，以下就如何激勵員工安全工作的措施，主管人員須做到：

1. 樹立正確的範例

由於人們喜歡不受拘束和抄近路的心理因素，加上有一種不會那麼倒楣的心態所致，或者有樣學樣的不良示範而致生意外事故。因此，主管人員務必要以身作則，隨時觀察，留心可能在任何工作中出現不安全的情況，立即採取改正行動，並以最大的耐心和毅力去影響員工，使員工秉持著安全觀念去工作，遵守一切安全法則和安全作業程序。

2. 建立零災害的合作基礎

　　許多人揚棄一種不安全的方法，不是因為他們被說服這種方法不安全，而是因為他們要和一位重視安全實務的主管合作。一個人一旦和主管建立了合作的意願，它就能成為一種有利於安全的執行力量，這種合作基礎是經由與屬下互相尊敬，取得對零災害的共識而形成的安全關切，是發自內心的意願，具有正面且積極的效果。

3. 為安全工作提供獎勵

　　當一個人已在長時間中表明安全地工作意願，在安全事件上肯合作而且對促進安全顯得有興趣，給予一次表揚、讚美、獎勵，無形中會引起他人仿效。

4. 提供不安全工作的制止物

　　須知，意外事故並不是真的意外，只是未經計畫的事件，就如同常闖紅燈者，終有一天會發生車禍的。為了達到零災害目標，應將被忽視的安全實務做紀錄，並說明若不遵守安全程序則事故發生只是時間問題，同時列舉可能發生事故的嚴重性，如失去一隻眼睛、斷指、被擊昏，甚至致死的事例，若發現到不安全的動作或行為時，立即制止改正，或經警告仍繼續發生不安全程序者，必須採取懲處，避免事故發生。

5. 技巧地處理問題員工

　　處理問題員工的部分成效在於迅速而一致的處理員工的不安全行為，因為若不理睬一個公開並連續忽視安全工作程序的員工，將使自己及其他人員瀕臨於危險中。當然，對這些問題員工，宜先行瞭解他們的願望、感情或挫折等，然後再有效地激勵員工去安全地工作，以減少事故災害的發生。

1.《工作場所一般安全衛生》，行政院勞工委員會編印，民國 83 年 6 月。

2.勞工安全衛生法，行政院勞工委員會民國 80 年 5 月 17 日修正公佈。

3.勞工安全衛生法施行細則，行政院勞工委員會民國 80 年 9 月 16 日修正公佈。

習　　題

1.試述工業意外事故發生的主要原因為何? 請分別說明之。

2.試述工業衛生環境中危害人體的因素主要有那些?

3.何謂危險工作場所? 試分別以低、中、高度危險工作場所說明其區別範圍。

4.試述顏色及標示對改善安全工作環境具有何種意義? 請舉例說明之。

5.何謂無災害? 何謂零災害? 試述兩者有何異同?

6.為防止職業災害的發生，您認為政府、雇主及勞工三方面應具何種責任?

7.何謂預知危險能力? 它對建立零災害觀念有何助益?

第十四章
電腦整合製造概論

近幾年來,電腦整合製造 (Computer-Integrated Manufacturing, CIM) 成為工業界一很流行的名詞。事實上,電腦整合製造的觀念並不是突然出現的,而是逐漸發展、形成的。電腦整合製造是過去許多觀念及技術所融合而成的,這些觀念及技術包括電腦輔助設計 (Computer-Aided Design, CAD)、電腦輔助工程 (Computer-Aided Engineering, CAE)、群組技術 (Group Technology, GT)、電腦輔助製程規劃 (Computer-Aided Process Planning, CAPP)、物料需求規劃 (Materials Requirement Planning, MRP)、即時管理 (Just-In-Time, JIT)、電腦數值控制 (Computer Numerical Control, CNC)、彈性製造系統 (Flexible Manufacturing System, FMS)、電腦輔助檢驗 (Computer-Aided Inspection, CAI)、自動倉儲系統 (Automated Storage and Retrieval System, AS/RS)、電腦輔助製造 (Computer-Aided Manufacturing, CAM) 等。當然電腦整合製造不僅包括上述與生產有關的技術及系統而已,它還包括了與經營管理相關的各項功能,例如,成本會計、財務、薪資、預測、管理績效等。

如上所述,電腦整合製造涵蓋的範圍極廣,在這一章的概論中,將僅對電腦整合製造中的某些系統及技術做簡單的說明。

14-1　電腦輔助設計

過去,幾乎所有的工程設計都是將設計的概念轉變成適當的圖形,由圖形中顯示出物件的幾何性質、公差 (Tolerances) 等性質。經常一件產品所需的圖案數量極多,尤其是汽車、飛機、貨櫃輪船等。

1960 年代末期及 1970 年代期間,開始以電腦從事產品設計的工作。從事產品設計的人員可以一些 CAD 的工具在終端機上,定義一項組件的形狀、進

行各種特性分析及成效模擬，及將設計的圖形列印出來。最重要的是，這些
CAD 工具能將與設計出的產品的相關資料（如幾何資料、物料單、加工的要求
等）存在資料庫中，方便設計人員後續的使用及修正。

電腦輔助設計涵蓋的範圍如下 (Turner, 1993)：

1. 圖樣設計

由 CAD 軟體的內建儲存庫 (Library) 中的點、線、角、錐、各種形狀、形
體等，可將欲設計的東西繪製出來，並將之儲存於檔案之內。

2. 設計分析

對由上一步驟設計出來的圖樣，可以 CAD 軟體中的一些功能進行各種分
析，如重量、體積、重心、表面積、熱傳導等性質。如此一來，設計人員就可
知道設計出的東西是否符合原先的要求條件，是否能滿足預期的功能。

3. 設計模擬

除了對設計出來的東西進行各項分析外，設計人員還可以模擬及虛擬的物
體對該物品進行更深入的模擬測試，以瞭解其整體的功能表現。

4. 設計評估

當設計出來的東西經過分析及模擬測試後，還須評估此設計的精確度 (Ac-
curacy)。例如，干擾檢查 (Interference Checking)，此項檢查對可能會於同時間
佔用同空間的數個零件的組合所發生的危險，發揮很大的用處。此外還有寬容
度的檢查及該物件被製造的難易程度的評估等。

5. 自動繪圖

大部分的電腦輔助設計系統可由資料庫轉印出製造時所需的工程圖，包括
規格尺寸、切面圖、放大、縮小，及不同角度的圖形等。

6. 設計的存取及修改

工程的設計有時須不斷的修正。在電腦輔助系統中，除了可將設計的資料
儲存起來，並可隨時叫出做進一步的修改或評估分析。

除此之外，電腦輔助設計也被大量的應用於工廠的設施規劃及佈置上。規
劃人員可在實際裝設機器設備前，先在電腦輔助設計的系統中先評估各種不同
的方案，然後選擇最好的方案進行設施佈置的工作。

14-2 電腦輔助製造

電腦輔助生產即利用電腦設備規劃、管理、及控制與生產製造相關的作業及資源。電腦輔助生產技術的演進是漸進的，早在 1909 年，福特 (FORD) 汽車公司就引進了自動化生產線的觀念，其後所發展出的數值控制 (Numerical Control, NC) 技術則對將電腦應用於生產製造上產生了極大的衝擊及貢獻。電腦輔助生產發展至今，其所包含的範圍甚多，以下將就其中較重要者，做更進一步的說明。

一、電腦輔助製程規劃

電腦輔助製程規劃的功能在於將電腦輔助設計階段所產生的設計資料，轉換成具體的生產製造程序以將設計的產品製造出來。這些生產製造程序的內容包括加工的流程或次序、所需的機器設備、工具、夾具、所需物料、公差、加工的方法、參數、標準加工時間、檢驗方法等等。

從電腦輔助設計到電腦輔助生產，電腦輔助製程規劃扮演了類似橋樑的角色。近年來不少人投入電腦輔助製程規劃的研究，使這門技術有顯著的進展。目前在電腦輔助製程規劃的技術發展上，有兩種基本的策略 (Turner, 1993)。

 1. 回溯式的製程規劃系統 (Retrieval Process Planning Systems)。

 2. 原發式的製程規劃系統 (Generative Process Planning Systems)。

回溯式的系統中，現有的工件皆依其製造的特性歸類，同一類 (Family) 的工件皆有一標準的製程規劃存於生產製造的資料庫內。當一新的工件出現時，首先須依其特性判別其所屬的類別，再將其類別的標準的製程規劃由資料庫中叫出。必要時可依新工件的特性對此製程規劃做適當的修正，修正過的製程規劃仍須存回資料庫。

至於原發式的系統，即是直接由工件的所有資料，產生出其專有的製程規劃。這是最理想的系統，也是最難發展的。目前有許多專家正專注於這方面的研究，期能發展出一套可行的原發式製程規劃系統。

二、數值控制

所謂的數值控制，指的是以一些事先設定的數據指令自動控制機器設備的動作。第一個數值控制的系統出現於 1950 年代，此項發展同時也可視為電腦輔助生產的先驅。到目前為止，各種不同種類，適用於不同狀況的數值控制系統已被廣泛的運用於許多的工業中。

一般的數值控制系統包括下列三個部分 (Groover, 1987)：

1. 事先設定的程式

這部分是用來指示機器設備該如何進行加工步驟的一連串的指令。目前此類程式可以數種語言撰寫，但最常用的是 APT 語言。由於電腦科技的發達，現在的數值控制系統多半和電腦連線，以增進其效率。

2. 機器控制的部分

這部分是用來將上述的程式中的指令一一的轉換成實際的機械動作。現在的數值系統皆以微處理機擔任此項任務。

3. 機器加工的部分

這部分是實際進行加工步驟的機器設備，像馬達、轉軸、刀具、夾具等等。

對一些較簡單的設計，目前已有軟體可直接將設計所得的資料直接轉成數值控制碼 (NC Code)。此控制碼可直接用於適當的機器上而將該設計的工件生產出來。由於數值控制系統的發展，直接由工件設計的資料產生其製程規劃，已不是那麼遙不可及的事了。

三、群組技術

群組技術係指將眾多的零、組件或工件依其物理性質或製程上的性質等，加以分類。如此一來，被分為一類的工件皆可於同一加工中心中被生產出來。群組技術的觀念被廣泛的應用於許多地方，例如，電腦輔助製程規劃中的回溯式系統，即將製程類似的工件歸為同一類 (Family)，再依新工件的性質判定其所屬類別。在小批量的生產系統中，群組技術更為重要，因為同一類工件的生產皆可於同一工作站或生產線完成，由於製程類似，機器及人工的前置準備工

作 (Set Up) 可大為減少，因而可很有效率的完成多樣少量的生產工作。

　　為了有效的實施群組技術的觀念，很重要的一點就是須建立一套區分工件的識別系統及編碼系統。一般來說，任一工件須依其設計上的性質及生產上的性質進行區分的工作。設計上的性質包括了其幾何的性質、物料、公差、表面處理、功能等。這些設計上的性質主要是用於電腦輔助設計 (CAD) 的系統上，以助於設計的標準化及資料的回溯。生產製造上的性質則有加工的程序、加工所需的時間、工具、刀具、夾具等。這些性質是電腦輔助製程規劃 (CAPP)、刀具設計、物料需求規劃 (MRP) 等所需有的資料。

　　群組技術的觀念對生產的安排上有很大的影響。18 世紀大量生產、生產成本低的情形，由於近代同業間的競爭及消費者口味的多變而不復存在。取而代之的是多樣少量、批量式的生產方式。為了應付此種生產方式，過去常以功能式的生產佈置 (Functional Layout) 應付。此種佈置方式造成了在製品存貨高、前置準備時間長、生產時間長的不良情形。群組技術觀念的引進使工件的生產可以生產線的生產佈置 (Flow Line) 方式進行。機器設備的佈置係依據工件的製程而來，因而在製品的存貨低、前置準備工作的時間少、生產時間也短。群組技術使製程類似的工件歸為同一類，同一類的產品就可以流程式的生產方式生產而獲利。

四、彈性製造系統

　　1980 年代開始出現了彈性製造系統。所謂的彈性製造系統係指將數部機器組合在一起以製造多種不同的產品。在這系統內加工的工件可有各種不同的製造流程，而每個工件的移動、加工，及檢驗都是以自動化的方式進行的。

　　一個彈性製造系統應包括下列幾個部分 (Clark, 1989)：

　　1.兩個或兩個以上的工作站，工作站內含電腦控制的機器。

　　2.有一自動物料處理系統以運送原物料、零件或在製品。

　　3.有一些能將在製品存貨於運輸系統及機器間移動的轉運機構 (Mechanism)。

　　4.在製品存貨、刀具，及工具等皆由一自動倉儲系統存放。

5.整個製造流程由一中央電腦控制。

當然在實際的應用上，彈性製造系統的規模及型態都各有不同，但基本的性質卻是相同的。彈性製造系統的興起，主要原因有三 (Turner, 1993)：

1.群組技術的應用。群組技術將工件依其製程特性適當的歸類，因此屬於同一類的工件，雖然製程有些差異，但仍能在不須前置準備或只須少許前置準備的情況下，迅速的被加工、處理。

2.自動轉換刀具技術的改進。如此一來，同一部機器可執行許多不同的加工要求。且由於刀具的轉換皆以自動化的形式進行，因此加工時間亦縮短許多。

3.電子及電腦技術的大幅進步，使小批量的生產也能符合生產的經濟效益。

由於各項相關技術皆日趨成熟，彈性製造系統的功能愈來愈顯著，也愈來愈被廣泛的使用。而由於彈性製造系統的被大量使用，使電腦輔助生產系統更趨完善，也使電腦整合製造系統更為成熟。

五、自動倉儲系統

自動倉儲系統主要包括了數列儲物架（可高達數十公尺高），每一儲物架又分成許多較小的儲物格以供存放原物料、零組件、半成品、成品等之用。每兩個儲物架之間有足夠的空間使由電腦控制的機械裝備能將欲存放的物品置於適當的儲物格內，或由正確的儲物格內取出欲提領的物品。供應廠商送來的物品或欲運送出去的物品一般是由同一邊進出。各工作站所需的物品則由另一邊、靠近工作站之處，傳送出去。

自動倉儲系統在國內一些稍具規模的製造廠商皆可看到。由於利用電腦來做紀錄及控制的工作，空間能很有效的利用，物品的存放或取用也相當有效率。因此除了可節省不少人力，減少錯誤，也可提高生產力。

較為進步的自動倉儲系統皆會配合輸送帶或無人搬運車 (Automatic Guided Vehicle, AGV)，將各工作站所需的物品直接傳送過去。若一工廠的生產能全面電腦化的話，各工作站可將所需的物品及其數量的資訊由工作站的個人電腦送至自動倉儲系統的電腦，自動倉儲系統的電腦將該項物品的存放位置鎖定

後，即可指揮相關的機械設備將該項物品取出，而經由輸送帶或自動導引搬運車送至提出要求的工作站。

六、電腦輔助測試與檢驗

電腦輔助測試與檢驗 (Computer-Aided Testing and Inspection) 係指於測試室內由電腦監測生產線上讀來的資料並進行相關的分析及控制。

過去多半是由人工來做工件品質檢驗的工作。此種檢驗方式之下，工件皆須於加工完畢後才能做各種的測試，因此非常浪費人力、時間及成本。統計品質管制的技術雖然可使抽樣檢驗的方式取代全數檢驗的方式以節省部分的人力，但仍有一些缺點存在，例如型 I 及型 II 誤差。目前由於消費者對品質的要求提高，許多產品也日趨精細。對產品的檢驗與測試因而面臨了一些關鍵的問題，例如檢驗的成本必須降低，檢驗測試的速度必須加快，檢驗測試的可信度必須提高，許多的測試要求無法由人工完成等。為了有效解決上述這些問題，以電腦進行自動化檢驗與測試的需求越來越高。

分開而言，電腦輔助測試 (Computer-Aided Testing, CAT) 係以電腦對組件、半成品或成品等進行測試，確定其是否符合預期的要求及功能。測試的目的除了要檢驗出不良品，也可瞭解製造程序是否正常。電腦輔助檢驗 (Computer-Aided Inspection, CAI)，則是以電腦檢查原物料、零組件、半成品或成品等，確定其是否符合設計的標準，並將結果紀錄下來。

電腦輔助測試主要是以多種感應器 (Sensor) 蒐集所需的資料，這些資料經分析後即可判斷受測物品的功能是否符合要求。電腦輔助檢驗也使用感應器蒐集資料，而其檢驗的方式一般可分為兩大類 (Turner, 1993；雷邵辰，民 83)：

1. 接觸式檢驗 (Contact Inspection)

在接觸式的檢驗中，最常用到的儀器是座標量測儀 (Coordinate Measuring Machine, CMM)。這類的儀器通常包括一個用來放置工件的平檯 (Table) 以及一可移動的探針 (Probe)。這類的儀器可由工件設計的資料庫中取得資料，然後以探針對工件進行一連串的接觸而獲得資料，這些量測來的數據資料再與設計的資料比較後，即可決定是否該允收該工件。

2. 非接觸式檢驗 (Noncontact Inspection)

非接觸式的檢驗方式，一般可分為兩種：光學式的和非光學式的。光學式的方法包括機器視覺、雷射掃描、及照相量測等。非光學式的方法則有電場技術、放射性技術、及超音波等。

非接觸式檢驗最大的優點在於不會對工件造成損害、檢驗速度快、檢驗人員不會受到意外的傷害等。此種檢驗方式特別適用於大量生產的物品，尤其是電子工業。由於電腦的處理速度越來越快，使得非接觸式檢驗方式的處理速度也愈來愈快，結果也愈可靠。這對檢驗工作的效率有很正面的影響。

14–3　機器人

機器人或機械人 (Robotics) 雖有個「人」字，但發展至今，其實只具備了人類的一部分功能而已，尤其是人類手部的動作。所以若稱之為機械手臂 (Robot Arm) 可能會更適切點。像電影星際大戰 (*Star Wars*) 中的那個精通各地語言的「機械人」，目前只存在於科幻的世界中，要在現實生活中存在還須一段很長的時間才行。

依美國機械人協會 (Robot Institute of America) 的定義：一個機械人是一可以程式控制、多功能的操縱器。它是被設計依各種不同事先設定的動作以執行多種不同的工作，如移動物料、零組件、刀具或特殊裝置等物件。

一般而言，任何一部機械人都包括下列這些基本的部分 (Turner, 1993)：

1. 操縱裝置

一般為一機械手臂加上某種端效器 (End-Effector)。

2. 動力裝置 (Actuator)

一般為電力式、油壓式或氣壓式的裝置以提供操縱裝置足夠的動力。

3. 控制裝置

此部分是用以控制機械人的各項動作。一般包括一些開關及微處理器等裝置。

除此之外，一些機器人可能有一些特殊的裝置，例如，輪子或腿以移動位置，配備各種不同的感應器以蒐集音訊、視訊等訊號及其他的測量裝置等。

大部分的機械人都具有六種基本的動作（或稱六個自由度 (Degrees of Freedom)）。機械手臂可在旋轉的情況下上、下移動。機械手臂又可伸出或縮回。機械人的基座可自由旋轉。至於機械手臂的端效器也可做旋轉、上下及左右的動作。這些都增加了機械人的工作能力。除此之外，機械人的技術特性還有下列幾項 (Turner, 1993)：

1. 工作的範圍 (Work Volume)

指機器人可以有效操作的空間。這個特性與機器人的基座、尺寸、手臂及關節等的操作能力有關。

2. 載重能力 (Weight-Carrying Capacity, Payload)

指機械人能負載的重量。一般工業用的機械人，其負載重量從 1 磅至 1000 磅，甚至更多。

3. 移動的精確度 (Precision of Movement)

這項特性主要是針對機械人如何移動其端效器而言。此項特性又包括了空間解析度 (Spatial Resolution)、準確度 (Accuracy) 及重複性 (Repeatability) 等。

4. 移動的速度 (Speed of Movement)

機械人應能對不同的工作設定不同的移動速度。移動的速度會受下列幾個因素影響：工件的重量、動力裝置的型式、移動的距離、要求的精確度等。工件越重，要求的精確度越高，則移動的速度較慢。

5. 穩定性 (Stability)

係指機械人在移動時產生的噪音及振動等的嚴重程度。此項特性對工作場所的舒適程度及機械人的精確度等會造成相當的影響。

使用機械人的工廠，應就其工作性質選擇適當的機械人，尤其是在工作上有特殊的要求的時候。

機械人的應用以日本的工業最為普遍。在美國因有取代人工的顧慮，受到各工會的限制，應用的情形反而不及日本。不過，在可預見的未來，機械人的應用將持續成長，尤其當機械人的功能逐漸加強、人工智慧等技術逐漸成熟時，機械人的適用範圍將逐漸增多。

對於工業界而言，機械人大致被使用於下列幾項工作中 (Turner, 1993)：

1. 工件的安裝及卸下

機械手臂可將欲加工的工件置於定點加工，加工完畢後再將此工件卸下置於固定位置或輸送帶上。

2. 刀具的更換

機械手臂先將不再使用的刀具卸下，放回原處，再將欲使用的刀具置於定點。

3. 物料的移動

機械人可做簡單的物料傳送的工作，例如，從一輸送帶取置於另一輸送帶上，或置於某定點（箱、托板、架子等）。

4. 塗裝及噴漆

此種工作最常見於汽車工業的加工程序中。機械手臂的端末處即為一噴槍，此噴槍可依事先設定的程式進行噴漆的步驟。

5. 焊　接

此項工作亦常見於汽車工業的加工程序中。機械手臂的端末處是一焊槍以進行焊接的工作。

6. 組　裝

機械人可用於較為簡單的組裝工作上。若要進一步的將機械人運用於這方面的工作，產品設計者在設計產品時，即須考慮機械人的工作特性及限制，以獲得最好的效果。

7. 檢　驗

若機械人配備一些精密的感應器，像光學的裝置及探針 (Probe) 等，然後依事先設定好的程式，對工件進行各種量測，並將之與標準值比較，如此即可得知工件的品質狀況。

8. 包　裝

機械人能將工件放入箱內，並封上箱子、稱重紀錄後，再放置於定點、輸送帶或托板上。

9. 零件的植入 (Insertion)

主要見於印刷電路板的加工程序中。機械手臂依事先設定的程式，按固定

的順序分別取適當的零件，並將其植入印刷電路板上。

10.其他

機械人尚可用於許多其他的工作，如釘鉚釘 (Riveting)、研磨 (Grinding)、鑽孔 (Drilling)、打光等。

我國目前正面臨了初級勞工短缺的問題，其中有些工作似乎可以機械人來處理。當然這牽涉了廠商的意願、公司的規模，及投資額等因素。不論如何，隨著電子硬體及資訊軟體的快速發展，機械人的功能將更為加強，其被利用的情形將更為普遍。

 ## 14-4 自動化

工廠自動化 (Factory Automation, FA) 有個簡單的定義 (Dorf, 1983)：「製程當中沒有人為活動的直接涉入」。在一個真正自動化的工廠或系統中，工作人員所從事的僅是設計此系統，監測其功能，以及進行維護的工作而已。

在一些連續式生產 (Continuous-Flow) 的工業中，如石化業等，自動化的程度較高。由於其特殊的生產型態，生產系統的設計人員只須在製程中的某些重要之處設置適當的感應器，這些感應器可在第一時間就將偵測得來的資料傳回控制室的電腦。所有的資料皆由電腦加以解讀、分析，若製程中有任何變異的情況，此電腦並可發出適當的指令至現場做必要的調整措施。在這種情況下，工作人員並不直接涉入實際的生產活動，而是在控制室內觀測電腦所顯示出的各種資料。

在其他生產型態的工業中雖較無全自動化的系統存在，但在製程中卻可能會有些部分是自動化的。像美國的汽車零組件工業。由於屬大量生產標準化產品的情形，其生產型態自可以產品的生產程序來佈置其所需的機器。換言之，機器的佈置完全根據產品的生產程序而來。在此製程中，零、組件、在製品及完成品可以輸送帶、AGV 或機械人由一機器或工作站移到下一機器或工作站。有些較特殊的工作若無法自動化的話，則由人來處理。由於科技的進步，機器人已可從事許多的加工動作，如前一節所提的噴漆、焊接、釘鉚釘等等，這些都可提高工廠自動化的程度。

對於多樣少量的生產情形而言，在過去，由於無法依產品的生產程序佈置其所需的機器，自動化的程度較低。近年來，由於彈性製造系統技術的日趨成熟以及群組技術的應用，此種生產型態自動化的程度因而提高許多。

工廠生產自動化（全面的或部分的）是必然的趨勢，尤其對勞工成本高昂的地區而言更是如此。同時自動化的生產型態可降低產品的單位生產成本，使公司更具競爭力。再者，生產自動化是通往電腦整合製造必經的途徑，也是電腦整合製造系統中重要的一環。

14-5　電腦整合製造的成功要素

為了使從事製造業的公司具高度的競爭力，生產自動化是一個很有效的方法，而電腦整合製造是要更進一步的以電腦和通訊網路 (Communication Networks) 將自動化轉換成各機器緊密結合在一起的製造系統。若要改善生產效率及競爭力的話，電腦以及各機器設備的整合是不可或缺的條件。

就如同全面品質管理及其他的重要措施一樣，電腦整合製造的實施須有適當的規劃，公司從上到下管理者及員工的決心及支持，才能發揮最大的效果。因為電腦整合製造所涵蓋的範圍遍佈整個公司，若不能得到每個人的支持，則其效果必然會大打折扣，甚至無法實施。

由於從產品設計、原物料購買、生產排程及管理、產品加工、運送等整個製造過程都須整合起來，在實施電腦整合製造時，首先就須很仔細的去分析公司目前所使用的生產過程及相關的作業是如何執行的，如此才能知道整合後能給公司帶來的好處。當然，電腦整合製造的實施與否須視情況而定，但若公司有下列情況之一時，就應考慮實施電腦整合的必要性 (Aletan, 1991)：

1. 若其他各種方案的實施都無法達到公司營運及生產的目標。

2. 若目前的機器設備尚未連接起來，而其整合能為公司帶來相當的助益。

3. 部門間的作業有重疊的情形。

4. 由於資訊沒有共享，造成資源的浪費或成為公司營運的瓶頸所在。

公司須依其實際需求進行妥善的規劃，整合的實施是因需求而來，否則只是造成投資上的浪費而已。正如同即時管理系統 (JIT) 的目的是消除一切的浪

費，電腦整合製造的目的是要消除一切不必要重疊的作業或工作。因此若無實際的需求或妥善的規劃，貿然的進行電腦整合製造的工作，只會徒增困擾，得不償失。

在正式實施電腦整合製造之前，仍有許多其他的工作須先完成的 (Aletan, 1991)：

1.須很仔細的評估並瞭解，公司實施電腦整合後，在營運上及生產上能獲得的改善機會及能得到的成果。若不能確定此點，電腦整合實施的必要性就應受到質疑。

2.須確定高級生產技術的製程、功能及作業等將因電腦整合而獲益。

3.所有系統的整合將使各項資源的使用更為有效。若某系統不需使用其他系統的資源，或其他系統不需使用其資源，那此系統就無被整合的必要。

電腦整合製造的實施所面臨的最大難題就是各系統之間的聯絡網路、資訊的傳遞。尤其當各系統或機器設備是由不同的廠商購買而來時，系統之間的相容性會造成極大的困擾。因此，現有的系統或機器設備，彼此之間整合的可能性須仔細的評估。對想走向電腦整合製造之路的公司而言，在購買機器設備時，也應考慮其相容性的問題。

14-6 結 論

近年來，電腦整合製造成為極熱門的話題。先進國家的工業紛紛注意此項技術的發展，或已開始實施電腦整合的工作。甚至連大專院校也都設立了許多電腦整合的實驗室。事實上，目前並沒有一套真正完整的電腦整合製造系統。因為電腦整合製造系統所涵蓋的，不僅是在生產製造方面的作業，還包括了所有管理方面的作業。換句話說，公司整個的營運皆須在電腦整合的架構之下。物料流及資訊流都要自動化及電腦化，才能算是電腦整合製造。

實施電腦整合製造之前，公司須先仔細的評估其實施的目的為何，須投下的資金、公司本身是否在 CAD、CAPP、FMS、GT、NC/CNC/DNC、AS/RS、CAT、CAI 等方面有足夠的技術及經驗、公司的各項資料（產品設計的資料、原物料進、出貨、庫存的資料、資金的資料、生產管制的資料等等）是否可做

到各部門共享的程度等因素。沒有妥善的規劃及萬全的準備，電腦整合製造的實施是很難成功的。

　　對從事工業工程與管理工作的人來說，由於我國的工業必須保有相當的競爭力，才能在全球的市場中生存下去。如何更有效的使用公司的各項資源（機器設備、資金、人力、資訊），以電腦來整合是必走之路。如何去做整合的工作或該做到什麼程度，當然須視公司實際的需求以及能力而定。負責此項工作的主要是工業工程與管理的人員，因為未來的工業工程師將是系統的整合者 (System Integrator)，其責任主要就是如何將公司的各項資源加以整合以做最有效的利用。這是工業工程與管理人員責無旁貸且是充滿挑戰性的工作。

參考書目

1. Turner, Wayne C., Mize, Joe H., Case, Kenneth E., and Nazemetz, John W., *Introduction to Industrial and Systems Engnieering*, 3rd ed., New Jersey: Prentice-Hall, Inc., 1993, pp. 279-280, 283-286, 289-291, 293-295.

2. Groover, M. P., *Automation, Production Systems, and Computer-Integrated Manufacturing*, New Jersey: Prentice-Hall, Inc., 1987, pp. 200-201.

3. Clark, K. E., "Cell Control: The Missing Link to Factory Integration," *1989 International Industrial Engineering Conference Proceedings*, Toronto, May 1989, pp. 641-646.

4. 雷邵辰，《電腦整合製造 (CIM)──CAD/CAM 應用》，臺北：松崗公司，民國 83 年，頁 315-316。

5. Dorf, R. C., *Robotics and Automated Manufacturing*, Virginia: Reston Publishing Co., Inc., 1983, p. 28.

6. Aletan, S., "The Components of A Successful CIM Implementation," *Industrial Engineering*, V. 23, No. 11, November 1991, pp. 20-22.

1. 試述電腦輔助設計涵蓋的範圍。

2. 試述電腦輔助製程規劃的基本策略。

3. 一般數值控制系統包含那三個部分?

4. 試述彈性製造系統包含的部分。

5. 彈性製造系統興起的原因為何?

6. 試述電腦輔助檢驗的兩種方式。

7. 試述機械人包含的基本部分。

8. 試述機械人的技術特性。

9. 試述機械人的使用範圍。

10. 試述電腦整合製造系統實施的先決情形。

第十五章
作業研究於工業工程
與管理的應用

　　作業研究這門學問始於第二次世界大戰期間。當時英、美雙方為了解決與戰爭相關的各種龐大且複雜的問題，乃將數學、行為科學、及統計學等結合在一起，因而形成了作業研究這分析的方法。由於作業研究很成功的解決了當時許多難題，戰後因而有更多的數學家及科學家等投入，使其適用的範圍更加廣泛。截至目前為止，作業研究的應用範圍幾乎遍及各領域。

　　作業研究主要是以一些適當的科學模式（一般為數學模式），針對各種複雜的生產或管理系統（包括人、機器、物料、財務等），提出不同的處理方案，並對可能的執行結果進行分析及評估，使管理者在做決策時有一科學的根據。更進一步說，任何可用以預測或評估各種決策結果的科學模式，都屬於作業研究的範圍。儘管作業研究是個很有效的工具，但它只是協助管理者做決策，而不是決策本身。

　　自作業研究的發展以來，其與工業工程與管理的關係就密不可分。尤其是在數量方法方面，作業研究更是佔了極大的部分。隨著個人電腦的普及，作業研究更顯示出其能應用於各種問題並能有效解決問題的能力。在這一章當中將就作業研究中較為人熟悉、廣泛使用的幾個領域，如線性規劃、運輸問題、指派問題、及計畫評核術等，做一概略的介紹。

 ## 15–1　線性規劃

　　線性規劃 (Linear Programming, LP) 是種解決問題的方法。其解決的問題

主要是在一組的限制條件下，將一目標函數極大化或極小化。線性規劃一般常解決的問題如下列所述：

1. 產品的組合

在生產資源及市場需求條件的限制之下，決定不同產品的生產量，將利益最大化。

2. 生產排程

在生產資源（機器、人力等）的限制下，決定最佳的生產排程。

3. 投資的組合

在資金的限制下，決定投資管道的投資額，使投資報酬最大化。

4. 運輸問題

在工廠產能及銷售通道的需求量（銷售量、倉庫儲存量等）的限制條件下，決定不同工廠運送到不同銷售通道的產品數量，使運輸成本極小化或獲利極大化。

一、線性規劃的模式

典型的線性規劃模式中，包括下列三部分（譚伯群，民 80）：

1. 目標函數 (Objective Function)

在線性規劃的問題中，目標函數是決策變數 (Dicision Variables) 的函數，此函數即為此類問題中欲最佳化（極大或極小）的對象。目標函數通常以 Z 表示，例如：

$$\text{max. （求極大）} Z = c_1 x_1 + c_2 x_2 + \cdots + c_n x_n$$

或

$$\text{min. （求極小）} Z = c_1 x_1 + c_2 x_2 + \cdots + c_n x_n$$

其中 max. 為 maximize 的縮寫，min. 為 minimize 的縮寫，n 為決策變數及係數的數目，x_i 為決策變數，而 c_i 為相對應決策變數的係數，且為已知。

2. 限制式

在線性規劃的問題中，決策變數須受限於某些條件（例如生產資源），限

制式即用以表示這些限制條件。例如：

$$a_{i1}x_1 + \cdots + a_{in}x_n = b_i, i = 1, \cdots, p$$

$$a_{j1}x_1 + \cdots + a_{jn}x_n \leq b_j, j = p + 1, \cdots, q$$

$$a_{k1}x_1 + \cdots + a_{kn}x_n \geq b_k, k = q + 1, \cdots, r$$

其中 a_{lm} $(l = 1, \cdots, r; m = 1, \cdots, n)$ 為限制式中的係數（已知），b 為資源的上限或下限，亦為已知。限制式可為等於的關係，小於等於的關係，或大於等於的關係。

3. 非負數限制

在線性規劃的問題中，決策變數須為正數或是零，此即為非負數限制。例如 $x_i \geq 0$，其中 $i = 1, \cdots, n$，n 為決策變數的數目。

依上述內容，可舉數例如下：

min. $2x_1 + 3x_2$　　　　　max. $x_1 + 4x_2$

S.T. $x_1 + x_2 \geq 6$　　　　S.T. $x_1 + x_2 \leq 7$

　　　$x_1 - x_2 \geq 4$　　　　　　　$x_1 - 2x_2 \leq 2$

　　　$x_1 \geq 0, x_2 \geq 0$　　　　　$x_1 \geq 0, x_2 \geq 0$

【例 15-1】

假設某工廠生產 A、B 兩種產品，每種產品都須經過車床、銑床、裝配三個工作站的處理。生產一件 A 產品需車床加工 2 小時、銑床加工 1 小時、裝配加工 3 小時。生產一件 B 產品則需車床加工 2 小時、銑床加工 2 小時、裝配加工 2 小時。此工廠為製造這兩產品所能提供的最大產能為：車床 30 小時、銑床 40 小時、裝配 20 小時。若 A 產品每單位可獲利 3 元，B 產品每單位可獲利 2 元。試將此題以線性規劃的模式列出。

解 首先假設生產 A 產品 x_1 件、生產 B 產品 x_2 件，可獲得之總利潤為 Z。另可將本題的資料整理如下：

部門＼產品	加工所需時間		產能上限
	A 產品	B 產品	
車　床	2	2	30
銑　床	1	2	40
裝　配	3	2	20
利　潤	3	2	求極大

目標函數：$Z = 3x_1 + 2x_2$

限制式：$2x_1 + 2x_2 \le 30$（車床產能上限為 30）

$x_1 + 2x_2 \le 40$（銑床產能上限為 40）

$3x_1 + 2x_2 \le 20$（裝配產能上限為 20）

非負數限制：$x_1 \ge 0, x_2 \ge 0$

因此可得線性規劃模式如下：

max.　　$Z = 3x_1 + 2x_2$

S.T.　　$2x_1 + 2x_2 \le 30$

$x_1 + 2x_2 \le 40$

$3x_1 + 2x_2 \le 20$

$x_1 \ge 0, x_2 \ge 0$

【例 15-2】

某食品加工工廠生產某種營養食品，有 A、B、C 三種不同的原料可用。該食品中需至少含有甲成分 13 單位、乙成分 11 單位、丙成分 20 單位。每公克 A 原料 4 元，內含甲成分 3 單位、乙成分 4 單位、丙成分 2 單位。每公克 B 原料為 5 元，內含甲成分 4 單位、乙成分 1 單位、丙成分 2 單位。每公克 C 原料為 3 元，內含甲成分 1 單位、乙成分 2 單位、丙成分 3 單位。現欲達到必須含有的成分，又要使食品的成本最低，試求線性規劃的模式。

解　首先假設使用 A 原料 x_1 公克、B 原料 x_2 公克、C 原料 x_3 公克，總成本為 Z。另可將本題的資料整理如下：

成　　分＼原料	每　公　克　含　量			成　　分
	A 原料	B 原料	C 原料	下　　限
甲成分	3	4	1	13
乙成分	4	1	2	11
丙成分	2	2	3	20
成　　本	4	5	3	求極小

目標函數：$Z = 4x_1 + 5x_2 + 3x_3$

限制式：$3x_1 + 4x_2 + x_3 \geq 13$

$4x_1 + x_2 + 2x_3 \geq 11$

$2x_1 + 2x_2 + 3x_3 \geq 20$

非負數限制：$x_1 \geq 0, x_2 \geq 0, x_3 \geq 0$

因此可得線性規劃模式如下：

min. 　$Z = 4x_1 + 5x_2 + 3x_3$

S.T. 　$3x_1 + 4x_2 + x_3 \geq 13$

$4x_1 + x_2 + 2x_3 \geq 11$

$2x_1 + 2x_2 + 3x_3 \geq 20$

$x_1 \geq 0, x_2 \geq 0, x_3 \geq 0$

二、圖解法

當線性規劃的問題只含兩個或三個變數時，吾人可以二度空間或三度空間的幾何圖形來求解。圖解法一般並不適用於解決現實的問題（因為變數極多），但卻易使讀者瞭解線性規劃的意義及單純法 (Simplex Method) 的基礎概念。

以兩個變數的線性規劃問題為例，其圖解法的進行步驟如下：

1. 以此兩變數分別為兩個座標軸。

2. 將限制式畫於座標圖上，其共同交集區即為可行解 (Feasible Solution) 區。

3. 任給目標函數一值，依此可畫出目標函數線。

4. 若為求極大 (max.) 的問題，將目標函數線往增大的方向平行移動，其與

可行解區最後接觸的點，即為最佳解 (Optimal Solution)。若為求極小 (min.) 的問題，則將目標函數往減少的方向平行移動，其與可行解區最後接觸的點，即為最佳解。

【例 15–3】

假設有一線性規劃問題如下：

$$\text{max.} \quad Z = 2x_1 + 3x_2$$

$$\text{S.T.} \quad 2x_1 + x_2 \leq 12 \cdots\cdots\cdots ①$$

$$x_1 + 2x_2 \leq 10 \cdots\cdots\cdots ②$$

$$x_1 + x_2 \leq 7 \cdots\cdots\cdots ③$$

$$x_1 \geq 0, \, x_2 \geq 0$$

解 將所有限制式皆畫於座標圖上，如下所示：

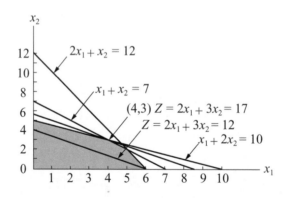

然後取目標函數 $2x_1 + 3x_2 = 12$，並將之畫於座標圖上。由座標圖可知，目標函數線越往上移，其值越大，而其與可行解區（灰色部分）的最後接觸點為 $(4, 3)$，即第 2 及第 3 限制式的交點。而最佳解即為 $x_1 = 4$，$x_2 = 3$，$Z = 17$。

【例 15–4】

假設有一求極小的線性規劃問題如下：

$$\text{min.} \quad Z = 2x_1 + 3x_2$$

$$\text{S.T.} \quad 2x_1 + x_2 \geq 10$$

$$x_1 + x_2 \geq 7$$
$$x_1 \geq 0, x_2 \geq 0$$

解 首先將所有限制式皆畫於座標圖上，如下所示。

灰色區域即為可行解的區域。取目標函數 $2x_1 + 3x_2 = 24$，並將之畫於座標圖上。由座標圖可知，目標函數線越往下移，其值越小，而其與可行解區最後接觸的點為 $(3, 4)$。而最佳解即為 $x_1 = 3$, $x_2 = 4$, $Z = 18$。

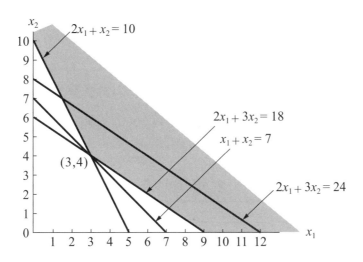

若線性規劃問題有解，則最佳解必為端點之一。而單純法即根據此原則求出最佳解。

三、單純法

圖解法只適用於兩個變數或三個變數的情況，當變數增加時，便須使用單純法 (Simplex Method) 求解。其原則即為找出不同的端點，然後計算出目標函數值，加以比較後，即可求得最佳解。

以例 15–3 的題目為例，首先需加入虛變數 (Slack Variables)，將限制式中的不等式變為等式，因此

$$\text{max.} \quad Z = 2x_1 + 3x_2 \qquad \text{max.} \quad Z = 2x_1 + 3x_2 + 0x_3 + 0x_4 + 0x_5$$

$$\text{S.T.} \quad 2x_1 + x_2 \le 12 \qquad \text{S.T.} \quad 2x_1 + x_2 + x_3 = 12$$

$$x_1 + 2x_2 \le 10 \Rightarrow \qquad x_1 + 2x_2 + x_4 = 10$$

$$x_1 + x_2 \le 7 \qquad x_1 + x_2 + x_5 = 7$$

$$x_1 \ge 0, x_2 \ge 0 \qquad x_i \ge 0, i = 1, 2, 3, 4, 5$$

接著利用單純法的表格，將轉化過的模式填入格內，即可得模式的初解 (Initial Solution)。

表 15–1 中的最右一行，表示初解為 $x_3 = 12$, $x_4 = 10$, $x_5 = 7$，而目標函數 $Z = 0$。表中最左一行為變數於目標函數中的係數，第二行為所有的虛變數，因其係數皆為 0，因此最左一行的數值皆為 0。表中第 2 至第 4 列為限制式中，各變數的相對應係數。最後一列為目標函數中，各變數的相關係數。最右下角的值為 Z 值。

表 15–1　初解

		x_1	x_2	x_3	x_4	x_5	
0	x_3	2	1	1	0	0	12
0	x_4	1	2	0	1	0	10
0	x_5	1	1	0	0	1	7
Z		2	3	0	0	0	0

求得初解後，即可依下列步驟逐一求得最佳解：

1. 找出軸元素 (Pivot Element)：

以表 15–1 為例，首先取目標函數係數中的最大值，此處為 3，因 3 對應的變數為 x_2，因此 x_2 為進入變數 (Entering Variable)。再比較 x_2 行中的值 1, 2, 1 分別除初解的值 ($\frac{12}{1}, \frac{10}{2}, \frac{7}{1}$)。然後取其中最小者，此處為 5，其相對應的變數為 x_4，x_4 即為退出變數 (Leaving Variable)。x_2 行與 x_4 列的相交格為 2，軸元素即為 2。如表 15–2 所示。

表 15-2　尋找進入、退出變數、軸元素

		x_1	x_2	x_3	x_4	x_5		
0	x_3	2	1	1	0	0	12	$\frac{12}{1} = 12$
0	x_4	1	②	0	1	0	10	$\frac{10}{2} = 5 \rightarrow$
0	x_5	1	1	0	0	1	7	$\frac{7}{1} = 7$
	Z	2	3	0	0	0	0	

2.以進入變數取代退出變數，並重新計算各係數的值。首先以軸元素除軸元素所在之列的各元素，再以行列式的算法，將軸元素所在之行的其他各元素變為 0。其結果如表 15-3 所示。

表 15-3　重新計算表內各元素的值

		x_1	x_2	x_3	x_4	x_5		
0	x_3	$1\frac{1}{2}$	0	1	$-\frac{1}{2}$	0	7	$\frac{7}{1\frac{1}{2}} = \frac{14}{3}$
3	x_2	$\frac{1}{2}$	1	0	$\frac{1}{2}$	0	5	$\frac{5}{\frac{1}{2}} = 10$
0	x_5	$\frac{1}{2}$	0	0	$-\frac{1}{2}$	1	2	$\frac{2}{\frac{1}{2}} = 4 \rightarrow$
	Z	$\frac{1}{2}$	0	0	$-\frac{3}{2}$	0	-15	

進入變數 x_2 於目標函數中的係數為 3，軸元素所在之列皆以 2 除之而得 $(\frac{1}{2}, 1, 0, \frac{1}{2}, 0, 5)$ 之值。其上一列的值為於表 15-2 的值加上 $-1 \times (\frac{1}{2}, 1, 0, \frac{1}{2}, 0, 5)$ 而得。其下兩列的值亦可由同樣的方法求得。

若最下一列，目標函數係數的值不是全為 0 或負數，則須重新尋找軸元素，加以計算，直到目標函數係數的值皆為 0 或負數為止。由表 15-3 可知，x_1 為進入元素、x_5 為退出元素，其重新計算結果如下表所示。因為最下一列的值為 0 或負數，因此最佳解已求得 $x_1 = 4, x_2 = 3, x_3 = 1$，而 $Z = 17$。

表 15–4　終表，求得最佳解

		x_1	x_2	x_3	x_4	x_5	
0	x_3	0	0	1	1	−3	1
3	x_2	0	1	0	1	−1	3
2	x_1	1	0	0	−1	2	4
	Z	0	0	0	−1	−1	−17

前述為求極大問題的例子，求極小的問題將於作業研究該門科目中再詳細討論。

 ## 15–2　運輸問題

運輸問題是線性規劃問題中的特殊問題。其應用方向主要是如何將原料、商品等從不同地點的供應處（公司、工廠等），以最低的成本或能獲最大利潤的運輸方式，運到有需求的地方（倉庫、經銷處、門市部等）。較簡單的運輸問題，同時也假設總供應量須等於總需求量。

在此介紹兩個簡便的求起始解法：西北角法 (Northwest-Corner Method) 及最小成本法 (Least Cost Method)。這兩方法的原則簡單，但其所得的結果並不一定就是最佳解。欲得最佳解，尚須更進一步的使用階石法 (Stepping-Stone Method) 或修正分配法 (Modified Distribution Method)。

西北角法的解題步驟如下（譚伯群，民 80）：

1. 建立運輸矩陣，將相關資料填入。

2. 由左上角開始，將各供應站的供應量分配到需求地點，依次向右方分配，若該供應站的供應量已分配完畢，則向下方分配。按此原則，直到所有的需求皆滿足為止。

現以一例題說明西北角法的應用步驟：

【例 15–5】

假設某公司在甲、乙、丙三地各有一工廠生產產品，以供應 A、B、C、D、E 五地經銷商的需求。甲、乙、丙三地工廠每月的產量分別為 1000、1800，及 1200。而 A、B、C、D、E 五地經銷商每月的需求量分別為 800、600、900、700，及

1000。該產品每單位的運輸成本如表 15-5 所示。

表 15-5　運輸成本（元／單位）

工廠 ＼ 經銷商	A	B	C	D	E
甲	4	5	3	6	7
乙	2	7	6	5	4
丙	3	2	8	4	5

解 1. 首先建立運輸矩陣，將相關資料填入。如表 15-6 所示。

表 15-6　運輸矩陣

工廠 ＼ 經銷商	A	B	C	D	E	供應量
甲	4	5	3	6	7	1000
乙	2	7	6	5	4	1800
丙	3	2	8	4	5	1200
需求量	800	600	900	700	1000	4000

2. 由左上角，即甲—A 開始分配，因為 A 需要 800，因此由甲分配 800 至
   A，將 800 填入甲—A 格內。因為甲尚剩餘 200，因此再將此 200 分配至
   B。甲已分配完，因此下降到乙—B 格，進行分配。依此步驟，即可求
   得最後解如表 15-7 所示。最後解的結果如下：

表 15-7　利用西北角法得到的起始解

工廠 ＼ 經銷商	A	B	C	D	E	供應量
甲	4 ① 800	5 ② 200	3	6	7	1000
乙	2	7 ③ 400	6 ④ 900	5 ⑤ 500	4	1800
丙	3	2	8	4 ⑥ 200	5 ⑦ 1000	1200
需求量	800	600	900	700	1000	4000

由甲運送 800 單位的產品至 A，成本為 3200 元。

由甲運送 200 單位的產品至 B，成本為 1000 元。

由乙運送 400 單位的產品至 B，成本為 2800 元。

由乙運送 900 單位的產品至 C，成本為 5400 元。

由乙運送 500 單位的產品至 D，成本為 2500 元。

由丙運送 200 單位的產品至 D，成本為 800 元。

由丙運送 1000 單位的產品至 E，成本為 5000 元。

總成本為 20700 元。

最小成本法的解題步驟如下：

1. 建立運輸矩陣，將相關資料填入矩陣中。

2. 找出運輸成本最小者。若其相對應的需求量小於供應量，則在該格內填入需求量的值，否則填入供應量的值。再找下一成本最小者，依前述方式進行分配，直到所有的需求皆被滿足為止。

【例 15-6】

以例 15-5 的內容，依最小成本法求解。

解　1. 運輸矩陣與表 15-6 者相同。

2. 乙—A 的運輸成本最小，為 2。因此由乙分配 800 至 A。更新資料，乙剩餘 1000 可供分配，而 A 已滿足，因此該直行可畫掉，不須再考慮。

依此步驟進行可得最後解如表 15-8 所示。

表 15-8 利用最小成本法得到的起始解

經銷商 工廠	A	B	C	D	E	供應量
甲	4	5	3 ③ 900	6 ⑥ 100	7	1000
乙	2 ① 800	7	6	5	4 ⑤ 1000	1800
丙	3	2 ② 600	8	4 ④ 600	5	1200
需求量	800	600	900	700	1000	4000

其分配情形如下：

由甲運送 900 單位的產品至 C，成本為 2700 元。

由甲運送 100 單位的產品至 D，成本為 600 元。

由乙運送 800 單位的產品至 A，成本為 1600 元。

由乙運送 1000 單位的產品至 E，成本為 4000 元。

由丙運送 600 單位的產品至 B，成本為 1200 元。

由丙運送 600 單位的產品至 D，成本為 2400 元。

總成本為 12500 元。

西北角法因為不考慮運輸成本的因素，因此其運輸總成本比最小成本法多出 8200 元 ($=20700-12500$)。但即使是最小成本法的解也不一定就是最佳解。如何再使用階石法或修正分配法求得最佳解則留待作業研究科目中做說明。

15-3 指派問題

運輸問題為線性規劃問題的特例，而指派問題 (Assignment Problem) 又為運輸問題的特例。指派問題一般有 n 個產品、服務等必須運送或指派到另 n 個地點去。指派問題就是要解決此種 n 對 n（每一點須有一個、且只能有一個）的指派關係，使成本最小化或利潤最大化。例如有 n 件工作須分配給 n 個機器

做，每個機器須加工一件也只能加工一件工作。在這種情況下，應如何分派才能使成本最低或利潤最高。

一般指派問題的求解步驟如下所述（廖慶榮，民 83；Phillips 等，1976）：

1.建立一指派矩陣，此為一方矩陣 ($n \times n$)，然後將相關資料（成本或利潤）填入。

2.每列減去該列最小成本（最大利潤）。

3.每行減去該行的最小成本（最大利潤）。

4.以最少的線將所有的 "0" 值畫完。若線的總數等於列數，則最佳解已求得，不然須進行下一步驟。

5.以最少的線將所有的 "0" 值畫完，此時線條的數目應等於上一步驟中可以指派的工作的數目。

6.將畫完後，行與列相交的元素，加上未被畫線元素中最小的值，而將其餘未被直線畫到的元素，皆減去此最小值，回到步驟 4。

若 "0" 值的數目大於 n 時，有時表示有多種指派的方法，即有多組最佳解。有時也可能某些行或列僅出現一 "0" 值，此時則只有一組最佳解。

【例 15-7】

假設某公司有 A、B、C、D、E 五件工作須分配到 5 部機器甲、乙、丙、丁、戊加工。每部機器須加工一件，也只能加工一件工作。其加工成本如表 15-9 所示。試問該如何指派才能使成本最小？

表 15-9　加工成本矩陣表

工作＼機器	甲	乙	丙	丁	戊
A	4	2	3	5	6
B	2	4	6	3	2
C	5	5	3	4	5
D	3	7	5	6	3
E	7	2	1	5	4

 首先將表 15-9 的加工成本矩陣，每列減去該列最小的值，如表 15-10 所

示。

表 15-10 各列減去該列最小的值

機器 工作	甲	乙	丙	丁	戊	最 小 成 本
A	2	0	1	3	4	2
B	0	2	4	1	0	2
C	2	2	0	1	2	3
D	0	4	2	3	0	3
E	6	1	0	4	3	1

表 15-10 中，丁行中沒有 "0"，因此該行各元素皆減去該行最小的值 1，
如表 15-11 所示。

表 15-11 丁行各元素皆減去 1

機器 工作	甲	乙	丙	丁	戊
A	2	0	1	2	4
B	0	2	4	0	0
C	2	2	0	0	2
D	0	4	2	2	0
E	6	1	0	3	3
最 小 成 本	0	0	0	1	0

因為可以 5 條直線將表 15-11 中的 "0" 值畫完，如表 15-12 所示，所以最
佳解已求得。

表 15-12 將所有 "0" 值以直線畫掉

機器 工作	甲	乙	丙	丁	戊
A	2	0	1	2	4
B	0	2	4	0	0
C	2	2	0	0	2
D	0	4	2	2	0
E	6	1	0	3	3

最佳解為：

A 至乙，成本為 2

B 至甲，成本為 2

C 至丁，成本為 4

D 至戊，成本為 3

E 至丙，成本為 1

總成本為 12。

因為 "0" 的數目大於 n，此題之最佳解並不只一組，如：

A 至乙，成本為 2

B 至戊，成本為 2

C 至丁，成本為 4

D 至甲，成本為 3

E 至丙，成本為 1

總成本亦為 12。

若為求最大利潤的題目，則將減去最小成本的原則換成減去最大利潤即可。

 15-4　計畫評核術

要徑法 (Critical Path Method, CPM) 與計畫評核術 (Program Evaluation and Review Technique, PERT) 大約於相同的時間被發展出來。這兩種方法主要皆用於專案管理 (Project Management) 上面。其主要目的是要應用網路圖 (Network Diagram)，將整個專案計畫的所有作業，依其相互關係，繪製成計畫網路圖。再求出關鍵的要徑 (Critical Path)，以供專案計畫的設計、執行，及追蹤考核之用。

要徑法與計畫評核術最主要的差異，在於前者中的每一個作業只需一個估計值 (estimate)，而後者中的每一個作業卻需三個估計值：最可能時間 (Most Likely Time)、樂觀時間 (Optimistic Time)、悲觀時間 (Pessimistic Time)。

在要徑法及計畫評核術中網路所使用的符號如下：

1. ○: 結點 (Node)，代表某一作業的開始或完成。第一個或最初的結點，代表工作的起始點，最後的結點則為整個專案計畫的完成點。

2. ⟶: 箭線 (Arrow)，表示作業 (Activity)。其長度與作業所需時間的長短無關。

3. ---→: 虛擬作業 (Dummy Activity)，代表兩作業間的次序關係。由於不是實際的作業，所以其作業時間為 0。

在要徑法及計畫評核術中還有一些共用的名詞：

t: 某作業的單一估計值，用於要徑法。

t_o: 樂觀時間，用於計畫評核術。

t_m: 最可能時間，用於計畫評核術。

t_p: 悲觀時間，用於計畫評核術。

t_e: 估計時間，用於計畫評核術。

$$t_e = \frac{t_o + 4t_m + t_p}{6}$$

T_E: 事件最早發生的時間 (Earliest Event Occurrence Time)。

T_L: 事件所容許最晚發生的時間 (Latest Allowable Event Occurrence Time)。

ES: 作業最早開始的時間 (Earliest Activity Start Time)。

EF: 作業最早完成的時間 (Earliest Activity Finish Time)。

LS: 作業所容許最遲的開始時間 (Latest Allowable Activity Start Time)。

LF: 作業所容許最遲的完成時間 (Latest Allowable Activity Finish Time)。

S: 作業的寬裕 (Slack) 時間 (Total Activity Slack)。

在計算網路圖中，各結點的時間資料可依下列兩步驟求得: 前進推算法 (Forward Pass) 及後退推算法 (Backward Pass)。

1. 前進推算法 (Turner, 1993)

⑴起始的事件（開始的結點），其最早發生的時間為 0，即 $T_E = 0$。

⑵只要其前的事件（結點）已開始，該作業即須開始動工，即 $ES = T_E$（其前的事件）。若該作業的工作時間為 t，則其最早完成的時間 $EF = ES + t = T_E + t$。

⑶若一結點有多條箭線進入，則事件最早開始的時間為這些進入作業最早

完成的最大值，即 $T_E = \max\{EF_1, EF_2, \cdots, EF_n\}$，假設有 n 個作業進入。

2. 後退推算法 (Turner, 1993)

　　⑴最終事件（最後一個結點）的最遲容許發生的時間與此結點於前進推算法中所獲之最早發生時間相同，即對最終事件而言，$T_L = T_E$。

　　⑵任一作業所容許的最遲完成時間為其後續事件所容許的最晚發生時間，即 $LF =$ 其後續事件的 T_L。而此作業所容許最遲的開始時間為其所容許最遲的完成時間減掉該作業的工作時間，即 $LS = LF - t = T_L - t$。

　　⑶若有多條箭線由某結點放射出去，則該事件所容許最晚發生的時間為這些放射出去作業所容許最遲開始時間的最小值，即 $T_L = \min\{LS_1, LS_2, \cdots, LS_n\}$，假設有 n 個作業由此結點放射出去。

　　圖 15–1 顯示前進推算法中各時間的關係。而圖 15–2 則顯示了加入後退推算法各時間關係的情形。

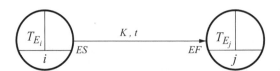

i, j 為結點, K 為作業, t 為其估計作業時間

圖 15–1　前進推算法中各時間的關係圖 (Turner, 1993)

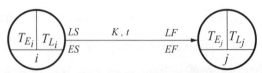

圖 15–2　前進推算法與後退推算法中各時間的關係圖 (Turner, 1993)

【例 15–8】

假設欲進行某專案計畫，其各項作業所需時間及先後次序的關係如表 15–13 所示。以要徑法求其要徑。

表 15-13　各作業的資料（要徑法）

作業	前置作業	作業所需時間
A	無	5 天
B	無	8 天
C	A	7 天
D	B	9 天
E	C	10 天
F	D, E	6 天

解 首先將表 15-13 中的資料繪成網路圖，如圖 15-3 所示，以瞭解其先後次序關係。

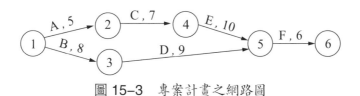

圖 15-3　專案計畫之網路圖

由圖 15-3 可知結點 1 代表起始的事件，即整個專案的起始點，而結點 6 代表最終的事件，即整個專案的完成點。接下來則以前進推算法算出各項時間的資料，其結果如圖 15-4 所示。

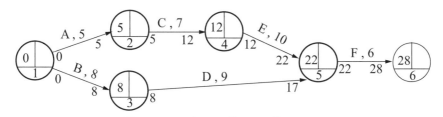

圖 15-4　前進推算法推算的結果

對第 1 個結點（事件）而言，$T_E = 0$，因為是整個專案的開始（以 0 開始），其後 A、B 兩作業的 ES 皆等於結點 1 的 T_E，為 0。A 作業的 $EF = ES + t$ $= 0 + 5 = 5$。對第 5 個結點而言，因為有 D、E 兩作業進入，其 $T_E = \max\{EF_D, EF_E\} = \max\{17, 22\} = 22$。

最後則以後退推算法，完成網路圖中各時間的資料，其結果如圖 15-5 所

示。

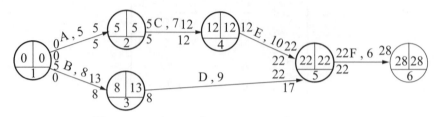

圖 15–5 前進推算法與後退推算法的結果

對第 6 個結點（事件）而言，因為其為最後一個結點，所以 $T_L = T_E = 28$。而對作業 F 而言，$LF = $ 第 6 個結點的 $T_L = 28$。對第 5 個結點而言，其 $LS = LF - t = 28 - 6 = 22$。而對第 1 個結點而言，A、B 兩作業由此放射出去，因此其 $T_L = \min\{LS_A, LS_B\} = \{0, 5\} = 0$。

所謂的要徑即為沒有寬裕（Slack）的路徑，而寬裕 $S = T_E - T_L$。由圖 15–5 觀之，$S_1 = 0 - 0 = 0, S_2 = 5 - 5 = 0, S_4 = 12 - 12 = 0, S_5 = 22 - 22 = 0, S_6 = 28 - 28 = 0$。所以要徑即為 1–2–4–5–6 等結點，或 A–C–E–F 等作業。而所謂的要徑，即表示路徑上的作業不能有任何耽擱，否則會使完成的時間延後。

而在第 3 個結點，D 作業最早可於第 8 天開始，至遲可於第 13 天開始，最後的完成時間（28 天）不會受到影響。

以上即為要徑法（CPM）的求解步驟。PERT 與 CPM 的差異就在 t 須以 t_e 取代，而 t_e 須以 t_m、t_o、t_p 三值求得。此外，在計畫評核術中，作業期望時間的變異數以全距 $\frac{1}{6}$ 的平方估計之，即

$$V_t = (\frac{t_p - t_o}{6})^2, \text{ 而標準差 } S_t = \frac{t_p - t_o}{6}$$

以下以同樣的例子說明計畫評核術的用法。

【例 15–9】

同例 15–8，以計畫評核術求此專案於 30 天內完成的機率，各作業的資料如表 15–14 所示。

解 由例 15–8 中吾人已知要徑為 A–C–E–F。要徑所需的時間（亦為專案所需的時間）即為 A、C、E、F 作業的估計作業時間的總和。

表 15–14　各作業的資料（計畫評核術）

作業	前置作業	作業估計時間			估計作業時間 t_e	變異數 V_t
		t_o	t_m	t_p		
A	無	3	5	7	5	0.444
B	無	5	8	11	8	1
C	A	5	7	9	7	0.444
D	B	6	9	12	9	1
E	C	6	10	14	10	1.778
F	D, E	5	6	7	6	0.111

因此，要徑的估計時間總和 $(T_E) = 5 + 7 + 10 + 6 = 28$，要徑的變異數和 $= 0.444 + 0.444 + 1.778 + 0.111 = 2.777$。標準差 $= \sqrt{2.777} = 1.666$。假設專案完成時間遵循常態分配，則 $Z = \dfrac{X - \mu}{\sigma} = \dfrac{X - T_E}{S_T} = \dfrac{30 - 28}{1.666} = 1.200$，由附表 A–3 可得 $Z = 1.200$ 的機率為 88.49%。因此，有 88.49% 的機會，此專案可於 30 天內完成。

當然現實生活中的專案並不這麼單純，但其基本原則卻是一樣的。讀者只須按基本的求解步驟，逐一進行即可。

 15–5　結　論

作業研究的範圍極廣，本章所舉之例子只不過佔了極小的部分而已。隨著個人電腦運算能力的增強及低廉的價格，作業研究的應用較前更為有效且普及。有興趣的讀者可由作業研究的科目中有更進一步的認識。

1. Turner, Wayne C., Mize, Joe H., Case, Kenneth E., and Nazemetz, John W., *Introduction to Industrial and Systems Engineering*, 3rd ed., New Jersey: Prentice-Hall, Inc., 1993, pp. 417-419.

2. 譚伯群，《工廠管理》，再版，臺北：三民書局，民國 80 年，頁 441, 458-459, 465-

466。

3. 廖慶榮，《作業研究》，初版，臺北：三民書局，民國 83 年，頁 191。

4. Don. T. Phillips, A. Ravindran, and James J. Solkerg, *Operations Research*: *Principles and Practice*, New York: John Wiley & Sons, Inc., 1976, pp. 78-84.

 習 題

1. 試以圖解法解下列題目：

(1) max. $Z = 2x_1 + 3x_2$

    S.T. $x_1 + x_2 \leq 12$

           $x_1 + 2x_2 \leq 16$

           $2x_1 + x_2 \leq 10$

           $x_1 \geq 0, x_2 \geq 0$

(2) min. $Z = 3x_1 + 2x_2$

    S.T. $x_1 + x_2 \geq 14$

           $2x_1 + 3x_2 \geq 24$

           $x_1 + 2x_2 \geq 16$

           $x_1 \geq 0, x_2 \geq 0$

2. 試以單純法解題：

    max. $Z = 2x_1 + x_2 + 3x_3$

    S.T. $x_1 + 2x_2 + x_3 \leq 15$

           $2x_1 + x_3 \leq 12$

           $x_2 + x_3 \leq 10$

           $x_1 \leq 0, x_2 \leq 0, x_3 \geq 0$

3. 試解下列運輸問題：

工 廠	產 能
A	1000
B	1200
C	800

倉 庫	需求量
甲	600
乙	700
丙	800
丁	900

單位運輸成本矩陣

倉庫＼工廠	甲	乙	丙	丁
A	2	4	1	3
B	3	2	5	4
C	1	6	4	3

求最低成本的運輸方式。

4. 試解下列指派問題：

單位指派成本矩陣

機器＼工件	甲	乙	丙	丁
A	6	2	4	3
B	5	3	1	4
C	2	6	5	4
D	4	3	2	5

試求最低成本的指派方式。

5. 假設某專案計畫的作業資料如下表所示。試求其要徑及於 40 天完成的機率。

作業	前置作業	作業估計時間 t_o	t_m	t_p
A	無	7	10	13
B	無	7	9	11
C	A	4	6	8
D	B	5	8	11
E	A, B	8	12	16
F	E	5	6	7

第十六章
工業工程與管理的未來

 16-1 概　述

　　工業工程從泰勒之科學管理理論開始，發展至今已經超過一個世紀。早期工業工程是附屬於機械工程學門，後來由於工業界對此方面人才之需求顯著增加，而獨立出來成為一個專業的學門。再者，隨著工業之演進以及科學技術之發達，一個世紀以來工業工程的領域不斷地成長茁壯。其範圍從傳統的工業工程技術如動作研究、時間研究、獎工制度、生產管制、品質管制、存量管制及工廠佈置等，擴展到融和近代新技術與新觀念之現代工業工程技術，如人因工程、作業研究、統計分析、資訊系統分析與設計、辦公室與生產自動化、電腦輔助設計與製造、全面品質管理及電腦整合製造等。因此，工業工程可說是工程學門中發展最快速的一個。

　　早期工業工程之應用範圍主要局限於工廠中之製造部門，而今其範圍更涵蓋工廠之全部。除此之外，舉凡政府機關、醫院、百貨公司、交通運輸、餐廳以及其他之服務業皆有應用到工業工程之理論及技術。特別是當前政府正面臨財政困難之際，如何精簡人事並提高行政效率與品質以及有效分配與控制預算便是當務之急，而工業工程也正可在此發揮其既有的功用。

　　目前企業界所面臨之競爭壓力可說是與日俱增，而此壓力之造成因素主要有以下幾點：

1. 生產成本之增加

　　產品原料之價格受國際市場供應之波動而日益增加，例如造紙廠所需之紙漿主要是自國外進口，因此會隨著紙漿價格之增加而增加其生產成本。同時，產品之成本也因為能源價格與人工成本的增加而增加。例如，我國目前可用電

力吃緊，用電費用持續地增加以及勞工保險制度加重企業之負擔比例，使其人工成本增加。

2. 產品生命週期及研發時間縮短

由於科技之長足進步，一個產品在市場上時間的長度將縮短，原因是企業必須求新求變，淘汰舊產品以跟得上時代潮流。此外，產品研發時間也縮短了。因為，唯有如此才能將新穎的產品搶先對手行銷於市場上，以符合市場之需求並兼具市場競爭之優勢。

3. 消費者對品質之要求升高

隨著消費主義的抬頭，消費者對產品品質之要求也日益提高。品質不良之產品不僅會造成消費者之抗議與抵制，企業之形象也將受影響。因此，產品品質之優劣乃是現代企業競爭之利器。

4. 經貿國際化與自由化

經貿國際化與自由化是世界各國經貿發展之趨勢，由於世界貿易組織 (WTO) 之設立，使得各國之市場變得更自由開放，一些經貿之障礙如以關稅來保護本國產業之不公平行為，將逐漸被淘汰，因此使得市場競爭之情形更加激烈。

以上這四點正是企業當前以及未來需面對的衝擊，而這也是工業工程與管理所需接受挑戰與扮演積極角色之處。

 16-2　新技術的衍生

科技之突飛猛進對工業工程的發展一直有著莫大的影響。第一次工業革命便是起因於蒸汽機的發明，爾後便完全改變了工廠之生產方式。現在，我們所處之時期是所謂的第二次工業革命，第二次工業革命源自 1970 年代，其起因則是電腦科技之進步。電腦科技對工業工程的發展影響甚鉅，一些工業工程之作業已應用電腦技術計算快速、準確之特性來提升其作業之效率。例如，作業研究、工廠佈置、品質管制、MRP、存量控制、系統模擬、CAD/CAM 等，皆有電腦軟體輔助工業工程師來從事其工作。

今天電腦方面的發展可謂是一日千里，特別是個人電腦，無論功能、速度、

記憶容量皆已大大地提升許多，價格也變得更低廉，無形中使得電腦的應用更為普及。再者，通訊網路方面之進步，也使得電腦與電腦間之資訊傳輸更快速。電腦網路系統也成為現代企業管理與生產製造系統中必備的要件。因此，可預期結合電腦相關的新技術在未來仍會扮演一個極為重要的角色並會持續影響到工業工程與管理之發展。

一、電腦資訊系統

　　電腦資訊系統應用的層次，隨著電腦科技的發展與企業內外環境的變遷，若干年來已由處理企業日常基本作業之「交易處理資訊系統」(Transaction processing system，簡稱 TPS)，演進到輔助中階管理者從事管理分析與控制之「管理資訊系統」(Management information system，簡稱 MIS)，再到支援高階管理者從事企業經營策略決策之「決策支援系統」(Decision support systems，簡稱 DSS) 及主管資訊系統 (Executive information systems，簡稱 EIS)。

　　目前資訊科技的演進更發展到作為企業競爭的利器之一，如網路系統包括企業內部網路 (Intranet) 與外部網路 (Extranet)、電子商務 (E-commerce) 及企業資源規劃 (Enterprise resource planning，簡稱 ERP)。所謂企業資源規劃是將整個企業的資訊包括訂單處理、產品設計、採購、存貨管理、生產、配送、人力資源、應收帳款與需求預測等整合於一個電腦管理系統中，使得企業人員與主管能夠迅速掌握企業重要的資訊來做決策。

　　由於當前國際市場競爭越來越劇烈而且企業外在環境如政治、經濟、社會文化、科技等因素隨時在變化當中，管理者此時欲迅速做出正確的企業經營策略決策實非易事，因為除了需要充分掌握企業內部之實際狀況外，管理者尚得充分考量企業外在變動因素之不確定性才能辦到。所以，未來決策支援系統的功能必須具備有處理不確定性資訊以支援管理者訂定企業之競爭策略。然而，設計與建立此種資訊系統之工作便非工業工程師莫屬。

二、同步工程

　　同步工程 (Concurrent Engineering) 是工業工程與管理最近幾年來發展之

新趨勢。其發展之趨動力，無非是由於強烈的市場競爭壓力使得企業必須持續不斷地追求更低成本及更高品質的產品與更短的產品發展時間。因此，同步工程亦是企業增加競爭優勢之工具之一。

所謂同步工程可概括地定義為同時地來設計產品與其製造程序。換言之，便是於產品設計與發展階段時，同時考量並設計其兼具簡單與經濟的製造程序。此種產品發展的新方式一般亦被稱為「為製造而設計」(Design for Manufacturing) 或「為裝配而設計」(Design for Assembly)。例如，美國 IBM 公司便曾採用此方法來設計其印表機產品，結果獲致極大的成效。據估計其印表機使用之零件數較日本之競爭者少 65% 而且裝配時間亦較之減少 90% (Bedworth, 1991)。

傳統之產品發展程序是由概念設計開始，然後順延著細部設計，分析，建立原型，製造準備，物料採購及正式製造生產等階段呈直線順序進行，亦即是，需等上一階段完成後，才能進行至下一階段。由於每一階段之工程師皆獨立作業，並未與其他階段事先協調，因此經常造成製造部門發現生產技術難以配合以及生產成本過高，或者行銷部門發現設計之產品未能滿足市場消費者之需求等問題，而必須修改或重新設計。這樣的結果往往浪費大量的時間與金錢，而且越晚發現問題則時間與金錢之浪費情形越嚴重，相對的，企業之競爭力也將越弱。

有鑑於傳統產品發展程序之缺陷，同步工程之產品發展程序便於設計之初應用電腦輔助工程之工具，並且結合製造、工程、行銷、採購等部門之人員共同參與設計之工作，以減少日後修改設計之情形，達到減少成本支出與縮短產品發展時間之目的。此外，由於發展時間縮短，使得設計小組成員能夠有充分時間仔細研商其他可行之設計方案，找出最佳品質的產品設計。圖 16–1 即表示同步工程之產品發展程序。其中，產品設計、分析、製造準備與採購等階段的工作則由跨部門小組同時來進行。

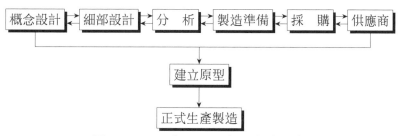

圖 16-1　同步工程之產品發展程序

資料來源：Mills, R., Beckert, B., and Carrabine, L., *The Future of Product Development*, Computer-Aided Engineering, Oct. 1991, p. 38.

三、企業程序再造工程

90 年代新興起的企業革新方法是為企業程序再造工程（Business Process Reengineering，簡稱 BPR）。由於企業不斷遭受外在環境因素衝擊，使得原本按部門功能區分組成之企業組織架構，工作分類與作業程序等已無法應付未來之挑戰，因此，有些人認為有必要拋開舊的組織架構、工作及管理方式與程序，重新設計一個能夠加快溝通速度與工作效率之程序，以提高企業競爭的能力。

換句話說，企業程序再造工程便是從基本上重新思考並劇烈地將企業程序重新設計與改造，以期成本、品質、服務與速度等企業重要績效衡量指標，能獲得重大的改善 (Hammer, 1990)。BPR 與 TQM 或自動化等企業革新方式不同。TQM 或自動化是漸進式改善企業之績效，而 BPR 則是劇烈地、完全的改變現行的企業程序來同時達到改善品質、成本、速度、服務、彈性等目標。另一方面，BPR 的特色是同時考量企業程序之技術面（包括使用之技術、標準、程序、系統與控制方式等）與社會面（包括員工授權、僱用、工作定義、管理架構與政策，以及員工之生涯路徑與獎工制度等）之重新設計，不似其他改善方法只著重於單一方面之改善。

BPR 之實施步驟主要可分為五個階段 (Klein, 1993)：

1. 準備 (Preparation) 階段

主要是瞭解需求為何，組織、訓練並激勵 BPR 小組人員，以及準備進行之計畫。

2. 確認 (Identification) 階段

確認並建立以顧客為導向之企業程序模式，確認會增加價值之活動項目，以及準備組織之程序圖。

3. 遠見 (Vision) 階段

確定需改變之處並發展能夠達到驚人績效改進之程序。

4. 技術 (Technical) 與社會 (Social) 之解決方法

主要確定新程序之技術與社會方面之規格，包括技術、標準和程序的需求，以及員工僱用、教育與訓練之需求等，並擬定執行計畫。

5. 轉換 (Transformation) 階段

實踐新的程序，評估並測試新程序之成效，及建立不斷修正與改進之機構。

雖然實行 BPR 可獲致之成效備受大部分人肯定，但是由於 BPR 之實行將導致企業內部之鉅變，因此極為可能遭受排拒而使得實行效果不彰。一般而言，導致成果不彰之原因主要是因為高階主管之執行熱忱不足，員工對 BPR 之內容與必要性瞭解不夠，還有便是員工害怕因而失去工作，以及既得利益者害怕因改革而失去其地位與權益。以上這些阻力，須透過事先詳盡的計畫與溝通協調來化解。此時，工業工程師不僅能於 BPR 實施步驟的每個階段中扮演主要的角色，更能善用其計畫與溝通協調之能力來使計畫能順利進行。

四、知識管理

知識管理 (Knowledge management) 是現代企業中非常熱門的話題，造成此一熱潮的原因有三：

1. 知識經濟的興起

所謂「知識經濟」是指透過知識來創造價值的經濟活動，而企業內的知識包含過去累積的經驗、專利、發明、資訊、know-how 等等，這些當前已成為企業最重要的資產。

2. 學習型組織的趨勢

企業組織發展的趨勢漸朝向建立學習型組織，也就是特別強調成員間知識的分享與學習，透過分享與學習的機制，可以幫助企業解決問題以及創造新的

知識。

3. 資訊科技的進步

當前在網路、資料庫等資訊科技的進步，促使知識能夠更快速、容易地被分享，而這也就促成知識管理之推動。

知識管理主要的工作包括蒐集和累積知識、轉移知識、並鼓勵分享知識的機制、及塑造互相學習的文化。由此可見，知識管理不光只是導入資訊科技而已，其最終之目標是要懂得應用所習得的知識來創造價值。企業的知識可能分散於內部各處，如何將這些知識整合起來便是企業推行知識管理時的首要工作。

工業工程師以往在企業中已經扮演建立各種作業標準程序的角色，而這些作業方法與程序則屬於所謂的顯性知識，亦即是可以被寫在書面上來傳遞給他人的知識。再者，工業工程師也扮演重要的溝通、協調角色，受過系統、整合的訓練，對於那些難以寫下來的隱性知識如個人的經驗、know-how、直覺、判斷、創意等之建立，相信將會有相當大的發揮空間。

 ## 16-3　環境保護的衝擊

環境保護是近幾年來世界各國最關切的問題，它不僅是熱門之政治議題，更是當前國際貿易的新規則，因為國際間越來越以貿易制裁為手段來達到環境保護的目的。目前已有數十個國際公約包含了這種貿易條約，較為人熟知的如保護瀕臨絕種野生動植物之華盛頓公約，及規範破壞臭氧層化學物質的生產，與消費之蒙特婁議定書等。這股環保浪潮正不斷地衝擊我國政府與企業界。

隨著國際間之環保壓力不斷地增加，政府各種環保管制規定也越來越嚴格，加上民眾環保意識的提升，使得民眾抗爭與消費者抵制之情形日趨嚴重，因此，企業在面臨這些壓力下的處境可說是越來越困難與艱辛。大部分企業在解決此一困境主要是採取花大筆金錢投資污染防治設備之治標方式，但這終究無法徹底解決問題。所以，未來之新趨勢則為從產品設計、生產技術，以及管理制度等三方面著手來改善，以將環保的壓力轉為企業之競爭力，甚至企業之新商機（蘇育琪，民 84）。

在產品設計改善方面，儘可能設計利用低污染、可回收之物料以及消耗能源低之「綠色產品」。例如採用紙張或鋁罐來包裝產品，以及將原有電腦主機板 5 伏特驅動電壓，改善至只需 3.3 伏特，以節省能源消耗。另外，利用「為分解而設計」(Design for Disassembly) 之新觀念來設計容易分解與回收之產品。生產技術方面，則採用新設備與製造程序，來減少原料之耗用，以及廢棄物的產生與回收再利用。例如，印刷廠可改變其手工排版方式，而以電腦排版取代，來節省原料之耗用。至於管理制度方面，則需建立環保制度、審查制度、獎勵制度並倡導員工環保的觀念，使其能接受並推動。

　　當今，品質與環保對企業而言是同等的重要。一個企業不僅要具有品質競爭力，仍須具有良好環保績效之綠色競爭力。特別是對於所訂定的 ISO 14000 環境作業標準而言，更規定企業從原料、製程、運輸、包裝至廢棄物處理，皆須符合環保的標準，如此顯示企業若不能符合環保的要求，勢必遭到淘汰。當然，環保對工業工程與管理而言，是一個嶄新之挑戰。

參考書目

1. Bedworth, D. D., Henderson, M. R., and Wolfe, P. M., *Computer-Integrated Design and Manufacturing*, New York: McGraw-Hill, 1991, p. 139.

2. Hammer, M., "Reengineering Work: Don't Automate, Obliterate," *Har-vard Business Review*, July/August 1990.

3. Klein, M. M., "IEs Fill Facilitator Role in Benchmaking Operations to Improve Performance," *Industrial Engineering*, September 1993, pp. 40-42.

4. 蘇育琪，〈綠色競爭力發動新工業革命〉，《天下雜誌》，民國 84 年 6 月 1 日，頁 155-166。

習　　題

1. 當前企業面臨之競爭壓力主要有那些？

2.電腦資訊系統之進步對未來管理者之幫助為何?

3.何謂同步工程?其功用為何?

4.何謂企業程序再造工程?其與 TQM 有何不同之處?

5.環境保護對企業之衝擊為何?

6.何謂知識管理?何謂顯性知識及隱性知識?

7.未來工業工程師所扮演的角色為何?

附表 A-1　計量值管制圖的係數

Observations in Sample, n	$\bar{X}$ Charts Factors for Control Limits			S Charts Factors for Central Line		S Charts Factors for Control Limits				R Charts Factors for Central Line			R Charts Factors for Control Limits			
	A	A_2	A_3	c_4	$1/c_4$	B_3	B_4	B_5	B_6	d_2	$1/d_2$	d_3	D_1	D_2	D_3	D_4
2	2.121	1.880	2.659	0.7979	1.2533	0	3.267	0	2.606	1.128	0.8865	0.853	0	3.686	0	3.267
3	1.732	1.023	1.954	0.8862	1.1284	0	2.568	0	2.276	1.693	0.5907	0.888	0	4.358	0	2.574
4	1.500	0.729	1.628	0.9213	1.0854	0	2.266	0	2.088	2.059	0.4857	0.880	0	4.698	0	2.282
5	1.342	0.577	1.427	0.9400	1.0638	0	2.089	0	1.964	2.326	0.4299	0.864	0	4.918	0	2.114
6	1.225	0.483	1.287	0.9515	1.0510	0.030	1.970	0.029	1.874	2.534	0.3946	0.848	0	5.078	0	2.004
7	1.134	0.419	1.182	0.9594	1.0423	0.118	1.882	0.113	1.806	2.704	0.3698	0.833	0.204	5.204	0.076	1.924
8	1.061	0.373	1.099	0.9650	1.0363	0.185	1.815	0.179	1.751	2.847	0.3512	0.820	0.388	5.306	0.136	1.864
9	1.000	0.337	1.032	0.9693	1.0317	0.239	1.761	0.232	1.707	2.970	0.3367	0.808	0.547	5.393	0.184	1.816
10	0.949	0.308	0.975	0.9727	1.0281	0.284	1.716	0.276	1.669	3.078	0.3249	0.797	0.687	5.469	0.223	1.777
11	0.905	0.285	0.927	0.9754	1.0252	0.321	1.679	0.313	1.637	3.173	0.3152	0.787	0.811	5.535	0.256	1.744
12	0.866	0.266	0.886	0.9776	1.0229	0.354	1.646	0.346	1.610	3.258	0.3069	0.778	0.922	5.594	0.283	1.717
13	0.832	0.249	0.850	0.9794	1.0210	0.382	1.618	0.374	1.585	3.336	0.2998	0.770	1.025	5.647	0.307	1.693
14	0.802	0.235	0.817	0.9810	1.0194	0.406	1.594	0.399	1.563	3.407	0.2935	0.763	1.118	5.696	0.328	1.672
15	0.775	0.223	0.789	0.9823	1.0180	0.428	1.572	0.421	1.544	3.472	0.2880	0.756	1.203	5.741	0.347	1.653
16	0.750	0.212	0.763	0.9835	1.0168	0.448	1.552	0.440	1.526	3.532	0.2831	0.750	1.282	5.782	0.363	1.637
17	0.728	0.203	0.739	0.9845	1.0157	0.466	1.534	0.458	1.511	3.588	0.2787	0.744	1.356	5.820	0.378	1.622
18	0.707	0.194	0.718	0.9854	1.0148	0.482	1.518	0.475	1.496	3.640	0.2747	0.739	1.424	5.856	0.391	1.608
19	0.688	0.187	0.698	0.9862	1.0140	0.497	1.503	0.490	1.483	3.689	0.2711	0.734	1.487	5.891	0.403	1.597
20	0.671	0.180	0.680	0.9869	1.0133	0.510	1.490	0.504	1.470	3.735	0.2677	0.729	1.549	5.921	0.415	1.585
21	0.655	0.173	0.663	0.9876	1.0126	0.523	1.477	0.516	1.459	3.778	0.2647	0.724	1.605	5.951	0.425	1.575
22	0.640	0.167	0.647	0.9882	1.0119	0.534	1.466	0.528	1.448	3.819	0.2618	0.720	1.659	5.979	0.434	1.566
23	0.626	0.162	0.633	0.9887	1.0114	0.545	1.455	0.539	1.438	3.858	0.2592	0.716	1.710	6.006	0.443	1.557
24	0.612	0.157	0.619	0.9892	1.0109	0.555	1.445	0.549	1.429	3.895	0.2567	0.712	1.759	6.031	0.451	1.548
25	0.600	0.153	0.606	0.9896	1.0105	0.565	1.435	0.559	1.420	3.931	0.2544	0.708	1.806	6.056	0.459	1.541

附表 A-2　布瓦松分佈的累積機率

					$\lambda = Mean$						
X	.01	.05	.1	.2	.3	.4	.5	.6	.7	.8	.9
0	.990	.951	.905	.819	.741	.670	.607	.549	.497	.449	.407
1	1.000	.999	.995	.982	.963	.938	.910	.878	.844	.809	.772
2		1.000	1.000	.999	.996	.992	.986	.977	.966	.953	.937
3									.994	.991	.987
4				1.000	1.000	.999	.998	.997	.999	.999	.998
5								1.000	1.000	1.000	1.000

X	1.0	1.1	1.2	1.3	1.4	1.5	1.6	1.7	1.8	1.9	2.0
0	.368	.333	.301	.273	.247	.223	.202	.183	.165	.150	.135
1	.736	.699	.663	.627	.592	.558	.525	.493	.463	.434	.406
2	.920	.900	.879	.857	.833	.809	.783	.757	.731	.704	.677
3	.981	.974	.966	.957	.946	.934	.921	.907	.891	.875	.857
4	.996	.995	.992	.989	.986	.981	.976	.970	.964	.956	.947
5	.999	.999	.998	.998	.997	.996	.994	.992	.990	.987	.983
6	1.000	1.000	1.000	1.000	.999	.999	.999	.998	.997	.997	.995
7					1.000	1.000	1.000	1.000	.999	.999	.999
8									1.000	1.000	1.000

X	2.2	2.4	2.6	2.8	3.0	3.5	4.0	4.5	5.0	5.5	6.0
0	.111	.091	.074	.061	.050	.030	.018	.011	.007	.004	.002
1	.355	.308	.267	.231	.199	.136	.092	.061	.040	.027	.017
2	.623	.570	.518	.469	.423	.321	.238	.174	.125	.088	.062
3	.819	.779	.736	.692	.647	.537	.433	.342	.265	.202	.151
4	.928	.904	.877	.848	.815	.725	.629	.532	.440	.358	.285
5	.975	.964	.951	.935	.916	.858	.785	.703	.616	.529	.446
6	.993	.988	.983	.976	.966	.935	.889	.831	.762	.686	.606
7	.998	.997	.995	.992	.988	.973	.949	.913	.867	.809	.744
8	1.000	.999	.999	.998	.996	.990	.979	.960	.932	.894	.847
9		1.000	1.000	.999	.999	.997	.992	.983	.968	.946	.916
10				1.000	1.000	.999	.997	.993	.986	.975	.957
11						1.000	.999	.998	.995	.989	.980
12							1.000	.999	.998	.996	.991
13								1.000	.999	.998	.996
14									1.000	.999	.999
15										1.000	.999
16											1.000

附表 A-2 （續）

X	6.5	7.0	7.5	8.0	9.0	10.0	12.0	14.0	16.0	18.0	20.0
					$\lambda = Mean$						
0	.002	.001	.001								
1	.011	.007	.005	.003	.001						
2	.043	.030	.020	.014	.006	.003	.001				
3	.112	.082	.059	.042	.021	.010	.002				
4	.224	.173	.132	.100	.055	.029	.008	.002			
5	.369	.301	.241	.191	.116	.067	.020	.006	.001		
6	.527	.450	.378	.313	.207	.130	.046	.014	.004	.001	
7	.673	.599	.525	.453	.324	.220	.090	.032	.010	.003	.001
8	.792	.729	.662	.593	.456	.333	.155	.062	.022	.007	.002
9	.877	.830	.776	.717	.587	.458	.242	.109	.043	.015	.005
10	.933	.901	.862	.816	.706	.583	.347	.176	.077	.030	.011
11	.966	.947	.921	.888	.803	.697	.462	.260	.127	.055	.021
12	.984	.973	.957	.936	.876	.792	.576	.358	.193	.092	.039
13	.993	.987	.978	.966	.926	.864	.682	.464	.275	.143	.066
14	.997	.994	.990	.983	.959	.917	.772	.570	.368	.208	.105
15	.999	.998	.995	.992	.978	.951	.844	.669	.467	.287	.157
16	1.000	.999	.998	.996	.989	.973	.899	.756	.566	.375	.221
17		1.000	.999	.998	.995	.986	.937	.827	.659	.469	.297
18			1.000	.999	.998	.993	.963	.883	.742	.562	.381
19				1.000	.999	.997	.979	.923	.812	.651	.470
20					1.000	.998	.988	.952	.868	.731	.559
21						.999	.994	.971	.911	.799	.644
22						1.000	.997	.983	.942	.855	.721
23							.999	.991	.963	.899	.787
24							.999	.995	.978	.932	.843
25							1.000	.997	.987	.955	.888
26								.999	.993	.972	.922
27								.999	.996	.983	.948
28								1.000	.998	.990	.966
29									.999	.994	.978
30									.999	.997	.987
31									1.000	.998	.992
32										.999	.995
33										1.000	.997
34											.999
35											.999
36											1.000

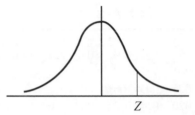

附表 A-3　標準常態分佈 $N(0, 1)$ 的累積機率

Z	.00	.01	.02	.03	.04	.05	.06	.07	.08	.09
−3.40	.0003	.0003	.0003	.0003	.0003	.0003	.0003	.0003	.0003	.0002
−3.30	.0005	.0005	.0005	.0004	.0004	.0004	.0004	.0004	.0004	.0003
−3.20	.0007	.0007	.0006	.0006	.0006	.0006	.0006	.0005	.0005	.0005
−3.10	.0010	.0009	.0009	.0009	.0008	.0008	.0008	.0008	.0007	.0007
−3.00	.0013	.0013	.0013	.0012	.0012	.0011	.0011	.0011	.0010	.0010
−2.90	.0019	.0018	.0018	.0017	.0016	.0016	.0015	.0015	.0014	.0014
−2.80	.0026	.0025	.0024	.0023	.0023	.0022	.0021	.0021	.0020	.0019
−2.70	.0035	.0034	.0033	.0032	.0031	.0030	.0029	.0028	.0027	.0026
−2.60	.0047	.0045	.0044	.0043	.0041	.0040	.0039	.0038	.0037	.0036
−2.50	.0062	.0060	.0059	.0057	.0055	.0054	.0052	.0051	.0049	.0048
−2.40	.0082	.0080	.0078	.0075	.0073	.0071	.0069	.0068	.0066	.0064
−2.30	.0107	.0104	.0102	.0099	.0096	.0094	.0091	.0089	.0087	.0084
−2.20	.0139	.0136	.0132	.0129	.0125	.0122	.0119	.0116	.0113	.0110
−2.10	.0179	.0174	.0170	.0166	.0162	.0158	.0154	.0150	.0146	.0143
−2.00	.0228	.0222	.0217	.0212	.0207	.0202	.0197	.0192	.0188	.0183
−1.90	.0287	.0281	.0274	.0268	.0262	.0256	.0250	.0244	.0239	.0233
−1.80	.0359	.0351	.0344	.0336	.0329	.0322	.0314	.0307	.0301	.0294
−1.70	.0446	.0436	.0427	.0418	.0409	.0401	.0392	.0384	.0375	.0367
−1.60	.0548	.0537	.0526	.0516	.0505	.0495	.0485	.0475	.0465	.0455
−1.50	.0668	.0655	.0643	.0630	.0618	.0606	.0594	.0582	.0571	.0559
−1.40	.0808	.0793	.0778	.0764	.0749	.0735	.0721	.0708	.0694	.0681
−1.30	.0968	.0951	.0934	.0918	.0901	.0885	.0869	.0853	.0838	.0823
−1.20	.1151	.1131	.1112	.1093	.1075	.1056	.1038	.1020	.1003	.0985
−1.10	.1357	.1335	.1314	.1292	.1271	.1251	.1230	.1210	.1190	.1170
−1.00	.1587	.1562	.1539	.1515	.1492	.1469	.1446	.1423	.1401	.1379
−.90	.1841	.1814	.1788	.1762	.1736	.1711	.1685	.1660	.1635	.1611
−.80	.2119	.2090	.2061	.2033	.2005	.1977	.1949	.1922	.1894	.1867
−.70	.2420	.2389	.2358	.2327	.2296	.2266	.2236	.2206	.2177	.2148
−.60	.2743	.2709	.2676	.2643	.2611	.2578	.2546	.2514	.2483	.2451
−.50	.3085	.3050	.3015	.2981	.2946	.2912	.2877	.2843	.2810	.2776
−.40	.3446	.3409	.3372	.3336	.3300	.3264	.3228	.3192	.3156	.3121
−.30	.3821	.3783	.3745	.3707	.3669	.3632	.3594	.3557	.3520	.3483
−.20	.4207	.4168	.4129	.4090	.4052	.4013	.3974	.3936	.3897	.3859
−.10	.4602	.4562	.4522	.4483	.4443	.4404	.4364	.4325	.4286	.4247
−.00	.5000	.4960	.4920	.4880	.4840	.4801	.4761	.4721	.4681	.4641

附表 A-3　　（續）

Z	.00	.01	.02	.03	.04	.05	.06	.07	.08	.09
.00	.5000	.5040	.5080	.5120	.5160	.5199	.5239	.5279	.5319	.5359
.10	.5398	.5438	.5478	.5517	.5557	.5596	.5636	.5675	.5714	.5753
.20	.5793	.5832	.5871	.5910	.5948	.5987	.6026	.6046	.6103	.6141
.30	.6179	.6217	.6255	.6293	.6331	.6368	.6406	.6443	.6480	.6517
.40	.6554	.6591	.6628	.6664	.6700	.6736	.6772	.6808	.6844	.6879
.50	.6915	.6950	.6985	.7019	.7054	.7088	.7123	.7157	.7190	.7224
.60	.7257	.7291	.7324	.7357	.7389	.7422	.7454	.7486	.7517	.7549
.70	.7580	.7611	.7642	.7673	.7704	.7734	.7764	.7794	.7823	.7852
.80	.7881	.7910	.7939	.7967	.7995	.8023	.8051	.8078	.8106	.8133
.90	.8159	.8186	.8212	.8238	.8264	.8289	.8315	.8340	.8365	.8389
1.00	.8413	.8438	.8461	.8485	.8508	.8531	.8554	.8577	.8599	.8621
1.10	.8643	.8665	.8686	.8708	.8729	.8749	.8770	.8790	.8810	.8830
1.20	.8849	.8869	.8888	.8907	.8925	.8944	.8962	.8980	.8997	.9015
1.30	.9032	.9049	.9066	.9082	.9099	.9115	.9131	.9147	.9162	.9177
1.40	.9192	.9207	.9222	.9236	.9251	.9265	.9279	.9292	.9306	.9319
1.50	.9332	.9345	.9357	.9370	.9382	.9394	.9406	.9418	.9429	.9441
1.60	.9452	.9463	.9474	.9484	.9495	.9505	.9515	.9525	.9535	.9545
1.70	.9554	.9564	.9573	.9582	.9591	.9599	.9608	.9616	.9625	.9633
1.80	.9641	.9649	.9656	.9664	.9671	.9678	.9686	.9693	.9699	.9706
1.90	.9713	.9719	.9726	.9732	.9738	.9744	.9750	.9756	.9761	.9767
2.00	.9772	.9778	.9783	.9788	.9793	.9798	.9803	.9808	.9812	.9817
2.10	.9821	.9826	.9830	.9834	.9838	.9842	.9846	.9850	.9854	.9857
2.20	.9861	.9864	.9868	.9871	.9875	.9878	.9881	.9884	.9887	.9890
2.30	.9893	.9896	.9898	.9901	.9904	.9906	.9909	.9911	.9913	.9916
2.40	.9918	.9920	.9922	.9925	.9927	.9929	.9931	.9932	.9934	.9936
2.50	.9938	.9940	.9941	.9943	.9945	.9946	.9948	.9949	.9951	.9952
2.60	.9953	.9955	.9956	.9957	.9959	.9960	.9961	.9962	.9963	.9964
2.70	.9965	.9966	.9967	.9968	.9969	.9970	.9971	.9972	.9973	.9974
2.80	.9974	.9975	.9976	.9977	.9977	.9978	.9979	.9979	.9980	.9981
2.90	.9981	.9982	.9982	.9983	.9984	.9984	.9985	.9985	.9986	.9986
3.00	.9987	.9987	.9987	.9988	.9988	.9989	.9989	.9989	.9990	.9990
3.10	.9990	.9991	.9991	.9991	.9992	.9992	.9992	.9992	.9993	.9993
3.20	.9993	.9993	.9994	.9994	.9994	.9994	.9994	.9995	.9995	.9995
3.30	.9995	.9995	.9995	.9996	.9996	.9996	.9996	.9996	.9996	.9997

附表 A–4　樣本代字 ANSI/ASQC Z1.4–1981

群體的大小	特別檢驗水準				普通檢驗水準		
	S–1	S–2	S–3	S–4	I	II	III
2～8	A	A	A	A	A	A	B
9～15	A	A	A	A	A	B	C
16～25	A	A	B	B	B	C	D
26～50	A	B	B	C	C	D	E
51～90	B	B	C	C	C	E	F
91～150	B	B	C	D	D	F	G
151～280	B	C	D	E	E	G	H
281～500	B	C	D	E	F	H	J
501～1200	C	C	E	F	G	J	K
1201～3200	C	D	E	G	H	K	L
3201～10000	C	D	F	G	J	L	M
10001～35000	C	D	F	H	K	M	N
35001～150000	D	E	G	J	L	N	P
150001～500000	D	E	G	J	M	P	Q
500001 以上	D	E	H	K	N	Q	R

附表 A−5 單次正常檢驗抽樣計畫表

Acceptable Quality Levels (Normal Inspection)

Sample Size Code Letter	Sample Size	0.010	0.015	0.025	0.040	0.065	0.10	0.15	0.25	0.40	0.65	1.0	1.5	2.5	4.0	6.5	10	15	25	40	65	100	150	250	400	650	1000
		Ac Re	Ac Re	Ac Re	Ac Re	Ac Re	Ac Re	Ac Re	Ac Re	Ac Re	Ac Re	Ac Re	Ac Re	Ac Re	Ac Re	Ac Re	Ac Re	Ac Re	Ac Re	Ac Re	Ac Re	Ac Re	Ac Re	Ac Re	Ac Re	Ac Re	Ac Re
A	2	↓	↓	↓	↓	↓	↓	↓	↓	↓	↓	↓	↓	↓	↓	↓	↓	0 1	1 2	2 3	3 4	5 6	7 8	10 11	14 15	21 22	30 31
B	3	↓	↓	↓	↓	↓	↓	↓	↓	↓	↓	↓	↓	↓	↓	↓	0 1	1 2	2 3	3 4	5 6	7 8	10 11	14 15	21 22	30 31	44 45
C	5	↓	↓	↓	↓	↓	↓	↓	↓	↓	↓	↓	↓	↓	↓	0 1	1 2	2 3	3 4	5 6	7 8	10 11	14 15	21 22	30 31	44 45	↑
D	8	↓	↓	↓	↓	↓	↓	↓	↓	↓	↓	↓	↓	↓	0 1	1 2	2 3	3 4	5 6	7 8	10 11	14 15	21 22	30 31	44 45	↑	↑
E	13	↓	↓	↓	↓	↓	↓	↓	↓	↓	↓	↓	↓	0 1	1 2	2 3	3 4	5 6	7 8	10 11	14 15	21 22	30 31	44 45	↑	↑	↑
F	20	↓	↓	↓	↓	↓	↓	↓	↓	↓	↓	↓	0 1	1 2	2 3	3 4	5 6	7 8	10 11	14 15	21 22	30 31	44 45	↑	↑	↑	↑
G	32	↓	↓	↓	↓	↓	↓	↓	↓	↓	↓	0 1	1 2	2 3	3 4	5 6	7 8	10 11	14 15	21 22	30 31	44 45	↑	↑	↑	↑	↑
H	50	↓	↓	↓	↓	↓	↓	↓	↓	↓	0 1	1 2	2 3	3 4	5 6	7 8	10 11	14 15	21 22	30 31	44 45	↑	↑	↑	↑	↑	↑
J	80	↓	↓	↓	↓	↓	↓	↓	↓	0 1	1 2	2 3	3 4	5 6	7 8	10 11	14 15	21 22	30 31	44 45	↑	↑	↑	↑	↑	↑	↑
K	125	↓	↓	↓	↓	↓	↓	↓	0 1	1 2	2 3	3 4	5 6	7 8	10 11	14 15	21 22	30 31	44 45	↑	↑	↑	↑	↑	↑	↑	↑
L	200	↓	↓	↓	↓	↓	↓	0 1	1 2	2 3	3 4	5 6	7 8	10 11	14 15	21 22	30 31	44 45	↑	↑	↑	↑	↑	↑	↑	↑	↑
M	315	↓	↓	↓	↓	↓	0 1	1 2	2 3	3 4	5 6	7 8	10 11	14 15	21 22	30 31	44 45	↑	↑	↑	↑	↑	↑	↑	↑	↑	↑
N	500	↓	↓	↓	↓	0 1	1 2	2 3	3 4	5 6	7 8	10 11	14 15	21 22	30 31	44 45	↑	↑	↑	↑	↑	↑	↑	↑	↑	↑	↑
P	800	↓	↓	↓	0 1	1 2	2 3	3 4	5 6	7 8	10 11	14 15	21 22	30 31	44 45	↑	↑	↑	↑	↑	↑	↑	↑	↑	↑	↑	↑
Q	1250	↓	↓	0 1	1 2	2 3	3 4	5 6	7 8	10 11	14 15	21 22	30 31	44 45	↑	↑	↑	↑	↑	↑	↑	↑	↑	↑	↑	↑	↑
R	2000	↓	0 1	1 2	2 3	3 4	5 6	7 8	10 11	14 15	21 22	30 31	44 45	↑	↑	↑	↑	↑	↑	↑	↑	↑	↑	↑	↑	↑	↑

↑↓：使用箭頭所指的抽樣計畫。若 $n \geq N$，則採用全數檢驗。
Ac：允收數。
Re：拒收數。

附表 A-6　單次嚴格檢驗抽樣計畫表

Acceptable Quality Levels (Tightened Inspection)

各格內數值為 Ac Re（Ac：允收數，Re：拒收數）。

Sample Size Code Letter	Sample Size	0.010	0.015	0.025	0.040	0.065	0.10	0.15	0.25	0.40	0.65	1.0	1.5	2.5	4.0	6.5	10	15	25	40	65	100	150	250	400	650	1000
A	2	↓	↓	↓	↓	↓	↓	↓	↓	↓	↓	↓	↓	↓	↓	↓	↓	↓	0 1	1 2	2 3	3 4	5 6	8 9	12 13	18 19	27 28
B	3	↓	↓	↓	↓	↓	↓	↓	↓	↓	↓	↓	↓	↓	↓	↓	↓	0 1	1 2	2 3	3 4	5 6	8 9	12 13	18 19	27 28	41 42
C	5	↓	↓	↓	↓	↓	↓	↓	↓	↓	↓	↓	↓	↓	↓	0 1	1 2	2 3	3 4	5 6	8 9	12 13	18 19	27 28	41 42	↑	↑
D	8	↓	↓	↓	↓	↓	↓	↓	↓	↓	↓	↓	↓	↓	0 1	1 2	2 3	3 4	5 6	8 9	12 13	18 19	27 28	41 42	↑	↑	↑
E	13	↓	↓	↓	↓	↓	↓	↓	↓	↓	↓	↓	↓	0 1	1 2	2 3	3 4	5 6	8 9	12 13	18 19	27 28	41 42	↑	↑	↑	↑
F	20	↓	↓	↓	↓	↓	↓	↓	↓	↓	↓	↓	0 1	1 2	2 3	3 4	5 6	8 9	12 13	18 19	27 28	41 42	↑	↑	↑	↑	↑
G	32	↓	↓	↓	↓	↓	↓	↓	↓	↓	↓	0 1	1 2	2 3	3 4	5 6	8 9	12 13	18 19	27 28	41 42	↑	↑	↑	↑	↑	↑
H	50	↓	↓	↓	↓	↓	↓	↓	↓	↓	0 1	1 2	2 3	3 4	5 6	8 9	12 13	18 19	27 28	41 42	↑	↑	↑	↑	↑	↑	↑
J	80	↓	↓	↓	↓	↓	↓	↓	↓	0 1	1 2	2 3	3 4	5 6	8 9	12 13	18 19	27 28	41 42	↑	↑	↑	↑	↑	↑	↑	↑
K	125	↓	↓	↓	↓	↓	↓	↓	0 1	1 2	2 3	3 4	5 6	8 9	12 13	18 19	27 28	41 42	↑	↑	↑	↑	↑	↑	↑	↑	↑
L	200	↓	↓	↓	↓	↓	↓	0 1	1 2	2 3	3 4	5 6	8 9	12 13	18 19	27 28	41 42	↑	↑	↑	↑	↑	↑	↑	↑	↑	↑
M	315	↓	↓	↓	↓	↓	0 1	1 2	2 3	3 4	5 6	8 9	12 13	18 19	27 28	41 42	↑	↑	↑	↑	↑	↑	↑	↑	↑	↑	↑
N	500	↓	↓	↓	↓	0 1	1 2	2 3	3 4	5 6	8 9	12 13	18 19	27 28	41 42	↑	↑	↑	↑	↑	↑	↑	↑	↑	↑	↑	↑
P	800	↓	↓	↓	0 1	1 2	2 3	3 4	5 6	8 9	12 13	18 19	27 28	41 42	↑	↑	↑	↑	↑	↑	↑	↑	↑	↑	↑	↑	↑
Q	1250	↓	↓	0 1	1 2	2 3	3 4	5 6	8 9	12 13	18 19	27 28	41 42	↑	↑	↑	↑	↑	↑	↑	↑	↑	↑	↑	↑	↑	↑
R	2000	↓	0 1	1 2	2 3	3 4	5 6	8 9	12 13	18 19	27 28	41 42	↑	↑	↑	↑	↑	↑	↑	↑	↑	↑	↑	↑	↑	↑	↑
S	3150	0 1	1 2	2 3	3 4	5 6	8 9	12 13	18 19	27 28	41 42	↑	↑	↑	↑	↑	↑	↑	↑	↑	↑	↑	↑	↑	↑	↑	↑

↑↓：使用箭頭所指的抽樣計畫。若 $n \geq N$，則採用全數檢驗。
Ac：允收數。
Re：拒收數。

附表 A-7　單次減量檢驗抽樣計畫表

Acceptable Quality Levels (Reduced Inspection)+

各儲存格數值為 Ac Re（Ac：允收數，Re：拒收數）

Sample Size Code Letter	Sample Size	0.010	0.015	0.025	0.040	0.065	0.10	0.15	0.25	0.40	0.65	1.0	1.5	2.5	4.0	6.5	10	15	25	40	65	100	150	250	400	650	1000
A	2	↓	↓	↓	↓	↓	↓	↓	↓	↓	↓	↓	↓	↓	↓	↓	↓	0 1	1 2	2 3	3 4	5 6	7 8	10 11	14 15	21 22	30 31
B	2	↓	↓	↓	↓	↓	↓	↓	↓	↓	↓	↓	↓	↓	↓	↓	0 1	0 2	1 3	2 4	3 5	5 6	7 8	10 11	14 15	21 22	30 31
C	2	↓	↓	↓	↓	↓	↓	↓	↓	↓	↓	↓	↓	↓	↓	0 1	0 2	1 3	1 4	2 5	3 6	5 8	7 10	10 13	14 17	21 24	↑
D	3	↓	↓	↓	↓	↓	↓	↓	↓	↓	↓	↓	↓	↓	0 1	0 2	1 3	1 4	2 5	3 6	5 8	7 10	10 13	14 17	21 24	↑	↑
E	5	↓	↓	↓	↓	↓	↓	↓	↓	↓	↓	↓	↓	0 1	0 2	1 3	1 4	2 5	3 6	5 8	7 10	10 13	14 17	21 24	↑	↑	↑
F	8	↓	↓	↓	↓	↓	↓	↓	↓	↓	↓	↓	0 1	0 2	1 3	1 4	2 5	3 6	5 8	7 10	10 13	14 17	21 24	↑	↑	↑	↑
G	13	↓	↓	↓	↓	↓	↓	↓	↓	↓	↓	0 1	0 2	1 3	1 4	2 5	3 6	5 8	7 10	10 13	14 17	21 24	↑	↑	↑	↑	↑
H	20	↓	↓	↓	↓	↓	↓	↓	↓	↓	0 1	0 2	1 3	1 4	2 5	3 6	5 8	7 10	10 13	14 17	21 24	↑	↑	↑	↑	↑	↑
J	32	↓	↓	↓	↓	↓	↓	↓	↓	0 1	0 2	1 3	1 4	2 5	3 6	5 8	7 10	10 13	14 17	21 24	↑	↑	↑	↑	↑	↑	↑
K	50	↓	↓	↓	↓	↓	↓	↓	0 1	0 2	1 3	1 4	2 5	3 6	5 8	7 10	10 13	14 17	21 24	↑	↑	↑	↑	↑	↑	↑	↑
L	80	↓	↓	↓	↓	↓	↓	0 1	0 2	1 3	1 4	2 5	3 6	5 8	7 10	10 13	14 17	21 24	↑	↑	↑	↑	↑	↑	↑	↑	↑
M	125	↓	↓	↓	↓	↓	0 1	0 2	1 3	1 4	2 5	3 6	5 8	7 10	10 13	14 17	21 24	↑	↑	↑	↑	↑	↑	↑	↑	↑	↑
N	200	↓	↓	↓	↓	0 1	0 2	1 3	1 4	2 5	3 6	5 8	7 10	10 13	14 17	21 24	↑	↑	↑	↑	↑	↑	↑	↑	↑	↑	↑
P	315	↓	↓	↓	0 1	0 2	1 3	1 4	2 5	3 6	5 8	7 10	10 13	14 17	21 24	↑	↑	↑	↑	↑	↑	↑	↑	↑	↑	↑	↑
Q	500	↓	↓	0 1	0 2	1 3	1 4	2 5	3 6	5 8	7 10	10 13	14 17	21 24	↑	↑	↑	↑	↑	↑	↑	↑	↑	↑	↑	↑	↑
R	800	↓	0 1	0 2	1 3	1 4	2 5	3 6	5 8	7 10	10 13	14 17	21 24	↑	↑	↑	↑	↑	↑	↑	↑	↑	↑	↑	↑	↑	↑

↑：使用箭頭所指的抽樣計畫。若 $n \geq N$，則採用全數檢驗。
Ac：允收數。
Re：拒收數。

附表 A-8　雙次正常檢驗抽樣計畫表

Acceptable Quality Levels (Normal Inspection)

Sample Size Code Letter	Sample	Sample Size	Cumulative Sample Size	0.010		0.015		0.025		0.040		0.065		0.10		0.15		0.25		0.40		0.65		1.0		1.5		2.5		4.0		6.5		10		15		25		40		65		100		150		250		400		650		1000	
				Ac	Re	Ac	Re	Ac	Re	Ac	Re	Ac	Re	Ac	Re	Ac	Re	Ac	Re	Ac	Re	Ac	Re	Ac	Re	Ac	Re	Ac	Re	Ac	Re	Ac	Re	Ac	Re	Ac	Re	Ac	Re	Ac	Re	Ac	Re	Ac	Re	Ac	Re	Ac	Re	Ac	Re
A																																																						
B	First	2	2	↓		↓		↓		↓		↓		↓		↓		↓		↓		↓		↓		↓		↓		↓		↓		*		0	2	0	3	1	4	2	5	3	7	5	9	7	11	11	16	17	22	25	31
	Second	2	4																																1	2	3	4	4	5	6	7	8	9	12	13	18	19	26	27	37	38	56	57
C	First	3	3	↓		↓		↓		↓		↓		↓		↓		↓		↓		↓		↓		↓		↓		↓		*		0	2	0	3	1	4	2	5	3	7	5	9	7	11	11	16	17	22	25	31	↑	
	Second	3	6																														1	2	3	4	4	5	6	7	8	9	12	13	18	19	26	27	37	38	56	57		
D	First	5	5	↓		↓		↓		↓		↓		↓		↓		↓		↓		↓		↓		↓		↓		*		0	2	0	3	1	4	2	5	3	7	5	9	7	11	11	16	17	22	25	31	↑		↑	
	Second	5	10																												1	2	3	4	4	5	6	7	8	9	12	13	18	19	26	27	37	38	56	57				
E	First	8	8	↓		↓		↓		↓		↓		↓		↓		↓		↓		↓		↓		↓		*		0	2	0	3	1	4	2	5	3	7	5	9	7	11	11	16	17	22	25	31	↑		↑		↑	
	Second	8	16																										1	2	3	4	4	5	6	7	8	9	12	13	18	19	26	27	37	38	56	57						
F	First	13	13	↓		↓		↓		↓		↓		↓		↓		↓		↓		↓		↓		*		0	2	0	3	1	4	2	5	3	7	5	9	7	11	11	16	17	22	25	31	↑		↑		↑		↑	
	Second	13	26																								1	2	3	4	4	5	6	7	8	9	12	13	18	19	26	27	37	38	56	57								
G	First	20	20	↓		↓		↓		↓		↓		↓		↓		↓		↓		↓		*		0	2	0	3	1	4	2	5	3	7	5	9	7	11	11	16	17	22	25	31	↑		↑		↑		↑		↑	
	Second	20	40																							1	2	3	4	4	5	6	7	8	9	12	13	18	19	26	27	37	38	56	57										
H	First	32	32	↓		↓		↓		↓		↓		↓		↓		↓		↓		*		0	2	0	3	1	4	2	5	3	7	5	9	7	11	11	16	17	22	25	31	↑		↑		↑		↑		↑		↑	
	Second	32	64																					1	2	3	4	4	5	6	7	8	9	12	13	18	19	26	27	37	38	56	57												
J	First	50	50	↓		↓		↓		↓		↓		↓		↓		↓		*		0	2	0	3	1	4	2	5	3	7	5	9	7	11	11	16	17	22	25	31	↑		↑		↑		↑		↑		↑		↑	
	Second	50	100																			1	2	3	4	4	5	6	7	8	9	12	13	18	19	26	27	37	38	56	57														
K	First	80	80	↓		↓		↓		↓		↓		↓		↓		*		0	2	0	3	1	4	2	5	3	7	5	9	7	11	11	16	17	22	25	31	↑		↑		↑		↑		↑		↑		↑		↑	
	Second	80	160																	1	2	3	4	4	5	6	7	8	9	12	13	18	19	26	27	37	38	56	57																
L	First	125	125	↓		↓		↓		↓		↓		↓		*		0	2	0	3	1	4	2	5	3	7	5	9	7	11	11	16	17	22	25	31	↑		↑		↑		↑		↑		↑		↑		↑		↑	
	Second	125	250															1	2	3	4	4	5	6	7	8	9	12	13	18	19	26	27	37	38	56	57																		
M	First	200	200	↓		↓		↓		↓		↓		*		0	2	0	3	1	4	2	5	3	7	5	9	7	11	11	16	17	22	25	31	↑		↑		↑		↑		↑		↑		↑		↑		↑		↑	
	Second	200	400													1	2	3	4	4	5	6	7	8	9	12	13	18	19	26	27	37	38	56	57																				
N	First	315	315	↓		↓		↓		↓		*		0	2	0	3	1	4	2	5	3	7	5	9	7	11	11	16	17	22	25	31	↑		↑		↑		↑		↑		↑		↑		↑		↑		↑		↑	
	Second	315	630											1	2	3	4	4	5	6	7	8	9	12	13	18	19	26	27	37	38	56	57																						
P	First	500	500	↓		↓		↓		*		0	2	0	3	1	4	2	5	3	7	5	9	7	11	11	16	17	22	25	31	↑		↑		↑		↑		↑		↑		↑		↑		↑		↑		↑		↑	
	Second	500	1000									1	2	3	4	4	5	6	7	8	9	12	13	18	19	26	27	37	38	56	57																								
Q	First	800	800	↓		↓		*		0	2	0	3	1	4	2	5	3	7	5	9	7	11	11	16	17	22	25	31	↑		↑		↑		↑		↑		↑		↑		↑		↑		↑		↑		↑		↑	
	Second	800	1600							1	2	3	4	4	5	6	7	8	9	12	13	18	19	26	27	37	38	56	57																										
R	First	1250	1250	↓		*		0	2	0	3	1	4	2	5	3	7	5	9	7	11	11	16	17	22	25	31	↑		↑		↑		↑		↑		↑		↑		↑		↑		↑		↑		↑		↑		↑	
	Second	1250	2500					1	2	3	4	4	5	6	7	8	9	12	13	18	19	26	27	37	38	56	57																												

↑↓：使用箭頭所指的抽樣計畫。若 $n \ge N$，則採用全數檢驗。

Ac：允收數。

Re：拒收數。

*：使用相當的單次抽樣計畫，或其下的雙次抽樣計畫。

附表 A-9　雙次嚴格檢驗抽樣計畫表

Acceptable Quality Levels (Tightened Inspection)

各 AQL 欄中每格數值依序為 **Ac Re**（允收數／拒收數）；每一樣本代字分 First（第一次）與 Second（累積第二次）兩列。

Sample Size Code Letter	Sample	Sample Size	Cumulative Sample Size	0.010	0.015	0.025	0.040	0.065	0.10	0.15	0.25	0.40	0.65	1.0	1.5	2.5	4.0	6.5	10	15	25	40	65	100	150	250	400	650	1000
A				↓	↓	↓	↓	↓	↓	↓	↓	↓	↓	↓	↓	↓	↓	↓	↓	↓	*	*	*	*	*	*	*	*	*
B	First	2	2	↓	↓	↓	↓	↓	↓	↓	↓	↓	↓	↓	↓	↓	↓	↓	↓	*	0 2	0 3	1 4	2 5	3 7	6 10	9 14	15 20	23 29
B	Second	2	4																		1 2	3 4	4 5	6 7	11 12	15 16	23 24	34 35	52 53
C	First	3	3	↓	↓	↓	↓	↓	↓	↓	↓	↓	↓	↓	↓	↓	↓	↓	*	0 2	0 3	1 4	2 5	3 7	6 10	9 14	15 20	23 29	↑
C	Second	3	6																	1 2	3 4	4 5	6 7	11 12	15 16	23 24	34 35	52 53	
D	First	5	5	↓	↓	↓	↓	↓	↓	↓	↓	↓	↓	↓	↓	↓	↓	*	0 2	0 3	1 4	2 5	3 7	6 10	9 14	15 20	23 29	↑	↑
D	Second	5	10																1 2	3 4	4 5	6 7	11 12	15 16	23 24	34 35	52 53		
E	First	8	8	↓	↓	↓	↓	↓	↓	↓	↓	↓	↓	↓	↓	↓	*	0 2	0 3	1 4	2 5	3 7	6 10	9 14	15 20	23 29	↑	↑	↑
E	Second	8	16															1 2	3 4	4 5	6 7	11 12	15 16	23 24	34 35	52 53			
F	First	13	13	↓	↓	↓	↓	↓	↓	↓	↓	↓	↓	↓	↓	*	0 2	0 3	1 4	2 5	3 7	6 10	9 14	15 20	23 29	↑	↑	↑	↑
F	Second	13	26														1 2	3 4	4 5	6 7	11 12	15 16	23 24	34 35	52 53				
G	First	20	20	↓	↓	↓	↓	↓	↓	↓	↓	↓	↓	↓	*	0 2	0 3	1 4	2 5	3 7	6 10	9 14	15 20	23 29	↑	↑	↑	↑	↑
G	Second	20	40													1 2	3 4	4 5	6 7	11 12	15 16	23 24	34 35	52 53					
H	First	32	32	↓	↓	↓	↓	↓	↓	↓	↓	↓	↓	*	0 2	0 3	1 4	2 5	3 7	6 10	9 14	15 20	23 29	↑	↑	↑	↑	↑	↑
H	Second	32	64												1 2	3 4	4 5	6 7	11 12	15 16	23 24	34 35	52 53						
J	First	50	50	↓	↓	↓	↓	↓	↓	↓	↓	↓	*	0 2	0 3	1 4	2 5	3 7	6 10	9 14	15 20	23 29	↑	↑	↑	↑	↑	↑	↑
J	Second	50	100											1 2	3 4	4 5	6 7	11 12	15 16	23 24	34 35	52 53							
K	First	80	80	↓	↓	↓	↓	↓	↓	↓	↓	*	0 2	0 3	1 4	2 5	3 7	6 10	9 14	15 20	23 29	↑	↑	↑	↑	↑	↑	↑	↑
K	Second	80	160										1 2	3 4	4 5	6 7	11 12	15 16	23 24	34 35	52 53								
L	First	125	125	↓	↓	↓	↓	↓	↓	↓	*	0 2	0 3	1 4	2 5	3 7	6 10	9 14	15 20	23 29	↑	↑	↑	↑	↑	↑	↑	↑	↑
L	Second	125	250									1 2	3 4	4 5	6 7	11 12	15 16	23 24	34 35	52 53									
M	First	200	200	↓	↓	↓	↓	↓	↓	*	0 2	0 3	1 4	2 5	3 7	6 10	9 14	15 20	23 29	↑	↑	↑	↑	↑	↑	↑	↑	↑	↑
M	Second	200	400								1 2	3 4	4 5	6 7	11 12	15 16	23 24	34 35	52 53										
N	First	315	315	↓	↓	↓	↓	↓	*	0 2	0 3	1 4	2 5	3 7	6 10	9 14	15 20	23 29	↑	↑	↑	↑	↑	↑	↑	↑	↑	↑	↑
N	Second	315	630							1 2	3 4	4 5	6 7	11 12	15 16	23 24	34 35	52 53											
P	First	500	500	↓	↓	↓	↓	*	0 2	0 3	1 4	2 5	3 7	6 10	9 14	15 20	23 29	↑	↑	↑	↑	↑	↑	↑	↑	↑	↑	↑	↑
P	Second	500	1000						1 2	3 4	4 5	6 7	11 12	15 16	23 24	34 35	52 53												
Q	First	800	800	↓	↓	↓	*	0 2	0 3	1 4	2 5	3 7	6 10	9 14	15 20	23 29	↑	↑	↑	↑	↑	↑	↑	↑	↑	↑	↑	↑	↑
Q	Second	800	1600					1 2	3 4	4 5	6 7	11 12	15 16	23 24	34 35	52 53													
R	First	1250	1250	↓	↓	*	0 2	0 3	1 4	2 5	3 7	6 10	9 14	15 20	23 29	↑	↑	↑	↑	↑	↑	↑	↑	↑	↑	↑	↑	↑	↑
R	Second	1250	2500				1 2	3 4	4 5	6 7	11 12	15 16	23 24	34 35	52 53														
S	First	2000	2000	↓	*	0 2	0 3	1 4	2 5	3 7	6 10	9 14	15 20	23 29	↑	↑	↑	↑	↑	↑	↑	↑	↑	↑	↑	↑	↑	↑	↑
S	Second	2000	4000			1 2	3 4	4 5	6 7	11 12	15 16	23 24	34 35	52 53															

↓：使用箭頭所指的抽樣計畫。若 $n \geq N$，則採用全數檢驗。

Ac：允收數。

Re：拒收數。

*：使用相當的單次抽樣計畫，或其下的雙次抽樣計畫。

附表 A‑10　雙次減量檢驗抽樣計畫表

Acceptable Quality Levels (Reduced Inspection)†

Sample Size Code Letter	Sample	Sample Size	Cumulative Sample Size	0.010 Ac Re	0.015 Ac Re	0.025 Ac Re	0.040 Ac Re	0.065 Ac Re	0.10 Ac Re	0.15 Ac Re	0.25 Ac Re	0.40 Ac Re	0.65 Ac Re	1.0 Ac Re	1.5 Ac Re	2.5 Ac Re	4.0 Ac Re	6.5 Ac Re	10 Ac Re	15 Ac Re	25 Ac Re	40 Ac Re	65 Ac Re	100 Ac Re	150 Ac Re	250 Ac Re	400 Ac Re	650 Ac Re	1000 Ac Re
A																										*	*
B																									*	*	*
C																								*	*	*	17 30
D	First	2	2																↓	*	0 2	0 3	0 4	1 5	2 7	3 8	5 10	7 12	11 17
D	Second	2	4																		0 2	0 4	0 4	4 7	6 9	8 12	12 16	18 22	26 30
E	First	3	3															↓	*	0 2	0 3	0 4	1 5	2 7	3 8	5 10	7 12		
E	Second	3	6																	0 2	0 4	0 4	4 7	6 9	8 12	12 16	18 22		
F	First	5	5														↓	*	0 2	0 3	0 4	1 5	2 7	3 8	5 10				
F	Second	5	10																0 2	0 4	0 4	4 7	6 9	8 12	12 16				
G	First	8	8													↓	*	0 2	0 3	0 4	1 5	2 7	3 8	5 10					
G	Second	8	16															0 2	0 4	0 4	4 7	6 9	8 12	12 16					
H	First	13	13												↓	*	0 2	0 3	0 4	1 5	2 7	3 8	5 10	7 12					
H	Second	13	26														0 2	0 4	0 4	4 7	6 9	8 12	12 16	18 22					
J	First	20	20											↓	*	0 2	0 3	0 4	1 5	2 7	3 8	5 10	7 12	11 17					
J	Second	20	40													0 2	0 4	0 4	4 7	6 9	8 12	12 16	18 22	26 30					
K	First	32	32										↓	*	0 2	0 3	0 4	1 5	2 7	3 8	5 10	7 12	11 17						
K	Second	32	64												0 2	0 4	0 4	4 7	6 9	8 12	12 16	18 22	26 30						
L	First	50	50									↓	*	0 2	0 3	0 4	1 5	2 7	3 8	5 10	7 12	11 17							
L	Second	50	100											0 2	0 4	0 4	4 7	6 9	8 12	12 16	18 22	26 30							
M	First	80	80								↓	*	0 2	0 3	0 4	1 5	2 7	3 8	5 10	7 12	11 17								
M	Second	80	160										0 2	0 4	0 4	4 7	6 9	8 12	12 16	18 22	26 30								
N	First	125	125							↓	*	0 2	0 3	0 4	1 5	2 7	3 8	5 10	7 12	11 17									
N	Second	125	250									0 2	0 4	0 4	4 7	6 9	8 12	12 16	18 22	26 30									
P	First	200	200						↓	*	0 2	0 3	0 4	1 5	2 7	3 8	5 10	7 12	11 17										
P	Second	200	400								0 2	0 4	0 4	4 7	6 9	8 12	12 16	18 22	26 30										
Q	First	315	315					↓	*	0 2	0 3	0 4	1 5	2 7	3 8	5 10	7 12	11 17											
Q	Second	315	630							0 2	0 4	0 4	4 7	6 9	8 12	12 16	18 22	26 30											
R	First	500	500				↓	*	0 2	0 3	0 4	1 5	2 7	3 8	5 10	7 12	11 17												
R	Second	500	1000						0 2	0 4	0 4	4 7	6 9	8 12	12 16	18 22	26 30												

↑ : 使用箭頭所指的抽樣計畫。若 $n \geq N$, 則採用全數抽樣計畫。

Ac: 允收數。

Re: 拒收數。

*: 使用相當的單次抽樣計畫，或其下的雙次抽樣計畫。

附表 A-11　多次正常檢驗抽樣計畫表

Acceptable Quality Levels (Normal Inspection)

注：表中各 AQL 欄位之值以「Ac Re」表示。A、B、C 三個代字列僅含符號（*、++）與箭頭指示，不含多次抽樣數值。0.010～1.5 及 650、1000 等欄位多為箭頭指示區（依箭頭所指計畫辦理），故以下表格列出 1.5～400 有數值之範圍。空白格表示依箭頭指示使用對應計畫。

Sample Size Code Letter	Sample	Sample Size	Cumulative Sample Size	1.5 Ac Re	2.5 Ac Re	4.0 Ac Re	6.5 Ac Re	10 Ac Re	15 Ac Re	25 Ac Re	40 Ac Re	65 Ac Re	100 Ac Re	150 Ac Re	250 Ac Re	400 Ac Re
D	First	2	2				↓	# 2	# 3	# 4	0 4	0 5	1 7	2 9	4 12	6 16
	Second	2	4					0 3	0 3	1 5	1 6	3 8	4 10	7 14	11 19	17 27
	Third	2	6					0 3	1 4	2 6	3 8	6 10	8 13	13 19	19 27	29 39
	Fourth	2	8					1 4	2 5	3 7	5 10	8 13	12 17	19 25	27 34	40 49
	Fifth	2	10					2 5	3 6	5 8	7 11	11 15	17 20	25 29	36 40	53 58
	Sixth	2	12					3 6	4 6	7 9	10 12	14 17	21 23	31 33	45 47	65 68
	Seventh	2	14					4 7	6 7	9 10	13 14	18 19	25 26	37 38	53 54	77 78
E	First	3	3			↓	# 2	# 3	# 4	0 4	0 5	1 7	2 9	4 12	6 16	++
	Second	3	6				0 3	0 3	1 5	1 6	3 8	4 10	7 14	11 19	17 27	
	Third	3	9				0 3	1 4	2 6	3 8	6 10	8 13	13 19	19 27	29 39	
	Fourth	3	12				1 4	2 5	3 7	5 10	8 13	12 17	19 25	27 34	40 49	
	Fifth	3	15				2 5	3 6	5 8	7 11	11 15	17 20	25 29	36 40	53 58	
	Sixth	3	18				3 6	4 6	7 9	10 12	14 17	21 23	31 33	45 47	65 68	
	Seventh	3	21				4 7	6 7	9 10	13 14	18 19	25 26	37 38	53 54	77 78	
F	First	5	5		↓	# 2	# 3	# 4	0 4	0 5	1 7	2 9	4 12	6 16	++	
	Second	5	10			0 3	0 3	1 5	1 6	3 8	4 10	7 14	11 19	17 27		
	Third	5	15			0 3	1 4	2 6	3 8	6 10	8 13	13 19	19 27	29 39		
	Fourth	5	20			1 4	2 5	3 7	5 10	8 13	12 17	19 25	27 34	40 49		
	Fifth	5	25			2 5	3 6	5 8	7 11	11 15	17 20	25 29	36 40	53 58		
	Sixth	5	30			3 6	4 6	7 9	10 12	14 17	21 23	31 33	45 47	65 68		
	Seventh	5	35			4 7	6 7	9 10	13 14	18 19	25 26	37 38	53 54	77 78		
G	First	8	8	↓	# 2	# 3	# 4	0 4	0 5	1 7	2 9	4 12	6 16	++		
	Second	8	16		0 3	0 3	1 5	1 6	3 8	4 10	7 14	11 19	17 27			
	Third	8	24		0 3	1 4	2 6	3 8	6 10	8 13	13 19	19 27	29 39			
	Fourth	8	32		1 4	2 5	3 7	5 10	8 13	12 17	19 25	27 34	40 49			
	Fifth	8	40		2 5	3 6	5 8	7 11	11 15	17 20	25 29	36 40	53 58			
	Sixth	8	48		3 6	4 6	7 9	10 12	14 17	21 23	31 33	45 47	65 68			
	Seventh	8	56		4 7	6 7	9 10	13 14	18 19	25 26	37 38	53 54	77 78			

↑↓：使用箭頭所指的抽樣計畫。若 $n \geq N$, 則採用全數檢驗。

Ac：允收數。

Re：拒收數。

*：使用相當的單次抽樣計畫，或其下的雙次抽樣計畫。

++：使用相當的雙次抽樣計畫，或其下的多次抽樣計畫。

#：在此階段，不准允收。

附表 A-11 （續）

Acceptable Quality Levels (Normal Inspection)

（Ac = 允收數，Re = 拒收數。以下各 AQL 欄內數值以「Ac Re」表示。欄外以箭頭指示者，表示使用箭頭所指方向的抽樣計畫。AQL 欄 0.010、0.015、0.025、0.040、0.065 及 40、65、100、150、250、400、650、1000 等欄位以箭頭表示，應依箭頭所指計畫實施。）

Sample Size Code Letter	Sample	Sample Size	Cumulative Sample Size	0.10	0.15	0.25	0.40	0.65	1.0	1.5	2.5	4.0	6.5	10	15	25
H	First	13	13					# 2	# 2	# 3	# 3	# 4	0 4	0 5	1 7	2 9
	Second	13	26					0 2	0 3	0 3	0 3	1 5	1 6	3 8	4 10	7 14
	Third	13	39					0 3	0 3	1 4	1 4	2 6	3 8	6 10	8 13	13 19
	Fourth	13	52					0 3	1 4	1 5	2 5	3 7	5 10	8 13	12 17	19 25
	Fifth	13	65					1 3	1 4	2 5	3 6	5 8	7 11	11 15	17 20	25 29
	Sixth	13	78					1 3	2 4	3 5	4 6	7 9	10 12	14 17	21 23	31 33
	Seventh	13	91					2 3	3 4	4 5	6 7	9 10	13 14	18 19	25 26	37 38
J	First	20	20				# 2	# 2	# 3	# 3	# 4	0 4	0 5	1 7	2 9	
	Second	20	40				0 2	0 3	0 3	0 3	1 5	1 6	3 8	4 10	7 14	
	Third	20	60				0 3	0 3	1 4	1 4	2 6	3 8	6 10	8 13	13 19	
	Fourth	20	80				0 3	1 4	1 5	2 5	3 7	5 10	8 13	12 17	19 25	
	Fifth	20	100				1 3	1 4	2 5	3 6	5 8	7 11	11 15	17 20	25 29	
	Sixth	20	120				1 3	2 4	3 5	4 6	7 9	10 12	14 17	21 23	31 33	
	Seventh	20	140				2 3	3 4	4 5	6 7	9 10	13 14	18 19	25 26	37 38	
K	First	32	32			# 2	# 2	# 3	# 3	# 4	0 4	0 5	1 7	2 9		
	Second	32	64			0 2	0 3	0 3	0 3	1 5	1 6	3 8	4 10	7 14		
	Third	32	96			0 3	0 3	1 4	1 4	2 6	3 8	6 10	8 13	13 19		
	Fourth	32	128			0 3	1 4	1 5	2 5	3 7	5 10	8 13	12 17	19 25		
	Fifth	32	160			1 3	1 4	2 5	3 6	5 8	7 11	11 15	17 20	25 29		
	Sixth	32	192			1 3	2 4	3 5	4 6	7 9	10 12	14 17	21 23	31 33		
	Seventh	32	224			2 3	3 4	4 5	6 7	9 10	13 14	18 19	25 26	37 38		
L	First	50	50		# 2	# 2	# 3	# 3	# 4	0 4	0 5	1 7	2 9			
	Second	50	100		0 2	0 3	0 3	0 3	1 5	1 6	3 8	4 10	7 14			
	Third	50	150		0 3	0 3	1 4	1 4	2 6	3 8	6 10	8 13	13 19			
	Fourth	50	200		0 3	1 4	1 5	2 5	3 7	5 10	8 13	12 17	19 25			
	Fifth	50	250		1 3	1 4	2 5	3 6	5 8	7 11	11 15	17 20	25 29			
	Sixth	50	300		1 3	2 4	3 5	4 6	7 9	10 12	14 17	21 23	31 33			
	Seventh	50	350		2 3	3 4	4 5	6 7	9 10	13 14	18 19	25 26	37 38			
M	First	80	80	# 2	# 2	# 3	# 3	# 4	0 4	0 5	1 7	2 9				
	Second	80	160	0 2	0 3	0 3	0 3	1 5	1 6	3 8	4 10	7 14				
	Third	80	240	0 3	0 3	1 4	1 4	2 6	3 8	6 10	8 13	13 19				
	Fourth	80	320	0 3	1 4	1 5	2 5	3 7	5 10	8 13	12 17	19 25				
	Fifth	80	400	1 3	1 4	2 5	3 6	5 8	7 11	11 15	17 20	25 29				
	Sixth	80	480	1 3	2 4	3 5	4 6	7 9	10 12	14 17	21 23	31 33				
	Seventh	80	560	2 3	3 4	4 5	6 7	9 10	13 14	18 19	25 26	37 38				

↓：使用箭頭所指的抽樣計畫。若 $n \geq N$，則採用全數檢驗。
Ac：允收數。
Re：拒收數。
*：使用相當的單次抽樣計畫，或其下的雙次抽樣計畫。
++：使用相當的雙次抽樣計畫，或其下的多次抽樣計畫。
#：在此階段，不准允收。

附表 A-11 （續）

Acceptable Quality Levels (Normal Inspection)

Sample Size Code Letter	Sample	Sample Size	Cumulative Sample Size	0.010		0.015		0.025		0.040		0.065		0.10		0.15		0.25		0.40		0.65		1.0		1.5		2.5		4.0		6.5		10		15		25		40		65		100		150		250		400		650		1000	
				Ac	Re	Ac	Re	Ac	Re	Ac	Re	Ac	Re	Ac	Re	Ac	Re	Ac	Re	Ac	Re	Ac	Re	Ac	Re	Ac	Re	Ac	Re	Ac	Re	Ac	Re	Ac	Re	Ac	Re	Ac	Re	Ac	Re	Ac	Re	Ac	Re	Ac	Re	Ac	Re	Ac	Re	Ac	Re
N	First	125	125					*		→		→		→		#	2	#	3	#	4	0	4	0	5	1	7	2	9	←		←		←		←		←		←		←		←		←		←		←		←	
	Second	125	250													#	2	0	3	1	5	1	6	3	8	4	10	7	14																								
	Third	125	375													0	2	0	3	2	6	3	8	6	10	8	13	13	19																								
	Fourth	125	500													0	3	1	4	3	7	5	10	8	13	12	17	19	25																								
	Fifth	125	625													1	3	2	5	5	8	7	11	11	15	17	20	25	29																								
	Sixth	125	750													1	3	3	5	7	9	10	12	14	17	21	23	31	33																								
	Seventh	125	875													2	3	4	5	9	10	13	14	18	19	25	26	37	38																								
P	First	200	200			*		→		→		→		#	2	#	3	#	4	0	4	0	5	1	7	2	9	←		←		←		←		←		←		←		←		←		←		←		←		←	
	Second	200	400											#	2	0	3	1	5	1	6	3	8	4	10	7	14																										
	Third	200	600											0	2	0	3	2	6	3	8	6	10	8	13	13	19																										
	Fourth	200	800											0	3	1	4	3	7	5	10	8	13	12	17	19	25																										
	Fifth	200	1000											1	3	2	5	5	8	7	11	11	15	17	20	25	29																										
	Sixth	200	1200											1	3	3	5	7	9	10	12	14	17	21	23	31	33																										
	Seventh	200	1400											2	3	4	5	9	10	13	14	18	19	25	26	37	38																										
Q	First	315	315	*		→		→		→		#	2	#	3	#	4	0	4	0	5	1	7	2	9	←		←		←		←		←		←		←		←		←		←		←		←		←		←	
	Second	315	630									#	2	0	3	1	5	1	6	3	8	4	10	7	14																												
	Third	315	945									0	2	0	3	2	6	3	8	6	10	8	13	13	19																												
	Fourth	315	1260									0	3	1	4	3	7	5	10	8	13	12	17	19	25																												
	Fifth	315	1575									1	3	2	5	5	8	7	11	11	15	17	20	25	29																												
	Sixth	315	1890									1	3	3	5	7	9	10	12	14	17	21	23	31	33																												
	Seventh	315	2205									2	3	4	5	9	10	13	14	18	19	25	26	37	38																												
R	First	500	500	→		→		→		#	2	#	3	#	4	0	4	0	5	1	7	2	9	←		←		←		←		←		←		←		←		←		←		←		←		←		←		←		←	
	Second	500	1000							#	2	0	3	1	5	1	6	3	8	4	10	7	14																														
	Third	500	1500							0	2	0	3	2	6	3	8	6	10	8	13	13	19																														
	Fourth	500	2000							0	3	1	4	3	7	5	10	8	13	12	17	19	25																														
	Fifth	500	2500							1	3	2	5	5	8	7	11	11	15	17	20	25	29																														
	Sixth	500	3000							1	3	3	5	7	9	10	12	14	17	21	23	31	33																														
	Seventh	500	3500							2	3	4	5	9	10	13	14	18	19	25	26	37	38																														

↑：使用箭頭所指的抽樣計畫。若 n≥N，則採用全數檢驗。
Ac：允收數。
Re：拒收數。
*：使用相當的單次抽樣計畫，或其下的雙次抽樣計畫。
++：使用相當的雙次抽樣計畫，或其下的多次抽樣計畫。
#：在此階段，不准允收。

附表 A-12　多次嚴格檢驗抽樣計畫表

Acceptable Quality Levels (Tightened Inspection)

Sample Size Code Letter	Sample	Sample Size	Cumulative Sample Size	... 6.5 Ac Re	10 Ac Re	15 Ac Re	25 Ac Re	40 Ac Re	65 Ac Re	100 Ac Re	150 Ac Re	250 Ac Re	400 Ac Re	650 Ac Re	1000 Ac Re
A														*	++
B													*	++	++
C												*	++	++	
D	First	2	2	*	→	→	→	*	*	0 4	0 6	1 8	3 10	6 15	*
	Second	2	4							3 9	3 9	6 12	10 17	16 25	
	Third	2	6							7 12	7 12	11 17	17 24	26 36	
	Fourth	2	8							10 15	10 15	16 22	24 31	37 46	
	Fifth	2	10							14 17	18 20	22 25	32 37	49 55	
	Sixth	2	12							18 20	21 22	27 29	40 43	61 64	
	Seventh	2	14							21 22	32 33	32 33	48 49	72 73	
E	First	3	3	# 2	# 2	# 3	# 4	0 4	0 6	0 6	1 8	3 10	6 15	*	
	Second	3	6	0 2	0 3	0 3	1 5	1 5	3 9	6 12	6 12	10 17	16 25		
	Third	3	9	0 3	0 3	1 4	2 6	2 6	7 12	11 17	11 17	17 24	26 36		
	Fourth	3	12	1 3	1 4	2 5	3 7	3 7	10 15	16 22	16 22	24 31	37 46		
	Fifth	3	15	1 3	1 4	3 6	5 8	5 8	14 17	22 25	22 25	32 37	49 55		
	Sixth	3	18	2 3	2 5	4 6	7 9	7 9	18 20	27 29	27 29	40 43	61 64		
	Seventh	3	21		3 5	6 7	9 10	9 10	21 22	32 33	32 33	48 49	72 73		
F	First	5	5	# 2	# 2	# 3	# 4	0 4	0 6	1 8	3 10	6 15	*		
	Second	5	10	0 2	0 3	0 3	1 5	3 9	6 12	10 17	16 25				
	Third	5	15	0 3	0 3	1 4	2 6	7 12	11 17	17 24	26 36				
	Fourth	5	20	1 3	1 4	2 5	3 7	10 15	16 22	24 31	37 46				
	Fifth	5	25	1 3	1 4	3 6	5 8	14 17	22 25	32 37	49 55				
	Sixth	5	30	2 3	2 5	4 6	7 9	18 20	27 29	40 43	61 64				
	Seventh	5	35		3 5	6 7	9 10	21 22	32 33	48 49	72 73				
G	First	8	8	# 2	# 2	# 3	# 4	0 6	1 8	3 10	6 15				
	Second	8	16	0 2	0 3	0 3	3 9	6 12	10 17	16 25					
	Third	8	24	0 3	0 3	1 4	7 12	11 17	17 24	26 36					
	Fourth	8	32	1 3	1 4	2 5	10 15	16 22	24 31	37 46					
	Fifth	8	40	1 3	1 4	3 6	14 17	22 25	32 37	49 55					
	Sixth	8	48	2 3	2 5	4 6	18 20	27 29	40 43	61 64					
	Seventh	8	56		3 5	6 7	21 22	32 33	48 49	72 73					

（表左半部 AQL 0.010～4.0 各欄以箭頭（↓ →）指示使用所指抽樣計畫，並含 * 及 ++ 符號。）

↓：使用箭頭所指的抽樣計畫。若 $n \geq N$，則採用全數檢驗。
Ac：允收數。
Re：拒收數。
*：使用相當的單次抽樣計畫，或其下的雙次抽樣計畫。
++：使用相當的雙次抽樣計畫，或其下的多次抽樣計畫。
#：在此階段，不准允收。

附表 A–12　（續）

Acceptable Quality Levels (Tightened Inspection) — 各欄位為 Ac Re（允收數 / 拒收數）

下表僅列出含有數值之允收品質水準欄位（0.25～25）。其餘欄位（0.010、0.015、0.025、0.040、0.065、0.10、0.15 及 40、65、100、150、250、400、650、1000）於此範圍內僅含指向箭頭（↑／↓／←）。

Sample Size Code Letter	Sample	Sample Size	Cumulative Sample Size	0.25	0.40	0.65	1.0	1.5	2.5	4.0	6.5	10	15	25
H	First	13	13	←	*	↓	↓	# 2	# 2	# 3	# 4	0 4	0 6	1 8
	Second	13	26					# 2	0 3	0 3	1 5	2 7	3 9	6 12
	Third	13	39					0 2	1 4	1 4	2 6	4 9	7 12	11 17
	Fourth	13	52					0 3	2 5	2 5	3 7	6 11	10 15	16 22
	Fifth	13	65					1 3	3 6	3 6	5 8	9 12	14 17	22 25
	Sixth	13	78					1 3	4 6	4 6	7 9	12 14	18 20	27 29
	Seventh	13	91					2 3	6 7	6 7	9 10	14 15	21 22	32 33
J	First	20	20	*	↓	↓	# 2	# 2	# 3	# 4	0 4	0 6	1 8	↑
	Second	20	40				# 2	0 3	0 3	1 5	2 7	3 9	6 12	
	Third	20	60				0 2	1 4	1 4	2 6	4 9	7 12	11 17	
	Fourth	20	80				0 3	2 5	2 5	3 7	6 11	10 15	16 22	
	Fifth	20	100				1 3	3 6	3 6	5 8	9 12	14 17	22 25	
	Sixth	20	120				1 3	4 6	4 6	7 9	12 14	18 20	27 29	
	Seventh	20	140				2 3	6 7	6 7	9 10	14 15	21 22	32 33	
K	First	32	32	←	↓	# 2	# 2	# 3	# 4	0 4	0 6	1 8	↑	↑
	Second	32	64			# 2	0 3	0 3	1 5	2 7	3 9	6 12		
	Third	32	96			0 2	1 4	1 4	2 6	4 9	7 12	11 17		
	Fourth	32	128			0 3	2 5	2 5	3 7	6 11	10 15	16 22		
	Fifth	32	160			1 3	3 6	3 6	5 8	9 12	14 17	22 25		
	Sixth	32	192			1 3	4 6	4 6	7 9	12 14	18 20	27 29		
	Seventh	32	224			2 3	6 7	6 7	9 10	14 15	21 22	32 33		
L	First	50	50	↓	# 2	# 2	# 3	# 4	0 4	0 6	1 8	↑	↑	↑
	Second	50	100		# 2	0 3	0 3	1 5	2 7	3 9	6 12			
	Third	50	150		0 2	1 4	1 4	2 6	4 9	7 12	11 17			
	Fourth	50	200		0 3	2 5	2 5	3 7	6 11	10 15	16 22			
	Fifth	50	250		1 3	3 6	3 6	5 8	9 12	14 17	22 25			
	Sixth	50	300		1 3	4 6	4 6	7 9	12 14	18 20	27 29			
	Seventh	50	350		2 3	6 7	6 7	9 10	14 15	21 22	32 33			
M	First	80	80	# 2	# 2	# 3	# 4	0 4	0 6	1 8	↑	↑	↑	↑
	Second	80	160	# 2	0 3	0 3	1 5	2 7	3 9	6 12				
	Third	80	240	0 2	1 4	1 4	2 6	4 9	7 12	11 17				
	Fourth	80	320	0 3	2 5	2 5	3 7	6 11	10 15	16 22				
	Fifth	80	400	1 3	3 6	3 6	5 8	9 12	14 17	22 25				
	Sixth	80	480	1 3	4 6	4 6	7 9	12 14	18 20	27 29				
	Seventh	80	560	2 3	6 7	6 7	9 10	14 15	21 22	32 33				

↑↓：使用箭頭所指的抽樣計畫。若 $n \geq N$，則採用全數檢驗。

Ac：允收數。

Re：拒收數。

*：使用相當的單次抽樣計畫，或其下的雙次抽樣計畫。

++：使用相當的雙次抽樣計畫，或其下的多次抽樣計畫。

#：在此階段，不准允收。

附表 A–12　（續）

Acceptable Quality Levels (Tightened Inspection)

注：下表僅列出有數值之 AQL 欄（0.010～4.0）；AQL 欄 6.5～1000 為延續之箭頭線（空白）。每欄數值以「Ac Re」表示。

Sample Size Code Letter	Sample	Sample Size	Cumu-lative Sample Size	0.010	0.015	0.025	0.040	0.065	0.10	0.15	0.25	0.40	0.65	1.0	1.5	2.5	4.0
N	First	125	125				*				# 2	# 3	# 4	0 4	0 6	1 8	←
	Second	125	250								0 2	0 3	1 5	2 7	3 9	6 12	
	Third	125	375								0 3	1 4	2 6	4 9	7 12	11 17	
	Fourth	125	500								1 3	2 5	3 7	6 11	10 15	16 22	
	Fifth	125	625								2 4	3 6	5 8	9 12	14 17	22 25	
	Sixth	125	750								3 5	4 6	7 9	12 14	18 20	27 29	
	Seventh	125	875								4 5	6 7	9 10	14 15	21 22	32 33	
P	First	200	200			*				# 2	# 3	# 4	0 4	0 6	1 8	←	
	Second	200	400							0 2	0 3	1 5	2 7	3 9	6 12		
	Third	200	600							0 3	1 4	2 6	4 9	7 12	11 17		
	Fourth	200	800							1 3	2 5	3 7	6 11	10 15	16 22		
	Fifth	200	1000							2 4	3 6	5 8	9 12	14 17	22 25		
	Sixth	200	1200							3 5	4 6	7 9	12 14	18 20	27 29		
	Seventh	200	1400							4 5	6 7	9 10	14 15	21 22	32 33		
Q	First	315	315		*				# 2	# 3	# 4	0 4	0 6	1 8	←		
	Second	315	630						0 2	0 3	1 5	2 7	3 9	6 12			
	Third	315	945						0 3	1 4	2 6	4 9	7 12	11 17			
	Fourth	315	1260						1 3	2 5	3 7	6 11	10 15	16 22			
	Fifth	315	1575						2 4	3 6	5 8	9 12	14 17	22 25			
	Sixth	315	1890						3 5	4 6	7 9	12 14	18 20	27 29			
	Seventh	315	2205						4 5	6 7	9 10	14 15	21 22	32 33			
R	First	500	500	*				# 2	# 3	# 4	0 4	0 6	1 8	←			
	Second	500	1000					0 2	0 3	1 5	2 7	3 9	6 12				
	Third	500	1500					0 3	1 4	2 6	4 9	7 12	11 17				
	Fourth	500	2000					1 3	2 5	3 7	6 11	10 15	16 22				
	Fifth	500	2500					2 4	3 6	5 8	9 12	14 17	22 25				
	Sixth	500	3000					3 5	4 6	7 9	12 14	18 20	27 29				
	Seventh	500	3500					4 5	6 7	9 10	14 15	21 22	32 33				
S	First	800	800				# 2										
	Second	800	1600				0 2										
	Third	800	2400				0 3										
	Fourth	800	3200				1 3										
	Fifth	800	4000				2 4										
	Sixth	800	4800				3 5										
	Seventh	800	5600				4 5										

↑↓：使用箭頭所指的抽樣計畫。若 $n \geq N$，則採用全數檢驗。
Ac：允收數。
Re：拒收數。
*：使用相當的單次抽樣計畫，或其下的雙次抽樣計畫，或其下的多次抽樣計畫。
++：使用相當的雙次抽樣計畫，或其下的多次抽樣計畫。
#：在此階段，不准允收。

附表 A-13　多次減量檢驗抽樣計畫表

Acceptable Quality Levels (Reduced Inspection)†

下表為 MIL-STD-105E 型式之多次（七段）減量檢驗抽樣計畫表，左側各欄為抽樣代字、段別、樣本大小及累計樣本大小，上方各欄為允收品質水準（AQL）。表中各格之 Ac（允收數）與 Re（拒收數）沿對角線配置。

Sample Size Code Letter	Sample	Sample Size	Cumulative Sample Size
A			
B			
C			
D			
E			
F	First	2	2
	Second	2	4
	Third	2	6
	Fourth	2	8
	Fifth	2	10
	Sixth	2	12
	Seventh	2	14
G	First	3	3
	Second	3	6
	Third	3	9
	Fourth	3	12
	Fifth	3	15
	Sixth	3	18
	Seventh	3	21
H	First	5	5
	Second	5	10
	Third	5	15
	Fourth	5	20
	Fifth	5	25
	Sixth	5	30
	Seventh	5	35
J	First	8	8
	Second	8	16
	Third	8	24
	Fourth	8	32
	Fifth	8	40
	Sixth	8	48
	Seventh	8	56

AQL 欄位 (Ac Re)： 0.010、0.015、0.025、0.040、0.065、0.10、0.15、0.25、0.40、0.65、1.0、1.5、2.5、4.0、6.5、10、15、25、40、65、100、150、250、400、650、1000

代表性之七段 Ac/Re 數列（沿對角線出現於各抽樣代字與 AQL 之交會處）：

段別	數列 1	數列 2	數列 3	數列 4	數列 5	數列 6	數列 7
First	# 2	# 3	# 3	# 4	0 4	0 5	0 6
Second	0 2	0 3	0 4	0 5	1 6	1 7	3 9
Third	0 3	0 4	0 5	1 6	2 8	3 9	6 12
Fourth	0 3	0 5	1 6	2 7	3 10	5 12	8 15
Fifth	0 3	1 6	2 7	3 8	5 11	7 13	11 17
Sixth	1 3	1 6	3 7	4 9	7 13	10 15	14 20
Seventh	1 3	2 7	4 8	6 10	9 14	13 17	18 22

（其他各格以 *、#、↑、↓、++、+ 等符號表示，詳見下列附註。）

註：
↑↓：使用箭頭所指的抽樣計畫。若 $n \geq N$，則採用全數檢驗。
Ac：允收數。
Re：拒收數。
*：使用相當的單次抽樣計畫，或其下的雙次抽樣計畫。
++：使用相當的雙次抽樣計畫，或其下的多次抽樣計畫。
#：在此階段，不准允收。
+：若最後的抽樣結果的不良數總和大於允收數但小於拒收數，則允收該批。但其後須改為正常檢驗。

附表 A-13 （續）

Acceptable Quality Levels (Reduced Inspection)[+]

Sample Size Code Letter	Sample	Sample Size	Cumulative Sample Size	0.010 Ac Re	0.015 Ac Re	0.025 Ac Re	0.040 Ac Re	0.065 Ac Re	0.10 Ac Re	0.15 Ac Re	0.25 Ac Re	0.40 Ac Re	0.65 Ac Re	1.0 Ac Re	1.5 Ac Re	2.5 Ac Re	4.0 Ac Re	6.5 Ac Re	10 Ac Re	15 … 1000
K	First	13	13	←	←	←	←	←	*	↑	↑	# 2	# 2	# 3	# 3	# 4	# 4	0 5	0 6	←
	Second	13	26									# 2	# 3	0 4	0 5	0 5	1 6	1 7	1 9	
	Third	13	39									0 2	0 3	0 5	1 7	1 7	2 8	3 9	3 12	
	Fourth	13	52									0 3	0 4	1 6	2 9	2 9	3 10	5 12	6 15	
	Fifth	13	65									0 3	1 5	2 7	3 10	3 10	5 11	8 13	9 17	
	Sixth	13	78									0 3	1 6	3 8	5 11	5 11	7 12	11 15	13 20	
	Seventh	13	91									1 3	2 7	4 9	7 12	7 12	9 14	14 17	18 22	
L	First	20	20	←	←	←	←	←	←	←	# 2	# 2	# 3	# 3	# 4	# 4	0 5	0 6	↓	←
	Second	20	40								# 2	# 3	0 4	0 5	0 5	1 6	1 7	1 9		
	Third	20	60								0 2	0 3	0 5	1 7	1 7	2 8	3 9	3 12		
	Fourth	20	80								0 3	0 4	1 6	2 9	2 9	3 10	5 12	6 15		
	Fifth	20	100								0 3	1 5	2 7	3 10	3 10	5 11	8 13	9 17		
	Sixth	20	120								0 3	1 6	3 8	5 11	5 11	7 12	11 15	13 20		
	Seventh	20	140								1 3	2 7	4 9	7 12	7 12	9 14	14 17	18 22		
M	First	32	32	←	←	←	←	*	←	# 2	# 2	# 3	# 3	# 4	# 4	0 5	0 6	↓	←	←
	Second	32	64							# 2	# 3	0 4	0 5	0 5	1 6	1 7	1 9			
	Third	32	96							0 2	0 3	0 5	1 7	1 7	2 8	3 9	3 12			
	Fourth	32	128							0 3	0 4	1 6	2 9	2 9	3 10	5 12	6 15			
	Fifth	32	160							0 3	1 5	2 7	3 10	3 10	5 11	8 13	9 17			
	Sixth	32	192							0 3	1 6	3 8	5 11	5 11	7 12	11 15	13 20			
	Seventh	32	224							1 3	2 7	4 9	7 12	7 12	9 14	14 17	18 22			
N	First	50	50	←	←	←	*	←	# 2	# 2	# 3	# 3	# 4	# 4	0 5	0 6	↓	←	←	←
	Second	50	100						# 2	# 3	0 4	0 5	0 5	1 6	1 7	1 9				
	Third	50	150						0 2	0 3	0 5	1 7	1 7	2 8	3 9	3 12				
	Fourth	50	200						0 3	0 4	1 6	2 9	2 9	3 10	5 12	6 15				
	Fifth	50	250						0 3	1 5	2 7	3 10	3 10	5 11	8 13	9 17				
	Sixth	50	300						0 3	1 6	3 8	5 11	5 11	7 12	11 15	13 20				
	Seventh	50	350						1 3	2 7	4 9	7 12	7 12	9 14	14 17	18 22				

↑↓：使用箭頭所指的抽樣計畫。若 $n \geq N$，則採用全數檢驗。

Ac：允收數。

Re：拒收數。

*：使用相當的單一次抽樣計畫，或其下的雙一次抽樣計畫。

++：使用相當的雙一次抽樣計畫，或其下的多次抽樣計畫。

#：在此階段，不准允收。

+：若最後的抽樣結果的不良數總和大於允收數但小於拒收數，則允收該批。但其後須改為正常檢驗。

附表 A-13 （續）

Acceptable Quality Levels (Reduced Inspection)+

Sample Size Code Letter	Sample	Sample Size	Cumulative Sample Size	0.010 Ac Re	0.015 Ac Re	0.025 Ac Re	0.040 Ac Re	0.065 Ac Re	0.10 Ac Re	0.15 Ac Re	0.25 Ac Re	0.40 Ac Re	0.65 Ac Re	1.0 Ac Re	1.5 Ac Re	2.5 Ac Re
P	First	80	80	*				# 2	# 2	# 3	# 3	# 4	# 4	0 5	0 6	↑
	Second	80	160					# 2	# 3	# 3	# 4	0 5	1 6	1 7	3 9	
	Third	80	240					0 2	0 3	0 4	0 5	1 6	2 7	3 9	6 12	
	Fourth	80	320					0 3	0 4	0 5	1 6	2 7	3 8	5 12	8 15	
	Fifth	80	400					0 3	1 5	1 6	2 7	3 8	5 9	7 13	11 17	
	Sixth	80	480					0 3	1 5	2 6	3 8	4 9	7 12	10 15	14 20	
	Seventh	80	560					1 3	2 5	3 7	4 9	6 10	9 13	13 17	18 22	
Q	First	125	125	*			# 2	# 2	# 3	# 3	# 4	# 4	0 5	0 6	↑	
	Second	125	250				# 2	# 3	# 3	# 4	0 5	1 6	1 7	3 9		
	Third	125	375				0 2	0 3	0 4	0 5	1 6	2 7	3 9	6 12		
	Fourth	125	500				0 3	0 4	0 5	1 6	2 7	3 8	5 12	8 15		
	Fifth	125	625				0 3	1 5	1 6	2 7	3 8	5 9	7 13	11 17		
	Sixth	125	750				0 3	1 5	2 6	3 8	4 9	7 12	10 15	14 20		
	Seventh	125	875				1 3	2 5	3 7	4 9	6 10	9 13	13 17	18 22		
R	First	200	200			# 2	# 2	# 3	# 3	# 4	# 4	0 5	0 6	↑		
	Second	200	400			# 2	# 3	# 3	# 4	0 5	1 6	1 7	3 9			
	Third	200	600			0 2	0 3	0 4	0 5	1 6	2 7	3 9	6 12			
	Fourth	200	800			0 3	0 4	0 5	1 6	2 7	3 8	5 12	8 15			
	Fifth	200	1000			0 3	1 5	1 6	2 7	3 8	5 9	7 13	11 17			
	Sixth	200	1200			0 3	1 5	2 6	3 8	4 9	7 12	10 15	14 20			
	Seventh	200	1400			1 3	2 5	3 7	4 9	6 10	9 13	13 17	18 22			

↑↓：使用箭頭所指的抽樣計畫。若 $n \geq N$, 則採用全數檢驗。
Ac：允收數。
Re：拒收數。
*：使用相當的單次抽樣計畫，或其下的雙次抽樣計畫。
++：使用相當的雙次抽樣計畫，或其下的多次抽樣計畫。
#：在此階段，不准允收。
+：若最後的抽樣結果的不良數總和大於允收數但小於拒收數，則允收該批。但其後須改為正常檢驗。

附表 A-14　減量檢驗的界限值

Acceptable Quality Level

Number of Sample Units from Last 10 Lots or Batches	0.010	0.015	0.025	0.040	0.065	0.10	0.15	0.25	0.40	0.65	1.0	1.5	2.5	4.0	6.5	10	15	25	40	65	100	150	250	400	650	1000
20~29	*	*	*	*	*	*	*	*	*	*	*	*	*	*	*	0	0	2	4	8	14	22	40	68	115	181
30~49	*	*	*	*	*	*	*	*	*	*	*	*	*	*	0	0	1	3	7	13	22	36	63	105	178	277
50~79	*	*	*	*	*	*	*	*	*	*	*	*	*	0	0	2	3	7	14	25	40	63	110	181	301	
80~129	*	*	*	*	*	*	*	*	*	*	*	*	0	0	2	4	7	14	24	42	68	105	181	297		
130~199	*	*	*	*	*	*	*	*	*	*	*	0	0	2	4	7	13	25	42	72	115	177	301	490		
200~319	*	*	*	*	*	*	*	*	*	*	0	0	2	4	8	14	22	40	68	115	181	277	471			
320~499	*	*	*	*	*	*	*	*	*	0	0	1	4	8	14	24	39	68	113	189						
500~799	*	*	*	*	*	*	*	*	0	0	2	3	7	14	25	40	63	110	181							
800~1249	*	*	*	*	*	*	*	0	0	2	4	7	14	24	42	68	105	181								
1250~1999	*	*	*	*	*	*	0	0	2	4	7	13	24	40	69	110	169									
2000~3149	*	*	*	*	*	0	0	2	4	8	14	22	40	68	115	181										
3150~4999	*	*	*	*	0	0	1	4	8	14	24	38	67	111	186											
5000~7999	*	*	*	0	0	2	3	7	14	25	40	63	110	181												
8000~12499	*	*	0	0	2	4	7	14	24	42	68	105	181													
12500~19999	*	0	0	2	4	7	13	24	40	69	110	169														
20000~31499	0	0	2	4	8	14	22	40	68	115	181															
31500~49999	0	1	4	8	14	24	38	67	111	186																
50000 & Over	2	3	7	14	25	40	63	110	181	301																

*：表示在此 AQL 的水準下，最近 10 批的樣本數不足以使用減量檢驗。

◎ 計算機概論　盧希鵬、鄒仁淳、葉乃菁／著

- 針對大專技職院校的計算機概論課程所精心設計。
- 分為五個部分：DIY 篇、程式篇、資料篇、網路篇及系統管理與應用篇。
- 從 DIY 組裝電腦開始，系統分析、程式設計、檔案與資料庫，一直到日新月異的網路科技均有十分完整的敘述，並介紹各種資訊系統。
- 內容深入淺出，文字敘述淺顯易懂，不僅適合作為教科書，也適合自學者閱讀。

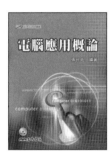

◎ 電腦應用概論　張台先／著

- 介紹各種當前使用率最高、版本最新的電腦應用軟體，亦介紹各種網路工具、網路搜尋工具、多媒體軟體，以及維護電腦資訊安全的概念與實作。
- 力求理論與實務並重，理論部分強調電腦科技發展歷程與應用趨勢；實務部分則側重步驟的引導及圖片說明。
- 另附實習手冊及教學範例影片，以 step by step 的方式講解。
- 各種貼心的內容設計，讓使用者循序漸進熟悉各種電腦相關應用。

◎ 微積分　白豐銘、王富祥、方惠真／著

- 由三位資深教授累積十餘年在技職體系及一般大學的教學經驗，精心規劃所設計完成，符合大專院校的需求。
- 減少了抽象觀念的推導和論證，例題並有題型分析和解題技巧。
- 習題難易深入淺出，適合教師作為隨堂測驗或考試之用。
- 主要為一學年的教學課程所設計，亦可由授課者自行安排，作為單學期授課之用。

◎ 普通物理（上）（下）　陳龍英、郭明賢／著

- 配合上、下學期的課程分為上、下冊。
- 銜接高職物理教材，引入適切的例題與習題，供讀者練習。
- 從基本觀念出發，以日常生活的實例說明，引發學習興趣。
- 協助讀者了解物理學的基本概念，使其熟練科學方法。
- 配合相關專業學科的學習與發展，使讀者能與其實務接軌。

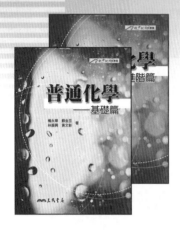